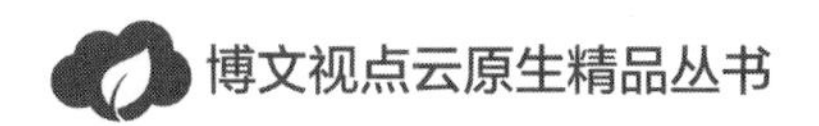

Kubernetes权威指南

从Docker到Kubernetes实践全接触（第6版）（下）

龚 正 吴治辉 闫健勇 编著

電子工業出版社
Publishing House of Electronics Industry
北京·BEIJING

内 容 简 介

本书是《Kubernetes 权威指南：从 Docker 到 Kubernetes 实践全接触》（第 6 版）的下册，总计 9 章，涵盖了 Kubernetes v1.29 及之前版本的主要特性。第 1、2 章围绕 Kubernetes 认证机制和安全机制进行深入讲解，既有实例介绍，又有深入分析，可以让读者更容易理解 Kubernetes 中的认证机制、授权模式、准入控制机制，以及 Pod 的安全管理机制。第 3 章讲解容器网络基础，对局域网、互联网和常见网络设备等知识进行介绍。第 4 章讲解 Kubernetes 网络的原理，对 Kubernetes 网络模型、CNI 网络模型、开源容器网络方案都做了详细介绍，对 Kubernetes 防火墙相关的网络策略也做了相关分析。第 5、6 章围绕 Kubernetes 存储进行深入讲解，涉及持久卷相关的 PV、PVC、StorageClass、静态和动态存储管理，以及 CSI 存储机制的原理和发展状况。第 7、8 章围绕 Kubernetes API 和开发实战进行讲解，涉及 Kubernetes 资源对象、Kubernetes API、CRD 和 Operator 扩展机制，以及如何通过 swagger-editor 快速调用和测试 Kubernetes API，并针对 Operator 开发给出完整的示例说明。第 9 章对 Kubernetes 开发中的新功能做了一些补充说明，包括 Kubernetes 对 Windows 容器的支持、如何在 Windows Server 上部署 Kubernetes、Kubernetes 对 GPU 的支持和发展趋势、Kubernetes 的自动扩缩容机制等，对 Kubernetes 的生态系统与演进路线也进行了深入讲解。附录 A 深入讲解了 Kubernetes 的核心服务配置。

本书适合资深 IT 从业者、研发部门主管、架构师（开发语言不限）、研发工程师、运维工程师、软件 QA 和测试工程师（两年以上经验），以及以技术为主的售前工作人员（两年以上经验）阅读和参考。

图书在版编目（CIP）数据

Kubernetes 权威指南 ： 从 Docker 到 Kubernetes 实践全接触. 下 / 龚正等编著. -- 6 版. -- 北京 ： 电子工业出版社, 2024. 8. -- (博文视点云原生精品丛书).
ISBN 978-7-121-48376-9
Ⅰ. TP316.85-62

中国国家版本馆 CIP 数据核字第 202479HY31 号

责任编辑：张国霞
文字编辑：李秀梅
印　　刷：三河市鑫金马印装有限公司
装　　订：三河市鑫金马印装有限公司
出版发行：电子工业出版社
　　　　　北京市海淀区万寿路 173 信箱　　邮编 100036
开　　本：787×980　1/16　印张：34.75　字数：697 千字
版　　次：2016 年 1 月第 1 版
　　　　　2024 年 8 月第 6 版
印　　次：2024 年 12 月第 2 次印刷
印　　数：1000 册　定价：149.00 元

凡所购买电子工业出版社图书有缺损问题，请向购买书店调换。若书店售缺，请与本社发行部联系，联系及邮购电话：（010）88254888，88258888。
质量投诉请发邮件至 zlts@phei.com.cn，盗版侵权举报请发邮件至 dbqq@phei.com.cn。
本书咨询联系方式：faq@phei.com.cn。

推荐序

为什么我会向大家推荐这本书？因为好的技术值得学习，好的图书值得分享。

数云融合是传统技术的重大变革，有望开启一个新的时代。

从大型计算机面向商业应用的那个时代开始，计算机技术先后经历了：从汇编语言驱动硬件底层开发，到通过各种高级编程语言进行企业级应用开发；从通过本机文件系统存储数据，到通过关系型数据库远程存储数据，再到通过各种面向对象的专用数据存储系统及数据仓库存储数据；从单机应用开发到大型分布式系统开发。

在这一漫长的演进过程中，计算、数据和网络的分工越来越明确，联系也越来越紧密，并且与 IT 系统的架构变革息息相关。十年前的虚拟化技术让我们重新发掘了软件的价值：软件定义一切！但是，那时的软件开发难度依然很大，开发和运维一个大型分布式系统的代价也很大，而且门槛很高。直到 Kubernetes 开启且引领了全新的云原生时代，我们大多数人才第一次站在了同一条起跑线上，有了真正意义上弯道超车的机会。

这些年，一些先行者已经靠着云原生技术带来的创新价值取得了不小的成就，坚定拥抱云原生技术的我们也都将成功！而这一切，都源于 Kubernetes 的出现。

在不经意间，Kubernetes 已经成为整个云原生生态圈的重要引领者之一。

也许最初的开发者也没有想到，正如最早的钻木取火，只是为了烧烤食物，但其实火的使用在一定意义上开启了人类文明的伟大进程，使人类从黑暗走向了光明，从野蛮走向了文明，从接受大自然的约束走向成为世界的主宰。

数据正在成为人类最重要的资产之一，同金钱和土地一样。数据已经从工业文明及以前的信息或信号，变成可以创造价值的生产要素。对数据的管理已经不再是简单的技术手段，它涉及社会治理，是基于时间和客户的价值兑现，是“云”发展的趋势和必然。数云融合，才能让数据的价值真正释放，真正体现人的天然禀赋，让人类走向新的文明。

感谢对 Kubernetes 进行再创造的工程师，没有他们的探索，Kubernetes 也许就只能作为计算管理的工具，而无法发挥巨大价值。感谢本书作者，没有他们对 Kubernetes 知识的理解、掌握、实践和总结，我们也许还在雾里看花，而无法真正理解数云融合的实践价值所在，无法大力推动中国的数字化进程。

在科技越来越文学化的今天，让我们为社会贡献自己的力量吧！

郭为

神州数码集团股份有限公司董事长

前　言

短短几年，Kubernetes 已从一个鲜为人知的新生事物发展成为一个影响全球 IT 技术的基础设施平台，并成功推动了云原生时代的到来，使微服务架构、Service Mesh、Serverless、边缘计算等热门技术加速普及和落地。Kubernetes 不但一跃成为云原生应用的全球级基础平台，还促进了操作系统层面的容器化变革，让 Linux 容器里的应用和 Windows 容器里的应用在 Kubernetes 的统一架构集群中互联互通。

目前，在 GitHub 上已有超两万名开源志愿者参与 Kubernetes 项目，使之成为开源领域发展速度超快的项目之一。

《Kubernetes 权威指南：从 Docker 到 Kubernetes 实践全接触》由慧与中国通信和媒体解决方案领域的资深专家合力撰写而成，对 Kubernetes 在国内的普及和推广做出了巨大的贡献。本书第 6 版的出版也离不开领航磐云技术专家的全力支持。

读者对象

《Kubernetes 权威指南：从 Docker 到 Kubernetes 实践全接触》一书的读者对象范围很广，甚至一些高校也将本书作为参考教材。考虑到 Kubernetes 的技术定位，我们建议以下读者购买和阅读本书：资深 IT 从业者、研发部门主管、架构师（开发语言不限）、研发工程师、运维工程师、软件 QA 和测试工程师（两年以上经验），以及以技术为主的售前工作人员（两年以上经验）。

建议读者在计算机上安装合适的虚拟软件，部署 Kubernetes 环境并动手实践书中的大部分示例。如果读者用的是 Windows 10 及以上版本，则可以通过 WSL2 虚拟机技术快速部署 Kubernetes 实例，也可以在公有云上部署或者使用现有的 Kubernetes 环境，降低入门难度。

本书内容架构

截至本书交稿，Kubernetes 已经发布了 29 个大版本，每个版本都带来了大量的新特性，使 Kubernetes 能够覆盖的应用场景越来越多。

《Kubernetes 权威指南：从 Docker 到 Kubernetes 实践全接触》始终采用从入门到精通的讲解风格，内容涵盖入门、安装、实践、核心原理、网络与存储、运维、开发、新特性演进等，几乎囊括了 Kubernetes 当前主流版本的方方面面。当然，因为需要涵盖的内容非常多，所以本书从第 6 版开始分为上下两册。

上册的内容架构如下。

第 1 章首先从一个简单的示例开始，让读者通过动手实践初步感受 Kubernetes 的强大；然后讲解 Kubernetes 的概念、术语。考虑到 Kubernetes 的概念、术语繁多，所以从它们的用途及相互关系入手进行讲解，以期初学者能快速、准确、全面、深刻地理解这部分内容。

第 2 章围绕 Kubernetes 的安装和配置进行讲解。如果要在生产级应用中部署 Kubernetes，则建议读者将本章内容全部实践一遍，否则可以选择其中部分内容进行实践。其中比较重要的是 Kubernetes 的命令行部分，对这部分操作得越熟练，后面进行研发或运维就越轻松。

第 3～5 章对于大部分读者来说，是很重要的章节，也是学会 Kubernetes 应用建模的关键章节。第 3 章全面、深入地讲解了 Pod 的方方面面，其中非常有挑战性的是 Pod 调度部分的内容，这也是生产实践中相当实用的知识和技能。第 4 章围绕 Pod 工作负载进行讲解，这些工作负载分别实现了无状态服务、有状态服务和批处理任务的不同需求。第 5 章围绕 Service 进行深入讲解，涉及服务发现、DNS、IPv6 及 Ingress 等高级特性。

第 6、7 章全面且深入地讲解 Kubernetes 的运行机制和原理，涉及 API Server、Controller Manager、Scheduler、kubelet、kube-proxy 等核心组件的作用、原理和实现方式，可以让读者加深对 Kubernetes 的整体认知，在遇到问题时能更快地找到解决方案。

第 8、9 章主要讲解 Kubernetes 运维方面的技能和知识，涉及集群多租户模式下的资源管理方案、Pod 的 QoS 管理，以及基于 NUMA 资源亲和性的资源分配管理、Pod 调度、故障排查等。

下册的内容架构如下。

第 1、2 章围绕 Kubernetes 认证机制和安全机制进行深入讲解，既有实例介绍，又有深入分析，可以让读者更容易理解 Kubernetes 中的认证机制、授权模式、准入控制机制，以及 Pod 的安全管理机制。

第 3、4 章围绕容器网络和 Kubernetes 网络进行深入讲解。第 3 章讲解容器网络基础，对局域网、互联网和常见网络设备等知识进行介绍；第 4 章讲解 Kubernetes 网络的原理，对 Kubernetes 网络模型、CNI 网络模型、开源容器网络方案都做了详细介绍，对 Kubernetes 防火墙相关的网络策略也做了相关分析。

第 5、6 章围绕 Kubernetes 存储进行深入讲解，涉及持久卷相关的 PV、PVC、StorageClass、静态和动态存储管理，以及 CSI 存储机制的原理和发展状况。

第 7、8 章围绕 Kubernetes API 和开发实战进行讲解，涉及 Kubernetes 资源对象、Kubernetes API、CRD 和 Operator 扩展机制，以及如何通过 swagger-editor 快速调用和测试 Kubernetes API，并针对 Operator 开发给出完整的示例说明。

第 9 章对 Kubernetes 开发中的新功能做了一些补充说明，包括 Kubernetes 对 Windows 容器的支持、如何在 Windows Server 上部署 Kubernetes、Kubernetes 对 GPU 的支持和发展趋势、Kubernetes 的自动扩缩容机制等，对 Kubernetes 的生态系统与演进路线也进行了深入讲解。

附录 A 深入讲解了 Kubernetes 的核心服务配置。

读者服务

我们为读者提供了配套源码及读者交流群，读者可参考本书封底的“读者服务”获取配套源码下载链接，以及加入本书读者交流群。

致谢

感谢神州数码集团及领航磐云的大力支持。

感谢电子工业出版社工作严谨、高效的张国霞编辑，她在成书过程中对笔者的指导、协助和鞭策，是本书得以完成的重要助力。

目录

第 1 章 深入理解 Kubernetes 的安全机制

Kubernetes 集群是一个具有严格的访问控制机制的安全系统，它的安全原则建立在所有程序和代码都不可信这一基础上，因此要求不论是 Kubernetes 的内部组件，还是集群的用户，再或者用户部署的 Pod 应用，都必须遵循以下基本安全原则。

◎ 拥有集群颁发或者认证（Authentication）的合法身份。
◎ 访问者和服务提供方都可以双向验证对方的合法身份，杜绝伪造身份的可能性。
◎ 访问者使用自己的合法身份去访问受保护的 API。
◎ 服务提供方必须首先对访问者进行身份鉴权，然后根据访问者的角色和拥有的授权（Authorization），决定是否提供服务。

Kubernetes 通过一系列机制来实现对集群的安全控制，主要包括以下几方面。

◎ 对用户、账号及访问凭证的管理和用户认证机制。
◎ 以 API Server 的安全为核心，兼顾其他核心组件提供服务的安全控制。
◎ 适用于不同场景的账号及角色授权机制。
◎ 对用户应用的安全控制。

通过以上机制，Kubernetes 实现了以下安全目标。

◎ 系统的安全：核心是组件间边界的划分，按照最小权限原则，合理限制所有组件的权限，确保组件只执行它被授权的行为，通过限制单个组件的能力来限制它的权限范围。
◎ 用户访问的安全：基于角色的访问权限机制，区分普通用户和管理员的角色，必要时允许为特定用户赋予更大的权限。
◎ 应用程序的安全：允许拥有 Secret 数据（Keys、Certs、Passwords）的应用在集群中运行，避免容器给宿主机操作系统、Kubernetes 基础设施或其他容器和应用带来干扰。

本章分别从用户和账号、认证、授权等方面对 Kubernetes 的安全机制进行详细介绍。

1.1　Kubernetes 的常规认证机制

下面讲解 Kubernetes 的常规认证机制。

1.1.1 数字证书认证

1. HTTPS 与数字证书

我们先看看广泛流行的 HTTP。HTTP 是一个 ASCII 明文协议，其主要内容包括协议头（HTTP Header）、内容（Body）及附带的多媒体内容（图像、视频文件），这些都是以 ASCII 字符形式传输的，其中不可打印的二进制内容也以 Base64 编码方式转换为 ASCII 字符。此外，基于 HTTP 的认证，包括基于 Basic 的认证和基于 Form 表单的认证，也都会传输明文密码。因此，HTTP 是一个不安全的协议。为了深刻理解这个问题，我们需要了解一些网络基本知识。

◎ 在从客户端电脑到目标服务器的通信路径上，会有很多交换机、路由器、防火墙及代理服务器，比如最常见的 HTTP 代理服务器，这些服务器都有机会嗅探到经过报文的数据，并且这些服务器由不同的公司机构管理。

◎ 出于安全监管及运维的需要，一些服务商需要把通过自己网络的数据保留一段时间，这些数据通常以网络原始报文的方式存储，除了服务商内部的相关人员，合作友商也可能接触这些数据。

◎ 以赚钱和诈骗为目的的网络犯罪行为在互联网上普遍存在，这些电信诈骗组织和个人可能在用户与目标服务器之间的通信链路上架设代理服务器，先窃听客户发送的报文并破解密码和 Token，再以客户的身份伪造报文，与目标服务器通信，获取个人隐私数据，从而获利。

所以，只要是用明文方式在互联网上通信，不管是 HTTP 还是其他文本协议，都可能被通信路径上的第三人（或者 AI）盗取、篡改和伪造数据。我们只需深刻理解这一点，就容易理解基于 HTTPS 和数字证书的认证机制了。

另外，还需要理解数据的加密和解密机制，主要包括以下概念。

◎ 加密用的密钥（Secret）越长，加密强度越高，加密越安全，但代价是消耗的 CPU 越多。服务众多用户的服务器需要权衡这个问题。

◎ 加密分为对称加密和非对称加密两类。在对称加、解密的过程中，双方使用同一个密钥，安全系数中等，优势是加、解密速度极快，适合加密大量数据。常见的对称加密算法有 DES、AES 等，但是对称加密的难点之一是分享和保护公用的密钥。非对称加密则有一对匹配的密钥，可以理解为一把钥匙只能打开一个锁，数据加密方持有私钥并且只有自己知道私钥，对应的公钥则可以在互联网上安全分发，这是因为非对称加密有一个独特的优势：通过私钥加密的数据，只能通过自己的公钥解密。同时，通过公钥加密的数据，也只能通过自己知道的私钥解密。如此一来，持有公钥的人用公钥发送的数据，只有持有对应私钥的主人才能解密，这就非常适合在互联网中应用了。常见的非对称加密算法有 RSA 和 ECC。但是，非对称加密也有一个明显的劣势，就是加、解密速度很慢，资源消耗高，不适用于大量数据的加、解密过程。因此，将对称加密和非对称加密结合使用，在确保数据安全性的同时，也能提升加、解密性能，减少服务器资源消耗，成为 HTTPS 的关键技术。

通过上述分析可以知道，对称加密的优点是加、解密速度极快，但是无法在互联网上安全传输密钥；而非对称加密的公钥可以在互联网上安全传输，并且公钥加密的数据只能通过对应的私钥解密。所以，可以让服务器先把自己的公钥以明文方式传输给对方，然后客户端随机生成一个用于后续数据传输加密的对称密钥，再使用服务器的公钥加密后发给服务器，服务器收到后用自己的私钥解密，这样就完美解决了对称加密安全传输密钥的难题。接下来，通信双方使用这个临时密钥加、解密通信数据，即使中途有人截获了数据，也会因为没有密钥而无法解密，以上就是 TLS/SSL 安全传输的基本原理。而 HTTPS=HTTP+TLS/SSL。

实际上，TLS/SSL 还包括签名数字证书这一基础设施，这是因为在以上非对称加密过程中，服务器的公钥存在一个严重漏洞：由于公钥传输是明文形式的，因此通信链路中的“中间人”是有机会拦截这个公钥数据报文并把自己的公钥发送给客户端的。如果这种情况发生，则“中间人”可以破解客户端发送的对称加密用的密钥。随后，客户端与服务端之间的数据通信对“中间人”而言是“完全透明”的。弥补这个漏洞的关键是客户端能判断自己收到的证书是否真的是目标服务器的证书，于是出现了数字证书和证书担保人的概念。

首先，数字证书将非对称加密的公钥数据标准化、商品化，它相当于一个公司或组织机构的营业执照。以目前广泛使用的 X.509 数字证书为例，数字证书以规范化的方式公开了以下信息。

◎ Subject 属性，证书持有者的身份信息，以地域、公司、组织、部门的层级关系给出了证书持有者的身份和唯一标识，全球通用。其中 CN（Common Name）最为重要，表示证书持有者的名称。
◎ 公钥，证书持有者的公钥，任何人都可以查看和使用。
◎ 签名信息，由数字证书担保人对本证书进行签名，任何人都可以用这个签名来验证该证书的内容真实，没有被伪造。

这里所说的证书担保人其实就是互联网中的 CA（Certificate Authority）机构或组织。

主要负责管理和销售数字证书，确切地说，它通过对其他组织和个人的数字证书进行“签名”来为用户颁发权威、有效的证书。通常来说，签名的有效期是一年，证书过期之后还要继续“签名”才能使用。全球知名的根 CA 证书机构如下。

◎ DigiCert：是美国也是全球最大的 CA 机构，全球 500 强客户市场占有率超 80%。

◎ VeriSign：有域名登记、数字证书和网上支付三大主要业务，而数字证书是其核心业务，其 SSL 证书被全球 500 强中 93%的企业选用，在 EV SSL 中占有 75%的市场，被全球前 40 大银行选用。在全球 50 大电子商务网站中，有 47 个网站选用 VeriSign 的 SSL 证书。共有超过 50 万个网站选用 VeriSign 的 SSL 证书。

◎ Sectigo（原 Comodo CA）：是全球 SSL 证书市场占有率最高的 CA 机构。

◎ GlobalSign：是全球知名的数字证书颁发机构，也是全球最早的 CA 机构之一，其全球证书发行量超过 2000 万，为各类企业提供 CA 证书服务。其 SSL 证书产品在电商行业中深受欢迎。

◎ Thawte：由南非的 Mark Shuttleworth 创立，Thawte SSL 证书产品占据了全球 SSL 证书市场的 40%，是全球第三大数字证书颁发机构。

为了方便验证证书的信息，在操作系统中普遍内置了这些知名 CA 机构的证书，并将其作为“根证书”。比如，在 Windows 操作系统中可以通过运行 certmgr.msc 命令来查看内置的根证书，如图 1.1 所示。

图 1.1 Windows 操作系统内置的根证书

在 Linux 操作系统中，根证书一般被保存在/etc/ssl/certs 目录下，在 ca-budle.crt 与 ca-bundle. trust.crt 中包含了多个 CA 根证书：

```
# ls /etc/ssl/certs
ca-bundle.crt  ca-bundle.trust.crt  make-dummy-cert  Makefile  renew-dummy-cert
```

当然，用户也可以自行创建一个“自签名证书”，如在私有环境中为 etcd、kubernetes 等系统创建 CA 证书。

有了 CA 根证书，就可以为其他客户或系统签发数字证书了。这里在讲解签名机制之前，先讲解 Hash 摘要算法。由于非对称加密算法的加密速度较慢，因此，在保证加密强度的前提下，为了提升效率，需要尽量缩短加密内容的长度，Hash 摘要算法就是为实现这一目标而设计的。Hash 摘要算法又称哈希算法、散列算法，该算法的特别之处是可以将任意长度的数据转换成固定长度的数据，转换后的结果被称为原文的摘要（Digest），也被称为哈希值。Hash 摘要算法能够确保如果原始数据不同，生成的摘要结果一定不同，并且这个转换算法是不可逆的，即无法从摘要结果反推原文，以确保安全。Hash 摘要算法最典型的应用如下。

◎ 配合非对称加密算法，以提高加、解密的性能。
◎ 对文件进行 Hash 摘要，并把摘要与文件一起提供给客户下载，客户可以对比计算文件的摘要值与网站提供的摘要值，以验证文件没有被人为改变并且是完整的。

常见的 Hash 摘要算法有以下几种，其中摘要算法名称中的数字表示输出二进制数据的位数，越长越安全，并且 MD5 与 SHA-1 系列已经被攻破，安全系数较低，不建议在重要场景中使用。

◎ MD5：输出 128bit 的二进制摘要。
◎ SHA-1：输出 160bit 的二进制摘要。
◎ SHA-2 系列：包括 SHA-224、SHA-256、SHA-384、SHA-512。
◎ SHA-3 系列：包括 SHA3-224、SHA3-256、SHA3-384、SHA3-512。

在讲解完 Hash 摘要算法后，再来讲解数字证书签名过程。数字签名（Digital Signature）也叫作数字指纹（Digital Fingerprint），是消息的 Hash 摘要算法和非对称加密算法的结合，既能验证数据的完整性，也能追溯认证数据的真实来源。而数字证书签名就是数字签名的一种应用场景。

数字签名的过程：对于一段原始数据，一般来说是文本文件，证书持有者先用某种 Hash 摘要算法对原始数据进行计算，得到一个摘要，然后用自己的私钥对其加密，由于加密后的结果是二进制的，不便于展示和人为识别，所以，通常会通过 Base64 编码将其转为 ASCII 字符串，因为其他人无法伪造这个字符串，所以这个字符串就有亲笔签名（Digital Signature）或指纹（Digital Fingerprint）的替代功能。当签名者把这段原始数据附带这个签名字符串一起发送给接收方时，接收方只要用签名者公开的公钥即可验证签名的真伪。

签名验证的具体方式：首先，用同样的 Hash 摘要算法根据原始数据计算出新的摘要值；然后，用签名者的公钥对签名指纹进行解密，得到原始的摘要值，在这个过程中同时验证了公钥与私钥的匹配性，即是否是一对；最后，对比两个摘要值，如果相同，则表明原始数据没有被修改过，可以信任。

因为数字证书签名结合了 Hash 摘要算法和非对称加密算法，所以其算法也结合了二者，比如较常使用的签名算法是 SHA256withRSA，是 SHA-256 摘要算法和 RSA 非对称加密算法的结合，简称 RS256 签名算法。Kubernetes 的 Service Account Token 就采用了 RS256 签名算法。

数字证书的签名有一个特殊性，即它由另外一个数字证书持有者用自己的私钥进行签名，并且把签名信息保存在签名后的客户数字证书里。因此，我们看到的网站上的数字证书，都有对应的签名者（颁发者）信息。如图 1.2 所示，百度网站的签名证书显示由 GlobalSign 签发，有效期为一年，CN 名字为 baidu.com，但是没有国家、地域等信息。此外，我们看到，这个证书是用 SHA-256 摘要算法进行签名的。结合图 1.3 中的内容可以看到，证书有一个层次结构，这个层次结构就是证书链，类似 DNS 域名的组织结构，数字证书也有顶级 CA 机构和下级 CA 机构的存在，顶级 CA 机构先为下级 CA 机构颁发和签名证书，然后下级 CA 机构可用自己签名的证书继续为下级证书签名，这样就组成了证书链。在进行证书验证的过程中需要对整个证书链上的证书进行检查，直到证书链的根证书。只有所有证书的签名和合法性验证都成功通过，才能认定当前证书是可信的。

由于加、解密算法对于数据安全来说至关重要，因此国密标准系列的算法也很常用，包括 SM1、SM2、SM3、SM4 等。其中，SM1 为对称加密算法，其加密强度与 AES 相当，该算法不公开，调用该算法时，需要通过加密芯片的接口进行调用。SM2 为非对称加密算法，基于 ECC，该算法已公开，与 RSA 相比，在相同密钥长度下，其安全性能更高、计算量更小、处理速度更快，存储空间占用小。SM3 为 Hash 消息摘要算法，类似 MD5，该算法已公开，摘要结果为 256bit。SM4 是无线局域网标准的分组数据算法，为对称加密算法，密钥长度和分组长度均为 128bit。

图 1.2　百度网站的签名证书（上）

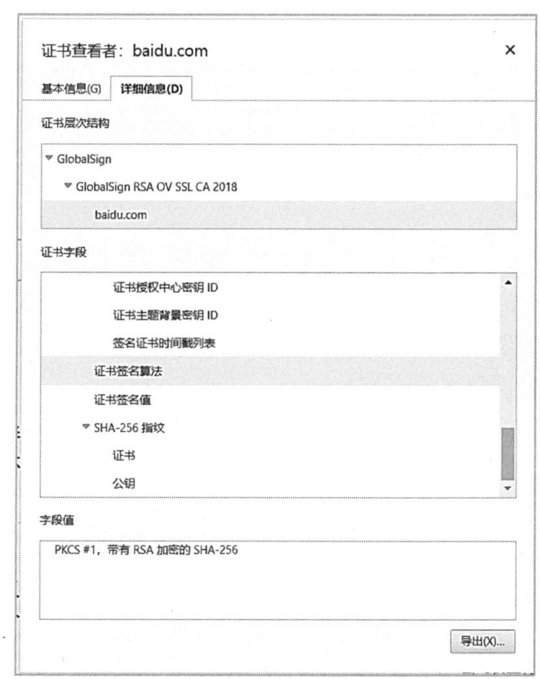

图 1.3　百度网站的签名证书（下）

最后总结一下有关 CA 证书和 HTTPS 的一些重要结论。

◎ 根证书在整个证书体系中的作用很关键，通信双方都需要用根证书验证对方的证书真伪。

◎ 除了互联网权威机构颁发的证书，也可以自己制作自签名的 CA 根证书，并使用这个根证书来签发其他证书。

◎ HTTP 通信过程是对数据加过密的。

如图 1.4 所示，双向 HTTPS 认证的工作流程如下。

（1）HTTPS 通信双方的服务端向 CA 机构申请证书，也可以自建内部 CA 基础设施，用来颁发和签名数字证书给内部申请者。

（2）CA 机构在制作好证书并签名后，将其颁发给申请者。

（3）客户端向服务端发起请求，服务端下发服务端证书给客户端。客户端在收到服务端发来的证书后，会通过 CA 机构提供的 CA 根证书来验证服务端发来的证书的合法性，以确定服务端的身份。

（4）客户端发送客户端证书给服务端，服务端在收到客户端发来的证书后，会通过 CA 机构提供的 CA 根证书来验证客户端发来的证书的合法性，以识别客户端的身份。

（5）服务端和客户端在协商好后续采用哪种对称加密算法后，客户端会产生一个对称加密算法用的随机密钥，用服务端证书中的公钥进行加密，并发送到服务端，服务端在用自己的私钥解密后，双方通信的所有内容都通过该随机密钥加密后发送。

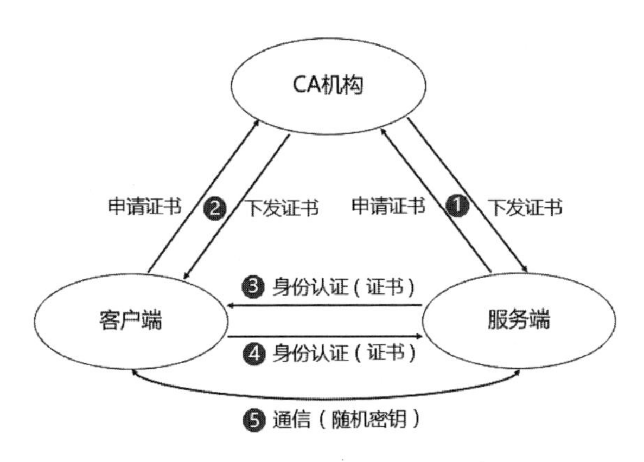

图 1.4　双向 HTTPS 认证的工作流程

上述是双向 HTTPS 认证的工作流程，在这种情况下，要求服务器和用户双方都拥有证书。单向认证协议则不需要客户端拥有 CA 证书，对于上述过程，只需将服务端验证客户证书的过程去掉即可。

2. Kubernetes 的数字证书认证机制

基于数字证书的用户身份认证是最安全的认证方式之一，特别是双向数字证书认证。在进行双向数字证书认证时，客户端也要检查服务端提供的证书是否合法，通信双方都无法伪造身份。因此，Kubernetes 集群主要采用了基于数字证书的认证机制。为了贯彻数字证书方式的安全机制，Kubernetes 很早就取消了 API Server 的 HTTP 访问端口，在整个集群范围内强制使用数字证书提供安全访问，并且在 Kubernetes 组件之间的服务调用和通信过程中实现了双向数字证书认证机制，引入了一套 PKI 证书管理机制，实现了证书的颁发、签名、吊销、延期等功能。

当采用双向数字证书认证方式时，双方都要持有 CA 根证书，用来验证对方的证书是否合法，即拥有 CA 根证书的签名。此外，数字证书中的 CN 属性值就代表着用户名，或者自己的账号。下面以 kubectl 与 API Server 之间的双向数字证书为例来解释这个过程。

可以通过 kubectl config view 命令查看 kubectl 当前使用的证书的相关数据：

```
# kubectl config view --raw
apiVersion: v1
clusters:
- cluster:
    certificate-authority-data: xxxxxxxxxxxxxxxxxxxxx
    server: https://192.168.18.3:6443
  name: kubernetes
contexts:
- context:
    cluster: kubernetes
    user: kubernetes-admin
  name: kubernetes-admin@kubernetes
current-context: kubernetes-admin@kubernetes
kind: Config
preferences: {}
users:
- name: kubernetes-admin
  user:
    client-certificate-data: yyyyyyyyyyyyyyyy
    client-key-data: zzzzzzzzzzzzz
```

其中，certificate-authority-data 的内容是 CA 证书，client-certificate-data 是客户端证书，client-key-data 是客户端私钥，均为经过 Base64 编码的字符串格式。

可以用 base64 -d 命令解码上述内容并保存成对应的文件：

```
# echo "xxxxxxxxxxxxxxxxxxxxx" | base64 -d
-----BEGIN CERTIFICATE-----
MIIDBTCCAe2gAwIBAgIIHiwapaT49tYwDQYJKoZIhvcNAQELBQAwFTETMBEGA1UE
AxMKa3ViZXJuZXRlczAeFw0yMzA4MTgwNDExMDFaFw0zMzA4MTUwNDE2MDFaMBUx
EzARBgNVBAMTCmt1YmVybmV0ZXMwggEiMA0GCSqGSIb3DQEBAQUAA4IBDwAwggEK
AoIBAQDKjFBNz2L1GBxIZb9828OzuRlaTT7YxDH2PPeqbRQL5taHI4kHQHykgQZN
SU+4HZ/BAjMWt2dQGdp7J3Z0Nq84IbHxOr4BQ3O1KAAhu4OS1/u5BzvMDz5i3Nb+
NtlgX74nMcHILP2BPxbcw372inQcLzZQUwAZDd47B9gKnF7WzZ0Yv2BOc9hnhZwz
lnAgpnQC6vGEBpyKtlEnZ8mhAFAGas/N3XSwZnDnJJm8BXbzZI+t0RdZTYqLUJur
PFY04qzF+UvKp5zoW/ti0dfIUiQ9Uv7PMGftObmVxiht1wkjDlVfXmN7RzlL54uq
IP1CZ3eUsuj2XZG0jQQtxNpLMTqzAgMBAAGjWTBXMA4GA1UdDwEB/wQEAwICpDAP
BgNVHRMBAf8EBTADAQH/MB0GA1UdDgQWBBTOHTJytSqcIQ2XOfDPm6951lX4pDAV
BgNVHREEDjAMggprdWJlcm5ldGVzMA0GCSqGSIb3DQEBCwUAA4IBAQC6ZRxSpCaW
aIVLW9BLllaShNkTWgp44f+5rWWdZaZrPIveS7z2GnUAzau8OU99K4yKq90y42B+
```

```
8Qz4poDC04d2oKTXawKJHT+0pt15MsKvhjbPyE68w1dpeloM1dF9JS2sganbakK5
bjryuySrLHdLTpkk51Hj9+3VBHNWw1VVzKqGbWOUST65j9aqjMTStUPa8BJ5A2ds
5FcYR9cA1QELAaoiWwFKR7aiYqZA81VWMiDvk0PoljaTZXd2SNoLtL/0ickPYOT9
Muq2JYLaoKhvtEWFtTyl4VQLoVlFGiYMpn28jyzki3ngSriu6VYIh1cjN8r+OCqf
bxCBxqxA7IXu
-----END CERTIFICATE-----
```


先把上述输出的证书结果保存成 ca.crt 文件，然后使用 openssl x509 命令查看证书的明文内容，例如：

```
# openssl x509 -in ca.cert  -text -noout
Certificate:
    Data:
        Version: 3 (0x2)
        Serial Number: 2174142018852812502 (0x1e2c1aa5a4f8f6d6)
    Signature Algorithm: sha256WithRSAEncryption
        Issuer: CN=kubernetes
        Validity
            Not Before: Aug 18 04:11:01 2023 GMT
            Not After : Aug 15 04:16:01 2033 GMT
        Subject: CN=kubernetes
        Subject Public Key Info:
            Public Key Algorithm: rsaEncryption
                Public-Key: (2048 bit)
                Modulus:
......
```

关键信息如下。

◎ 证书的签发者（CA）：Issuer: CN=kubernetes。

◎ 有效期：Not After : Aug 17 04:16:02 2024 GMT。

◎ 证书的 CN 名字：Subject: CN=kubernetes-admin。

证书 Subject 的信息代表用户身份，它也是很多权限系统中的专用术语。在 Kubernetes 中，证书 Subject 中的 CN 部分代表用户。上述 CA 证书是根证书，因为它的签发者是自己（Issuer: CN=kubernetes），它用来给其他证书签名。因为证书有一个有效期，因此在证书到期之前，需要做续期操作。

接下来看看 kubectl 所用的客户端证书信息：

```
# openssl x509 -in client.crt  -text -noout
Certificate:
```

```
    Data:
        Version: 3 (0x2)
        Serial Number: 6560912774494531876 (0x5b0d0b683e11b124)
    Signature Algorithm: sha256WithRSAEncryption
        Issuer: CN=kubernetes
        Validity
            Not Before: Aug 18 04:11:01 2023 GMT
            Not After : Aug 17 04:16:02 2024 GMT
        Subject: O=system:masters, CN=kubernetes-admin
        Subject Public Key Info:
            Public Key Algorithm: rsaEncryption
                Public-Key: (2048 bit)
```

可以看到客户端证书中的CN为 kubernetes-admin，因此对应账号是kubernetes-admin，它是由之前的 CA 根证书签发的。当 kubectl（客户端系统）通过 HTTPS 协议向 API Server 发送请求时，API Server 会将自己的 CA 根证书返给 kubectl，kubectl 通过 CA 根证书对 API Server 的证书进行合法性验证。这个过程与使用 openssl verify 命令进行手工验证的过程是相同的：

```
# openssl verify -CAfile ca.cert /etc/kubernetes/pki/apiserver.crt
/etc/kubernetes/pki/apiserver.crt: OK
```

接下来，kubectl（客户端）会检查服务器证书中声明的域名（或 IP 地址）与实际请求的域名相符，才最终确定对方身份真实可靠。下面是 API Server 的证书信息：

```
# openssl x509 -in /etc/kubernetes/pki/apiserver.crt  -text -noout
Certificate:
    Data:
        Version: 3 (0x2)
        Serial Number: 5288957140014628488 (0x4966267f2ad67e88)
    Signature Algorithm: sha256WithRSAEncryption
        Issuer: CN=kubernetes
        Validity
            Not Before: Aug 18 04:11:01 2023 GMT
            Not After : Aug 17 04:16:01 2024 GMT
        Subject: CN=kube-apiserver
        Subject Public Key Info:
            Public Key Algorithm: rsaEncryption
                Public-Key: (2048 bit)
        X509v3 extensions:
            X509v3 Subject Alternative Name:
```

```
                    DNS:192.168.18.3, DNS:kubernetes, DNS:kubernetes.default,
DNS:kubernetes.default.svc, DNS:kubernetes.default.svc.cluster.local, IP
Address:169.169.0.1, IP Address:192.168.18.3
```

在 API Server 的证书中，有一个重要的扩展属性 SAN（Subject Alternative Name），记录了它所在服务器的域名和 IP 地址。因为 CN 名只能有一个值，所以基于这个扩展属性，就可以添加多个域名和 IP 地址，甚至可以是邮箱地址和 URL 地址。kubectl 在检查服务器证书中声明的域名（或 IP 地址）与实际请求的域名是否相符时，就是查看证书中的 SAN 属性是否包含当前请求地址的 IP 地址或域名。如果在 Kubernetes 的日志中发现类似下面的错误，就表明服务器的证书缺失 SAN 扩展属性，或者 SAN 中的 IP 地址有问题：

```
    cannot validate certificate for 192.168.101.101 because it doesn't contain any
IP SANs". Reconnecting...
```

总结一下，kubectl 会对 API Server 的证书做如下检查。

◎ 服务器证书是否可信：CA 根证书验证。
◎ 服务器证书是否过期：证书中的有效期验证。
◎ 服务器证书域名和客户端请求域名是否一致：证书的 SAN 与请求域名验证。

服务器对 kubectl 证书的验证，不做最后一步域名的验证，这是因为 kubectl 是客户端程序，不提供服务，但是 Kubernetes 集群中的其他服务型组件，如 kubelet、kube-controller-manger、kube-proxy、kube-scheduler，都会完成对证书的所有检查。

在证书检查通过以及服务端和客户端的认证过程结束后，就可以正确建立网络连接进行通信了。接下来就是对服务的访问进行权限管理。Master 会判断客户端的身份是否被授权访问对应的资源，将在下一节进行说明。此外需要说明的是，kubectl 也可以采用基于 Service Account Token 的认证方式来连接 API Server。

1.1.2 Service Account 认证

1. Service Account 概述

Kubernetes 集群除了可以为用户（User 或 Group）提供服务，还可以为各种系统提供服务，通常包括运行在集群中的客户端 Pod。对于这些客户端角色的 Pod 认证，有两个挑战需要解决。

◎ 数量众多，可能存在成百上千个 Pod。

◎ 变动频繁，生命周期短暂，可能只存在几分钟、几小时或几天。

在这种情况下，如果给每个 Pod 都颁发一个证书并签名，则会面临很大的工作量，极大地增加了系统的运维复杂度，并且容易出错。因此，不能像对用户一样，为系统也颁发各自独立的数字证书。Kubernetes 引入了面向系统的 Service Account 认证机制，同样基于数字证书认证机制，安全性更高。

在 Service Account 认证机制下，用户名是资源对象 Service Account 的名称，密码则可以是 Service Account Token，系统将其保存在一种类型为 kubernetes.io/service-account-token 的 Secret 资源对象中。由于 Service Account Token（可理解为对 Service Account 的 Token）是 Kubernetes 用数字证书生成的，因此无法伪造。下面通过一个 Pod 示例对 Service Account 认证机制进行分析和说明：

```
# mybusybox.yaml
apiVersion: v1
kind: Pod
metadata:
  name: mybusy-box
spec:
  containers:
  - name: command-demo-container
    image: busybox
    command: ["sleep","3600"]
  restartPolicy: OnFailure

# kubectl create -f mybusybox.yaml
pod/mybusy-box created
```

下面查看 mybusy-box 的详细信息，主要查看其中的 Service Account 相关信息：

```
# kubectl get pods mybusy-box -o yaml
apiVersion: v1
kind: Pod
...
spec:
  containers:
   ...
    volumeMounts:
    - mountPath: /var/run/secrets/kubernetes.io/serviceaccount
      name: kube-api-access-lp77t
      readOnly: true
```

```
  serviceAccount: default
  serviceAccountName: default
  volumes:
  - name: kube-api-access-lp77t
    projected:
      defaultMode: 420
      sources:
      - serviceAccountToken:
          expirationSeconds: 3607
          path: token
      - configMap:
          items:
          - key: ca.crt
            path: ca.crt
          name: kube-root-ca.crt
```

Kubernetes 自动为 Pod 设置 Service Account 相关信息的机制如下。

◎ 如果没有通过 serviceAccountName 属性指定使用哪个 Service Account，则会使用 Pod 所在 Namespace 的 default ServiceAccount。

◎ Service Account Token 是以 Projected Volume 方式映射到 Pod 容器的，文件全路径为 var/run/secrets/kubernetes.io/serviceaccount/token，容器中的用户进程可以从中读取 Token 数据用于身份认证。

◎ Service Account Token 具有有效期，默认是 1 小时。

◎ CA 根证书也以 Projected Volume 方式映射到 Pod 容器，用来验证 API Server 和 Kubernetes 其他服务组件的证书。

◎ Service Account 的完整用户名为 system:serviceaccount:<namespace>:<serviceaccount name>。

◎ 在创建新的命名空间时，会生成一个默认的名为 default 的 Service Account。

2. Service Account Token 令牌

Kubernetes 在 v1.22 版本之前，会为 Service Account 自动创建一个 Secret 资源用于保存访问 API Server 的凭据，并将其自动挂载到 Pod 内。Kubernetes 到 v1.22 版本时，TokenRequest API 达到 Stable 阶段，kubelet 正是通过调用 API Server 的 TokenRequest API 来获取一个有时效的 Service Account Token，再将其绑定到 Pod 中。在 TokenRequest API 中对 Token 的格式做了重大升级，再次提升了 Token 的安全性，主要体现如下。

◎ 给 Token 增加了 audiences 属性，用于存放服务提供方（资源方）的 id 列表，表示当前 Token 仅用于访问这些服务或资源，不能用于其他服务，当 audiences 属性未被设置时，默认为 kube-apiserver。

◎ 给 Token 增加有效期，默认为 1 小时。因此对于绑定到 Pod 中的 Token，kubelet 会定期更新，避免其失效。

老版本的 Token 通过 Kubernetes Secret 资源对象发布，并没有严格的访问许可限制，可以绑定任意 Pod。新版本的 Token 则被绑定到具体的 Pod 实例，并且通过 audiences 属性限定其用途，即形成 Bound Service Account Token 机制，该机制在 Kubernetes v1.20 版本时达到 Stable 阶段。Kubernetes 在 v1.24 版本中增加了通过 kubectl 命令行获取 Service Account Token 的方式。例如：

```
# 以 Service Account myapp 的名义获取一个 Token
kubectl create token myapp
kubectl create token myapp --namespace myns

# 限定 Token 的过期时间
# Request a token with a custom expiration
kubectl create token myapp --duration 10m

# 限定 audience 属性
kubectl create token myapp --audience https://example.com

# 在获取 Token 的同时，将 Token 绑定到名称为 mysecret 的 Secret 上
kubectl create token myapp --bound-object-kind Secret --bound-object-name mysecret
```

下面是以名称为 default 的 Service Account 的名义申请的一个 Token，可以看到 Token 由两个“.”分割成的三部分构成：

```
# kubectl create token default
eyJhbGciOiJSUzI1NiIsImtpZCI6ImhKekN5VDd4WGMyaW0wTlEzNThreVVaTU5IakhmQk11VWJPTGI3X0NMaEEifQ.eyJhdWQiOlsiaHR0cHM6Ly9rdWJlcm5ldGVzLmRlZmF1bHQuc3ZjLmNsdXN0ZXIubG9jYWwiXSwiZXhwIjoxNzAzMTE0MzI5LCJpYXQiOjE3MDMxMTA3MjksImlzcyI6Imh0dHBzOi8va3ViZXJuZXRlcy5kZWZhdWx0LnN2Yy5jbHVzdGVyLmxvY2FsIiwia3ViZXJuZXRlcy5pbyI6eyJuYW1lc3BhY2UiOiJkZWZhdWx0Iiwic2VydmljZWFjY291bnQiOnsibmFtZSI6ImRlZmF1bHQiLCJ1aWQiOiJjOWY2NGMyNy1lNmM5LTQxZDgtYmM4OC1jNDNmZDA3MmM3NzUifX0sIm5iZiI6MTcwMzExMDcyOSwic3ViIjoic3lzdGVtOnNlcnZpY2VhY2NvdW50OmRlZmF1bHQ6ZGVmYXVsdCJ9.PEgDp2efEXqkBRuFWN8V4uNKkwnphSxkYJWI6fPSrA03OFoqg4pREqjTRCEXuFaa2yD519g_9ufd3FWzMyY9dYlJ9gblQ_4mwGWjoCIeWU_A1MXCJH6I5uZzFLqe4NAq60eaILXFNe1whScLD_ZbbNKU0AGHQcuV8DiBWmj4HpFCbRsroVG71Pa27eGg
```

```
9S5uJ0e09YWKgX4ICOaJaxwYQZuBXgrtXJmuxZPG5Q1aXbWc206MnsXJKtrSGXgBz1x4qhFS30508xMq
WVoRMLLm8A0JY8C0jgK_rqWOk8HA_PPF1p4OAkPaaedxxoUFJlprg4sG7-grfpva1Bdvy6Nx9A
```


这个 Token 是 JWT（JSON Web Token）格式的，其头部（Header）和载荷（Payload）在进行编码之前都是 JSON 格式的数据。通常有两种方式对其进行解析，一种方式是把它的内容复制到 jwt.io 网站中进行解析，另一种方式是手动解析，JWT 的格式如下：

```
    base64UrlEncode(Header) + "." + base64UrlEncode(Payload)+ "." +
base64UrlEncode(Signature)
```

以“.”为分隔符，第 1 部分是 Base64 编码的 Header，第 2 部分是 Base64 编码的 PayLoad，第 3 部分是 Base64 编码的 Signature。于是 Token 的内容解析如下。

Header 部分解析如下：

```
    # echo
"eyJhbGciOiJSUzI1NiIsImtpZCI6ImhKekN5VDd4WGMyaW0wTlEzNThreVVaTU5IakhmQk11VWJPTGI
3X0NMaEEifQ" | base64 -d | python -m json.tool
    base64: invalid input
    {
        "alg": "RS256",
        "kid": "hJzCyT7xXc2im0NQ358kyUZMNHjHfBMuUbOLb7_CLhA"
    }
```

Payload 部分解析如下：

```
    # echo
"eyJhdWQiOlsiaHR0cHM6Ly9rdWJlcm5ldGVzLmRlZmF1bHQuc3ZjLmNsdXN0ZXIubG9jYWwiXSwiZXh
wIjoxNzAzMTE0MzI5LCJpYXQiOjE3MDMxMTA3MjksImlzcyI6Imh0dHBzOi8va3ViZXJuZXRlcy5kZWZ
hdWx0LnN2Yy5jbHVzdGVyLmxvY2FsIiwia3ViZXJuZXRlcy5pbyI6eyJuYW1lc3BhY2UiOiJkZWZhdWx
0Iiwic2VydmljZWFjY291bnQiOnsibmFtZSI6ImRlZmF1bHQiLCJ1aWQiOiJjOWY2NGMyNy11NmM5LTQ
xZDgtYmM4OC1jNDNmZDA3MmM3NzUifX0sIm5iZiI6MTcwMzExMDcyOSwic3ViIjoic3lzdGVtOnNlcnZ
pY2VhY2NvdW50OmRlZmF1bHQ6ZGVmYXVsdCJ9" | base64 -d | python -m json.tool
    {
        "aud": [
            "https://kubernetes.default.svc.cluster.local"
        ],
        "exp": 1703114329,
        "iat": 1703110729,
        "iss": "https://kubernetes.default.svc.cluster.local",
        "kubernetes.io": {
            "namespace": "default",
            "serviceaccount": {
```

```
            "name": "default",
            "uid": "c9f64c27-e6c9-41d8-bc88-c43fd072c775"
        }
    },
    "nbf": 1703110729,
"sub": "system:serviceaccount:default:default"
}
```

Signature 部分在通过 Base64 解码后是二进制形式的字符串，此处不再解析。

该 Token 的完整 JWT 结构体如下：

```
header:{
    "alg": "RS256",Hash 算法的一种，RS256 是一种非对称签名算法，使用公钥/私钥对
    "kid": "hJzCyT7xXc2im0NQ358kyUZMNHjHfBMuUbOLb7_CLhA", JWKS 是一种发布公钥的
方式，还有其他方式，比如安装证书，kid 用于表明在一组 JWK 公钥列表（证书）中指定某个公钥 JWK
}
Payload:{
    "aud": [
        "https://kubernetes.default.svc.cluster.local"
    ], audiences 属性，默认是 Kubernetes API Server
    "exp": 1703114329,Token 过期时间
    "iat": 1703110729, (Issued At): 签发时间
    "iss": "https://kubernetes.default.svc.cluster.local",Token 签发人
    "kubernetes.io": {
        "namespace": "default",
        "serviceaccount": {
            "name": "default",
            "uid": "c9f64c27-e6c9-41d8-bc88-c43fd072c775"
        }
    },
    "nbf": 1703110729,(Not Before): 生效时间
    "sub": "system:serviceaccount:default:default", (subject): 对应 Service
Account 内容，含对应的 Namespace
}
```

3. Token 签名和验证

JWT 签名（即数字证书签名的标准算法）的逻辑如下。

首先，将通过 base64Url 编码后的 Header 和 Payload 使用指定加密算法和证书私钥进行签名，再对加密后的结果进行 base64Url 编码，就得到了 Signature 部分的内容，用伪代

码表示如下：

```
    encodedHeader = base64UrlEncode(header)
    encodedPayload = base64UrlEncode(payload)
    inputText= encodedHeader + "." + encodedPayload
    hashDigit= hash(alg, inputText)
    signature = sign( hashDigit, secret)
    jwtContent= encodedHeader + "." + encodedPayload + "." +
base64UrlEncode(signature)
```

然后，根据 Header 中的“alg=RS256”确认采用的签名算法是 RS256 签名算法，这是一种非对称签名算法，先用哈希算法 SHA-256 根据原文数据计算出一个哈希摘要字符串，这样做的原因有两个：第 1 个原因，不管原文是几十 bit 还是几百 KB，进行哈希摘要计算后都是固定长度的字符串，比如进行 SHA-256 摘要计算后得到长度为 256bit 的消息摘要，确保签名后的字符串长度标准化；第 2 个原因，签名算法是一个高强度加密算法，因此非常消耗 CPU，在进行哈希摘要计算后可以得到更短的数据，加快加、解密速度。对于 Kubernetes 创建的 Service Account Token 来说，这个 Token 是由 API Server 创建的，也由它来验证，所以在 API Server 的启动参数中，既有签名的私钥证书参数，也有验证签名的公钥参数：

```
    --service-account-issuer=https://kubernetes.default.svc.cluster.local
--service-account-key-file=/etc/kubernetes/pki/sa.pub
--service-account-signing-key-file=/etc/kubernetes/pki/sa.key
```

在 Kubernetes v1.24 版本之前，Service Account 是由 API Server 创建的，但是包含 Token 的 Secret 对象是由 Controller Manager 创建的，因此，Controller Manager 一直有 Service Account Token 签名的私钥证书参数 service-account-private-key-file。从 v1.24 版本开始，特性门控 LegacyServiceAccountTokenNoAutoGeneration 默认生效，不再生成包含 Service Account Token 的 Secret 对象，Service Account Token 完全独立于 Secret，由 API Server 负责创建，即通过之前提到的 TokenRequest API 接口创建或者更新 Token。

之后，Token 发放者使用自己的私钥对上述哈希摘要结果进行加密（也被称为签名），加密后的字符串就是签名的结果，为了方便文本方式展示，加密后的字符串需要经过 Base64 编码。最后，签名方把上述签名数据附加到原文后面发送给接收者。接收者在收到 JWT Token 后，先从 Header 中根据 kid 参数获取颁发者的公钥（签名时私钥对应的公钥），然后用公钥对签名进行校验，只有正确的公钥才能解开私钥加密的数据，从而得到原文的消息摘要值。同时，接收方再用同样的哈希算法 SHA-256 对明文进行消息摘要，对比解密后的消息摘要值，若两者相同，才表明收到的原文没有被第三方篡改，并且确实是由 Token 发送方发出的：

```
inputText= encodedHeaderAndPayload  from row jtw content
hashDigit= hash(alg, inputText)
decodedSignature= base64UrlDecode(signature)
orignDigit = verify( decodedSignature, publicKey)
if(orignDigit== hashDigit)
  {
   return ok;
  }
```

4. 自定义 Service Account Token 实践

下面用 Python 的 PyJWT 库来生成一个符合 Kubernetes 要求的 Service Account Token，使用这个 Token 访问 API Server，以进一步了解其工作机制。

首先安装基本的 Python 库：

```
# pip install PyJWT
# pip install cryptography
```

使用 PyJWT 来创建 JWT Token 很容易：先确定 Token 的 Payload 内容。这里可变的参数有证书生效时间、失效时间、对应 Service Account 的名字、namespace、uid 等，其他参数维持默认值：

```
    pay_load ={"aud": ["https://kubernetes.default.svc.cluster.local"], "exp":
1703136415,"nbf": 1703132815,"iss":
"https://kubernetes.default.svc.cluster.local","kubernetes.io": {"namespace":
"default","serviceaccount": {"name": "default","uid":
"c9f64c27-e6c9-41d8-bc88-c43fd072c775" }},"sub":
"system:serviceaccount:default:default"}
```

然后确定证书的私钥文件路径：

```
private_key = open('/etc/kubernetes/pki/sa.key', 'r').read()
```

最后调用下面的 jwt.encode 函数生成 Token 并输出：

```
jwt.encode(pay_load, private_key, algorithm="RS256")
```

jwt_generate.py 的完整代码的示例如下，为 default Service Account 生成有效期为一天的 Token：

```
    import jwt,math,time
    private_key = open('/etc/kubernetes/pki/sa.key', 'r').read()
    nbf = math.floor(time.time())
    exp = nbf+60*60*24
    pay_load ={"aud": ["https://kubernetes.default.svc.cluster.local"], "exp":
exp,"nbf": nbf,"iss":
"https://kubernetes.default.svc.cluster.local","kubernetes.io": {"namespace":
"default","serviceaccount": {"name": "default","uid":
"c9f64c27-e6c9-41d8-bc88-c43fd072c775" }},"sub":
"system:serviceaccount:default:default"}
    encoded_jwt =jwt.encode(pay_load, private_key, algorithm="RS256")
    print(encoded_jwt)
```

运行代码后，输出的 Token 内容如下：

```
    # python jwt_generate.py
    eyJhbGciOiJSUzI1NiIsInR5cCI6IkpXVCJ9.eyJzdWIiOiJzeXN0ZW06c2VydmljZWFjY291bnQ
6ZGVmYXVsdDpkZWZhdWx0Iiwia3ViZXJuZXRlcy5pbyI6eyJzZXJ2aWNlYWNjb3VudCI6eyJuYW1lIjo
iZGVmYXVsdCIsInVpZCI6ImM5ZjY0YzI3LWU2YzktNDFkOC1iYzg4LWM0M2ZkMDcyYzc3NSJ9LCJuYW1
lc3BhY2UiOiJkZWZhdWx0In0sImlzcyI6Imh0dHBzOi8va3ViZXJuZXRlcy5kZWZhdWx0LnN2Yy5jbHV
zdGVyLmxvY2FsIiwiZXhwIjoxNzAzMjIxODIzLjAsIm5iZiI6MTcwMzEzNTQyMy4wLCJhdWQiOlsiaHR
0cHM6Ly9rdWJlcm5ldGVzLmRlZmF1bHQuc3ZjLmNsdXN0ZXIubG9jYWwiXX0.PnNCQcCkgIXGQmfO0Xy
SdGPxCqKITDa2jKHMUsPYi6lss5nSUqzfDIAMgCdgwhoqlD0FXRHQkUoCh-a3ZKq2O5t7Mvwp253Vf0L
tknmxkzRI41ixciMUM6dqI-whcLmCUTknd1EniJFPUClhue0Wwp_G5hx3vpCgIsQiGATm40_yz-ZffeN
PULFSTJvHhV_3TXd4YyCnyKiqWOUa2VtGODWAndxIrRg5_wgW-Rw_Wfrv684mH-k-G_afPo80X8Dt_yj
vH9lBS0RibNcf9-XEPVIgJoO9yMDy7t8sCYzbFRkbZU1f3vk8WB-eEcPXgRFz7yeuPD8E51Wssa2pADZ
EzA
```

可以通过 curl 工具在 HTTP Header 中携带上述 Token 来访问 API Server，命令如下：

```
    # curl -H "Authorization: Bearer token <token-string>" https://<apiserver
ip>:6443/api/v1 -- --cacert ca.cert
```

其中，<token-string>是完整的 JWT Token 字符串；<apiserver ip>是 API Server 的 IP 地址。cacert 证书需要使用 Kubernetes 的 CA 证书，通常为/etc/kubernetes/pki/ca.crt：

```
    # curl -H "Authorization: Bearer
eyJhbGciOiJSUzI1NiIsInR5cCI6IkpXVCJ9.eyJzdWIiOiJzeXN0ZW06c2VydmljZWFjY291bnQ6ZGV
mYXVsdDpkZWZhdWx0Iiwia3ViZXJuZXRlcy5pbyI6eyJzZXJ2aWNlYWNjb3VudCI6eyJuYW1lIjoiZGV
mYXVsdCIsInVpZCI6ImM5ZjY0YzI3LWU2YzktNDFkOC1iYzg4LWM0M2ZkMDcyYzc3NSJ9LCJuYW1lc3B
hY2UiOiJkZWZhdWx0In0sImlzcyI6Imh0dHBzOi8va3ViZXJuZXRlcy5kZWZhdWx0LnN2Yy5jbHVzdGV
yLmxvY2FsIiwiZXhwIjoxNzAzMjIxNTkwLjAsIm5iZiI6MTcwMzEzNTE5MC4wLCJhdWQiOlsiaHR0cHM
6Ly9rdWJlcm5ldGVzLmRlZmF1bHQuc3ZjLmNsdXN0ZXIubG9jYWwiXX0.fcqGhIyWc-s6UU0ZEplexzk
```

```
7HKtt-Pg3OzYHhDmPIfXuG_1_UJeXA8883eNfEYNWpnxF-9ks4hkrC_cSvoy-XmQRJjr8fuGymK9Jh3s
62T0wD1g56AV3l7iGgAqGg7_ArEhzyl32lDz8_IB6NYf1MpH1f46ifvzcQMJ1FTlyHq5qW091kLgySYq
o21hPWffOfAgpGjzNlOzu0OlHXfiq63_Yu0RnV3QbhyXUOkhCRFjBAiMcnVaZBY3ard_tUPw0Mjmg4fR
R5SSuMkazXEAVX3ATe1U6Rbqxnq8jq4aCQmMsJvxf_RgpcXyI1xsKCndq1xNkNVhb2lt9vmVul31Ycw"
https://192.168.18.3:6443/api/v1 --cacert /etc/kubernetes/pki/ca.crt
    {
    "kind": "APIResourceList",
    "groupVersion": "v1",
     "resources": [
    {
       "name": "bindings",
      "singularName": "binding",
      "namespaced": true,
     "kind": "Binding",
      "verbs": [
      "create"
      ]
```

上面的输出结果说明自定义的 Token 是有效的，同时说明 Kubernetes API Server 创建的 Token 并没有在 etcd 库中持久保存，这就是没有对应 get/delete/update 命令的原因。

下面是一个关于 JWT Token 验证的代码示例。先把待验证的 Token 完整内容写入 jwt_token.txt 文件，然后执行下面的 Python 代码，即可验证 Token 是否有效。注意，如果出现 padding 错误，则是因为 Base64 编码字符串的长度需要是 3 的倍数；如果不足，则可以在字符串末尾手动补充 1 个或 2 个"="，比如可以把“jwt.decode(jwt_token”改为“jwt.decode(jwt_token+"=="”。

下面是验证代码和结果的示例代码：

```
    # cat jwt_valid.py
    import jwt
    public_key = open('/etc/kubernetes/pki/sa.pub', 'r').read()
    jwt_token=  open('jwt_token.txt', 'r').read()
    decoded_token = jwt.decode(jwt_token, public_key,
audience=["https://kubernetes.default.svc.cluster.local"],lgorithms=["RS256"])
    print("ok ")
    print("Payload:", decoded_token)

    #下面是一个验证结果:
    ok
    ('Payload:', {u'aud': [u'https://kubernetes.default.svc.cluster.local'],
```

```
u'kubernetes.io': {u'namespace': u'default', u'serviceaccount': {u'name':
u'default', u'uid': u'c9f64c27-e6c9-41d8-bc88-c43fd072c775'}}, u'iss':
u'https://kubernetes.default.svc.cluster.local', u'exp': 1703222555.0, u'nbf':
1703136155.0, u'sub': u'system:serviceaccount:default:default'})
```

5. Service Account Token 的绑定和更新

在默认情况下，Pod 会绑定 Service Account Token，并且映射到容器内部的指定位置，如果不需要 Token，则可以通过 Service 或者 Pod 的 automountServiceAccountToken 属性来取消绑定。下面是对应的例子：

```
apiVersion: v1
kind: ServiceAccount
metadata:
  name: build-robot
automountServiceAccountToken: false
apiVersion: v1

kind: Pod
metadata:
  name: my-pod
spec:
  serviceAccountName: build-robot
  automountServiceAccountToken: false
```

如果 Service 和 Pod 都声明了这个参数，则以 Pod 的参数值作为最终结果。

如果希望继续在 Secret 中保存永久有效的 Service Account Token，并且关联到指定的 Service Account，则可以通过在创建 Secret 时增加一个名为 kubernetes.io/service-account.name 的特殊注解来实现。例如，首先创建一个名为 mycount 的 ServiceAccount：

```
# cat my-test-sa.yaml
apiVersion: v1
kind: ServiceAccount
metadata:
  name: mycount
  namespace: default

# kubectl create -f my-test-sa.yaml
serviceaccount/mycount created
# kubectl get secret
No resources found in default namespace.
```

然后创建一个类型为 kubernetes.io/service-account-token 的 Token，并增加关联 Service Account 的特殊注解 Annotation：

```
# cat my-test-sa-secret.yaml
apiVersion: v1
kind: Secret
metadata:
  name: mycount-secret
  annotations:
    kubernetes.io/service-account.name: mycount
type: kubernetes.io/service-account-token

# kubectl create -f  my-test-sa-secret.yaml
secret/mycount-secret created
```

由于 kubernetes.io/service-account-token 注解的存在，Controller Manager 会自动为这个 Secret 设置一个 Token，在查看生成的 Secret 时，可以看到 Token 的具体内容。需要注意的是，要对 Token 进行保密，因为这是一个长期有效的 Token。

```
# kubectl get secret mycount-secret -o yaml
apiVersion: v1
items:
- apiVersion: v1
  data:
    ca.crt:  xxxxx
    namespace: ZGVmYXVsdA==
    token:
ZXlKaGJHY2lPaUpTVXpJMU5pSXNJbXRwWkNJNkltaEtla041VkRkNFdHTXlhVzB3VGxFek5UaHJlVlZh
VFU1SWFraG1RazExVldKUFRHSTNYME5NYUVFaWZRLmV5SnBjM01pT2lKcmRXSmxjbTVsZEdWekwzTmxj
blpwWT......
  kind: Secret
```

接下来使用前面的 jwt_valid.py 示例代码来验证和查看这个 Token 的内容。首先用 Base64 解码 Token 的内容：

```
echo "tokenxxx" | base64 -d
```

把输出结果复制到 jwt_token.txt 文件中，然后执行下面的命令：

```
# python jwt_valid.py
```

此时，jwt_valid.py 会报出缺少 aud 的错误信息：

```
Token is missing the "aud" claim
```

修改 jwt_valid.py 的代码，去掉 audences 参数，改为：

```
decoded_token = jwt.decode(jwt_token+"==", public_key,lgorithms=["RS256"])
```

再次执行即可成功，输出结果如下：

```
ok
('Payload:', {u'sub': u'system:serviceaccount:default:mycount', u'iss':
u'kubernetes/serviceaccount', u'kubernetes.io/serviceaccount/service-account.uid':
u'0771e3fb-ad19-475f-ba41-8ac75e5eb12a',
u'kubernetes.io/serviceaccount/secret.name': u'mycount-secret',
u'kubernetes.io/serviceaccount/namespace': u'default',
u'kubernetes.io/serviceaccount/service-account.name': u'mycount'})
```

与之前的标准 Token 进行对比，可以看到有以下区别。

◎ Token 的 Issue 签发者不是 API Server，而是对应的 Service Account。
◎ Token 没有有效期属性。
◎ Token 没有 audences 参数。

以上区别说明这个 Token 不是由 API Server 生成的，而是通过 Controller Manager 调用 API Server 的 TokenRequest API 创建的。

6. HTTPS Bearer 认证接口

HTTP 认证接口有两类：Basic 认证与 Bearer 认证。它们都通过在 HTTP Request 请求中增加 Authorization Header 以提供访问者的身份信息。Basic 认证的示例如下：

```
Authorization: Basic QWxhZGRpbjpvcGVuIHNlc2FtZQ==
```

其中，Basic 后面的部分为 Base64 编码的用户名和密码，比如上面的内容解码后的结果如下：

```
# echo "QWxhZGRpbjpvcGVuIHNlc2FtZQ==" | base64 -d
Aladdin:open sesame
```

由于 Basic 认证明文传输了用户名和密码，中途的服务器有可能盗取这些信息，因此很不安全，于是有了 Bearer 认证，它在以下两方面进行了安全加强。

◎ 放弃 HTTP，而采用 HTTPS，确保传输安全，中途的服务器无法窃取数据。
◎ 采用特殊结构的 Token 来替代用户名和密码，比如常用的 JWT Token，在 Token 中不包含用户名和密码等敏感信息，并且通过签名或加密机制确保 Token 无法被篡改。

Bearer 认证的示例如下，其中，Authorization 的值以 Bearer+空格开始，后面是具体的 Token 字符串：

```
-H "Authorization: Bearer <token>"
```

API Server 在收到请求后，首先从 Authorization Header 中获取对应的 Token，然后对其进行校验，这就是 Service Account Token 最终使用的方式。用 curl 来模拟 Bearer 认证也很简单，使用下面的命令行访问服务器：

```
# curl -H "Authorization: Bearer <token>" https://<apiserver-ip>:port --cacert
ca.cert
```

1.1.3 静态 Token 文件认证

Kubernetes 除了支持数字证书认证及 Service Account Token 认证，也支持另一种 Bearer Token 认证方式，这种 Bearer Token 认证的用户信息来自一个 cvs 文本文件，由 API Server 的--token-auth-file 参数指定加载文件。该 cvs 文件的格式中每行表示一个用户信息，每行至少包括 token、user name、user uid 三列内容，可以增加一个可选的用户组名字，其中文件中的 Token 就是一种 Bearer Token，可以与 Service Account Token 同样使用。kubelet Bootstrap Token 认证的示例如下：

```
12ba4f.d82a57a4433b2359,"system:bootstrapper",10001,"system:bootstrappers"
```

其中，Token 是 12ba4f.d82a57a4433b2359，用户名是 system:bootstrapper，用户 ID 是 10001，用户组是 system:bootstrapper。

在静态 Token 文件中定义的用户令牌长期有效，定义和维护起来也很简单。缺点是在不重启服务器的情况下，无法重新加载和修改认证信息，安全系数比较低，在实际生产中很少使用。

1.2 Kubernetes 的扩展认证机制

下面讲解 Kubernetes 的扩展认证机制。

1.2.1 OIDC Token 认证

Kubernetes 支持使用 OpenID Connect 协议（简称 OIDC 协议）进行身份认证。OIDC 协议是基于 OAuth 2.0 的身份认证标准协议，在 OAuth 2.0 上构建了一个身份层。OIDC 的登录过程与 OAuth 相比，最主要的扩展就是提供了 ID Token，这是一个 JWT 格式的 Token，Kubernetes 的 Service Account Token 与之同源，因此，ID Token 可以在 Kubernetes 集群里实现用户身份认证。API Server 本身与 OIDC Server（即 Identity Provider）没有太多交互，用户（主要是使用 kubectl 命令行工具的用户）通过 OIDC Server 得到一个合法的 ID Token，并作为命令行参数（或者 kubectl 的 kubeconfig）传递给 API Server，API Server 则通过该 Token 确定用户的身份和账号信息。此外，虽然在 OIDC Server 中可以做用户的权限管理，但 Kubernetes 并不使用 OIDC Server 进行权限管理，因为它有自己完善的 RBAC 权限管理体系。

Kubernetes 使用 OpenID Connection Token 认证的流程如图 1.5 所示，解释如下。

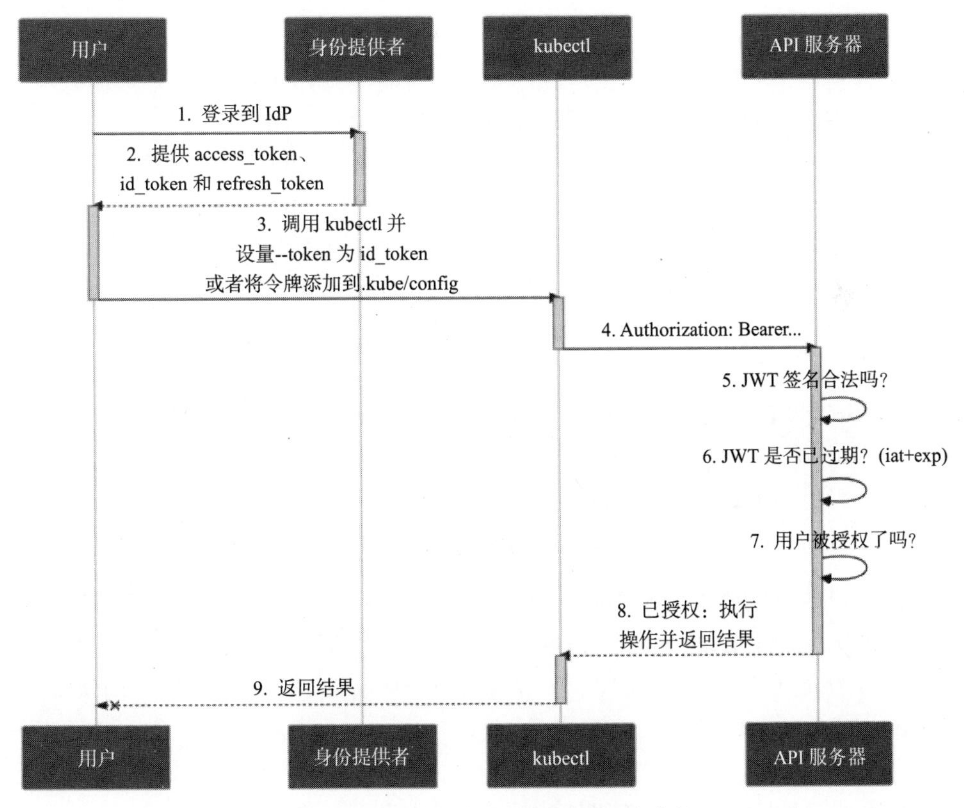

图 1.5　OpenID Connection Token 认证的流程

首先，用户登录自己的 OpenID 的服务提供者（Identity Provider）身份认证系统，获得 ID Token。然后，配置 kubectl 命令行工具，让它可以使用这个 Token 凭证。随后，当用户执行 kubectl 命令时，它会使用 HTTPS Bearer 认证接口，在 Header 中传输这个 Token 来向 API Server 发起认证请求。API Server 在收到这个 Token 后，发现是一个 JWT 标准的 Token，就会按照与 Service Account Token 类似的方式，对 Token 的签名、有效期进行验证，同时从 Token 中提取用户名。如果验证成功，则结合集群中该用户配置的权限执行下一步的访问控制逻辑。

要使用 OIDC Token 认证方式，就需要为 API Server 配置以下启动参数。

◎ --oidc-issuer-url：必填，设置为允许 API Server 发现 OIDC 公共签名密钥的 URL，仅支持 HTTPS，通常应为/.well-known/openid-configuration 路径的上一级 URL，例如谷歌提供的公共签名密钥 URL 为 "https://accounts.google.com/.well-known/openid-configuration"，则将该参数的值设置为 "https://accounts.google.com"。
◎ --oidc-client-id：必填，需要颁发 Token 的客户端 ID，例如 "kubernetes"。
◎ --oidc-username-claim：可选，用作用户名的 JWT Claim 名称，默认值为 "sub"。
◎ --oidc-username-prefix：可选，设置用户名 Claim 的前缀，以防止与已存在的名称（如以 system:开头的用户名）产生冲突，例如 "oidc:"。
◎ --oidc-groups-claim：可选，用作用户组的 JWT Claim 名称，需要将其设置为字符串数组格式。
◎ --oidc-groups-prefix：可选，设置用户组 Claim 的前缀，以防止与已存在的名称（如以 system:开头的组名）产生冲突，例如 "oidc:"。
◎ --oidc-required-claim：可选，设置 ID Token 中必需的 Claim 信息，以 key=value 的格式设置，重复该参数，以设置多个 Claim。
◎ --oidc-ca-file：可选，将其设置为对 ID 提供商的 Web 证书进行签名的 CA 根证书全路径，例如/etc/kubernetes/ssl/kc-ca.pem。
◎ -oidc-signing-algs：Token 使用的签名算法，默认为 "RS256"。

由于用户的身份信息都在 Token 中，所以 Kubernetes 只需要 Token 签名的证书即可完成全部认证工作，无须跟 OpenID 系统的任何组件打交道。但是，由于 ID Token 的有效期很短（通常为几分钟），所以通过人工方式刷新获取新的 ID Token 就是一个烦琐的过程。如果 OpenID Connection 服务在其刷新令牌的响应中包含 ID Token，则可使用 kubectl 的 OIDC 身份认证组件。该组件除了可将 id_token 设置为 kubectl 所用的 Token，还可以在 id_token 快过期时自动刷新。该组件的配置参数如下：

```
kubectl config set-credentials USER_NAME \
  --auth-provider=oidc \
  --auth-provider-arg=idp-issuer-url=( issuer url ) \
  --auth-provider-arg=client-id=( your client id ) \
  --auth-provider-arg=client-secret=( your client secret ) \
  --auth-provider-arg=refresh-token=( your refresh token ) \
  --auth-provider-arg=idp-certificate-authority=( path to idp ca certificate ) \
  --auth-provider-arg=id-token=( your id_token )
```

配置好后，会生成以下 kubeconfig 配置文件：

```
users:
- name: mmosley
  user:
    auth-provider:
      config:
        client-id: kubernetes
        client-secret: 1db158f6-177d-4d9c-8a8b-d36869918ec5
        id-token: xxxxxxxxx
        idp-certificate-authority: /root/ca.pem
        idp-issuer-url: https://oidcidp.tremolo.lan:8443/auth/idp/OidcIdP
        refresh-token: yyyyyyyq
      name: oidc
```

需要说明的是，Kubernetes 本身不提供 OpenID Connect ID 服务，用户可以选择使用互联网 ID 提供商的服务，或者使用第三方系统，例如 dex、Keycloak、CloudFoundry UAA、OpenUnison 等。

为了与 Kubernetes 一起工作，ID 提供商必须满足以下要求。

◎ 提供 OpenID Connect 发现机制。
◎ 基于 TLS 协议运行，并且不存在已过时的密码。
◎ 拥有权威 CA 中心签发的证书。

Service Account Token 是由 Kubernetes 自身生成的 JWT 格式的加密 Token，因此 Kubernetes 也被视为具备 OIDC Server 身份认证功能的服务。所以也可以把 Kubernetes 作为一个 OIDC Server，与外部其他第三方 OIDC Server 组成联邦，实现相互认证。这样一来，Kubernetes 也可能凭借完善的 RBAC 用户权限机制，成为整个企业内部用户鉴权和授权的基础服务设施。因此，Kubernetes 从 v1.18 版本开始，便增加了一个名为 Service Account Issuer Discovery 的新特性。该特性通过开启 ServiceAccountIssuerDiscovery 特性门控启用，到 Kubernetes v1.20 版本时默认启用，此时，允许 Kubernetes 集群作为一个 OIDC Server 发布出去，与外部的第三方可信系统组成联邦，第三方可信系统可以调用 Kubernetes 验证 Service Account Token 的合法性。

1.2.2　Webhook Token 认证

Webhook Token 认证，其实是 Kubernetes 回调第三方认证系统来实现用户认证的一种机制，其中 Webhook 实现了认证服务器的功能。其工作原理和流程如下。

API Server 在收到客户端发起的一个需要认证的请求后，首先从 HTTP Header 中提取 Bearer Token 信息，然后生成一个包含该 Token 的 TokenReview 资源对象。下面是一个 TokenReview 示例：

```
{
  "apiVersion": "authentication.k8s.io/v1beta1",
  "kind": "TokenReview",
  "spec": {
    "token": "014fbff9a07c...",
    "audiences": ["https://myserver.example.com",
"https://myserver.internal.example.com"]
  }
}
```

API Server 将这个 TokenReview 资源对象的 JSON 报文序列化后发送给远程 Webhook 服务请求认证，Webhook 认证的结果也以 TokenReview 资源对象的格式返给 API Server，其中，认证结果包含在 status 字段中。一个认证成功的应答内容示例如下：

```
{
  "apiVersion": "authentication.k8s.io/v1beta1",
  "kind": "TokenReview",
  "status": {
    "authenticated": true,
    "user": {
      "username": "janedoe@example.com",
      "uid": "42",
      "groups": ["developers", "qa"],
      "extra": {
        "extrafield1": [
          "extravalue1",
```

```
          "extravalue2"
        ]
      }
    },
    "audiences": ["https://myserver.example.com"]
  }
}
```

其中，user 部分给出了用户的信息，包括用户名、用户 ID、用户组等。

一个认证失败的应答内容示例如下，也给出了认证失败的原因：

```
{
  "apiVersion": "authentication.k8s.io/v1beta1",
  "kind": "TokenReview",
  "status": {
    "authenticated": false,
    "error": "Credentials are expired"
  }
}
```

要使用 Webhook Token 认证方式，就要为 API Server 配置以下启动参数。

◎ --authentication-token-webhook-config-file：指向一个 Webhook 服务的配置文件，描述如何访问远程 Webhook 服务。

◎ --authentication-token-webhook-cache-ttl：缓存 Webhook 服务返回的认证结果的时间，默认值为 2 分钟。

◎ --authentication-token-webhook-version：发送给 Webhook 服务的 TokenReview 资源的 API 版本号，API 组为 authentication.k8s.io，版本号可以为“v1beta1”或“v1”，默认版本号为“v1beta1”。

访问远程 Webhook 服务的配置文件使用 kubeconfig 格式，其中，clusters 字段设置远程 Webhook 服务的信息，users 字段设置 API Server 的信息，例如：

```
apiVersion: v1
kind: Config
clusters:          # 远程认证服务
  - name: name-of-remote-authn-service
    cluster:
      certificate-authority: /path/to/ca.pem          # 验证远程认证服务的 CA 证书
      server: https://authn.example.com/authenticate  # 远程认证服务 URL，必须使用
                                                      # HTTPS
```

```
users:           # API Server 的信息
  - name: name-of-api-server
    user:
      client-certificate: /path/to/cert.pem # Webhook 插件使用的客户端证书
      client-key: /path/to/key.pem          # Webhook 插件使用的客户端私钥
current-context: webhook
contexts:
- context:
    cluster: name-of-remote-authn-service
    user: name-of-api-server
  name: webhook
```

1.2.3　Authenticating Proxy 认证

在这种方式下，Kubernetes 自身不再对用户进行认证，而是使用外部的认证代理服务器（Authenticating Proxy）对用户进行认证，至于具体认证方式没有做任何的假设和限制，只要求认证代理服务器在通过认证的用户的 HTTPS 请求中，设置一些特定的 HTTP Header，来告知 API Server 当前访问的用户信息，比如 X-Remote-User、X-Remote-Group 等，API Server 就可以从中提取通过认证的用户信息。比如在下面的示例中，在客户的请求中包含以下 HTTP Header 字段：

```
GET / HTTP/1.1
X-Remote-User: fido
X-Remote-Group: dogs
X-Remote-Group: dachshunds
X-Remote-Extra-Acme.com%2Fproject: some-project
X-Remote-Extra-Scopes: openid
X-Remote-Extra-Scopes: profile
```

API Server 将生成以下对应的用户信息：

```
name: fido
groups:
- dogs
- dachshunds
extra:
  acme.com/project:
  - some-project
  scopes:
  - openid
```

```
    - profile
```

为了验证这些特殊 Header 的真实性，避免有人伪造这些 Header 欺骗 Kubernetes，API Server 会对发起请求的客户端的证书进行验证，因此需要 Authenticating Proxy 提供对应的根证书列表，API Server 会检查客户端的证书是否拥有这里的根证书的签名，否则拒绝该请求。只有在证书合法的情况下，API Server 才会提取在 HTTP Header 中设置的用户信息，因此需要为 API Server 配置以下启动参数。

◎ --requestheader-client-ca-file：必填，Authenticating Proxy 程序的有效客户端证书文件的全路径。

◎ --requestheader-allowed-names：可选，通用名称值（CN）列表，如果已设置，则在客户端证书中必须包含 CN 列表中的值；如果将其设置为空，则表示不限客户端证书中的 CN。

此外，要使用 Authenticating Proxy 这种认证方式，还需要为 API Server 配置以下启动参数。

◎ --requestheader-username-headers：必填，区分大小写。在 HTTP Header 中，用于设置用户名的字段名称列表，API Server 将按顺序检查用户身份。第 1 个设置值的 Header 字段名将被用作用户名。常用的字段名为“X-Remote-User”。

◎ --requestheader-group-headers：可选，区分大小写。在 HTTP Header 中，用于设置用户组的字段名称列表，API Server 将按顺序校验用户的身份。常用的字段名为“X-Remote-Group”。

◎ --requestheader-extra-headers-prefix：可选，区分大小写。Header 字段的前缀用于确定用户的其他信息（通常由配置的授权插件使用）。常用的字段名为“X-Remote-Extra-”。

1.3 API Server 的授权模式和鉴权机制

对于通过认证的用户，如何确定该用户能访问哪些 API 资源呢？这里涉及用户授权（Authorization）和用户鉴权（Authentication）两个环节。我们先来说说用户授权。用户授权既是一个动作（授予某个用户可访问的资源权限），也是一个结果（某个用户拥有某些资源的访问权限）。

用户授权包括以下两个核心元素。

◎ 合法的用户：指系统认可的用户，即能正常通过认证的用户。
◎ 该用户被授权访问的资源。

接下来说说 Kubernetes API Server 中用户被授权访问的资源。

API Server 以公开的 API 方式对外提供服务，核心的服务是资源类的操作 API，比如 Pod、Service、Deployment、DeamonSet 等资源对象的增删改查。API Server 还提供一些非资源类的 API，也被称为 Non-resource requests API，比如 Event 事件的读取、查询某些配置和策略对象、查询性能指标数据等。具体来说，非/api/v1/开头的及非/apis/<group>/<version>/开头的这些 API 都属于 Non-resource requests API，比如/api、/apis、/metrics、/logs、/debug、/healthz、/livez、/openapi/v3、/readyz 和/version 等。

根据用户请求的 API，API Server 进一步确定该请求的一些关键访问控制属性列表。

◎ API group：所访问的 API Group 只针对资源类对象的操作。
◎ API：访问哪类 API，比如与资源操作相关的 API，如创建 Pod、修改 Pod 等，或者非资源操作类的 API（Non-resource requests API）。
◎ Request Path：访问的 API 路径，比如/api、/healthz 等。
◎ Namespace：操作某个命名空间中的资源对象。
◎ Resource：访问资源的 ID 或者名字，对于 get、update、patch、delete 这类请求，都需要提供具体的资源对象的标识。
◎ Subresource：对于子资源的对象，需要提供子资源对象的 ID 或者名字。
◎ API request verb：请求的动作，比如 get、list、create、update、patch、watch、delete，deletecollection 等，授权时要特别注意，get、list、watch 通常会返回资源对象的详细信息，而非简单的名字。

这些访问控制属性列表以结构化方式表达示例，代码如下：

```
resourceAttributes:
   group: apps
   url: /api/v1
   resource: deployments
   namespace: dev
   verb: create
```

所以，Kubernetes 早期版本的授权模式就是基于访问控制属性列表进行的授权模式——ABAC（Attribute-Based Access Control）授权模式，也被称为基于属性的访问控制。它不是基于资源对象本身而是基于访问 API 的一组属性进行授权。

ABAC 是 Kubernetes v1.6 之前版本的默认授权模式，虽然功能强大，但存在理解和配置复杂、修改后需要重启 API Server 等问题，因此从 Kubernetes v1.6 版本开始，已被更加通用的 RBAC（Role Based Access Control），基于角色的授权所取代。

如果 RBAC 仍然不能满足某些特定需求，则用户还可以使用授权策略管理机制（Validation Admission Policy），它可以配置更为灵活的授权规则。或者，用户可以通过 Webhook 外挂的方式来实现授权管理，即自行编写满足需求的授权服务程序，以 Webhook 外挂的方式与 API Server 对接。

由于采用 RBAC 这种通用权限模型并不能满足 Node 上 kubelet 进程的特殊安全要求，所以，API Server 又针对 kubelet 进程设计了一种特殊的 Node 授权策略。简单来说，就是限制每个 Node 上的 kubelet 进程只能访问由它运行的 Pod 及相关的 Service、Endpoints 等信息，也只能修改 kubelet 自身所在 Node 的信息，比如 Label，不能操作其他 Node 的资源。

目前 API Server 支持以下授权策略。

◎ AlwaysDeny：表示拒绝所有请求，仅用于测试。
◎ AlwaysAllow：允许接收所有请求，如果集群不需要授权流程，则可以采用该策略。
◎ ABAC：基于属性的访问控制，表示使用用户配置的授权规则对用户的请求进行匹配和控制。
◎ RBAC：基于角色的访问控制。
◎ Validation Admission Policy：基于 Common Expression Language（CEL）来定义访问控制规则，更加灵活、方便。
◎ Webhook：属于外挂方式的扩展，用户先自行编写复杂的授权逻辑并将其打包、部署成 REST 服务，然后由 API Server 调用这个 REST 服务对用户进行授权。
◎ Node：仅用于 kubelet 进程的特殊授权策略。

AlwaysDeny 因为缺乏实际意义，已于 Kubernetes v1.13 版本之后被淘汰。AlwaysAllow 没有授权机制，通常用于测试，不用于生产环境。

通过 API Server 的启动参数 authorization-mode 可配置一个或多个授权策略，以逗号分隔。通常可以设置授权策略为 Node、RBAC。API Server 在收到客户端发起的请求时，会读取请求中的数据，生成一个访问策略对象，再将该访问策略对象和配置的授权模式逐条进行匹配。第一个被满足或拒绝的授权策略决定了该请求的授权结果，如果匹配的结果是禁止访问，则 API Server 会终止 API 调用流程，并向客户端返回错误码。

1.3.1　ABAC 授权模式

API Server 对用户进行 ABAC 鉴权的流程：API Server 在收到访问请求后，首先识别当前请求的访问控制属性列表，然后根据在策略文件中定义的策略对这些属性进行逐条匹配，以判定是否允许授权。如果至少有一条匹配成功，则这个请求通过授权。

可以通过下面的 JSON 结构体定义一个 ABAC 授权策略对象（ABAC Policy Object）：

```
{
    "apiVersion": "abac.authorization.kubernetes.io/v1beta1",
    "kind": "Policy",
    "spec": {
        "user": "bob",
        "namespace": "projectCaribou",
        "resource": "*",
        "apiGroup": "*",
        "readonly": true
    }
}
```

在该 ABAC Policy Object 的定义中，apiVersion 的当前版本为 abac.authorization.kubernetes.io/v1beta1，kind 类型为 Policy，spec 部分声明了哪些用户（user/group）被授权访问哪些资源。资源类型包括与 Kubernetes 资源对象相关的 API，以及与非资源对象相关的 API 两类。

下面是 spec 部分的内容。

◎ user（用户名）：字符串类型，该字符串类型的用户名来源于 Token 文件（--token-auth-file 参数设置的文件）或基本认证文件中用户名称段的值。

◎ group（用户组）：在被设置为“system:authenticated”时，表示匹配所有已认证请求；在被设置为“system:unauthenticated”时，表示匹配所有未认证请求。

◎ apiGroup（API 组）：字符串类型，表明匹配哪些 API Group，例如 extensions 或*（表示匹配所有 API Group）。

◎ namespace（命名空间）：字符串类型，表明该策略允许访问某个 Namespace 的资源，例如 kube-system 或*（表示匹配所有 Namespace）。

◎ resource（资源）：字符串类型，表明要匹配的 API 资源对象，例如 pods 或*（表示匹配所有资源对象）。

◎ nonResourcePath（非资源对象类路径）：非资源对象类的 URL 路径，例如/version

或/apis，*表示匹配所有非资源对象类的请求路径，也可以将其设置为子路径，/foo/*表示匹配所有/foo 路径下的所有子路径。

◎ readonly（只读标识）：布尔类型，当它的值为 true 时，表明仅允许 GET 请求通过。

下面是关于 ABAC Policy Object 用法的一些示例。

（1）允许用户 alice 对所有资源进行任意操作：

```
    {"apiVersion": "abac.authorization.kubernetes.io/v1beta1", "kind": "Policy",
"spec": {"user": "alice", "namespace": "*", "resource": "*", "apiGroup": "*"}}
```

授权属性：namespace，resource（资源对象），apiGroup。

（2）kubelet 可以读取任意 Pod：

```
    {"apiVersion": "abac.authorization.kubernetes.io/v1beta1", "kind": "Policy",
"spec": {"user": " kubelet ", "namespace": "*", "resource": "pods", "readonly": true}}
```

授权属性：namespace,resource=pods，操作模式=只读。

（3）kubelet 可以读写 Event 对象：

```
    {"apiVersion": "abac.authorization.kubernetes.io/v1beta1", "kind": "Policy",
"spec": {"user": "kubelet", "namespace": "*", "resource": "events"}}
```

授权属性：namespace,resource=events。

（4）用户 bob 只能读取 projectCaribou 中的 Pod：

```
    {"apiVersion": "abac.authorization.kubernetes.io/v1beta1", "kind": "Policy",
"spec": {"user": "bob", "namespace": "projectCaribou", "resource": "pods",
"readonly": true}}
```

授权属性：namespace= projectCaribou,resource=pod，只读。

（5）group 组 system:unauthenticated 的用户可以对非资源类路径发起只读请求：

```
    {"apiVersion": "abac.authorization.kubernetes.io/v1beta1", "kind": "Policy",
"spec": {"group": "system:authenticated", "readonly": true, "nonResourcePath": "*"}}
    {"apiVersion": "abac.authorization.kubernetes.io/v1beta1", "kind": "Policy",
"spec": {"group": "system:unauthenticated", "readonly": true, "nonResourcePath":
"*"}}
```

授权属性：nonResourcePath 的 API。

如果希望 kube-system 命名空间中的 Service Account “default” 具有全部权限，则可以

在策略文件中加入如下内容：

```
{"apiVersion":"abac.authorization.kubernetes.io/v1beta1","kind":"Policy","spec":{"user":"system:serviceaccount:kube-system:default","namespace":"*","resource":"*","apiGroup":"*"}}
```

在 API Server 启用 ABAC 模式时，集群管理员需要指定授权策略文件的路径和名称（--authorization-policy-file=SOME_FILENAME），授权策略文件里的每一行都是一个 ABAC Policy Object 对象的 JSON 结构体。在修改或添加 Policy Object 之后，需要重启 API Server 使其生效。

常见的策略配置如下。

◎ 如果允许所有认证用户都进行某种操作，则可以写一个策略，将 group 属性设置为 system: authenticated。
◎ 如果允许所有未认证用户都进行某种操作，则可以把策略的 group 属性设置为 system: unauthenticated。
◎ 如果允许一个用户进行任何操作，则将策略的 apiGroup、namespace、resource 和 nonResourcePath 属性都设置为“*”即可。

1.3.2　RBAC 授权模式

RBAC 授权模式是目前应用较为广泛的一种授权模式，从 Kubernetes v1.5 版本开始引入，在 v1.6 版本时升级为 Beta 版本，在 v1.8 版本时升级为 GA 稳定版本，RBAC 授权模式也是 Kubernetes 最主要的授权模式。相对于其他访问控制方式，RBAC 授权模式具有以下优势。

◎ 对集群中的资源型 API 和非资源型 API 的权限均有完整的覆盖。
◎ RBAC 通过 Role 和 RoleBinding 两种 API 资源对象即可完成授权设置。
◎ 可以在运行时进行调整，无须重新启动 API Server。

要使用 RBAC 授权模式，首先需要在 kube-apiserver 服务的启动参数 authorization-mode（授权模式）的列表中加上 RBAC，例如--authorization-mode=...,RBAC。

本节对 RBAC 的原理和应用进行详细说明。

1. RBAC 的 API 资源对象说明

在 RBAC 管理体系中，Kubernetes 引入了 4 个资源对象：Role、ClusterRole、RoleBinding 和 ClusterRoleBinding。

1）Role（角色）和 ClusterRole（集群角色）

一个 Role 就是一组权限的集合，在 Role 中设置的权限都是许可（Permissive）形式的，不可以设置拒绝（Deny）形式的权限。Role 设置的权限将会局限于命名空间范围内，如果需要跨越多个命名空间，在集群级别设置权限，则需要使用 ClusterRole。

Role 示例

下面是一个 Role 定义示例，它具有在命名空间 default 中读取（get、watch、list）Pod 资源对象信息的权限：

```
apiVersion: rbac.authorization.k8s.io/v1
kind: Role
metadata:
  namespace: default
  name: pod-reader
rules:
- apiGroups: [""]    # "" 空字符串，表示 Core API Group
  resources: ["pods"]
  verbs: ["get", "watch", "list"]
```

Role 资源对象的主要配置参数都在 rules 字段中进行设置，如下所述。

◎ resources：需要操作的资源对象类型列表，例如"pods"、"deployments"、"jobs"等。
◎ apiGroups：资源对象 API 组列表，例如""（Core）、"extensions"、"apps"、"batch"等。
◎ verbs：设置允许对资源对象进行操作的方法列表，例如"get"、"watch"、"list"、"delete"、"replace"、"patch"等。

ClusterRole 示例

ClusterRole 除了具有和 Role 一致的管理命名空间内资源的能力，因其集群级别的范围，还可以用于以下授权应用场景中。

◎ 对集群范围内资源型 API 的授权，例如 Node。
◎ 对非资源型 API 的授权，例如/healthz。

◎ 对包含全部 Namespace 资源的授权，例如 Pods（用于 kubectl get pods --all-namespaces 这样的操作授权）。
◎ 对某个命名空间内的多种资源权限的一次性授权。

下面是一个 ClusterRole 定义示例，它有权访问一个或所有命名空间的 secrets 的权限：

```
apiVersion: rbac.authorization.k8s.io/v1
kind: ClusterRole
metadata:
  # ClusterRole 不受限于命名空间，所以无须设置 Namespace
  name: secret-reader
rules:
- apiGroups: [""]
  resources: ["secrets"]
  verbs: ["get", "watch", "list"]
```

2）RoleBinding（角色绑定）和 ClusterRoleBinding（集群角色绑定）

RoleBinding 和 ClusterRoleBinding 用来把一个 Role 绑定到一个目标主体上，绑定目标可以是 User（用户）、Group（组）或者 Service Account。RoleBinding 用于某个命名空间中的用户角色绑定，ClusterRoleBinding 用于集群范围内的用户角色授权。

RoleBinding 示例

RoleBinding 引用了 Role 对象，可以把某个主体（Subject）与属于相同命名空间的 Role 或者某个集群级别的 ClusterRole 绑定，从而完成对某个主体的授权。授权的目标主体可以是用户（User）、用户组（Group）和 ServiceAccount 三者之一。

◎ User，由字符串进行标识，例如人名（alice）、Email 地址（bob@example.com）、用户 ID（1001）等。需要注意的是，Kubernetes 内置了一组系统级别的用户和用户组，以“system:”开头，用户自定义的名称不使用这个前缀。
◎ Group，与 User 类似，由字符串进行标识，同样要求不以“system:”为前缀。
◎ Service Account，Kubernetes 系统中的 Serivce Account 账号会被设置成以“system:serviceaccount:”为前缀的名称，其所属的组名会被设置成以“system:serviceaccounts:”为前缀的名称，针对 Service Account 的授权也是 RBAC 最主要的授权目标。

下面是一些主体 Subject 的参考示例。

（1）用户 alice@example.com：

```
subjects:
- kind: User
  name: "alice@example.com"
  apiGroup: rbac.authorization.k8s.io
```

（2）frontend-admins 组：

```
subjects:
- kind: Group
  name: "frontend-admins"
  apiGroup: rbac.authorization.k8s.io
```

（3）kube-system 命名空间中的默认 Service Account：

```
subjects:
- kind: ServiceAccount
  name: default
  namespace: kube-system
```

（4）qa 命名空间中的所有 Service Account 组：

```
subjects:
- kind: Group
  name: system:serviceaccounts:qa
  apiGroup: rbac.authorization.k8s.io
```

（5）所有命名空间中的所有 Service Account 组：

```
subjects:
- kind: Group
  name: system:serviceaccounts
  apiGroup: rbac.authorization.k8s.io
```

（6）所有已认证用户组：

```
subjects:
- kind: Group
  name: system:authenticated
  apiGroup: rbac.authorization.k8s.io
```

（7）所有未认证用户组：

```
subjects:
- kind: Group
  name: system:unauthenticated
  apiGroup: rbac.authorization.k8s.io
```

（8）全部用户组：

```
subjects:
- kind: Group
  name: system:authenticated
  apiGroup: rbac.authorization.k8s.io
- kind: Group
  name: system:unauthenticated
  apiGroup: rbac.authorization.k8s.io
```

下面是一个 RoleBinding 示例，通过这个绑定操作完成了一个授权规则，即允许用户 jane 读取命名空间 default 中的 Pod 资源对象信息：

```
apiVersion: rbac.authorization.k8s.io/v1
kind: RoleBinding
metadata:
  name: read-pods
  namespace: default
subjects:
- kind: User
  name: jane
  apiGroup: rbac.authorization.k8s.io
roleRef:
  kind: Role
  name: pod-reader
  apiGroup: rbac.authorization.k8s.io
```

RoleBinding 也可以引用 ClusterRole，对目标主体所在的命名空间授予 ClusterRole 中定义的权限。一种常见的用法是集群管理员预先定义好一组 ClusterRole，然后在多个命名空间中重复使用这些 ClusterRole。

例如，下面的示例是用户 dave 授权一个 ClusterRole——secret-reader，虽然 secret-reader 是一个集群角色，但因为 RoleBinding 的作用范围为命名空间 development，所以用户 dave 只能读取命名空间 development 中的 secret 资源对象，而不能读取其他命名空间中的 secret 资源对象：

```
apiVersion: rbac.authorization.k8s.io/v1
kind: RoleBinding
metadata:
  name: read-secrets
  namespace: development # 权限仅在该命名空间中起作用
subjects:
```

```
- kind: User
  name: dave
  apiGroup: rbac.authorization.k8s.io
roleRef:
  kind: ClusterRole
  name: secret-reader
  apiGroup: rbac.authorization.k8s.io
```

图 1.6 展示了上述对 Pod 的 get、watch、list 操作进行授权的 Role 和 RoleBinding 的逻辑关系。

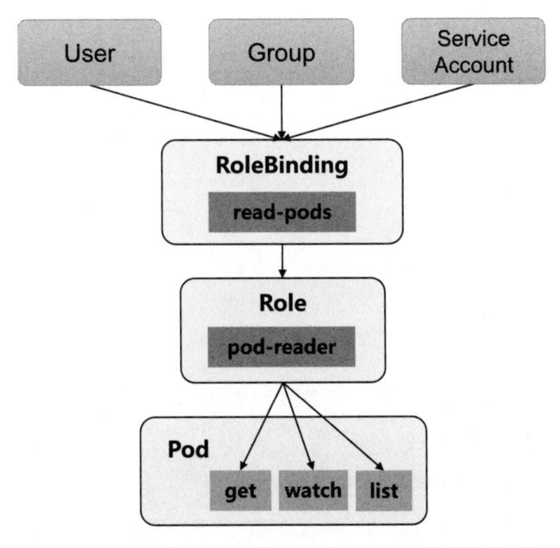

图 1.6　Pod 与 Role 和 RoleBinding 的逻辑关系

ClusterRoleBinding 示例

ClusterRoleBinding 用于进行集群级别或者对所有命名空间都生效的授权。下面的示例允许 manager 组的用户读取任意命名空间中的 secret 资源对象：

```
apiVersion: rbac.authorization.k8s.io/v1
kind: ClusterRoleBinding
metadata:
  name: read-secrets-global
subjects:
- kind: Group
  name: manager
  apiGroup: rbac.authorization.k8s.io
roleRef:
```

```
  kind: ClusterRole
  name: secret-reader
  apiGroup: rbac.authorization.k8s.io
```

注意，在集群角色绑定中引用的角色只能是集群级别的角色（ClusterRole），而不能是命名空间级别的角色（Role）。

一旦通过创建 RoleBinding 或 ClusterRoleBinding 与某个 Role 或 ClusterRole 完成了绑定，用户就无法修改与之绑定的 Role 或 ClusterRole。只有删除了原 RoleBinding 或重新创建 ClusterRoleBinding，才能使用新的 Role 或 ClusterRole。Kubernetes 限制 roleRef 字段中的内容不可更改，主要有以下两个原因。

◎ 从逻辑上来说，与一个新的 Role 进行绑定实际上是一次全新的授权操作。通过删除或重建的方式更改绑定的 Role，可以确保给主体授予新角色的权限（而不是在不验证所有现有主体的情况下去修改 roleRef）。

◎ 使 roleRef 不变，可以授予某个用户对现有绑定对象（Binding Object）的更新权限，以便其管理授权主体（Subject），同时禁止更改角色中的权限设置。

2. RBAC 对资源的引用方式

在 Kubernetes 系统中，大多数资源对象都可以用其名称字符串来表达，例如 pods、services、deployments 等，在 RBAC 的权限设置中引用的就是资源对象的字符串名称。某些 Kubernetes API 还包含下级子资源（Sub Resource），例如 Pod 日志（log），对于这种资源，在 RBAC 权限设置中引用的格式是“主资源名称/子资源名称”，中间以“/”分隔，对于 Pod 的 log 这个例子来说，需要将其配置为 pods/log，对应的 API 访问路径是/api/v1/namespaces/{namespace}/pods/{name}/log。

Role 中的 resources 可以引用多个资源对象，以数组的形式表示。

例如，下面的 RBAC 规则设置的是对资源 pods 和 pods/log 授予 get 和 list 权限：

```
kind: Role
apiVersion: rbac.authorization.k8s.io/v1
metadata:
  namespace: default
  name: pod-and-pod-logs-reader
rules:
- apiGroups: [""]
  resources: ["pods", "pods/log"]
  verbs: ["get", "list"]
```

在 resources 中设置资源对象的类型时，作用范围是此类对象的所有实例。如果希望只授权某种资源对象类型的特定实例，则还可以通过资源对象的实例名称（resourceNames）进行设置。在指定 resourceNames 后，使用 get、delete、update 和 patch 的请求就会被限制在这个资源实例上。例如，下面的设置让一个主体只能对名为“my-configmap”的 ConfigMap 资源对象进行 get 和 update 操作，而不能操作其他 ConfigMap 资源对象：

```
kind: Role
apiVersion: rbac.authorization.k8s.io/v1
metadata:
  namespace: default
  name: configmap-updater
rules:
- apiGroups: [""]
  resources: ["configmap"]
  resourceNames: ["my-configmap"]
  verbs: ["update", "get"]
```

需要注意的是，资源实例名（resourceNames）对 list、watch、create 或 deletecollection 操作是无效的，这是因为这些操作需要通过 URL 路径进行鉴权，而资源实例名不是 URL 路径的一部分，在 list、watch、create 或 deletecollection 请求中只是请求 Body 数据的一部分。

3. Role 规则参考示例

下面是一些常见的 Role 规则参考示例。在这些示例中仅展示关键 rules 配置的授权规则内容，省略 Role 对象本身的其他配置信息。

（1）允许读取 Pod 资源对象（属于 Core API Group）的信息：

```
rules:
- apiGroups: [""]
  resources: ["pods"]
  verbs: ["get", "list", "watch"]
```

（2）允许读写 extensions 和 apps 两个 API Group 中 deployment 资源对象的信息：

```
rules:
- apiGroups: ["extensions", "apps"]
  resources: ["deployments"]
  verbs: ["get", "list", "watch", "create", "update", "patch", "delete"]
```

（3）允许读取 Pod 资源对象的信息，并允许读写 batch 和 extensions 两个 API Group 中 Job 资源对象的信息：

```
rules:
- apiGroups: [""]
  resources: ["pods"]
  verbs: ["get", "list", "watch"]
- apiGroups: ["batch", "extensions"]
  resources: ["jobs"]
  verbs: ["get", "list", "watch", "create", "update", "patch", "delete"]
```

（4）允许读取名为"my-config"的 ConfigMap 资源对象的信息（必须绑定一个 RoleBinding 来限制一个命名空间中的特定 ConfigMap 实例）：

```
rules:
- apiGroups: [""]
  resources: ["configmaps"]
  resourceNames: ["my-config"]
  verbs: ["get"]
```

（5）读取 Node 资源对象（属于 Core API Group）的信息，由于 Node 是集群级别的资源对象，因此必须存在于 ClusterRole 中，并使用 ClusterRoleBinding 进行绑定：

```
rules:
- apiGroups: [""]
  resources: ["nodes"]
  verbs: ["get", "list", "watch"]
```

（6）允许对非资源类型的/healthz 端点（Endpoint）及其所有子路径进行 get 和 post 操作（必须使用 ClusterRole 和 ClusterRoleBinding）：

```
rules:
- nonResourceURLs: ["/healthz", "/healthz/*"]
  verbs: ["get", "post"]
```

4. 对 Service Account 的授权管理

Kubernetes 默认的 RBAC 策略为控制平面的组件、Node 和控制器授予有限范围的权限，但是不会为命名空间 kube-system 之外的 Service Account 授予任何权限（除了所有已认证用户都具有的 Discovery 权限）。这使得管理员可以为特定的 Service Account 授予所需的权限。细粒度的权限管理能够提供更高的安全性，但也会提高管理成本。粗放的授权方式可能会给 Service Account 提供不必要的宽泛权限，但更易于管理。

下面按照从最安全到最不安全的顺序，对授权策略进行说明。

1）为应用专属的 Service Account 赋权（最佳实践）

这个应用需要在 Pod 的定义中指定一个 serviceAccountName，并为其创建 Service Account（可以通过 API、YAML 文件、kubectl create serviceaccount 命令等方式创建）。例如，为 my-namespace 中的 Service Account “my-sa” 授予只读权限：

```
kubectl create rolebinding my-sa-view \
  --clusterrole=view \
  --serviceaccount=my-namespace:my-sa \
  --namespace=my-namespace
```

2）为一个命名空间中名为“default”的 ServiceAccount 授权

如果一个应用没有指定 serviceAccountName，系统则将为其设置名为“default”的 Service Account。需要注意的是，授予 Service Account “default”的权限会让所有没有指定 serviceAccountName 的 Pod 都具有这些权限。

例如，在 my-namespace 命名空间中为 Service Account “default” 授予只读权限：

```
kubectl create rolebinding default-view \
  --clusterrole=view \
  --serviceaccount=my-namespace:default \
  --namespace=my-namespace
```

另外，许多 Kubernetes 系统组件都在 kube-system 命名空间中使用默认的 Service Account 运行。要让这些管理组件拥有超级用户权限，则可以把集群级别的 cluster-admin 权限赋予 kube-system 命名空间中名为“default”的 Service Account。注意，这一操作意味着 kube-system 命名空间中的应用默认都具有超级用户的权限：

```
kubectl create clusterrolebinding add-on-cluster-admin \
  --clusterrole=cluster-admin \
  --serviceaccount=kube-system:default
```

3）为命名空间中的所有 Service Account 都授予同一个权限

如果希望一个命名空间中的所有应用程序都具有一个角色，那么无论它们使用什么 Service Account，都可以为这一命名空间中的 Service Account Group 进行授权。

例如，为 my-namespace 命名空间中的所有 Service Account 都赋予只读权限：

```
kubectl create rolebinding serviceaccounts-view \
  --clusterrole=view \
  --group=system:serviceaccounts:my-namespace \
  --namespace=my-namespace
```

4）为集群范围内的所有 Service Account 都授予一个有限的权限（不推荐）

如果不想对每个命名空间都管理授权，则可以把一个集群级别的角色授权给所有 Service Account。例如，为所有命名空间中的所有 Service Account 都授予只读权限：

```
$ kubectl create clusterrolebinding serviceaccounts-view \
  --clusterrole=view \
  --group=system:serviceaccounts
```

5）为所有 Service Account 都授予超级用户权限（强烈不推荐）

如果用户完全不关心权限，则可以把超级用户权限分配给每个 ServiceAccount。注意，这让所有应用都具有集群超级用户的权限，同时为能够读取 Secret 或创建 Pod 权限的用户也授予集群超级用户的权限：

```
$ kubectl create clusterrolebinding serviceaccounts-cluster-admin \
  --clusterrole=cluster-admin \
  --group=system:serviceaccounts
```

5. RBAC 操作示例

除了使用 YAML 文件创建 RBAC 角色和角色绑定资源对象，也可以使用 kubectl 命令行工具管理 RBAC 相关资源，比较方便和直接，下面通过示例进行说明。

1）创建 Role

在 Namespace 范围内设置授权规则，通过 kubectl create role 命令实现，示例如下。

（1）创建名为“pod-reader”的 Role，允许对 Pod 进行 get、watch、list 操作：

```
    kubectl create role pod-reader --verb=get --verb=list --verb=watch
--resource=pods
```

（2）创建名为“pod-reader”的 Role，允许对特定名称（resourceNames）的 Pod 进行 get 操作：

```
    kubectl create role pod-reader --verb=get --resource=pods
--resource-name=readablepod --resource-name=anotherpod
```

（3）创建名为“foo”的 Role，允许对 API Group “apps” 中的 replicaset 进行 get、watch、list 操作：

```
kubectl create role foo --verb=get,list,watch --resource=replicasets.apps
```

（4）创建名为“foo”的 Role，允许对 Pod 及其子资源“status”进行 get、watch、list 操作：

```
kubectl create role foo --verb=get,list,watch --resource=pods,pods/status
```

（5）创建名为“my-component-lease-holder”的 Role，允许对特定名称（resourceNames）的 lease 资源进行 get、list、watch、update 操作：

```
kubectl create role my-component-lease-holder --verb=get,list,watch,update
--resource=lease --resource-name=my-component
```

2）创建 ClusterRole

在集群范围内设置授权规则，通过 kubectl create clusterrole 命令实现，示例如下。

（1）创建名为“pod-reader”的 ClusterRole，允许对所有命名空间中的 Pod 进行 get、watch、list 操作：

```
kubectl create clusterrole pod-reader --verb=get,list,watch --resource=pods
```

（2）创建名为“pod-reader”的 ClusterRole，允许对特定名称（resourceNames）的 Pod 进行 get 操作：

```
kubectl create clusterrole pod-reader --verb=get --resource=pods
--resource-name=readablepod --resource-name=anotherpod
```

（3）创建名为“foo”的 ClusterRole，允许对 API Group “apps” 中的 replicaset 进行 get、watch、list 操作：

```
kubectl create clusterrole foo --verb=get,list,watch
--resource=replicasets.apps
```

（4）创建名为“foo”的 ClusterRole，允许对 Pod 及其子资源“status”进行 get、watch、list 操作：

```
kubectl create clusterrole foo --verb=get,list,watch
--resource=pods,pods/status
```

（5）创建名为“foo”的 ClusterRole，允许对非资源类型的 URL 进行 get 操作：

```
kubectl create clusterrole "foo" --verb=get --non-resource-url=/logs/*
```

（6）创建名为“monitoring”的 ClusterRole，通过 aggregationRule 设置其聚合规则：

```
kubectl create clusterrole monitoring
--aggregation-rule="rbac.example.com/aggregate-to -monitoring=true"
```

3）创建 RoleBinding

在特定的命名空间中进行授权（为 Subject 绑定 Role），通过 kubectl create rolebinding 命令实现，示例如下。

（1）在命名空间 acme 中为用户“bob”授权 ClusterRole“admin”：

```
kubectl create rolebinding bob-admin-binding --clusterrole=admin --user=bob
--namespace=acme
```

（2）在命名空间 acme 中为 ServiceAccount“myapp”授权 ClusterRole“view”：

```
kubectl create rolebinding myapp-view-binding --clusterrole=view
--serviceaccount=acme:myapp --namespace=acme
```

（3）在命名空间 acme 中为命名空间 myappnamespace 中的 ServiceAccount“myapp”授权 ClusterRole“view”：

```
kubectl create rolebinding myappnamespace-myapp-view-binding
--clusterrole=view --serviceaccount=myappnamespace:myapp --namespace=acme
```

4）创建 ClusterRoleBinding

在集群范围内进行授权（为 Subject 绑定 ClusterRole），通过 kubectl create clusterrole-binding 命令实现，示例如下。

（1）在集群范围内为用户 root 授权 ClusterRole“cluster-admin”：

```
kubectl create clusterrolebinding root-cluster-admin-binding
--clusterrole=cluster-admin --user=root
```

（2）在集群范围内为用户“system:kube-proxy”授权 ClusterRole“system:node-proxier”：

```
kubectl create clusterrolebinding kube-proxy-binding
--clusterrole=system:node-proxier --user=system:kube-proxy
```

（3）在集群范围内为命名空间 acme 中的 ServiceAccount“myapp”授权 ClusterRole“view”：

```
    kubectl create clusterrolebinding myapp-view-binding --clusterrole=view
--serviceaccount=acme:myapp
```

5）基于文件创建或更新 RBAC 配置

通过 kubectl auth reconcile 命令，可以实现基于 YAML 文件创建或更新 rbac.authorization.k8s.io/v1 的 RBAC 相关 API 资源对象。如有必要，系统则将创建缺失的资源对象，并为设置了命名空间的资源创建缺失的命名空间资源。

已存在的 Role 将更新为包含输入对象的全部权限，并且移除多余的权限（需要设置--remove-extra-permissions 参数）。

已存在的 RoleBinding 将更新为包含输入对象中的全部主体（Subject），并且移除多余的主体（需要设置--remove-extra-subjects 参数）。示例如下。

（1）测试运行 RBAC 规则，显示将要执行的更改：

```
    kubectl auth reconcile -f my-rbac-rules.yaml --dry-run=client
```

（2）应用输入配置中的内容，保留任何额外权限（Role）和任何额外主体（Binding）：

```
    kubectl auth reconcile -f my-rbac-rules.yaml
```

（3）应用输入配置中的内容，删除任何额外权限和任何额外主体：

```
    kubectl auth reconcile -f my-rbac-rules.yaml --remove-extra-subjects
--remove-extra-permissions
```

此外，可以通过 kubectl --help 命令在帮助信息中查看使用说明。

6. 聚合 ClusterRole

Kubernetes 支持将多个 ClusterRole 聚合成一个新的 ClusterRole，这在希望将多个 ClusterRole 的授权规则（例如由 CRD 或 Aggregated API Server 提供的资源授权规则）进行合并使用时，可以简化管理员的手工配置工作，完成对系统默认 ClusterRole 的扩展。

在聚合 ClusterRole 的定义中，通过 aggregationRule 字段设置需要包含的 ClusterRole，使用 Label Selector 的形式进行设置，逻辑为包含具有指定标签的 ClusterRole。Kubernetes Master 中的 Controller 会根据 Label Selector 持续监控系统中的 ClusterRole，将选中的多个 ClusterRole 的规则进行合并，形成一个完整的授权规则列表（在 rules 字段中体现）。

下面是一个聚合 ClusterRole 示例，其 Label Selector 设置的条件为包含标签 rbac.example.com/aggregate-to-monitoring=true 的全部 ClusterRole：

```
apiVersion: rbac.authorization.k8s.io/v1
kind: ClusterRole
metadata:
  name: monitoring
aggregationRule:
  clusterRoleSelectors:
  - matchLabels:
      rbac.example.com/aggregate-to-monitoring: "true"
rules: [] # 系统自动填充、合并的结果
```

如果用户创建了一个包含上述标签的 ClusterRole，则系统会自动为聚合 ClusterRole 设置其 rules。例如创建一个查看 services、endpoints、pods 的 ClusterRole，拥有上述聚合标签 rbac.example.com/aggregate-to-monitoring=true，代码如下：

```
apiVersion: rbac.authorization.k8s.io/v1
kind: ClusterRole
metadata:
  name: monitoring-endpoints
  labels:
    rbac.example.com/aggregate-to-monitoring: "true"
rules:
- apiGroups: [""]
  resources: ["services", "endpoints", "pods"]
  verbs: ["get", "list", "watch"]
```

再次查看之前创建的聚合 ClusterRole，将看到系统自动为其设置的 rules：

```
apiVersion: rbac.authorization.k8s.io/v1
kind: ClusterRole
aggregationRule:
  clusterRoleSelectors:
  - matchLabels:
      rbac.example.com/aggregate-to-monitoring: "true"
metadata:
......
rules:
- apiGroups:
  - ""
  resources:
  - services
  - endpoints
  - pods
```

```
  verbs:
  - get
  - list
  - watch
```

下面再看看如何使用聚合规则对系统默认的 ClusterRole 进行扩展。

Kubernetes 系统内置了许多 ClusterRole，包括 admin、edit、view 等（完整列表和说明参见下文），其中某些 ClusterRole 本身就是聚合类型的（通过 aggregationRule 设置了需要聚合的 ClusterRole 的 Label），例如名为“edit”的 ClusterRole 设置的聚合规则如下：

```
aggregationRule:
  clusterRoleSelectors:
  - matchLabels:
      rbac.authorization.k8s.io/aggregate-to-admin: "true"
```

名为“view”的 ClusterRole 包含标签 rbac.authorization.k8s.io/aggregate-to-edit=true，说明 edit 中的规则都将被设置在 admin 的规则中：

```
# kubectl get clusterrole view -o yaml
apiVersion: rbac.authorization.k8s.io/v1
kind: ClusterRole
metadata:
  labels:
    kubernetes.io/bootstrapping: rbac-defaults
    rbac.authorization.k8s.io/aggregate-to-edit: "true"
......
```

而名为“view”的 ClusterRole 本身也是聚合类型的，其聚合规则为包含标签 rbac.authorization.k8s.io/aggregate-to-view=true：

```
aggregationRule:
  clusterRoleSelectors:
  - matchLabels:
      rbac.authorization.k8s.io/aggregate-to-view: "true"
```

假设用户希望为其自定义资源对象 crontabs 设置只读权限，并加入系统内置的名为“view”的 ClusterRole，则基于 view 设置的聚合规则，用户只需新建一个 ClusterRole，并设置其标签为“rbac.authorization.k8s.io/aggregate-to-view=true”，即可将相关授权规则添加到 view 的权限列表中：

```
kind: ClusterRole
apiVersion: rbac.authorization.k8s.io/v1
```

```
metadata:
  name: aggregate-cron-tabs-view
  labels:
    rbac.authorization.k8s.io/aggregate-to-view: "true"
rules:
- apiGroups: ["stable.example.com"]
  resources: ["crontabs"]
  verbs: ["get", "list", "watch"]
```

7. Kubernetes 系统默认的角色和授权（ClusterRole 和 ClusterRoleBinding）

API Server 会创建一组系统默认的 ClusterRole 和 ClusterRoleBinding 对象，其中很多都以“system:”为前缀，以表明这些资源被 Kubernetes master 直接管理，对这些对象的改动可能会造成集群故障。例如 system:node 这个 ClusterRole 为 kubelet 设置了对 Node 的操作权限，如果这个 ClusterRole 被改动，则 kubelet 可能无法正常工作。所有系统默认的 ClusterRole 和 ClusterRoleBinding 都会用标签“kubernetes.io/bootstrapping= rbac-defaults”进行标记。

授权规则的自动恢复（Auto-reconciliation）功能从 Kubernetes v1.6 版本时开始引入。每次集群启动时，API Server 都会更新默认的集群角色的缺失权限，也会更新在默认的角色绑定中缺失的主体，这样就防止了一些破坏性的修改，也保证了在集群升级的情况下相关内容能够及时更新，该自动恢复功能在启用 RBAC 授权模式后自动开启。如果不希望使用这一功能，则可以为一个默认的集群角色或者集群角色绑定设置 annotation “rbac.authorization. kubernetes.io/autoupdate=false”。

下面对系统提供的默认授权规则（ClusterRole 和 ClusterRoleBinding）进行说明。

1）与 API 发现（API Discovery）相关的 ClusterRole

默认的 ClusterRoleBinding 为已认证用户（authenticated）和未认证用户（unauthenticated）都授予了读取系统 API 信息的权限，系统默认访问这些 API 安全。

该默认 ClusterRole 的名称为“system:discovery”，可以通过 kubectl get 命令查看其允许访问的各个 API 路径的授权策略：

```
# kubectl get clusterrole system:discovery -o yaml
apiVersion: rbac.authorization.k8s.io/v1
kind: ClusterRole
metadata:
  annotations:
```

```
    rbac.authorization.kubernetes.io/autoupdate: "true"
  labels:
    kubernetes.io/bootstrapping: rbac-defaults
  name: system:discovery
rules:
- nonResourceURLs:
  - /api
  - /api/*
  - /apis
  - /apis/*
  - /healthz
  - /livez
  - /openapi
  - /openapi/*
  - /readyz
  - /version
  - /version/
  verbs:
  - get
```

与 API 发现相关的默认 ClusterRole 如表 1.1 所示。

表 1.1　与 API 发现相关的默认 ClusterRole

默认 ClusterRole	默认 ClusterRoleBinding	描　述
system:basic-user	system:authenticated	让用户能够读取自身的信息（在 Kubernetes v1.14 版本之前还绑定了 system:unauthenticated 组）
system:discovery	system:authenticated	对 API 发现 Endpoint 的只读访问，用于 API 级别的发现和协商（在 Kubernetes v1.14 版本之前还绑定了 system:unauthenticated 组）
system:public-info-viewer	system:authenticated 和 system: unauthenticated 组	允许读取集群的非敏感信息（从 Kubernetes v1.14 版本开始引入）

2）面向用户（User-facing）的 ClusterRole

有些系统的默认角色不是以“system:”为前缀的，这部分角色是面向用户设置的。其中包含超级用户角色（cluster-admin）、集群级别授权的角色（cluster-status），以及面向命名空间授权的角色（admin、edit、view）。

面向用户的 ClusterRole 允许管理员使用聚合 ClusterRole（Aggretated ClusterRole）机制将多个 ClusterRole 进行组合，通常用于将用户自定义 CRD 资源对象的授权补充到系统默认的 ClusterRole 中进行扩展。对聚合 ClusterRole 的详细说明请参考前文。

面向用户的默认 ClusterRole 如表 1.2 所示。

表 1.2　面向用户的默认 ClusterRole

默认 ClusterRole	默认 ClusterRoleBinding	描　述
cluster-admin	system:masters 组	让超级用户可以对任何资源执行任何操作。 如果被集群级别的 ClusterRoleBinding 使用，则允许操作集群所有命名空间中的任何资源。 如果被命名空间级别的 RoleBinding 使用，则允许操作绑定的命名空间中的全部资源，也包括命名空间本身
admin	None	管理员级别的访问权限，应限制在一个命名空间中被 RoleBinding 使用，允许对命名空间中的大多数资源进行读写操作，也允许创建 Role 和 RoleBinding。该权限设置不允许操作命名空间本身，也不能对资源配额（Resource Quota）进行修改
edit	None	允许对一个命名空间中的大多数资源进行读写操作，不允许查看或修改 Role 和 RoleBinding 资源。它允许访问 Secret 资源，以及允许使用该命名空间中的任意 ServiceAccount 运行 Pod，所以可以用于在命名空间中获得 API 级别的访问权限
view	None	允许对一个命名空间中的大多数资源进行只读操作，不允许查看或修改 Role 和 RoleBinding 资源。不允许访问 Secret 资源，以免通过 ServiceAccount 中的 Token 获取额外的 API 级别的访问权限（这是一种权限提升的场景）

3）核心组件（Core Component）的 ClusterRole

核心组件的默认 ClusterRole 如表 1.3 所示。

表 1.3　核心组件的默认 ClusterRole

默认 ClusterRole	默认 ClusterRoleBinding	描　述
system:kube-scheduler	system:kube-scheduler 用户	允许访问 kube-scheduler 组件所需的资源
system:volume-scheduler	system:kube-scheduler 用户	允许访问 kube-scheduler 组件需要访问的 Volume 资源
system:kube-controller-manager	system:kube-controller-manager 用户	允许访问 kube-controller-manager 组件所需的资源
system:node	None	允许访问 kubelet 组件所需的资源，包括对所有 Secret 资源的读取权限，以及对所有 Pod Status 对象的可写访问权限。 该角色用于 Kubernetes v1.8 之前版本升级的兼容性设置。在新版本中应使用 Node authorizer 和 NodeRestriction 准入控制器，并且应基于调度到其上运行的 Pod 对 kubelet 授予 API 访问权限
system:node-proxier	system:kube-proxy 用户	允许访问 kube-proxy 所需的资源

4）其他组件的 ClusterRole

其他组件的默认 ClusterRole 如表 1.4 所示。

表 1.4 其他组件的默认 ClusterRole

默认 ClusterRole	默认 ClusterRoleBinding	描 述
system:auth-delegator	None	允许对授权和认证进行托管，通常用于附加的 API Server，以实现统一的授权和认证流程
system:heapster	None	[已弃用] Heapster 组件的角色
system:kube-aggregator	None	kube-aggregator 所需的权限
system:kube-dns	kube-system namespace 中名为“kube-dns”的 Service Account	kube-dns 所需的权限
system:kubelet-api-admin	None	允许对 kubelet API 进行完全访问
system:node-bootstrapper	None	允许访问 kubelet TLS 初始化（bootstrapping）过程中所需的资源
system:node-problem-detector	None	node-problem-detector 组件所需的资源
system:persistent-volume-provisioner	None	允许访问大多数动态存储卷提供者（Provisioner）所需的资源

5）系统内置控制器（Controller）的 ClusterRole

在 Kubernetes Master 的核心组件 Controller Manager 中运行了管理各种资源的控制器（Controller）。如果 kube-controller-manager 服务设置了启动参数--use-service-account-credentials，kube-controller-manager 服务就会为每一个 Controller 都设置一个单独的 ServiceAccount。相关的 ClusterRole 已在系统中默认设置完成，这些 ClusterRole 的名称以“system:controller:”为前缀。如果 kube-controller-manager 服务没有设置启动参数--use-service-account-credentials，就会使用它自身的凭据运行所有 Controller，这就要求管理员对 kube-controller-manager 凭据进行全部 Controller 所需规则的授权。

系统内置控制器的默认 ClusterRole 如表 1.5 所示。

表 1.5 系统内置控制器的默认 ClusterRole

需要赋予的角色	需要赋予的角色
system:controller:attachdetach-controller	system:controller:persistent-volume-binder
system:controller:certificate-controller	system:controller:pod-garbage-collector
system:controller:clusterrole-aggregation-controller	system:controller:pv-protection-controller
system:controller:cronjob-controller	system:controller:pvc-protection-controller
system:controller:daemon-set-controller	system:controller:replicaset-controller

续表

需要赋予的角色	需要赋予的角色
system:controller:deployment-controller	system:controller:replication-controller
system:controller:disruption-controller	system:controller:resourcequota-controller
system:controller:endpoint-controller	system:controller:root-ca-cert-publisher
system:controller:expand-controller	system:controller:route-controller
system:controller:generic-garbage-collector	system:controller:service-account-controller
system:controller:horizontal-pod-autoscaler	system:controller:service-controller
system:controller:job-controller	system:controller:statefulset-controller
system:controller:namespace-controller	system:controller:ttl-controller
system:controller:node-controller	

8. 预防权限提升和授权初始化

RBAC API 防止用户通过编辑 Role 或者 RoleBinding 获得权限的提升。这一限制是在 API 级别生效的。

1）创建或更新 Role 或 ClusterRole 的限制

用户要对角色（Role 或 ClusterRole）进行创建或更新操作，需要至少满足下列一个条件：

（1）用户已拥有 Role 中包含的所有权限，且与该角色的生效范围一致（如果是集群角色，则是集群范围；如果是普通角色，则可能是同一个命名空间或者整个集群）。

（2）用户被显式授予针对 Role 或 ClusterRole 资源的提权（Escalate）操作权限。

例如，用户 user-1 没有列出集群中所有 Secret 资源的权限，就不能创建具有这一权限的集群角色。要让一个用户能够创建或更新角色，需要进行以下操作。

①为其授予一个允许创建或更新 Role 或 ClusterRole 资源对象的角色。

②为其授予允许创建或更新角色的权限，有隐式和显式两种方法。

- ◎ 隐式：为用户授予这些权限。用户如果尝试使用尚未被授予的权限来创建或修改 Role 或 ClusterRole，则该 API 请求将被禁止。
- ◎ 显式：为用户显式授予 rbac.authorization.k8s.io API Group 中的 Role 或 ClusterRole 的提权（Escalate）操作权限。

2）创建或更新 RoleBinding 或 ClusterRoleBinding 的限制

仅当我们已经拥有被引用的角色（Role 或 ClusterRole）中包含的所有权限（与角色绑定的作用域相同）或已被授权对被引用的角色执行绑定（bind）操作时，才能创建或更新角色绑定（RoleBinding 或 ClusterRoleBinding）。例如，如果用户 user-1 没有列出集群中所有 Secret 资源的权限，就无法为一个具有这样权限的角色创建 ClusterRoleBinding。要使用户能够创建或更新角色绑定，需要进行以下操作。

（1）为其授予一个允许创建和更新 RoleBinding 或 ClusterRoleBinding 的角色。

（2）为其授予绑定特定角色的权限，有隐式和显式两种方法。

◎ 隐式：授予其该角色中的所有权限。
◎ 显式：授予在特定角色或集群角色中执行绑定（bind）操作的权限。

例如，通过下面的 ClusterRole 和 RoleBinding 设置，将允许用户 user-1 为其他用户在 user-1-namespace 命名空间中授予 admin、edit 及 view 角色的权限：

```
apiVersion: rbac.authorization.k8s.io/v1
kind: ClusterRole
metadata:
  name: role-grantor
rules:
- apiGroups: ["rbac.authorization.k8s.io"]
  resources: ["rolebindings"]
  verbs: ["create"]
- apiGroups: ["rbac.authorization.k8s.io"]
  resources: ["clusterroles"]
  verbs: ["bind"]
  resourceNames: ["admin","edit","view"]
---
apiVersion: rbac.authorization.k8s.io/v1
kind: RoleBinding
metadata:
  name: role-grantor-binding
  namespace: user-1-namespace
roleRef:
  apiGroup: rbac.authorization.k8s.io
  kind: ClusterRole
  name: role-grantor
subjects:
- apiGroup: rbac.authorization.k8s.io
  kind: User
```

```
    name: user-1
```

在系统初始化过程中启用第 1 个角色和进行角色绑定时，必须让初始用户具备其尚未被授予的权限。要进行初始的角色和角色绑定设置，则可以使用属于 system:masters 组的凭据，这个组默认具有 cluster-admin 这个超级用户的权限。

9. 从 ABAC 更新为 RBAC 的建议

Kubernetes 在 v1.6 版本之前通常使用的是宽松的 ABAC 策略，包含为所有 ServiceAccount 授予完全的 API 访问权限。

默认的 RBAC 策略为控制平面组件、Node 和控制器授予有限范围的权限，但是不会为命名空间 kube-system 之外的 ServiceAccount 授予任何权限。

这样一来，尽管更加安全，却可能会对某些希望自动获得 API 权限的现有工作负载造成影响，以下是管理过渡的两种方法。

1）并行认证

RBAC 和 ABAC 同时运行，并包含已使用的 ABAC 策略文件，将 kube-apiserver 的启动参数设置如下：

```
--authorization-mode=RBAC,ABAC --authorization-policy-file=mypolicy.jsonl
```

先由 RBAC 尝试对请求进行鉴权，如果结果是拒绝访问，则系统继续使用 ABAC 授权机制，这意味着请求只需要满足 RBAC 或 ABAC 之一即可工作。

当 kube-apiserver 服务对 RBAC 模块设置的日志级别为 5 或更高（--vmodule=rbac*=5 或--v=5）时，就可以在 API Server 的日志中看到 RBAC 的拒绝行为（前缀为 RBAC）。可以利用这一信息来确定需要为哪些用户、用户组或 ServiceAccount 授予哪些权限。

等集群管理员按照 RBAC 的方式对相关组件进行了授权，并且在日志中不再出现 RBAC 的拒绝信息时，就可以移除 ABAC 认证方式了。

2）粗放管理

可以使用 RBAC 的角色绑定，复制一个粗放的 ABAC 策略。

警告：下面的策略让集群中的所有 ServiceAccount 都具备了集群管理员的权限，所有容器运行的应用都会自动接收 ServiceAccount 的认证，能够对任意 API 执行任意操作，包括查看 Secret 和修改授权。它不是一个推荐的过渡策略。

```
kubectl create clusterrolebinding permissive-binding \
  --clusterrole=cluster-admin \
  --user=admin \
  --user=kubelet \
  --group=system:serviceaccounts
```

过渡到使用 RBAC 授权模式之后，管理员应该调整集群的访问控制策略，以确保它们满足信息安全的相关需求。

1.3.3 Validating Admission Policy 模式

Validating Admission Policy（验证准入策略）其实是通过 Kubernetes Admission Controller 机制中的一个 Admission Controller（准入控制插件）来实现的，该特性从 Kubernetes v1.26 版本开始引入，到 v1.28 版本时升级到 Beta 阶段。此外，Validating Admission Policy 是用来替代之前 Webhook 外挂式的用户授权和鉴权验证机制的，与 Webhook 方式相比，它具有以下几个明显优势。

◎ 采用 Common Expression Language（CEL，通用的表达式）来定义规则。
◎ 是 Kubernetes 内建的方式，进程内验证，更加方便。
◎ 无须编程扩展。

下面是一个 Validating Admission Policy 示例：

```
apiVersion: admissionregistration.k8s.io/v1beta1
kind: ValidatingAdmissionPolicy
metadata:
  name: "apps-v1.valid.policy"
spec:
  failurePolicy: Fail
  matchConstraints:
    resourceRules:
    - apiGroups:   ["apps"]
      apiVersions: ["v1"]
      operations:  ["CREATE", "UPDATE"]
      resources:   ["deployments"]
  validations:
    - expression: "object.spec.replicas <= 5"
```

其中，resourceRules 采用资源属性的方式来定义对哪些资源的哪些操作进行限制，比如上述定义针对 apps/v1 组的资源对象的 create 和 updates 操作进行限制。具体限制规则在 validations 中设置，可以设置多组校验规则。上述校验规则表明，被操作的资源对象的副本数必须小于或等于 5。也就是说，如果创建或修改一个 Deployment 对象，当 replicas>5 时，操作失败（failurePolicy: Fail）。failurePolicy 可以是 Ignore 或者 Fail，如果是 Ignore，则忽视 validations 校验失败的结果，一般不用于鉴权。

Validating Admission Policy 特性在 Kubernetes v1.28 版本中还未默认开启，所以如需使用该特性，则需要手动开启，设置两个地方。

（1）api server 组件的启动参数增加以下两个参数：

```
    - --feature-gates=ValidatingAdmissionPolicy=true
    - --runtime-config=admissionregistration.k8s.io/v1alpha1=true
```

（2）kubelet 组件的启动参数增加以下参数：

```
--feature-gates=ValidatingAdmissionPolicy=true
```

此外，Validating Admission Policy 还需要将 ValidatingAdmissionPolicyBinding 绑定到某个命名空间中或者某些资源对象上才能生效。在下面的例子中，将创建的 apps-v1.valid.policy 绑定到拥有标签“enviroment=test”的命名空间中：

```
apiVersion: admissionregistration.k8s.io/v1alpha1
kind: ValidatingAdmissionPolicyBinding
metadata:
  name: "apps-v1.valid.policy-bind"
spec:
  policyName: "apps-v1.valid.policy"
  validationActions: [Warn, Audit]
  matchResources:
    namespaceSelector:
      matchLabels:
        environment: test
```

此外，由于 spec.validations[i].expression 可以采用 CEL 表达式，因此可以实现很灵活的授权和鉴权功能。常见的一些 CEL 表达式如下。

◎ object.minReplicas <= object.replicas && object.replicas <= object.maxReplicas：检查定义中副本的三个字段的设置值是否合理。

◎ 'Available' in object.stateCounts：检查在资源对象的 stateCounts 属性中是否存在 key 为 Available 的条目。

◎ (size(object.list1) == 0) != (size(object.list2) == 0)：检查对象的 list1 与 list2 两个列表属性是否只有一个非空。

◎ !('MY_KEY' in object.map1) || object['MY_KEY'].matches('^[a-zA-Z]*$')：检查在对象的 map1 属性中是否存在 MY_KEY 的 key，并且它的值符合以字母开头的正则表达式规则。

Validating Admission Policy 结合 RBAC 授权模式，基本上可以满足常见各类特殊授权规则。如果还不能满足某些特殊业务场景的授权需求，则可以通过外挂的 Webhook 来定制实现。

1.3.4 Webhook 授权模式

Webhook 授权模式相当于 Kubernetes 把某些资源的授权和鉴权逻辑交给了用户的授权和鉴权应用来处理，此时，用户的应用程序提供对应的 Rest 服务并作为一个独立的 Web Server 启动，提供 kubeconfig 文件格式的配置文件，clusters 一节的内容设置的是 Webhook 服务器的信息，其中 server 地址就是 API Server 发起鉴权请求的回调接口。API Server 通过参数--authorization-webhook-config-file 来加载此配置文件。下面是一个 Webhook Server 的配置示例：

```
apiVersion: v1
kind: Config
clusters:        # 远程授权服务
  - name: name-of-remote-authz-service
    cluster:
      certificate-authority: /path/to/ca.pem     # 验证此 Webhook Server 的 CA 证书
      server: https://authz.example.com/authorize # Webhook Server 的鉴权 URL，必须使用 HTTPS
users:  users refers to the API Server's webhook configuration.
  - name: name-of-api-server
    user:
      client-certificate: /path/to/cert.pem # Webhook 插件使用的客户端证书
      client-key: /path/to/key.pem          # Webhook 插件使用的客户端私钥
current-context: webhook
contexts:
- context:
    cluster: name-of-remote-authz-service
    user: name-of-api-server
```

```
  name: webhook
```

在授权开始时，API Server 会生成一个 API 版本为“authorization.k8s.io/v1beta1”的 SubjectAccessReview 资源对象，用于描述操作信息，在进行 JSON 序列化之后，以 HTTP POST 方式发送给远程 Webhook 授权服务。在 SubjectAccessReview 资源对象中包含用户尝试访问资源的请求动作的描述，以及需要访问的资源信息。

SubjectAccessReview 资源对象和其他 API 对象一样，遵循同样的版本兼容性规则，在实现时要注意 apiVersion 字段的版本，以实现正确的反序列化操作。另外，API Server 必须启用 authorization.k8s.io/v1beta1 API 扩展（--runtime-config=authorization.k8s.io/v1beta1=true）。

下面是一个希望获取 Pod 列表的 SubjectAccessReview 示例：

```
{
  "apiVersion": "authorization.k8s.io/v1beta1",
  "kind": "SubjectAccessReview",
  "spec": {
    "resourceAttributes": {
      "namespace": "kittensandponies",
      "verb": "get",
      "group": "unicorn.example.org",
      "resource": "pods"
    },
    "user": "jane",
    "group": [
      "group1",
      "group2"
    ]
  }
}
```

远程 Webhook 授权服务需要填充 SubjectAccessReview 资源对象的 status 字段，返回允许访问或者不允许访问的结果。应答报文中的 spec 字段是无效的，可以省略。

一个返回“允许访问”（allowed=true）的应答报文示例如下：

```
{
  "apiVersion": "authorization.k8s.io/v1beta1",
  "kind": "SubjectAccessReview",
  "status": {
    "allowed": true
```

```
  }
}
```

返回“不允许访问”的应答有以下两种方法。

（1）仅返回“不允许访问”（allowed=false），但配置的其他授权者仍有机会对请求进行授权，这也是多数情况下的通用做法，示例如下：

```
{
  "apiVersion": "authorization.k8s.io/v1beta1",
  "kind": "SubjectAccessReview",
  "status": {
    "allowed": false,
    "reason": "user does not have read access to the namespace"
  }
}
```

（2）返回“不允许访问”（allowed=false），同时立刻拒绝其他授权者再对请求进行授权（denied=true），这要求 Webhook 服务了解集群的详细配置以能够做出准确的授权判断，示例如下：

```
{
  "apiVersion": "authorization.k8s.io/v1beta1",
  "kind": "SubjectAccessReview",
  "status": {
    "allowed": false,
    "denied": true,
    "reason": "user does not have read access to the namespace"
  }
}
```

除了对资源对象操作的 API 进行授权，还可以对与非资源对象相关的 API 进行授权。非资源对象的请求路径包括客户端需要访问的/api、/api/*、/apis、/apis/*和/version 等路径，用于发现服务端提供的 API 资源列表和版本信息，通常应授权为“允许访问”。对于其他非资源对象的访问一般可以禁止，以限制客户端对 API Server 进行不必要的访问。

查询/debug 的请求报文示例如下：

```
{
  "apiVersion": "authorization.k8s.io/v1beta1",
  "kind": "SubjectAccessReview",
  "spec": {
```

```
    "nonResourceAttributes": {
      "path": "/debug",
      "verb": "get"
    },
    "user": "jane",
    "group": [
      "group1",
      "group2"
    ]
  }
}
```

1.3.5　Node 授权模式

Node 授权模式是专门针对 Node 上的 kubelet 进程量身定制的特殊授权模式，不适用于其他主体。为了开启 Node 授权模式，需要为 kube-apiserver 设置启动参数--authorization-mode=Node。同时，为了限制 kubelet 可写的 API 资源对象，需要为 kube-apiserver 服务启用 NodeRestriction 准入插件：--enable-admission-plugins=..., NodeRestriction。

在 Node 授权模式下，Kubernetes API Server 允许 kubelet 发起的 API 操作如下。

（1）读取操作：Service、Endpoint、Node、Pod、Secret、ConfigMap、PVC，以及绑定到 Node 的与 Pod 相关的持久卷。

（2）写入操作：

- ◎ Node 和 Node Status（启用 NodeRestriction 准入控制器，以限制 kubelet 只能修改自己 Node 的信息）。
- ◎ Pod 和 Pod Status（启用 NodeRestriction 准入控制器，以限制 kubelet 只能修改绑定到本 Node 的 Pod 信息）。
- ◎ Event。

（3）授权相关操作：

- ◎ 基于 TLS 启动引导过程中使用的 certificationsigningrequest 资源对象的读写操作。
- ◎ 在代理鉴权或授权检查过程中创建 tokenreview 和 subjectaccessreview 资源对象。

为了获取 Node 授权者的授权，kubelet 需要使用一个凭据，以标识它在 system:nodes 组内，用户名为 system:node:<nodeName>，并且该组名和用户名的格式需要与 kubelet TLS

启动过程中为 kubelet 创建的标识匹配。需要注意的是，system:nodes 组之外的 kubelet 不会被 Node 鉴权模式授权。

在将来的版本中，Node 授权者可能会添加或删除权限，以确保 kubelet 具有正确操作所需的最小权限集。总之，Node 授权模式正在一步步地收紧集群中每个 Node 的权限，这也是 Kubernetes 进一步提升集群安全性的一个重要改进措施。

1.3.6 API Server 的鉴权机制

在 API Server 配置好生效的授权策略，并完成对应用户的授权操作之后，用户就被许可访问 API Server 的特定 API 了，随后当用户访问 API Server 的时候，API Server 会先对用户进行认证操作（参见 1.1 节的说明）。认证通过后，用户的身份信息得以确定。其中最重要的信息就是用户名，比如数字证书中的 CN 值、Service Account Token 中的 Service Account Name、JWT Token 中表示用户名的 Claim 的值。另外，用户所属的 group 也是重要的用户身份信息。接下来就是 API Server 对用户进行鉴权的流程，结合用户的身份，以及用户所访问的 API 资源信息，可以得到用于鉴权的重要数据，包括当前用户和请求的资源，如下所示：

```
 userAttributes:
   user: kubelet
   group: kube-admin-group
resourceAttributes:
    group: apps
    url:/api/v1
    resource: deployments
    namespace: dev
    verb: create
```

鉴权的具体过程，就是用上述信息匹配当前用户被授权许可访问的资源，而不同的授权策略会有不同的匹配逻辑，鉴权结果最终返回许可访问或者禁止访问两种结果。在通常情况下，只有用户真实访问某个 API 的时候，才会触发鉴权流程。而此时，调用的 API 已经生效，比如，创建了一个 Pod，删除了一个 Pod，这对 Kuberntes 环境已经造成了影响，有没有一种方法，可以单独测试和验证鉴权结果呢？即不真实调用 API，只判断当前用户是否能访问 API，并以此为依据决定是否扩大或缩小用户的授权范围。这就是 kubectl can-i 子命令所提供的功能。can-i 子命令使用 API Server 提供的 SelfSubjectAccessReview API 来查询用户鉴权的结果。

下面是一个简单的示例，验证 kubectl 当前使用的用户是否能在 dev 命名空间中创建 deployment 对象：

```
# kubectl auth can-i create deployments --namespace dev
yes
```

把 kubectl 的日志设置为--v=8，可以看到 kubectl 通过调用 API Server 的/v1/selfsubjectaccessreviews 来发送 SelfSubjectAccessReview 对象以实现上述功能：

```
# kubectl auth can-i create deployments --namespace dev --v=8
I1220 20:24:42.135191   83398 loader.go:395] Config loaded from file:
/etc/kubernetes/admin.conf （从 admin.conf 加载认证信息）
Request Body:
{"kind":"SelfSubjectAccessReview","apiVersion":"authorization.k8s.io/v1","metada
ta":{"creationTimestamp":null},"spec":{"resourceAttributes":{"namespace":"dev","
verb":"create","group":"apps","resource":"deployments"}},"status":{"allowed":fal
se}}
I1220 20:24:42.149113   83398 round_trippers.go:463] POST
https://192.168.18.3:6443/apis/authorization.k8s.io/v1/selfsubjectaccessreviews
…
I1220 20:24:42.150837   83398 request.go:1212] Response Body:
{"kind":"SelfSubjectAccessReview","apiVersion":"authorization.k8s.io/v1","metada
ta":{"creationTimestamp":null,"managedFields":[{"manager":"kubectl","operation":
"Update","apiVersion":"authorization.k8s.io/v1","time":"2023-12-20T12:24:42Z","f
ieldsType":"FieldsV1","fieldsV1":{"f:spec":{"f:resourceAttributes":{".":{},"f:gr
oup":{},"f:namespace":{},"f:resource":{},"f:verb":{}}}}}]},"spec":{"resourceAttr
ibutes":{"namespace":"dev","verb":"create","group":"apps","resource":"deployment
s"}},"status":{"allowed":true}}
```

还可以通过参数--as 来模拟其他用户进行鉴权验证：

```
# kubectl auth can-i create deployments --namespace dev --as dave
no
```

下面的示例验证了名为“dev-sa”、位于 dev 命名空间中的 Service Account 账号能否访问命名空间 target 中的 Pod 列表 API：

```
kubectl auth can-i list pods     --namespace target --as
system:serviceaccount:dev:dev-sa
no
```

管理员在为某个用户完成授权后，可以通过 kubectl can-i 来测试授权结果，非常方便。

由于 API Server 在整个 Kubernetes 集群中处于核心地位，因此它的安全访问机制最为复杂和周密，实际上具有两层安全屏障：首先，通过用户认证、授权和鉴权机制以确保 API Server 访问的安全，构成了第一层安全屏障；然后，通过 API Server 的可扩展的准入控制（Admission Control）机制为 API Server 增加了第二层安全屏障。准入控制机制可对 API Server 管理的资源对象进行更细粒度的、场景化的安全管控，也可以让用户以编程方式进行自定义扩展。

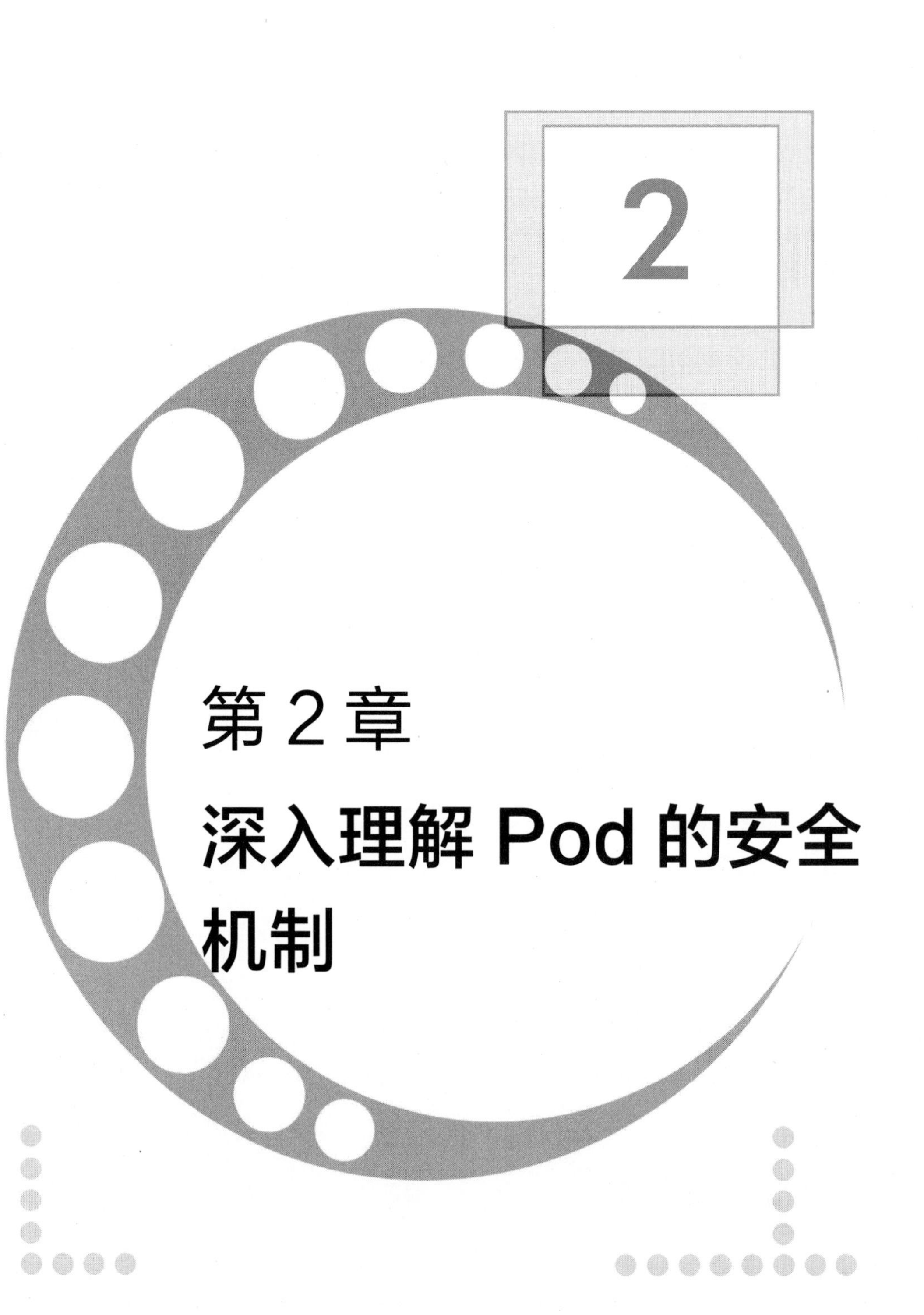

第2章 深入理解Pod的安全机制

Pod 承载了用户的业务，是 Kubernetes 集群中最为核心和关键的对象，因此 Pod 的安全性也非常关键。Kubernetes 在升级过程中，也在不断改进和完善 Pod 的安全性问题。

本章分别从 Pod 的准入、Pod 的调度、Pod 的执行、Pod 隐私数据的存储等方面对 Pod 的安全机制进行阐述。

2.1 准入控制机制

一个 Pod 要想成功进入 Kubernetes 集群，首先需要通过准入控制（Admission Control）的安全检查。准入控制是 Kubernetes 的基础安全措施，虽然不仅仅针对 Pod，但它的主要目标还是围绕 Pod 服务的。准入控制框架中的很多扩展插件都是针对 Pod 的。

前面讲过，由于 API Server 在整个 Kubernetes 集群中处于核心地位，因此它的安全访问机制最为复杂和周密。总的来说，API Server 的安全访问控制机制可分为两部分。

◎ 通过完整的用户认证、授权和鉴权机制确保 API Server 访问的第一层安全屏障。
◎ 通过可扩展的准入控制机制，为 API Server 增加第二层安全屏障，可对 API Server 管理的资源对象进行更细粒度的、场景化的安全管控，也方便实现用户自定义的扩展。

2.1.1 准入控制机制概述

在客户端创建 Pod 的请求经过 API Server 的身份认证和鉴权流程之后，就能够成功创建 Pod 了吗？答案是不一定，因为这个请求还要通过一个由 Admission Controller（准入控制器）所组成的 Admission Control Flow（准入控制链）的判定。创建 Pod 的请求只有通过这个 Flow 上所有 Admission Controller 的“批准”以后，才能被 Kubernetes API Server 接受并完成 Pod 的创建。

Kubernetes 官方标准的 Admission Controller 有 30 多个，还允许用户自定义扩展，同时 Admission Control Flow 由一系列 Admission Controller 组成，并且分为两个阶段，整个处理流程如图 2.1 所示。

在第一阶段，驱动 Request 请求通过一系列 Mutating Admission Controller，这些 Mutating Admission Controller 都可以对 Request 请求的数据进行小范围的修订，比如，为

某些资源对象增加标签，为没有设置的属性设置默认值。

由于第一阶段的 Mutating Admission Controller 会改变资源对象的数据，甚至可能改变数据的结构，因此第一阶段结束后，API Server 又对改变后的 Request 请求的资源对象做了一个 Object Schema 的验证工作，确保修改后的数据仍然符合规定，之后 Request 请求来到第二阶段。

在第二阶段，Request 请求将通过一系列 Validating Admission Controller 的验证。这些 Controller 不会对资源对象进行修改，只进行验证，比如之前提到的 Validating Admission Policy 就是通过这样一种 Controller 实现的。不过，有些 Controller 既属于 Mutating Admission Controller，也属于 Validating Admission Controller。

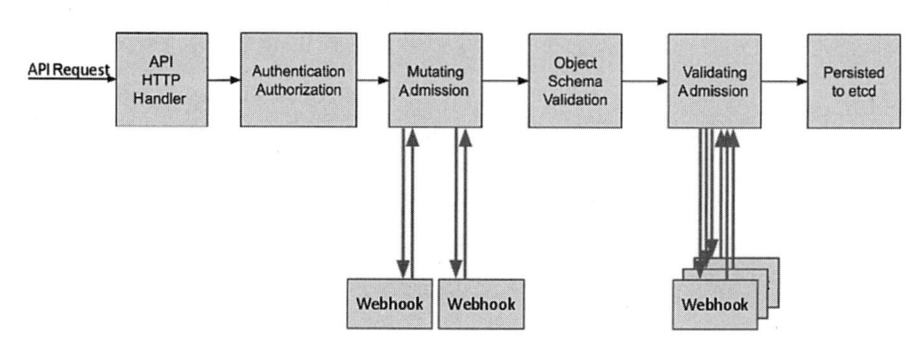

图 2.1　API Server 对客户端请求的处理流程

如果 Admission Control Flow 中的任何一个 Admission Controller 对请求的校验返回失败，则对该请求的处理就终止。如果全部都通过校验，则表示成功，该请求就会被 API Server 持久化存储到 etcd。

API Server 提供了很多预置的 Admission Controller，如果这些默认的插件无法满足业务需求，则可以通过 Webhook 外挂的方式让 API Server 对接编程实现的外部 Admission Webhook，从而实现与 Admission Controller 一样的功能。

Admission Webhook 作为一个 Web Server 被部署在集群中，其中实现了 Admission 接口方法。该方法首先接收 API Server 发来的 Admission 请求，然后返回准入判断的结果，其功能同 Admission Controller 一样。与静态编译的 Admission Controller 相比，Admission Webhook 更加灵活，不影响 API Server 的运行，可以随时添加新的 Admission Webhook。与 Admission Controller 类似，Admission Webhook 也有两种：Mutating Admission Webhook 与 Validating Admission Webhook，前者通常用来修改 Request 请求中资源对象的配置，后

者通常用来校验 Request 请求中资源对象的内容是否有效。

与 Admission Controller 直接被 Admission Control Flow 驱动不同，Admission Webhook 是由特定的 Admission Controller 来负责加载驱动的，具体如下。

◎ Mutating Admission Webhook 插件负责驱动 Mutating Admission Webhook，这些 Webhook 按顺序执行。
◎ ValidatingAdmissionWebhook 插件负责驱动 Validating Admission Webhook，这些 Webhook 并发执行。

2.1.2 系统内置的 Admission Controller

Kubernetes 可配置针对 Namespace、Pod、Service、Node 等的 Admission Controller，下面对这些 Admission Controller 进行说明。

1. 与 Namespace 相关的 Admission Controller

◎ NamespaceAutoProvision：Mutating，该插件会检测所有进入的具备命名空间的资源请求，如果其中引用的命名空间不存在，则自动创建命名空间。
◎ NamespaceExists：Validating，对于有 Namespace 的资源对象，要求其必须设置 namespace 属性，并且该 Namespace 存在，否则拒绝创建。
◎ NamespaceLifecycle：Validating，如果尝试在一个不存在的命名空间中创建资源对象，则该创建请求将被拒绝。在删除一个命名空间时，系统将删除该命名空间中的所有对象，包括 Pod、Service 等，并阻止删除 default、kube-system 和 kube-public 这 3 个命名空间。

2. 与 Pod 相关的 Admission Controller

◎ AlwaysPullImages：Mutating and Validating，它检查新建的 Pod 并设置 ImagePullPolicy 属性为 Always，这对于多租户共享一个集群的场景非常有用，系统在启动容器之前，可以保证总是使用租户的密钥下载镜像。如果不设置这个控制器，则在 Node 上下载的镜像的安全性将被削弱，只要知道该镜像的名称，任何人都可以使用它。
◎ PodNodeSelector：Validating，该插件会通过读取命名空间的 annotation 字段及全局配置，来对一个命名空间中对象的节点选择器设置默认值或限制其取值。需要对应的配置文件才能生效。

◎ PodSecurity：Validating，在创建或修改 Pod 时，决定是否根据 Pod 的 Security Context 和 Pod Security Standard 对 Pod 的安全策略进行检查。PodSecurity 替代了之前的 PodSecurityPolicy。

◎ PodTolerationRestriction：Mutating and Validating，该插件首先会在 Pod 和其命名空间的 Toleration 中进行冲突检测，如果存在冲突，则拒绝该 Pod 的创建。它会把命名空间和 Pod 的 Toleration 合并，然后将合并的结果与命名空间中的白名单进行比较，如果合并的结果不在白名单内，则拒绝创建。如果不存在命名空间级别的默认 Toleration 和白名单，则会采用集群级别的默认 Toleration 和白名单。

◎ Priority：Mutating and Validating，该插件检查 Pod 的 priorityClassName 属性，如果没有找到对应的 Priority Class，则该 Pod 会被拒绝。

◎ RuntimeClass：Mutating and Validating，对于设置了 runtimeClass 属性的 Pod，如果它的 runtimeClass 设置了 overhead 值，则它会自动设置 Pod 的 overhead 属性，如果 Pod 已经设置了 overhead 属性，则拒绝该 Pod。

◎ ServiceAccount：Mutating and Validating，该插件让 Service Account Token 自动化挂载，实现了自动化到 Pod 容器上的功能。如果想使用 ServiceAccount 对象，则强烈推荐使用它。

3. 与 Service 相关的 Admission Controller

◎ DenyServiceExternalIPs：Validating，如果 Service 设置了 externalIP 属性，则拒绝该 Service 的创建或修改操作。在绝大多数情况下，我们用不到这个插件，因此默认也是禁止的。

4. 与保护对象所属关系相关的 Admission Controller

◎ OwnerReferencesPermissionEnforcement：Validating，在该插件启用后，一个用户要想修改对象的 metadata.ownerReferences，就必须具备 delete 权限。该插件还会保护对象的 metadata.ownerReferences[x].blockOwnerDeletion 字段，用户只有在对 finalizers 子资源拥有 update 权限时，才能进行修改。

5. 与通用鉴权相关的 Admission Controller

◎ ValidatingAdmissionPolicy：Validating，该插件就是之前提到的，其中一个用途是实现通用、灵活的鉴权功能。

6. 与 Node 鉴权相关的 Admission Controller

◎ NodeRestriction：Validating，该插件会限制 kubelet 对 Node 和 Pod 的修改。为了实现这一限制，kubelet 必须由 system:nodes 组中用户名为“system:node:<nodeName>”的 Token 来运行。符合条件的 kubelet 只能修改自己的 Node 对象，并且只能修改分配到自己 Node 上的 Pod 对象。在 Kubernetes v1.11 之后的版本中，kubelet 无法修改或者更新自身 Node 的 taint 属性。在 Kubernetes v1.13 版本以后，该插件还会阻止 kubelet 删除自己的 Node 资源，并限制对具有 kubernetes.io/或 k8s.io/前缀的标签的修改。

7. 与调度相关的 Admission Controller

◎ LimitPodHardAntiAffinityTopology：Validating，要求 Pod 在设置亲和性策略参数 requiredDuringSchedulingRequiredDuringExecution 时，将 topologyKey 的值设置为 kubernetes.io/hostname，否则 Pod 会被拒绝创建。

◎ DefaultTolerationSeconds：Mutating，针对没有设置容忍 node.kubernetes.io/not-ready:NoExecute 或者 node.alpha.kubernetes.io/unreachable:NoExecute 的 Pod，设置 5min 的默认容忍时间。

◎ TaintNodesByCondition：Mutating，该插件把刚刚创建的 Node 对象标记为 NotReady 及 NoSchedule，防止 Pod 被调度到该 Node 上。

◎ ExtendedResourceToleration：Mutating，如果运维人员要创建带有特定资源（例如 GPU、FPGA 等）的独立 Node，则可能会对 Node 进行 Taint 处理以实现特别配置。该控制器能够自动为申请这些特别资源的 Pod 加入 Toleration 定义，无须人工干预。

8. 与证书签名和批复相关的 Admission Controller

◎ CertificateApproval：Validating，关注 CertificateSigningRequest 对象的创建请求，并检查相关权限，确保 spec.signerName 定义的签名者有权限批准这个请求。

◎ CertificateSigning：Validating，关注 CertificateSigningRequest 对象的 status.certificate 字段的变化，同时检查相关权限，确保 spec.signerName 定义的签名者有权限签名证书。

◎ CertificateSubjectRestriction：Validating，关注 CertificateSigningRequest 对象的创建请求，确保它有“kubernetes.io/kube-apiserver-client”签名者名称。

9. 与存储相关的 Admission Controller

◎ DefaultStorageClass：Mutating，关注 PersistentVolumeClaim 资源对象的创建，如果其中没有任何针对特定 StorageClass 的请求，则为其指派指定的 StorageClass。在这种情况下，用户无须在 PVC 中设置任何特定的 StorageClass 就能完成 PVC 的创建。如果没有设置默认的 StorageClass，则该控制器不会进行任何操作；如果设置了超过一个的默认 StorageClass，则该控制器会拒绝所有 PVC 对象的创建申请，并返回错误信息。管理员必须检查 StorageClass 对象的配置，确保只有一个默认值。该控制器仅关注 PVC 的创建过程，对更新过程无效。

◎ PersistentVolumeClaimResize：Validating，该插件实现了对 PersistentVolumeClaim 发起的 resize 请求的额外校验。只有对应的 StorageClass 通过设置 allowVolume Expansion=true 来表明自己支持 Volume 扩容，才允许当前请求通过。

◎ StorageObjectInUseProtection：Mutating，该插件会在新创建的 PVC 或 PV 中加入 kubernetes. io/pvc-protection 或 kubernetes.io/pv-protection 的 finalizer。如果想删除 PVC 或者 PV，则直到所有 finalizer 的工作都完成，才会执行删除动作。

10. 与资源配额相关的 Admission Controller

◎ LimitRanger：Mutating and Validating，该插件会监控进入的请求，确保请求内容符合在 Namespace 中定义的 LimitRange 对象的资源限制。如果要在 Kubernetes 集群中使用 LimitRange 对象，则必须启用该插件，才能实施这一限制。LimitRanger 还能为没有设置资源请求的 Pod 自动设置默认的资源请求，为 default 命名空间的所有 Pod 都设置 CPU 资源请求的默认值。

◎ ResourceQuota：Validating，用于资源配额管理，作用于命名空间。该插件拦截所有请求，以确保命名空间中的资源配额使用不会超标。推荐在 Admission Control 参数列表中将该插件排在最后一个，以免可能会被其他插件拒绝的 Pod 被过早地分配资源。

◎ DefaultIngressClass：关注 Ingress 对象，如果发现没有设置 ingress class，则设置为默认的 ingress class，如果默认的 ingress class 并没有被设置，则它不进行任何操作。如果设置了超过一个的默认 ingress class，则该控制器会拒绝 Ingress 对象的创建申请，并返回错误信息。管理员必须检查 Ingress 对象的配置，确保只有一个默认值。它只关注 CREATE 操作，不关注 UPDATE 操作。

11. 与 Admission Webhook 插件相关的 Admission Controller

◎ ImagePolicyWebhook：Validating，默认禁用，该插件允许后端的一个 Webhook 程序来完成 Admission Controller 的功能。ImagePolicyWebhook 需要使用一个配置文件（通过 kube-apiserver 的启动参数--admission-control-config-file 设置）定义后端 Webhook 的参数。

◎ MutatingAdmissionWebhook：Mutating，如果开启，则会调用 MutatingAdmission-Webhook 执行。这些 Webhook 以串行的方式按顺序运行，默认开启此插件。

◎ ValidatingAdmissionWebhook：Validating，该插件会针对符合其选择要求的请求调用 Validating Webhook。目标 Webhook 会以并行方式运行；如果其中任何一个 Webhook 拒绝了该请求，则该请求就会失败。

12. 未分类的 Admission Controller

◎ EventRateLimit：Validating，目前为 Alpha 版本，用于应对事件密集情况下对 API Server 造成的洪水攻击，默认禁用。

为 API Server 设置启动参数即可定制需要的 Admission Control Flow，在 Kubernetes v1.10 及以上版本中，使用的参数名为“--enable-admission-plugins”（设置启用的 Admission 插件列表）和“--disable-admission-plugins”（设置禁用的 Admission 插件列表），可以配置多个插件，以逗号隔开，顺序是不重要的，系统默认启用的插件也可以通过--disable-admission-plugins 参数进行禁用。

可以通过下面的命令来查看哪些插件是系统默认启用的：

```
# kube-apiserver -h | grep enable-admission-plugins
```

如果 API Server 运行在 Pod 中，则可以通过以下命令进行查看：

```
# kubectl -n kube-system exec -it kube-apiserver-192.168.18.3 -- kube-apiserver
-h | grep enable-admission-plugins
```

Kubernetes v1.29 版本默认启用的插件列表如下：

```
CertificateApproval, CertificateSigning, CertificateSubjectRestriction,
DefaultIngressClass, DefaultStorageClass, DefaultTolerationSeconds, LimitRanger,
MutatingAdmissionWebhook, NamespaceLifecycle, PersistentVolumeClaimResize,
PodSecurity, Priority, ResourceQuota, RuntimeClass, ServiceAccount,
StorageObjectInUseProtection, TaintNodesByCondition, ValidatingAdmissionPolicy,
ValidatingAdmissionWebhook
```

2.1.3　Admission Webhook 准入控制器

Admission Webhook 是用户自行编写的 Web Server 外挂程序，是 Kubernetes 内置 Admission Controller 的扩展机制。Admission Webhook 需要处理 API Server 发来的包含 AdmissionReview 数据的请求，并完成用户需要的准入控制逻辑。在 AdmissionReview 数据中包含用户访问 API Server 的一些访问控制属性，主要数据结构如下：

```
apiVersion: admission.k8s.io/v1
kind: AdmissionReview
request:
  # 唯一标识此次准入回调的随机 UID
  uid: 705ab4f5-6393-11e8-b7cc-42010a800002
  requestResource:
    group: apps
    version: v1
    resource: deployments
  # 被修改的资源的名称
  name: my-deployment
  # 如果资源属于命名空间（或者命名空间对象），则这是被修改的资源的命名空间
  namespace: my-namespace
  # 操作可以是 CREATE、UPDATE、DELETE 或 CONNECT
  operation: UPDATE
  userInfo:
    # 向 API Server 发出请求的经过身份验证的用户的用户名
    username: admin
    # 向 API Server 发出请求的经过身份验证的用户的 UID
    uid: 014fbff9a07c
    # 向 API Server 发出请求的经过身份验证的用户的组成员身份
    groups:
      - system:authenticated
      - my-admin-group
    # 向 API Server 发出请求的用户相关的任意附加信息
    # 该字段由 API Server 身份验证层填充，并且如果 Webhook 执行了任何
    # SubjectAccessReview 检查，则应将其包括在内
    extra:
      some-key:
        - some-value1
        - some-value2

  # object 是被接纳的新对象
```

```
  # 对于 DELETE 操作，它为 null
  object:
    apiVersion: autoscaling/v1
    kind: Scale

  # oldObject 是现有对象
  # 对于 CREATE 和 CONNECT 操作，它为 null
  oldObject:
    apiVersion: autoscaling/v1
    kind: Scale

  # options 包含要接受的操作的选项
  # 例如 meta.k8s.io/v CreateOptions、UpdateOptions 或 DeleteOptions
  # 对于 CONNECT 操作，它为 null
  options:
    apiVersion: meta.k8s.io/v1
    kind: UpdateOptions
```

从上述数据结构中可以看到，用户操作的 API 资源组（Group）信息包括资源对象类型和名称、原数据、修改后的数据、操作类型、当前认证通过的用户信息等。API Server 将这些信息发送给 Admission Webhook，由它来完成准入控制的处理逻辑并返回响应结果。响应结果返回具有同样数据结构的 AdmissionReview 对象给 API Server，将准入控制的结果写在 response 字段中。response 字段至少包含以下信息。

◎ uid：从发送到 Webhook 请求的 request.uid 中复制。

◎ allowed：设置为 true 或 false，表示结果是允许还是拒绝。

下面是一个简单的响应结果示例：

```
{
  "apiVersion": "admission.k8s.io/v1",
  "kind": "AdmissionReview",
  "response": {
    "uid": "<value from request.uid>",
    "allowed": true
  }
}
```

使用 Admission Webhook 实现准入控制的方式还有一个好处，即用户可以灵活指定访问哪些版本的资源对象需要通过 Admission Webhook 进行准入判断。比如下面这段配置表明，my-webhook.example.com 这个 Webhook 只针对 apps/v1 和 apps/v1beta1 版本中的

Deployments 与 Replicasets 资源对象，对 CREATE 和 UPDATE 操作进行准入控制。

```
apiVersion: admissionregistration.k8s.io/v1
kind: ValidatingWebhookConfiguration
......
webhooks:
- name: my-webhook.example.com
  rules:
  - operations: ["CREATE", "UPDATE"]
    apiGroups: ["apps"]
    apiVersions: ["v1", "v1beta1"]
    resources: ["deployments", "replicasets"]
    scope: "Namespaced"
```

要把开发完成的 Admission Webhook 配置到 Kubernetes 集群中生效，首先需要创建 MutatingWebhookConfiguration 或 ValidatingWebhookConfiguration 资源对象，其中可以包含一个或多个 Webhook。如果指定了多个 Webhook，则应为每个 Webhook 都赋予一个唯一的名称，并且需要符合 DNS 规范。下面是一个 ValidatingWebhookConfiguration 的示例片段：

```
apiVersion: admissionregistration.k8s.io/v1
kind: ValidatingWebhookConfiguration
...
webhooks:
- name: my-webhook.example.com
  rules:
  - operations: ["CREATE", "UPDATE"]
    apiGroups: ["apps"]
    apiVersions: ["v1", "v1beta1"]
    resources: ["deployments", "replicasets"]
    scope: "Namespaced"
```

其中配置的 Webhook 名为“my-webhook.example.com”，只对 apps/v1 及 apps/v1beta1 版本下的 Deployments 与 Replicasets 资源对象的 CREATE 与 UPDATE 操作进行控制，即当 API Server 收到这类请求时，将请求封装成 AdmissionReview 对象，放入 HTTP 请求，通过 POST 方法发送到 clientConfig 字段中设置的 URL 地址（即外部 Webhook 服务）进行处理：

```
apiVersion: admissionregistration.k8s.io/v1
kind: MutatingWebhookConfiguration
webhooks:
```

```
- name: my-webhook.example.com
  clientConfig:
    url: "https://my-webhook.example.com:9443/my-webhook-path"
```

如果 Webhook 作为 Pod 在集群中运行，它的 URL 地址也可以配置为 DNS 服务，包括服务的名称和 Namespace，端口号（port）是可选配置，默认值为 443，路径（path）也是可选配置，默认值为“/”。下面通过几个示例对如何配置 Webhook 进行说明。

在下面的示例中，Webhook 服务的 DNS 名为“my-service-name.my-service-namespace.svc”，路径为/my-path，端口号为 1234，并使用自定义 CA 证书来验证 TLS 连接：

```
apiVersion: admissionregistration.k8s.io/v1
kind: MutatingWebhookConfiguration
webhooks:
- name: my-webhook.example.com
  clientConfig:
    caBundle: <CA_BUNDLE>
    service:
      namespace: my-service-namespace
      name: my-service-name
      path: /my-path
      port: 1234
```

在下面的示例中，通过指定 objectSelector，将具有特定标签对象的 API 请求发送给指定的 Admission Webhook：

```
apiVersion: admissionregistration.k8s.io/v1
kind: MutatingWebhookConfiguration
webhooks:
- name: my-webhook.example.com
  objectSelector:
    matchLabels:
      foo: bar
  rules:
  - operations: ["CREATE"]
    apiGroups: ["*"]
    apiVersions: ["*"]
    resources: ["*"]
    scope: "*"
```

在下面的示例中，通过指定 namespaceSelector，将符合条件的 Namespace 下的资源对象请求的 API 请求发送给指定的 Admission Webhook：

```yaml
apiVersion: admissionregistration.k8s.io/v1
kind: MutatingWebhookConfiguration
webhooks:
  - name: my-webhook.example.com
    namespaceSelector:
     matchExpressions:
       - key: runlevel
         operator: NotIn
         values: ["0", "1"]
    rules:
      - operations: ["CREATE"]
        apiGroups: ["*"]
        apiVersions: ["*"]
        resources: ["*"]
        scope: "Namespaced"
```

2.2　Node 资源与 Pod 的安全

通过前面的准入控制机制后顺利进入 Kubernetes 集群的 Pod，将面临下一个重大安全问题，即它被调度到的目标 Node 节点是否安全？如果这个目标 Node 是不安全的，则 Pod 被调度到这个 Node 上执行，无疑是羊入虎口，用户的应用可能因此被破解，数据被盗用，请求被篡改。因此，首先确保 Pod 所在 Node 的安全性，也是关系众多 Pod 自身安全的重要基础。为此，每个 Node 都需要完善的安全认证机制，这就涉及资源的 Node 的第一个安全性问题，即自身的安全问题，主要是每个 Node 上的 kubelet 认证和安全问题。其次是 Node 的资源容量问题，当 Node 发生资源紧张和不足的时候，Kubernetes 也有一些相关的策略和机制来确保 Pod 有序退出和释放资源，让 Pod 更有安全感，不会被无缘无故地驱逐，也有时间做一些善后工作。

2.2.1　Node 身份安全机制

为了确保 Pod 所在 Node 的安全性，Kubernetes 对每个 Node 的 kubelet 服务进程都开启了非常严格的身份认证流程。这套流程也是 Kubernetes 集群中与安全相关的最为复杂的流程。每个 Node 都必须有一套经过签名认证的数字证书，只有经过 API Server 认证后才能加入集群。

kubelet 的认证机制比较复杂，采用了 Token 认证（引导过程）和证书认证（正常工作时）两种方式。

在集群中，Node 上的 kubelet 和 kube-proxy 组件都需要与 kube-apiserver 通信。当为增加传输的安全性而采用 HTTPS 方式时，需要为每个 Node 组件都生成对应客户端证书并经过 CA 证书签名，但当集群规模较大时，证书的颁发工作量巨大，同样会增加集群扩展的复杂度。为了简化流程，Kubernetes 引入了 TLS Bootstraping 机制来自动颁发客户端证书。为了方便使用，Kubernetes 还增加了一种名为 Bootstrap Token 的特殊 Token 来引导 API Server 对应的参数--enable-bootstrap-token-auth=true 开启这一特性。

TLS Bootstraping 机制的主要思想是在 Node（kubelet）启动时，首先使用一个限制用途的、低权限的、有有效期的凭证（Bootstrap Token）与 API Server 建立 HTTPS 通信；然后 kubelet 向 API Server 发起申请证书的请求（CSR）调用；接着这个请求可以被管理员手工核实批准或者由 kube-controller-manager 自动批复通过，收到这个请求后核实并予以批准。当申请证书的 CSR 被批准后，对应的证书生成和签名工作最终由 kube-controller-manager 来完成。kube-controller-manager 使用哪个根证书对 kubelet 的证书进行签名呢？这是由它的参数 cluster-signing-cert-file 决定的，根据证书链规则，这个签名证书必须是被 Kubernetes 的 CA 根证书签名的证书，为了方便，通常可以直接用 CA 根证书进行签名。

2.2.2 Node 资源量安全机制

Pod 在 Node 上运行的过程中，是需要占据 Node 服务器的硬件资源和软件资源的，比如 CPU 资源、内存资源、GPU 资源、进程 ID 资源、文件系统资源、存储资源。在调度 Pod 的时候，会根据 Pod 的资源申请量将其调度到某个最合适的 Node 上，但是在实际的生产环境中，大部分 Pod 的 QoS 服务等级都不是 Guaranteed 级别的，它们在运行过程中实际所占用的 Node 资源是动态变化的，这就导致某些 Node 在某个时候会产生资源不足的问题，在严重情况下，还会导致 Node 意外宕机，造成 Node 上的 Pod 意外停止，这可以被视为安全事故。为了在最大程度上避免这种安全事故的发生，Kubernetes 设计并实现了有计划的 Pod 驱逐和配套的 Pod 优雅停机机制。

Pod 驱逐行为主要有两种情况，第一种情况是人工计划性驱逐行为，当集群管理员发现某个 Node 存在问题或者需要升级扩容时，通过执行 Pod 驱逐的命令行程序对该 Node 上的 Pod 发起驱逐计划。此时，目标阶段上的 Pod 会有序退出，每个 Pod 都会触发优雅停机机制，都有充足的时间来执行应用退出的逻辑，比如保存持久化数据和状态数据，以便后期重新恢复。第二种情况是自动发生的驱逐行为，当某个 Node 上的 kubelet 进程发现所在 Node 的资源不足时，就开始执行 Pod 驱逐，低优先级的 Pod 先被驱逐以释放资源，确保 Node 的稳定性和大多数 Pod 的安全性。

2.3 PodSecurity

为了保护 Node 的安全，通常需要限制 Pod 容器执行某些特权指令或者访问宿主机的一些特定资源。比如，特权许可容器使用宿主机的某些设备资源，而允许容器挂载 procfs 目录则可以让容器看到宿主机进程，从而突破容器的隔离机制，也可能对其他容器造成干扰和破坏。当容器挂载了宿主机的某些 Socket 端点时，可能会进行不受限制的进程间通信或者网络通信行为。因此，Pod 的安全问题一直是 Kubernetes 的安全焦点之一。

在 Kubernetes 中，SecurityContext 是 Pod 安全机制的基础，可以使用 Pod 或容器的 SecurityContext 来限定 Pod 和容器允许执行的安全相关操作。不过 SecurityContext 是基于单个 Pod 来实施的，无法像 API Server 授权那样，通过授权策略或授权规则方式对 Pod 实施自动化的批量的安全授权。因此，从 Kubernetes v1.5 版本开始引入了 Pod Security Policy 来弥补 SecurityContext 的不足，Pod Security Policy 机制在 Kubernetes v1.18 版本时达到 Beta 阶段，但由于 Pod Security Policy 实施起来不够清晰，也不方便，还缺乏审计机制，到 Kubernetes v1.21 版本时就被废弃，并于 Kubernetes v1.25 版本中被移除。取而代之的是全新的 PodSecurity 安全机制，它基于 Kubernetes Namespace（命名空间），并且给出了 Pod Security Standards（Pod 安全标准规范），并配合 Pod Security Admission 对 Pod 的安全性进行检查，实施起来更为方便。

2.3.1 SecurityContext

SecurityContext 是 Pod 和容器运行期间的一组与安全相关的上下文，我们通过 SecurityContext 来赋予和限制容器内的进程，使之以合适的权限去执行某些操作，避免侵犯或影响宿主机上其他进程和容器的安全。SecurityContext 既可以定义在 Pod 上，对 Pod 的所有容器进行安全约束，也可以定义在每个容器上。

在介绍 Pod SecurityContext 之前，先介绍一下容器的安全基础。容器是一个相对隔离的环境，具有以下基本安全特性。

◎ 容器不应该具有或者获取宿主机的 Root 权限，也不应该用宿主机上的用户或用户组启动进程。
◎ 容器的文件系统独立于宿主机，在正常情况下，容器不应该看到和操作宿主机的文件系统。
◎ 容器有自己的进程空间，不应该看到宿主机上的进程，也不能对宿主机上的进程进行干扰。
◎ 容器有自己的网络空间，不应该使用宿主机上的网络端口，也不应该挂载宿主机上的 Socket 与外界通信。

针对容器的这些基本安全特性，Kubernetes 提供了全方位的安全设置，包括但不限于用户相关、Linux 能力与特权相关、安全计算相关、AppArmor 相关、SELinux 相关、sysctls 内核参数相关、宿主机资源相关、Windows HostProcess 容器相关等，本节对这些安全机制进行示例说明。

1. 用户相关

Kubernetes 对 Pod 中每个容器进程的运行用户都可以设置以下安全特权。

◎ runAsUser 与 runAsGroup：授权 Pod 中的所有容器的进程都使用指定的用户 ID 和用户组 ID 来运行。同时，容器所创建的目录和文件也都属于指定的用户和用户组。如果需要禁止 Pod 以 Root 身份运行，则可以通过 runAsNonRoot 权限设定，runAsNonRoot=True 表示禁止 Pod 以 Root 身份运行。
◎ fsGroup：授权容器所创建的目录和文件都属于指定的用户组。

这样一来，挂载在容器上的宿主机目录中的文件就可以被宿主机上指定的用户或用户组共享访问，实现宿主机上的特定进程（也可能是另外一个容器进程）基于文件的安全共享。在 Pod SecurityContext 中设置了 fsGroup 以后，Kubernetes 在挂载 Pod 的 Volume 时，会递归地更改每个 Volume 中目录和文件的属主和访问权限，使之与 fsGroup 匹配。如果 Volume 的数据很多，这个过程可能会花费很长时间，从而导致 Pod 的启动变慢。为了解决这个问题，可以在 SecurityContext 中使用 fsGroupChangePolicy 属性调整 Kubernetes 的操作过程。fsGroupChangePolicy 可以设置的值如下。

◎ OnRootMismatch：只有根目录的属主与访问权限和 Volume 所期望的权限不一致时，才改变其中数据的属主和访问权限。这可以提升 Pod 的启动速度。
◎ Always：在挂载 Volume 时总是更改 Volume 中内容的属主和访问权限。

下面是通过 SecurityContext 设定 Pod 用户和文件属主的一个示例：

```
securityContext:
  runAsUser: 1000
  runAsGroup: 3000
  fsGroup: 2000
  fsGroupChangePolicy: "OnRootMismatch"
```

SecurityContext 可以同时设置在 Pod 级别和容器级别，容器级别的设置会覆盖 Pod 级别的设置，例如：

```
apiVersion: v1
kind: Pod
metadata:
  name: security-context-demo-2
spec:
  securityContext:
    runAsUser: 1000
  containers:
  - name: sec-ctx-demo-2
    image: gcr.io/google-samples/node-hello:1.0
    securityContext:
      runAsUser: 2000
```

容器 sec-ctx-demo-2 以 ID 为 2000 的用户身份运行，可以通过 ps aux 命令在宿主机上查看运行的用户名并进行验证：

```
USER    PID %CPU %MEM   VSZ  RSS TTY    STAT START  TIME COMMAND
2000    1  0.0  0.0   4336   764 ?      Ss   20:36  0:00 /bin/sh -c node server.js
2000    8  0.1  0.5 772124 22604 ?      Sl   20:36  0:00 node server.js
```

虽然可以通过 runAsNonRoot=False 来提升 Pod 的权限，但是 Root 的权限太大，导致这样做的风险很大，此时可以为 Pod 授权其所需的特定 Root 特权以降低风险。这可以利用 Linux Capabilities 特性进行配置，通过 Pod 的 securityContext 字段中的 capabilities 字段来赋予 Pod 或容器所需的特权。

2. Linux 能力与特权相关

在 Linux 操作系统中，Capabilities 的定义格式为 CAP_XXX。但在 Pod 的配置中，需要将前缀“CAP_”去掉，例如要添加 CAP_SYS_TIME 能力，可在 capabilities 字段中添加“SYS_TIME”。下面是使用 Linux Capabilities 的一个示例，配置为只允许容器使用宿主机的特权端口号（1024 以下）的权限“NET_BIND_SERVICE”，同时禁止使用其他全部 Linux Capabilities：

```
securityContext:
  capabilities:
    drop:
    - ALL
    add:
    - NET_BIND_SERVICE
```

Linux Capabilities 将进程分为两类：特权进程（UID=0，即超级用户 Root）和非特权进程（UID!=0）。特权进程拥有所有的内核权限。为了实现更细粒度的授权管理，就产生了 Linux Capabilities。在 Linux 操作系统中，可以通过 getcap 和 setcap 两条命令来分别查看和设置进程的 capabilitie 特性。例如，下面是查看 ping 命令用到的特权能力列表：

```
# getcap /bin/ping
/bin/ping = cap_net_admin,cap_net_raw+p
```

Linux Capabilities 提供了许多系统能力，表 2-1 列出了一些常用的特权能力。

表 2-1　常用的特权能力

Capabilities 名称	描　述
CAP_BLOCK_SUSPEND	使用可以阻止系统挂起的特性
CAP_CHOWN	修改文件所有者的权限
CAP_FOWNER	忽略文件属主 ID 必须和进程用户 ID 相匹配的限制
CAP_FSETID	允许设置文件的 setuid 位
CAP_IPC_LOCK	允许锁定共享内存片段
CAP_IPC_OWNER	忽略 IPC 所有权检查
CAP_KILL	允许对不属于自己的进程发送信号
CAP_LEASE	允许修改文件锁的 FL_LEASE 标志
CAP_LINUX_IMMUTABLE	允许修改文件的 IMMUTABLE 和 APPEND 属性标志
CAP_MAC_ADMIN	允许 MAC 配置或状态更改
CAP_MAC_OVERRIDE	覆盖 MAC
CAP_MKNOD	允许使用 mknod() 进行系统调用
CAP_NET_ADMIN	允许执行网络管理任务
CAP_NET_BIND_SERVICE	允许绑定到小于 1024 的端口
CAP_NET_BROADCAST	允许网络广播和多播访问
CAP_NET_RAW	允许使用原始套接字
CAP_SETGID	允许改变进程的 GID

续表

Capabilities 名称	描　述
CAP_SETFCAP	允许为文件设置任意的 capabilities
CAP_SETUID	允许改变进程的 UID
CAP_SYS_ADMIN	允许执行系统管理任务，如加载或卸载文件系统、设置磁盘配额等
CAP_SYS_BOOT	允许重新启动系统
CAP_SYS_CHROOT	允许使用 chroot() 系统调用
CAP_SYS_MODULE	允许插入和删除内核模块
CAP_SYS_NICE	允许提升优先级及设置其他进程的优先级
CAP_SYS_PACCT	允许执行进程的 BSD 式审计
CAP_SYS_PTRACE	允许跟踪任何进程
CAP_SYS_RAWIO	允许直接访问 /devport、/dev/mem、/dev/kmem 及原始块设备
CAP_SYS_RESOURCE	忽略资源限制
CAP_SYS_TIME	允许改变系统时钟
CAP_SYS_TTY_CONFIG	允许配置 TTY 设备
CAP_SYSLOG	允许使用 syslog() 系统调用

对于需要获取宿主机内核完整权限的容器，需要在特权模式下运行，可以在 SecurityContext 中设置 privileged 为 true，如下所示：

```
securityContext:
  privileged: true
```

另外，容器应用还可能用到权限提升（Privilege Escalation）的能力。权限提升是通过从一个用户切换到另一个高级别用户并获得更多权限的行为，例如，普通用户可以成为 Root 或获得与 Root 相同的权限。这可以在 SecurityContext 的 allowPrivilegeEscalation 字段进行设置，设置为 true 表示允许提升权限。如果一个容器以特权模式（privileged=true）运行或具有 CAP_SYS_ADMIN 权限，则 allowPrivilegeEscalation 的值将总是 true。如果约束容器不能提升权限，则需要设置 allowPrivilegeEscalation 为 false，例如：

```
securityContext:
  runAsUser: 2000
  allowPrivilegeEscalation: false
```

3. 安全计算相关

安全计算（Seccomp）的全称是 Secure Computing，是 Linux 内核支持的安全特性之一。Seccomp 可以限制进程执行的系统调用，它与 Linux Capabilities 相似，但是它的控制粒度更细，Seccomp 针对的是系统接口方法的调用管控，可以限制几百种接口方法。Seccomp 作为容器中最后一道安全防御机制，通过更细粒度的安全管控来达到最小权限运行用户容器的目的，从而避免恶意软件对容器本身越权的行为，因此 Seccomp 也被称为系统调用的防火墙。

大多数容器运行时（Container Runtimes）都提供了一组合理的、默认被允许或被禁止的系统调用的 Seccomp 配置规则，被称为 DefaultProfile。此外，也可通过加载外部的 Seccomp Profile 来改变容器运行时的 DefaultProfile 配置规则，containerd 的 DefaultProfile 规则定义在源码 containerd/contrib/seccomp/seccomp_default.go 中，参照了 Docker 的 DefaultProfile。Kubernetes v1.22 版本给 kubelet 引入了新特性 Default Profiles for Seccomp，当开启这一特性时（kubelet 启动时增加参数--seccomp-default），集群中的容器就可以强制应用容器运行时的 DefaultProfile（这个 Profile 在 Kubernetes 中被称为 RuntimeDefault Profile），从而大大降低了运维中的安全风险，下面是 Pod 使用 RuntimeDefault Profile 的一个示例：

```
securityContext:
  seccompProfile:
    type: RuntimeDefault
```

此外，用户还可以定制一些 Seccomp Profile，让不同业务类型的 Pod 应用不同的 Profile。需要注意的是，用户定制的 Profile 要存放在 kubelet 的根目录下，默认存放目录是 /var/lib/kubelet/seccomp，因此这种 Profile 在 Kubernetes 中被称为 Localhost 类型的 Seccomp Profile，可以在 securityContext 中加载使用，下面是相关示例：

```
securityContext:
  seccompProfile:
    type: Localhost
    localhostProfile: <profile> # Pod 所在宿主机上的策略文件名
```

对于 Pod 或容器来说，Seccomp 是否被应用存在以下 3 种情况：

◎ Unconfined：表示禁用 Seccomp（Disabled）。
◎ RuntimeDefault Profile：表示应用了容器运行时的默认 Seccomp Profile。
◎ Localhost Profile：表示应用了自定义的某个 Seccomp Profile。

如果容器运行时为 containerd，可以通过 crictl inspect 命令查看某个容器具体使用的是哪个 Seccomp Profile。

下面是一个 Seccomp Profile 文件的完整示例：

```
{
    "defaultAction": "SCMP_ACT_ERRNO",
    "architectures": [
        "SCMP_ARCH_X86_64",
        "SCMP_ARCH_X86",
        "SCMP_ARCH_X32"
    ],
    "syscalls": [
        {
            "names": [
                "arch_prctl",
                "sched_yield",
                "futex",
                "write",
                "mmap",
                "exit_group",
                "madvise",
                "rt_sigprocmask",
                "getpid",
                "gettid",
                "tgkill",
                "rt_sigaction",
                "read",
                "getpgrp"
            ],
            "action": "SCMP_ACT_ALLOW"
        }
    ]
}
```

Seccomp Profile 的配置包括以下元素。

◎ defaultAction：当出现未定义的系统调用时，容器运行时执行的默认动作。如果没有这个参数，则表示默认动作为允许调用，而 SCMP_ACT_ERRNO 表示禁止调用，SCMP_ACT_LOG 表示允许调用，但是会记录一个审计日志，日志通常存放在/var/log/audit/audit.log 或者/var/log/syslog 中。

◎ architectures：表示针对的是系统架构。

◎ syscalls：是 Profile 的主体部分，由一个声明系统调用的数组 names 和对应的动作 action 的对象数组组成。可以认为这个对象就是一个 Seccomp Rule，定义了哪些系统调用可以被允许或者禁止。示例中给出了一个 Rule，即限定了 14 个系统调用被允许。

如果上述 Profile 生效，则表示容器只能执行规定的 14 个系统调用，其他系统调用全部被禁止。

如果想知道某个 Pod 到底使用了哪些系统调用，可以让它应用下面这个 Seccomp Profile（audit.json），然后在日志中查找相关的系统调用日志并进行分析即可：

```
{
    "defaultAction": "SCMP_ACT_LOG"
}
```

下面这个 Seccomp Profile（volation.json）可以让 Pod 在出现系统调用的时候立即失败：

```
{
    "defaultAction": "SCMP_ACT_ERRNO"
}
```

4. AppArmor 相关

AppArmor（Application Armor）也是 Linux 内核中的一种特殊增强安全机制。它的特殊性在于把资源的访问控制权限绑定到程序而非 Linux 用户。AppArmor 通过 Profile 配置文件进行配置，以允许特定程序或容器所需的访问，如 Linux Capabilities、文件权限、网络访问等。与 Seccomp 类似，大多数容器运行时都支持 AppArmor，也有默认的容器运行时的 AppArmor Profile 配置，kubelet 也可以加载本地自定义的 AppArmor Profile。因此，在 Kuberntes 中使用 AppArmor 与使用 Seccomp 非常类似，对于 Pod 或容器来说，AppArmor 是否被应用，存在以下 3 种情况：

◎ Unconfined：表示禁用 AppArmor（Disabled）。
◎ runtime/default：表示应用了容器运行时的默认 AppArmor Profile。
◎ Localhost Profile：表示应用了自定义的某个 AppArmor Profile。

下面是一个 AppArmor Profile 文件示例，配置为禁止对任何文件进行写操作。如果应用到容器上，则容器执行写文件的操作就会失败。

```
profile k8s-apparmor-example-deny-write flags=(attach_disconnected) {
  #include <abstractions/base>
```

```
  file,

  # Deny all file writes.
  deny /** w,
}
```

由于 AppArmor Profile 文件比较复杂，配置也复杂，并且不是所有 Linux 的发行版本都支持和默认开启 AppArmor 特性，所以，AppArmor 的普及度并不高。直到现在，Kuberntes 对 AppArmor 的支持仍处于 v1.4 版本时的 Beta 阶段，目前需要在 Pod 中使用注解方式来关联 AppArmor Profile，示例代码如下：

```
apiVersion: v1
kind: Pod
metadata:
  name: hello-apparmor
  annotations:
    # 告知 Kubernetes 应用 AppArmor 配置 "k8s-apparmor-example-deny-write"
      container.apparmor.security.beta.kubernetes.io/hello:
localhost/k8s-apparmor-example-deny-write
spec:
  containers:
```

5. SELinux 相关

传统上，Linux 和 UNIX 系统都采用自主访问控制（Discretionary Access Control，DAC）模型，DAC 模型指对象（如程序、文件、进程）的拥有者可以任意修改或者授予其他用户此对象相应的权限，Root 用户则对 DAC 系统拥有完全访问控制权。如果一个用户拥有 Root 访问权限，则可以访问其他任何用户的文件，或在系统上执行任何操作而不受任何限制。但是如果软件存在漏洞，这种不受约束的权限可能会导致灾难性的后果。因此，Linux 引入了另一种访问控制机制——MAC（Mandatory Access Control）模型。SELinux 是 MAC 模型的具体实现，增强了 Linux 系统的安全性，在 SELinux 的实现中，访问权限具有相应的管理设置策略，即使主目录上的 DAC 设置发生更改，SELinux 策略也会阻止其他用户或进程访问目录，从而保证系统的安全。MAC 模型的特点在于，资源的拥有者并不能决定谁可以访问资源，而是由安全策略决定的。安全策略则由一系列访问规则组成，仅拥有特定权限的用户才有权限设置安全策略。

SELinux 的核心概念包括以下元素。

◎ Subject：在 SELinux 里指的是进程，也就是操作的主体。
◎ Object：操作的目标对象，例如文件、套接字。
◎ Action：对 Object 做的动作，例如读取、写入或者执行等。

在 SELinux 中，每个 Subject 和 Object 都有属于自己的一个安全上下文 Context，也被称作标签（Label）。标签指明了 Subject 或 Object 的一些属性，SELinux 的标签遵循 user:role:type:level 语法，比如下面这段 Context 配置：

```
system_u:system_r:container_t:s0:c829,c861
```

表示 user=system_u;role=system_r;type=container_t;level=s0:c829,c861，在 SELinux 决策的同时，还需要 Subject 和 Object 的标签信息，在标签中确定所属的 User、Role 和 Type 等信息，以此查询对应的安全策略并进行决策。下面是 SELinux 标签信息的说明：

```
user:
    system_u:表示系统程序
    user_u:表示一般使用者账号相关的身份
role:
    object_r:表示文件或目录等文件资源
    system_r:表示进程
type:
    type 在文件资源上表示类型
    type 在进程上则表示领域（domain）
level:
    安全级别，仅在策略支持 MCS 或者 MLS 时才显示
    单个安全级别，其中包含敏感级别和零个或多个类别（例如 s0:c0,s7:c10.c15）等
    由两个安全级别组成的范围，两个安全级别之间用连字符分开
```

在 Pod 的定义中，可以通过 securityContext 的 seLinuxOptions 属性为容器设置 SELinux 标签，通常可以省略标签的 user、role、type 部分，只配置 level 部分，例如：

```
securityContext:
  seLinuxOptions:
    level: "s0:c123,c456"
```

为容器设置 SELinux 标签后，绑定到容器上的 Volume 如果支持 SELinux，也会被自动设置上述标签。

此外，Linux 系统的/proc 目录具有特殊性，与其他常见的文件系统不同，/proc 目录是一种伪文件系统（或称为虚拟文件系统），存储的是当前内核运行状态的一系列特殊文件，用户可以通过这些文件来查看系统的设备信息及当前正在运行的进程信息，也可以通

过更改其中某些文件来改变内核的运行状态。/proc 目录包含许多以数字命名的子目录，这些数字表示系统当前正在运行进程的进程号，里面包含与对应进程相关的多个信息文件。此外，/proc/cpuinfo 保存了主机的 CPU 信息，/proc/devices 保存了系统已经加载的所有块设备和字符设备的信息，/proc/dma 给出了每个正在使用且注册的 ISA DMA 通道的信息列表。由于/proc 目录的特殊性和敏感性，因此在正常情况下，应用容器不应该将此目录挂载到容器内。如果容器需要访问/proc 目录，则可以开启 Kubernetes 特性门控 ProcMountType，并以只读的方式挂载宿主机的/proc 目录，用如下方式进行配置：

```
securityContext
  procMount: DefaultProcMount
```

其中，procMount=DefaultProcMount 表示使用容器运行时的默认挂载设置。需要注意的是，Windows 容器（即 spec.os.name="windows"时）不能设置这个字段。

6. sysctls 内核参数相关

在运行一个容器时，有时候需要使用 sysctl 命令修改内核参数，比如 net、vm、kernel 等。在 Linux 操作系统中，可以通过命令 sysctl -a 列出所有内核参数，这些内核参数也在/proc/sys/目录中。Kubernetes 把 sysctls 的操作分为安全（safe）和不安全（unsafe）两类。简单来说，安全（safe）类的操作不会对操作系统和其他容器造成影响，也不会改变容器本身分配的 CPU 或内存资源。下面是一些安全（safe）类的 sysctls 操作，其他操作都是不安全（unsafe）类的操作。

- ◎ kernel.shm_rmid_forced。
- ◎ net.ipv4.ip_local_port_range。
- ◎ net.ipv4.tcp_syncookies。
- ◎ net.ipv4.ping_group_range：Kubernetes v1.18 及以上版本。
- ◎ net.ipv4.ip_unprivileged_port_start：Kubernetes v1.22 及以上版本。
- ◎ net.ipv4.ip_local_reserved_ports：Kubernetes v1.27 及以上版本，需要 kernel 3.16+版本。
- ◎ net.ipv4.tcp_keepalive_time：Kubernetes v1.29 及以上版本，需要 kernel 4.5+版本。
- ◎ net.ipv4.tcp_fin_timeout：Kubernetes v1.29 及以上版本，需要 kernel 4.6+版本。
- ◎ net.ipv4.tcp_keepalive_intvl：Kubernetes v1.29 及以上版本，需要 kernel 4.5+版本。
- ◎ net.ipv4.tcp_keepalive_probes：Kubernetes v1.29 及以上版本，需要 kernel 4.5+版本。

Kubernetes 支持使用 kernel.shm_rmid_forced 和 kernel/shm_rmid_forced 两种命名方式

来引用 sysctls 内核参数的名称。所有安全（safe）类的 sysctls 操作默认都是启用的，不安全（unsafe）类的操作默认都是禁用的。如果启用，则需要管理员在每个 Node 上都通过 kubelet 的参数--allowed-unsafe-sysctls 设置待启用的 sysctls 内核参数，例如：

```
# kubelet --allowed-unsafe-sysctls 'kernel.msg*,net.core.somaxconn' ...
```

此外，根据参数是否受限于 Namespace（namespaced），Kubernetes 又把 sysctls 参数分为两类，一类是受限于 Namespace 的参数，另一类是 Node 上所有容器共享的参数。

下面是受限于 Namespace 的 sysctls 参数。

◎ kernel.shm*。
◎ kernel.msg*。
◎ kernel.sem。
◎ fs.mqueue.*。
◎ net.*：有一些特例，如 net.netfilter.nf_conntrack_max 与 net.netfilter.nf_conntrack_expect_max 在 Linux 内核版本 5.12.2 之前是不受限于 Namespace 的参数。

只有受限于 Namespace 的参数才可以通过 Pod SecurityContext 来设置。其他参数则是 Node 上所有容器共享的参数，需要手工在每个 Node 上进行设置，也可以在某个具有 privileged 特权模式的 Pod 上进行设置。下面是通过 SecurityContext 设置 sysctls 参数的示例：

```
securityContext:
    sysctls:
    - name: kernel.shm_rmid_forced
      value: "0"
    - name: net.core.somaxconn
      value: "1024"
    - name: kernel.msgmax
      value: "65536"
```

需要特别注意的是，调整不安全（unsafe）类的 sysctls 参数具有很大风险，情况严重时可能导致 Node 的操作系统彻底崩溃。此外，在集群范围内设置 sysctls 参数并不是一个很好的方式，可以通过 Node 的污点调度机制把需要设置 sysctls 参数的 Pod 调度到指定的少量 Node 上进行设置，从而减少集群的风险。

7. 宿主机资源相关

Pod 还有一些能够突破容器隔离机制的特权操作，并且不在 Pod SecurityContext 中体现。首先是使用宿主机命名空间的 3 种操作。

◎ 设置 spec.hostPID=true，则在容器内部可以看到宿主机上的所有进程 PID。
◎ 设置 spec.hostIPC=true，则在 Pod 中的进程就可以与宿主机上的其他所有进程进行 IPC（进程间）通信。
◎ 设置 spec.hostNetwork=true，则绑定主机的网络，直接使用主机网卡进行通信。

下面是相关示例：

```
spec:
    hostPID: true
    hostIPC: true
     hostNetwork: true
    containers:
      - name: name
        image: xxxx
```

其次是常见的使用宿主机的存储和网络资源的两种操作。

◎ 挂载宿主机上的 HostPath 存储卷。
◎ 映射宿主机上的网络端口。

这些都属于 Pod 安全相关的内容，下一节会对这些操作进行进一步说明。

8. Windows HostProcess 容器相关

Windows HostProcess 容器是一类特殊的 Windows 容器，这类容器以宿主机的进程形式运行，故被称为 HostProcess。HostProcess 在主机上以进程的形式运行，除了通过 HostProcess 用户账号所实施的资源约束，不提供任何形式的隔离，比如不支持文件系统隔离和 Hyper-V 隔离，但能够在具有合适用户特权的情况下，访问宿主机的命名空间、存储和设备。HostProcess 容器需要 containerd 1.6 或更高版本的容器运行时，推荐使用 containerd 1.7 及以上版本。HostProcess 容器可以用来在 Windows Node 上部署网络插件、存储插件、设备插件、kube-proxy 及其他系统级组件。通过 Pod SecurityContext 可以为 Windows HostProcess 容器授予特权，让它能够访问宿主机的命名空间，从而进行网络通信等特权操作，示例如下：

```
securityContext:
    windowsOptions:
      hostProcess: true
      hostNetwork: true
```

```
runAsUserName: "NT AUTHORITY\\Local service"
```

该配置表示授权 Windows HostProcess 容器使用“NT AUTHORITY\\Local service”账号启动服务进程，并且可以访问主机命名空间。

最后，表 2-2 列出了 Pod 安全特性的配置项，这些内容也是下一节的基础。

表 2-2　Pod 安全特性的配置项

安全特性	对应 Pod 的相关属性
HostProcess 特权	• securityContext.windowsOptions.hostProcess • securityContext.windowsOptions. hostNetwork
宿主机命名空间	• spec.hostNetwork • spec.hostPID • spec.hostIPC
Privileged 特权模式	• securityContext.privileged
Running as Non-root	• securityContext. runAsNonRoot
Running as user	• securityContext.runAsUser
权限提升	• securityContext.allowPrivilegeEscalation
Linux Capabilities	• securityContext.capabilities.add
挂载 HostPath 卷	• spec.volumes[*].hostPath
映射宿主机端口	• spec.containers[*].ports[*].hostPort • spec.initContainers[*].ports[*].hostPort • spec.ephemeralContainers[*].ports[*].hostPort
AppArmor	• metadata.annotations["container.apparmor.security.beta.kubernetes.io/*"]
SELinux	• spec.securityContext.seLinuxOptions.type • spec.securityContext.seLinuxOptions.user • spec.securityContext.seLinuxOptions.role
/proc 挂载类型	• spec.securityContext.procMount
Seccomp	• spec.securityContext.seccompProfile.type
sysctls 调用	• spec.securityContext.sysctls[*].name

2.3.2 Pod Security Standards

Pod Security 机制的核心和基础是 Pod Security Standards（Pod 安全标准规范），这一规范的作用类似 Pod QoS 等级，将 Pod 许可权限分为 3 个等级，对应 3 种安全策略，从而覆盖更为广泛的安全应用场景。

◎ Baseline Policy：基准等级策略，限制性最弱，允许使用默认的（规定最少）Pod 权限配置，并禁止已知的权限提升。
◎ Restricted Policy：限制等级策略，限制性非常强，遵循当前的 Pod 安全防护的最佳实践。
◎ Privileged Policy：特权等级策略，提供最大可能范围的权限许可，此标准允许已知的权限提升。

下面分别对这 3 种安全策略及应用进行说明。

1. Baseline Policy（基准等级策略）

Baseline Policy 是 Pod 安全标准的基准等级策略，意味着它符合大多数 Pod 应用场景的安全要求，Baseline Policy 标准的一个重要特点是禁止已知的权限提升（Privilege Escalation），从而减少了 Pod 越权的可能性。表 2-3 是 Baseline Policy 对 Pod 安全特性的具体约束内容。

表 2-3　Baseline Policy 对 Pod 安全特性的约束

安全特性	许可设置
HostProcess 特权	禁止
宿主机命名空间	禁止
Privileged 特权模式	禁止
Linux Capabilities	受限访问，只允许下面这些能力访问： 1. AUDIT_WRITE 2. CHOWN 3. DAC_OVERRIDE 4. FOWNER 5. FSETID 6. KILL 7. MKNOD 8. NET_BIND_SERVICE 9. SETFCAP 10. SETGID 11. SETPCAP 12. SETUID 13. SYS_CHROOT
挂载 HostPath 卷	禁止
映射宿主机端口	完全禁止使用宿主机端口（推荐）或者至少限制只能使用某确定列表中的端口

续表

安全特性	许可设置
AppArmor	在受支持的主机上，默认使用 runtime/default AppArmor 配置，Baseline Policy 应避免覆盖或者禁用默认策略，以及限制覆盖一些配置集合的权限
SELinux	设置 SELinux 的操作是被限制的，规则如下： 1. 禁止设置 spec.securityContext.seLinuxOptions.role 和 spec.securityContext.seLinuxOptions.user 2. spec.securityContext.seLinuxOptions.type 只能设置如下参数：nil、container_t、container_init_t、container_kvm_t
/proc 挂载类型	要求使用默认的 /proc Profile 或者为空
Seccomp	Seccomp 不能显示的设置为 Unconfined，securityContext.seccompProfile.type 可以不设置或者设置为 RuntimeDefault 或者 Localhost 类型
sysctls 调用	可以禁用 sysctls，除了那些“safe”的 sysctls 子集，其他 sysctls 调用应该都被禁止。securityContext.sysctls[*].name 取值范围如下： ● 未定义、nil ● kernel.shm_rmid_forced ● net.ipv4.ip_local_port_range ● net.ipv4.ip_unprivileged_port_start ● net.ipv4.tcp_syncookies ● net.ipv4.ping_group_range ● net.ipv4.ip_local_reserved_ports（从 Kubernetes 1.27 开始） ● net.ipv4.tcp_keepalive_time（从 Kubernetes 1.29 开始） ● net.ipv4.tcp_fin_timeout（从 Kubernetes 1.29 开始） ● net.ipv4.tcp_keepalive_intvl（从 Kubernetes 1.29 开始） ● net.ipv4.tcp_keepalive_probes（从 Kubernetes 1.29 开始）

2. Restricted Policy（限制等级策略）

下面介绍 Restricted Policy 对 Pod 安全特性的具体约束。注意，Restricted Policy 是在 Baseline Policy 基础上进一步缩紧权限，所以，Baseline Policy 也是 Restricted Policy 的基础，表 2-4 只列出了 Restricted Policy 的安全特性。

表 2-4 Restricted Policy 的安全特性

安全特性	许可设置
Volume Types	限制 Pod 上挂载的 Volume 类型，即对应的 spec.volumes[*]参数许范围如下： 1. spec.volumes[*].configMap 2. spec.volumes[*].csi 3. spec.volumes[*].downwardAPI

续表

安全特性	许可设置
	4. spec.volumes[*].emptyDir 5. spec.volumes[*].ephemeral 6. spec.volumes[*].persistentVolumeClaim 7. spec.volumes[*].projected 8. spec.volumes[*].secret
权限提升	禁止，即不能设置 securityContext.allowPrivilegeEscalation
Running as Non-root Running as Non-root User	允许
Linux Capabilities	受限访问，必须是 drop ALL capabilities，只能添加 NET_BIND_SERVICE capability 这一项
Seccomp	Seccomp Profile 必须显示设置，Unconfined 类型及设置的 Profile 文件不存在的情况都是被禁止的

3. Privileged Policy（特权等级策略）

Privileged Policy 并没有任何针对性的安全约束，是完全放开的策略。它的适用场景非常受限，只有完全受信的用户（例如集群管理员）才应该被授予这种特权。

4. Pod 安全策略机制和示例

下面对 Pod Security Standards 的 3 种安全策略的实施机制及应用进行示例说明。

Pod 安全策略是基于 Namespace 范围实施的，当 Pod 被创建的时候，会通过 API Server 的准入控制机制的检查。此时，名为“PodSecurity”的 Admission Controller 会根据 Pod 安全策略对当前 Pod 进行强制性的“安全检查”，以确保它没有违反我们设定的安全策略。

那么如何对某个 Namespace 实施相应的 Pod 安全策略呢？首先需要对这个 Namespace 设置一组特殊的注解，来告知 Pod Security Admission Controller 需要针对哪种 Pod 安全策略对 Pod 进行安全检查，下面是注解的格式：

```
pod-security.kubernetes.io/<MODE>: <LEVEL>
pod-security.kubernetes.io/<MODE>-version: <VERSION>
```

其中，LEVEL 参数是要实施的安全策略的名字，包括 baseline、restricted 和 privileged；VERSION 是 Kubernetes 的小版本号（minor version），如 1.29，因为 Pod 安全策略的实现是与具体的 Kubernetes 版本相关的；MODE 参数是当 Pod 违反安全策略时执行的动作，包括下面几种选项。

◎ enforce：如果 Pod 违反了安全策略，则拒绝创建 Pod。
◎ audit：如果 Pod 违反了安全策略，则只增加一个审计日志。
◎ warn：如果 Pod 违反了安全策略，则会返回一个警告信息。

下面是实施 Pod 安全策略的一些示例。

（1）实施 baseline 策略，如果违反策略，则拒绝创建 Pod：

```
pod-security.kubernetes.io/enforce: baseline
pod-security.kubernetes.io/enforce-version: v1.29
```

（2）实施 restricted 策略，如果违反策略，则记录审计日志：

```
pod-security.kubernetes.io/audit: restricted
pod-security.kubernetes.io/audit-version: v1.29
```

（3）实施 restricted 策略，如果违反策略，则返回告警给用户：

```
pod-security.kubernetes.io/warn: restricted
pod-security.kubernetes.io/warn-version: v1.29
```

（4）针对命名空间“my-baseline-namespace”中的全部 Pod，强制实施 baseline 策略，当 Pod 违反安全策略时，则拒绝其创建请求：

```
apiVersion: v1
kind: Namespace
metadata:
  name: my-baseline-namespace
  labels:
    pod-security.kubernetes.io/enforce: baseline
    pod-security.kubernetes.io/enforce-version: v1.29
```

在设置好正确的 Namespace 标签后，PodSecurity 准入控制器就开始工作了，如果一个 Namespace 上的 pod-security.kubernetes.io/*注解发生改变，导致安全策略或者违反安全策略时执行的动作发生变化，也会触发 Kubernetes 对已有 Pod 的安全策略检查动作。

可以通过 kubectl label namespace 命令修改 Namespace 的注解来验证这一过程：

```
# kubectl label namespace pod-security.kubernetes.io/enforce=baseline \
>    --dry-run=server --overwrite --all
namespace/default labeled (server dry run)
namespace/development labeled (server dry run)
Warning: existing pods in namespace "kube-log" violate the new PodSecurity enforce
level "baseline:latest"
```

```
Warning: default-logging-simple-fluentd-0 (and 1 other pod): hostPath volumes
namespace/kube-log labeled (server dry run)
namespace/kube-node-lease labeled (server dry run)
namespace/kube-public labeled (server dry run)
Warning: existing pods in namespace "kube-system" violate the new PodSecurity
enforce level "baseline:latest"
Warning: calico-node-vdmjk (and 1 other pod): host namespaces, hostPath volumes,
privileged
Warning: etcd-192.168.18.3 (and 3 other pods): host namespaces, hostPath volumes
namespace/kube-system labeled (server dry run)
namespace/kubernetes-dashboard labeled (server dry run)
Warning: existing pods in namespace "monitoring" violate the new PodSecurity
enforce level "baseline:latest"
Warning: node-exporter-6ccw9: non-default capabilities, host namespaces,
hostPath volumes, hostPort
namespace/monitoring labeled (server dry run)
```

对于刚接触 Pod 安全策略的用户来说，最合适的方式是先观察目前系统中有哪些 Pod 违反了哪些安全准则，能否在应用层面进行改进，避免违反这些安全准则；然后考虑是否要强制推广某种安全策略，避免造成大范围的影响。例如，可以先启用 Baseline Policy，配合 audit 和 warn 的动作来提示用户要准备实施更严格的安全策略了：

```
kubectl label --overwrite ns --all \
  pod-security.kubernetes.io/audit=baseline \
  pod-security.kubernetes.io/warn=baseline
```

在强制实施 Pod 安全策略的过程中，可能会面临一些意外情况，如某些 Pod 无法通过安全策略的检查，也无法整改。此时，可以通过 PodSecurity 准入控制器的豁免特性来解决这个问题。下面是 PodSecurity 准入控制器的一个示例配置：

```
apiVersion: apiserver.config.k8s.io/v1
kind: AdmissionConfiguration
plugins:
- name: PodSecurity
  configuration:
    apiVersion: pod-security.admission.config.k8s.io/v1
    kind: PodSecurityConfiguration
    defaults:
      enforce: "privileged"
      enforce-version: "latest"
      audit: "privileged"
```

```
      audit-version: "latest"
      warn: "privileged"
      warn-version: "latest"
    exemptions:
      usernames: []
      runtimeClasses: []
      namespaces: []
```

上述配置文件中的 exemptions 部分即对 Pod 的豁免声明，其中：

◎ usernames，表示要豁免的用户列表，即提交 API 请求时的用户名。

◎ runtimeClasses，表示要豁免的 runtime class 列表，即对这些 runtime class 的 Pod 实例进行豁免。

◎ namespaces，表示要豁免的命名空间列表。

此外，配置文件中的 defaults 部分是用来设置默认安全策略的，当我们给 Namespace 设置的标签中没有指定 Level 时，PodSecurity 就会使用这部分的默认值。上述配置文件需要通过--admission-control-config-file 参数设置到 kube-apiserver 上才能生效。

2.4 Pod 数据存储安全

Pod 数据存储安全也是 Pod 安全机制的一部分。对于私密的数据，比如用户密码，Kubernetes 提供了 Secret 对象来负责保存；对于需要存储在磁盘中的数据，Kubernetes 提供了 Volume 机制以保证数据存储的安全。

2.4.1 Secret 私密凭据

Kubernetes Secret 常常用来保存应用认证的一些私密数据，比如 Service Account Token 一开始就是存储在 Secret 对象中的。

Secret 的主要作用是保管私密数据，比如密码、OAuth Tokens、SSH Keys 等信息。将这些私密信息放在 Secret 对象中比直接放在 Pod 或容器镜像中更安全，也更便于使用和分发。

下面的示例用于创建一个 Secret：

```
# secrets.yaml
```

```
apiVersion: v1
kind: Secret
metadata:
  name: mysecret
type: Opaque
data:
  password: dmFsdWUtMg0K
  username: dmFsdWUtMQ0K

# kubectl create -f secrets.yaml
secret/mysecret created
```

在上面的示例中，data 域各子域的值必须为 Base64 编码值，其中 password 域和 username 域在 Base64 编码前的值分别为 value-1 和 value-2。

一旦 Secret 被创建，可以通过下面 3 种方式使用它。

（1）在创建 Pod 时，通过为 Pod 指定 Service Account 来自动使用它。

（2）通过挂载该 Secret 到 Pod 来使用它。

（3）在下载镜像时，通过指定 Pod 的 spec.imagePullSecrets 来使用它。

第 1 种使用方式主要用在 API Server 鉴权方面，详见前面章节的说明，此处略过。

对于第 2 种使用方式，Secret 可以以存储 Volume 或者环境变量的形式挂载到容器内。

将一个 Secret 通过存储 Volume 的方式挂载到容器内的目录中的示例如下，这里将 Secret“mysecret”的数据挂载到容器内的/etc/foo 目录中：

```
apiVersion: v1
kind: Pod
metadata:
  name: mypod
  namespace: myns
spec:
  containers:
  - name: mycontainer
    image: redis
    volumeMounts:
    - name: foo
      mountPath: "/etc/foo"
      readOnly: true
```

```
volumes:
- name: foo
  secret:
    secretName: mysecret
```

其结果如图 2.2 所示。

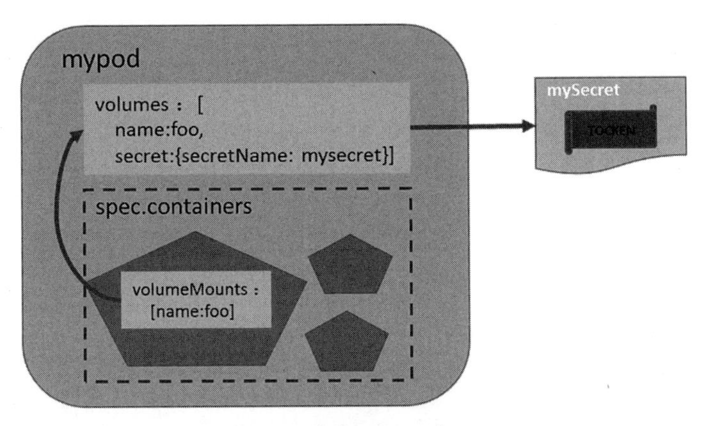

图 2.2 挂载 Secret 到 Pod

将一个 Secret 的数据映射为容器内的环境变量的示例如下，这里将 Secret“mysecret”中的 key“username”的值映射为环境变量 USERNAME：

```
apiVersion: v1
kind: Pod
metadata:
  name: mypod
spec:
  containers:
  - name: mycontainer
    image: nginx
    env:
    - name: USERNAME
      valueFrom:
        secretKeyRef:
          name: mysecret
          key: username
```

第 3 种使用方式的应用流程如下。

（1）运行 login 命令，登录私有镜像仓库，以 docker 为例：

```
# docker login localhost:5000
```

输入用户名和密码，如果是首次登录，则相关信息会被写入~/.docker/config 文件。

（2）用 Base64 编码 docker config 文件的内容：

```
# cat ~/.docker/config | base64
```

（3）将上一步命令的输出结果设置到 Secret 的 data.dockerconfigjson 字段中，设置 Secret 的类型为 kubernetes.io/dockerconfigjson，然后创建这个 Secret：

```
# image-pull-secret.yaml
apiVersion: v1
kind: Secret
metadata:
  name: myregistrykey
data:
  .dockerconfigjson:
ewogICAgICAgICJhdXRocyI6IHsKICAgICAgICAgICAgICAgICIxMC4xLjEuMTo1MDAwIjogewogICAg
ICAgICAgICAgICAgICAgICAgICAiYXV0aCI6ICJkWE5sY2pFNmNHRnpjM2R2Y21RSyIKICAgICAgICAg
ICAgICAgIH0KICAgICAgICB9Cn0K
type: kubernetes.io/dockerconfigjson

# kubectl create -f image-pull-secret.yaml
secret/myregistrykey created
```

（4）在创建 Pod 时引用该 Secret：

```
# mypod2.yaml
apiVersion: v1
kind: Pod
metadata:
  name: mypod2
spec:
  containers:
    - name: foo
      image: janedoe/awesomeapp:v1
  imagePullSecrets:
    - name: myregistrykey

# kubectl create -f pods.yaml
pod/mypod2 created
```

其结果如图 2.3 所示。

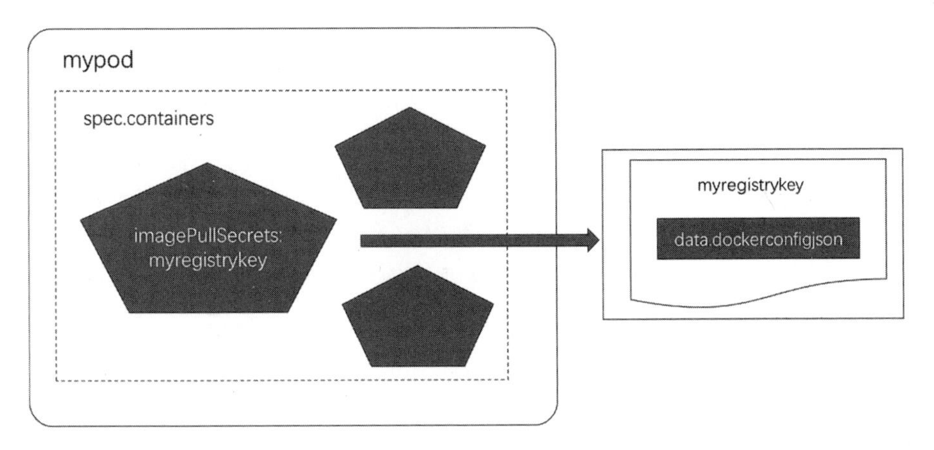

图 2.3 imagePullSecrets 引用 Secret

Kubernetes 不建议创建数据量很大的 Secret，单个 Secret 的大小不能超过 1MB，因为数据量大的 Secret 将大量占用 API Server 和 kubelet 的内存。另外，创建数量非常多的 Secret 也可能耗尽 API Server 和 kubelet 的内存。

在使用 Mount 方式挂载 Secret 时，Secret data 的各个 Key 值都将被设置为目录中的文件名，Value 值在 Base64 解码后存储在相应的文件中。在前面例子中创建的 Secret，被挂载到一个叫作“mycontainer”的容器中。在该容器中，可以查看所生成的文件和文件中的内容，例如：

```
$ ls /etc/foo/
username
password

$ cat /etc/foo/username
value-1

$ cat /etc/foo/password
value-2
```

所以，Secret 通常可以用来保存应用系统的敏感信息（比如数据库的用户名和密码），并以 Mount 的方式挂载到容器中，然后容器应用就可以读取这些敏感信息了。

Kubernetes 为 Pod 挂载 Secret 资源的工作过程如下：当 Pod 被 API Server 创建时，API Server 不会校验该 Pod 引用的 Secret 是否存在。一旦这个 Pod 被调度，则 kubelet 将试着获取 Secret 的值。如果 Secret 不存在或暂时无法连接到 API Server，则 kubelet 将按一定的时间间隔定期重试获取该 Secret,并发送一个 Event 来解释 Pod 没有启动的原因。一旦 Secret 被 Pod 获取，则 kubelet 将创建并挂载包含 Secret 的 Volume。只有所有 Volume 都挂载成功，Pod 中的 Container 才会被启动。

当 Secret 通过 Volume 方式使用时，对 Secret 数据的任何修改都会引发 Volume 的同步更新，如果一个业务系统中有大量 Secret 数据以 Volume 方式挂载到 Pod 中使用，则可能带来性能问题。另外，Secret 数据也可能被意外修改，从而导致应用系统出现问题，为此，Kubernetes v1.19 版本默认开启了 ImmutableEphemeralVolumes 新特性，通过设置 Secret 的 immutable 属性为 true 创建一个不可变的 Secret 对象，例如：

```
apiVersion: v1
kind: Secret
metadata:
  ......
data:
  ......
immutable: true
```

2.4.2 Volume 存储安全

首先，在 Pod 的安全上下文中，有 Pod 访问 Volume 时的安全约束，比如下面这段代码：

```
apiVersion: v1
kind: Pod
metadata:
  name: security-context-demo
spec:
  securityContext:
    runAsUser: 1000
    runAsGroup: 3000
    fsGroup: 2000
  volumes:
  - name: sec-ctx-vol
    emptyDir: {}
  containers:
  - name: sec-ctx-demo
    image: busybox:1.28
    command: [ "sh", "-c", "sleep 1h" ]
    volumeMounts:
```

```
      - name: sec-ctx-vol
        mountPath: /data/demo
```

该 Pod 容器在运行过程中所创建的文件都隶属于用户 1000 和组 3000，同时由于 fsGroup 被设置，容器中所有进程也会是组 2000 的一部分。卷/data/demo 及在该卷中创建的任何文件的属主都会是组 2000，其他用户组和没有授权的用户无法访问这些数据，从而保护了 Pod 存储数据的安全。

此外，对于通过 PVC 获取的 PV 存储，Pod 还可以设置保留策略。这样一来，即便使用 PV 存储数据的这个 Pod 已经不存在了，它的数据也会保留着，并且其他 Pod 无法占用这个 PV。

更进一步地，对于支持快照的 Volume 存储来说，Kubernetes 还提供了 VolumeSnapshot 功能来实现存储数据的备份功能，以便 Volume 数据丢失后可以快速恢复：

```
apiVersion: snapshot.storage.k8s.io/v1
kind: VolumeSnapshot
metadata:
  name: test-snapshot
spec:
  source:
    volumeSnapshotContentName: test-content
```

2.5 Pod 网络安全

为了确保 Pod 的安全，Kubernetes 提供了相应的网络访问的安全控制机制。比如 Pod 有专门的网络地址段，它们不能被 Kubernetes 集群之外的主机访问；再如，位于不同 Namespace 的 Pod 如果需要相互访问，则必须知道对方的 Namespace，否则也无法访问。为了实现更为严格的 Pod 网络安全，Kubernetes 从 v1.3 版本开始，专门设计了 NetworkPolicy，并在后继版本中不断完善 NetworkPolicy 提供的安全特性。

2.5.1 Pod 基础网络安全

我们知道，Kubernetes 的 Node 主要是物理机，因此 Node 的 IP 地址一般就是物理机的 IP 地址，对应真实的网卡 IP 地址。如果一个物理机跟 Node 在同一个局域网内，就可以直接访问，但是这个物理机却无法访问集群中的任何一个 Pod，而同一个 Pod 内部的容器之间的网络则是直通的。如图 2.4 所示，Kubernetes 这种网络隔离机制可以被视为 Pod 网络安全的第一层防护。

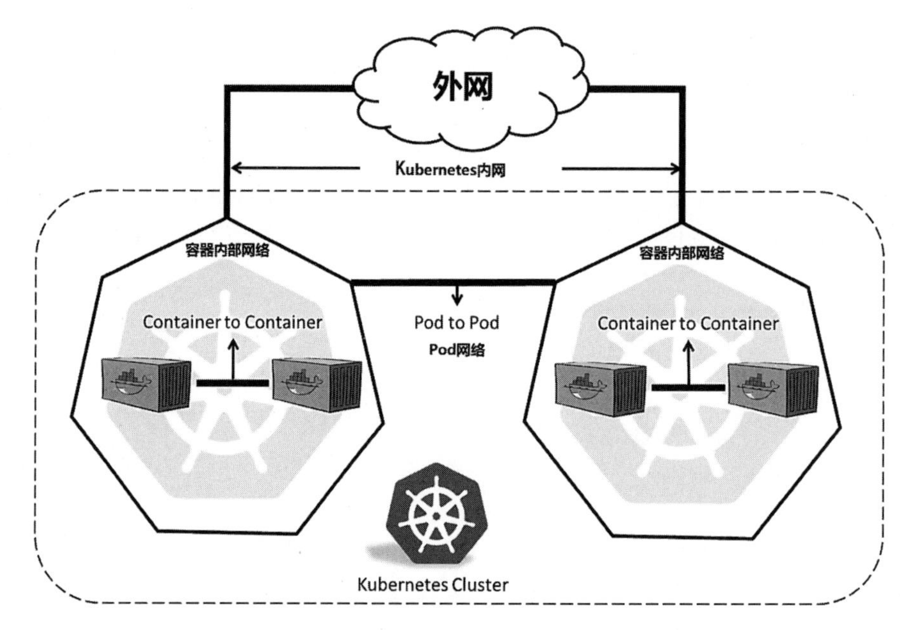

图 2.4　Kubernetes 网络隔离机制

实际上，业务进程是运行在容器内部的，所以，业务进程的网络有三层防护，如图 2.5 所示，从内到外分别是容器网络层、Pod 网络层和 Node 网络层。

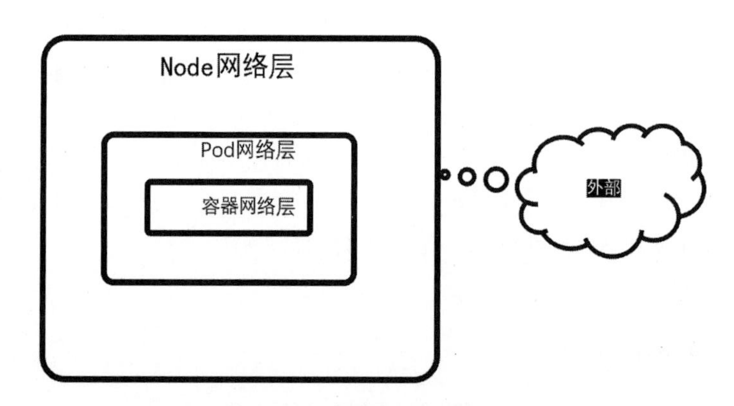

图 2.5　业务进程的三层网络防护

2.5.2 Namespace 网络隔离

一个 Kubernetes 集群中的 Pod 是处于同一个局域网的，所以，如果它们之间的网络是直通的，那么如何禁止隶属于不同业务的 Pod 之间的访问呢？Kubernetes 提供了两种解决方案，本节我们先看看简单的方案。这个方案的思路很直观，就是利用 Service 和 Namespace，将不同业务的 Pod 和 Service 纳入不同的 Namespace，这样一来，如果 A 业务的 PodA 想要访问 B 业务的服务，却不知道业务 B 所在的 Namespace，则是无法访问的，因为 Service 的域名包含了 Namespace 的名字。而 PodA 想要绕过 Service 机制，直接通过 PodB 的 IP 地址来实现访问，却很难做到，因为 PodA 无法知道 PodB 的 IP 地址，如图 2.6 所示。

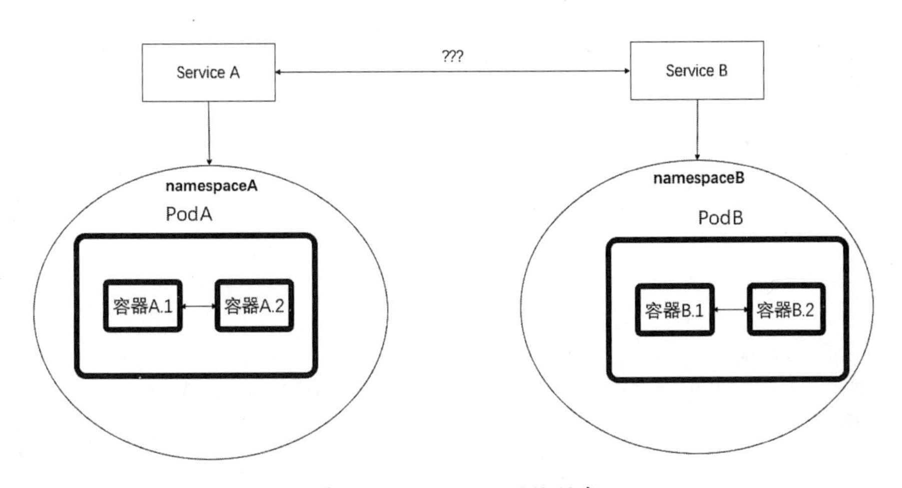

图 2.6 Namespace 网络隔离

但是，因为 Pod 都处于同一个局域网，也属于同一个 Kubernetes 集群，所以，PodA 还是有可能知道 PodB 的 IP 地址和服务端口的，比如通过网络地址段和端口扫描工具，或者通过管理员方式得到地址信息，从而绕过 Service 机制直接访问 PodB。

2.5.3 NetworkPolicy 网络隔离

NetworkPolicy 直接作用在 Pod 的网络上，在设计实现方面参考了 Linux 防火墙机制。如果把 Pod 当作一个主机，NetworkPolicy 就相当于这个主机的防火墙策略，规定了主机的哪些端口可以对外开放，并且通过白名单方式限制某些 IP 地址的主机才能访问该端口。如图 2.7 所示的 NetworkPolicy 规则，可以让 namespaceA 中的 Pod A1 访问 namespaceB 中的 Pod B 的 8080 端口，但是不允许 Pod A2 访问 Pod B。

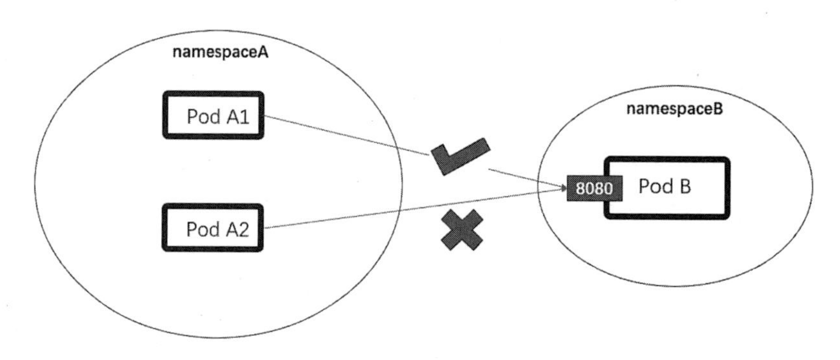

图 2.7　NetworkPolicy 规则

NetworkPolicy 是作用在 TCP/IP 的 L3/L4 层上的，限制的是目标 Pod 的 IP 地址和端口的访问，如果需要对应用层做访问限制，则需要使用如 Istio 这类 Service Mesh 的功能。此外，NetworkPolicy 需要 Kubernetes 的网络插件来支持，所以必须使用一种支持 NetworkPolicy 的网络插件。如 Calico、Cilium、Kube-router、Romana 和 Weave Net 等网络插件都支持 NetworkPolicy。

NetworkPolicy 通过 podSelector 选择需要被隔离（访问保护）的目标 Pod，然后通过 ingress 规则来限定入口访问或者通过 egress 规则来限定出口访问，比如下面这个示例，定义了受保护的 Pod 是 default 命名空间下部署的 MySQL 服务容器，只允许 myproject 这个命名空间下的前端应用访问（标签为 role: frontend），访问的端口仅限于 3306 服务端口。

```
apiVersion: extensions/v1beta1
kind: NetworkPolicy
metadata:
  name: test-network-policy
  namespace: default
spec:
  podSelector:
    matchLabels:
      role: myqsl-db
  ingress:
   - from:
     - namespaceSelector:
         matchLabels:
           project: myproject
     - podSelector:
```

```
        matchLabels:
          role: frontend
    ports:
      - protocol: tcp
        port: 3306
```

下面是一个更复杂的示例，限制了允许入口访问和出口访问的容器 IP 地址段。

```
apiVersion: networking.k8s.io/v1
kind: NetworkPolicy
metadata:
  name: test-network-policy2
  namespace: default
spec:
  podSelector:
    matchLabels:
      role: mysql-db
  policyTypes:
  - Ingress
  - Egress
  ingress:
  - from:
    - ipBlock:
        cidr: 172.17.0.0/16
        except:
        - 172.17.1.0/24
    - namespaceSelector:
        matchLabels:
          project: myproject
    - podSelector:
        matchLabels:
          role: frontend
    ports:
    - protocol: TCP
      port: 3306
  egress:
  - to:
    - ipBlock:
        cidr: 10.0.0.0/24
    ports:
    - protocol: TCP
      port: 3306
```

对于上面 NetworkPolicy 的规则解释如下。

◎ 只允许 172.17.0.0/16 地址段的容器访问 MySQL 数据库，同时，禁止 172.17.1.0/24 地址段的容器访问。
◎ 只允许 MySQL 数据库容器访问外网地址段 10.0.0.0/24，其他网络地址被禁止访问。

通过 egress（出口访问）规则来闲置某个 Pod 可访问的地址，可以在很大程度上避免镜像可能带来的安全隐患，比如镜像中有潜藏的后台程序主动向互联网发送服务器的数据，执行一些非法操作。此外，当系统部署在公有云环境中时，容器发起互联网流量请求，也往往会产生流量计费，通过 egress 规则来限制这些流量的产生，往往是必要的措施。

看到这里，你可能会有一个疑问：NetworkPolicy 的规则为什么看起来非常像 Linux iptable 的规则？这是因为 Kubernetes 网络插件对 Pod 进行隔离的实现方式其实是靠 iptable 规则来实现的，即在 Node 上生成 NetworkPolicy 对应的 iptable 规则。

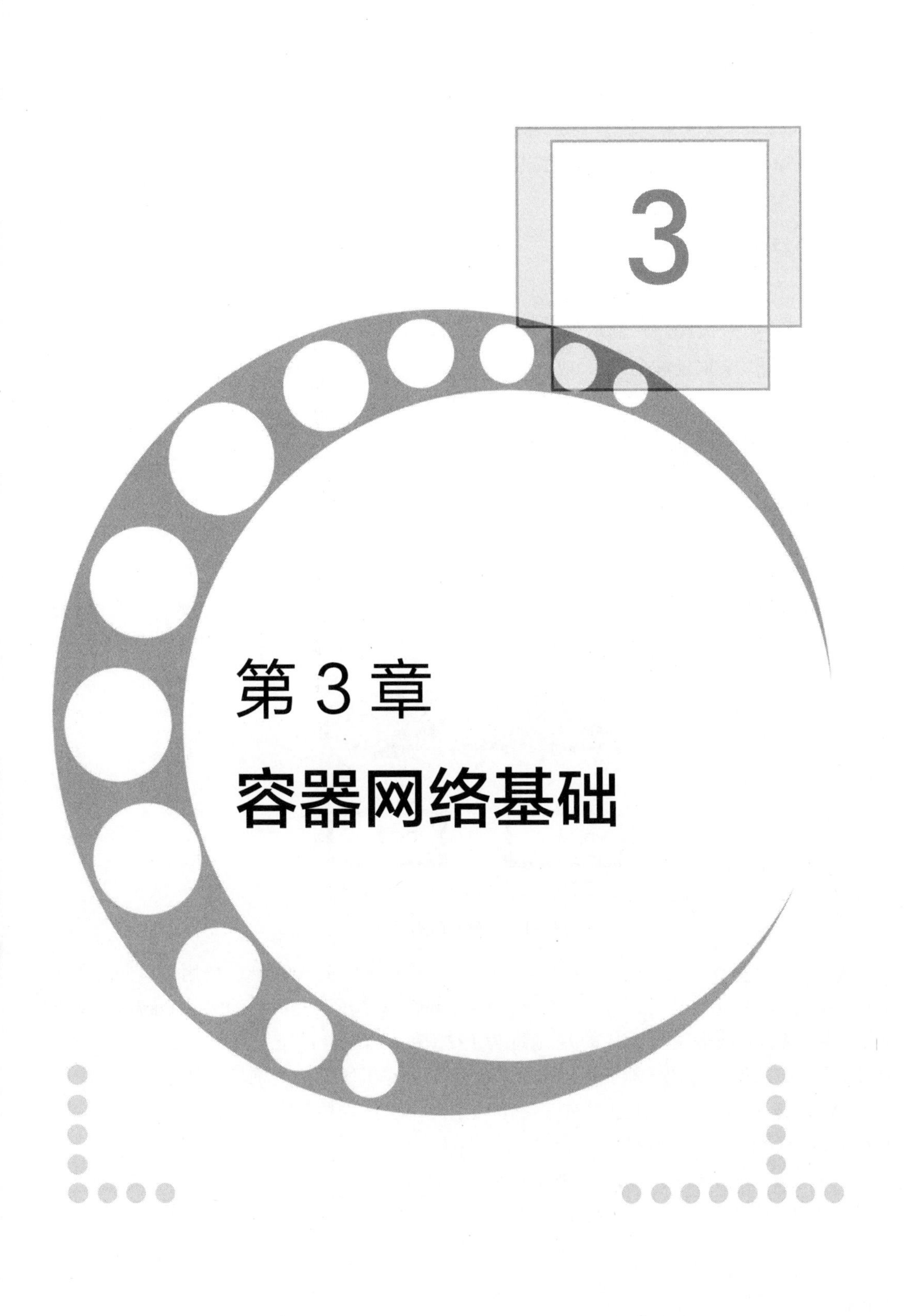

第3章 容器网络基础

Kubernetes 网络模型比较复杂，为了更好地理解它，我们需要先了解网络基础知识、Linux 网络知识，以及容器网络的相关技术和知识。

3.1 网络基础

局域网是如何构成的？局域网如何访问互联网？网关是什么？交换机和路由器是怎样运行的？私网 IP 地址和公网 IP 地址是怎么回事？DNS 域名系统是怎样运作的？NAT 又是怎么回事？Linux 主机是否可以变成一个路由器？这些知识对我们理解网络和解决 Kubernetes 网络中相关的问题非常有价值，本章先介绍一些科普性知识。

3.1.1 局域网的构成

局域网是我们再熟悉不过的一种网络了。在通常情况下，办公室中的网络就是由一个或者几个局域网构成的。我们把两台电脑用网线连接到同一个交换机上，将这两台电脑设置成同一个网段中两个不同的 IP 地址，此时就组成了一个最简单的局域网，如图 3.1 所示。

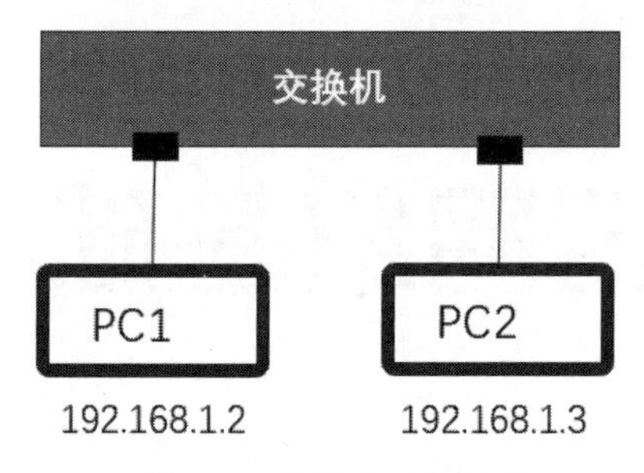

图 3.1 最简单的局域网

有人会问：为什么 IP 地址不是 192.168.1.1？因为“.1”这个地址一般用于网关。另外，我们在配置 IP 地址的时候，也需要配置子网掩码，这个子网掩码（subnet mask）的作用是什么呢？比如，我们配置 PC1 的 IP 地址为 192.168.1.2，对应的子网掩码为 255.255.255.0，子网掩码（又叫网络掩码、地址掩码）用来指明一个主机所处的子网属于哪个子网。例如，255.255.255.0 表示主机 IP 地址的前三字节为子网，也可以用 24（即 3×8）来表示，结合 IP 地址，就表示一个子网的网段，比如 192.168.1.0/24，这是一个标准的 C 类型的局域网网段，对应的主机 IP 地址从 192.168.1.1 到 192.168.1.255。根据 IP 地址和子网的规则，这里的 PC1 和 PC2 在同一个局域网里。

同一个局域网里不同的主机之间，从表面上看，用的是 IP 地址进行通信，实际上，用的是 IP 地址所在网卡的 MAC 地址进行通信，这就是交换机发挥作用的地方，即俗称的二层交换。MAC 地址用于在网络中唯一标识一个网卡，MAC 地址实际上只在当前局域网内有效。当 PC1 中的程序要发送数据报文给 PC2 的时候，发现 PC2 与自己同处一个子网，就会通过 ARP（Address Resolution Protocol）协议查询 PC2 的 MAC 地址，ARP 协议类似上课时班主任对全班同学点名。

班主任：王大帅？（谁是 192.168.1.3？）

王大帅：我在。(我是，我的 MAC 地址是××××。)

ARP 是根据 IP 地址获取物理地址的一个 TCP/IP，A 主机将要查询的 IP 地址封装成 ARP 请求报文并广播到局域网络的所有主机，目标 B 主机在收到请求后会返回包含自己 MAC 地址的应答报文，A 主机在收到应答报文后，将该 IP 地址和对应的 MAC 地址缓存到本机的 ARP 地址表中并保留一定时间，在下次发送报文时，直接查询 ARP 缓存以节约资源。以 Windows 为例，我们可以运行 arp –a 命令来查询本机的 ARP 缓存表：

```
C:\Users\HP> arp -a
接口: 192.168.0.110 --- 0xf
  Internet 地址         物理地址              类型
  192.168.0.1           48-5f-08-26-a4-d6     动态
  192.168.0.100         84-44-af-e7-89-45     动态
  192.168.0.102         00-22-6c-1e-e7-db     动态
  192.168.0.109         dc-c2-c9-07-2a-24     动态
  192.168.0.255         ff-ff-ff-ff-ff-ff     静态
```

PC1 在知道了目标主机的 MAC 地址后，首先将目标主机的 MAC 地址填入 TCP 报文，然后通过网卡发送出去，数据就到了网卡连接的交换机端口上，交换机在收到这个报文后，根据内部记录的端口/MAC 地址映射表（简称 MAC 地址表），查出来这个报文需要转发到哪个端口上，就直接发送到目标端口，接着数据通过网线到了目标主机的网卡上，完成通信过程。

我们知道，交换机有多个网络端口，比如常见的 8 口、16 口、24 口交换机，每个端口连接一个设备，通常是一台电脑，交换机在转发报文的时候根据数据帧的目标 MAC 地址和内部的 MAC 地址表来决定将报文发送到哪个端口上，MAC 地址表不需要在交换机上进行手动设置，而是可以自动学习生成的。在初始状态下，交换机的 MAC 地址表是空的，当交换机的某个端口接收到一个数据帧时，它就会将这个数据帧的源 MAC 地址、报文接收的端口号作为一个地址条目保存在自己的 MAC 地址表中，如果它在转发报文的时候，发现目标的 MAC 地址不在自己的 MAC 地址表中，就会向所有的端口（除了收到当前报文的端口）发送一个 ARP 广播报文，对应的目标主机在收到请求后会给出应答，即交换机就学习到了目标主机的地址条目，随后就可以转发该报文了。

由于交换机连接的设备经常会发生变动，所以交换机的 MAC 地址表也是动态变化的，交换机在转发报文的时候，对报文不做修改，也没有复杂的寻址过程，因此转发报文的性能非常高，加之交换机基本上是免设置和免维护的设备，所以它的使用非常广泛。这里有一个问题，图 3.2 所示的网络架构还是一个局域网吗？

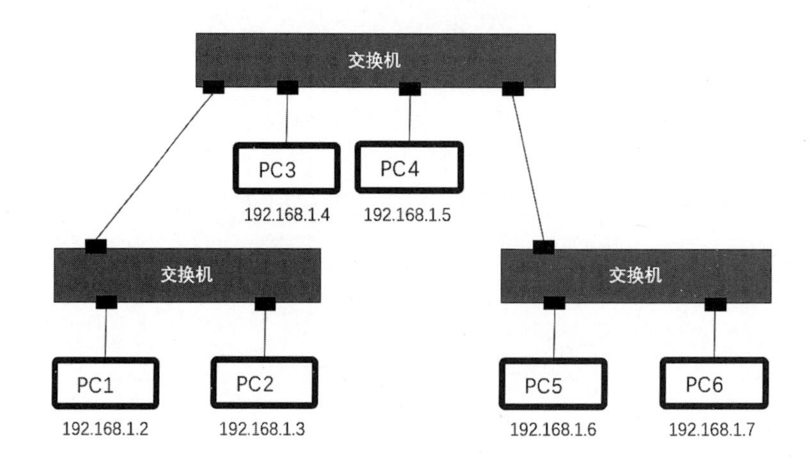

图 3.2　网络架构

接下来介绍局域网互联和路由器的内容。

3.1.2　局域网互联与路由器

除了我们常用的 192.168.1.0/24 网段，局域网可使用的网段（私网地址段）有三类。

◎ A 类地址：10.0.0.0 ~ 10.255.255.255，一个子网最多可以容纳 1677 万台电脑。

◎ B 类地址：172.16.0.0 ~ 172.31.255.255，一个子网最多可以容纳 65535 台电脑。

◎ C 类地址：192.168.0.0 ~ 192.168.255.255，一个子网最多可以容纳 255 台电脑。

假设我们有 1000 台电脑，用 C 类地址就不够，因为在 C 类地址中一个子网最多可以容纳 255 台电脑，此时，有以下两个方案。

◎ 选择 B 类的局域网。

◎ 创建 4 个 C 类子网，并互联。

实际上还有第三个方案，就是使用可变长度子网掩码（Variable Length Subnet Mask，VLSM）进行子网划分。在这种情况下，掩码的位数不再是 8 的整倍数，可以是任意位数，比如 3 到 30 的任意位数。举个例子，25 位的子网掩码就可以把 24 位的子网分为两段：

```
192.168.100.0/25 和 192.168.100.128/25
```

2 的 10 次方是 1024，所以子网掩码为 32–10=22，我们可以用 192.168.1.0/22 网段来容纳 1000 台电脑。

但是局域网规模过大带来的缺陷也很明显。比如，MAC 地址寻找引发的 ARP 查询的代价（泛洪），每个主机和交换机上 MAC 地址表的缓存失效问题，对交换机的性能要求，以及潜在的网络安全问题。因此，更常规的做法是用几个小的局域网进行分割和互联，此时就会涉及路由器。如图 3.3 所示，我们有两个子网，分别是 192.168.1.0/24 和 192.168.2.0/24，两个局域网的交换机分别连接到路由器的两个端口上，路由器的每个端口的 IP 地址是对应连接子网的第一个 IP 地址，这里分别是 192.168.1.1 和 192.168.1.2，我们看到路由器实际上同时处于两个不同的子网中。

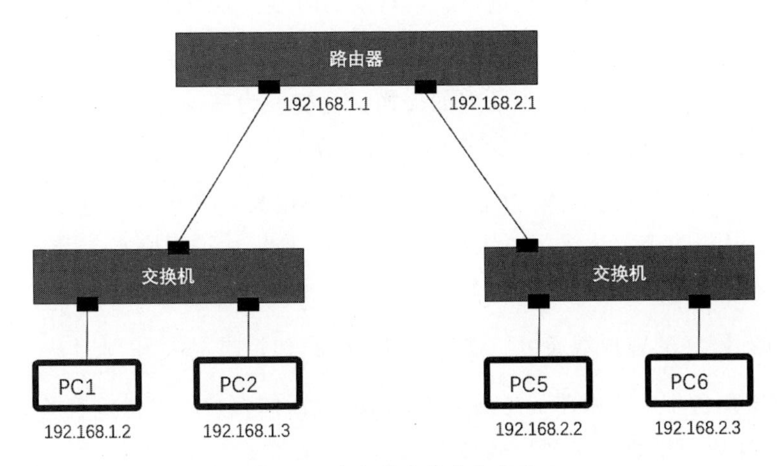

图 3.3 路由器连接多个子网

此时，局域网中每台电脑的网卡都需要多配置一个参数——默认网关 IP。以 Windows 为例，通过 ipconfig，我们可以看到默认网关的设置：

```
C:\Users\HP>ipconfig
Windows IP 配置
```

```
以太网适配器 myethernet:

   连接特定的 DNS 后缀 . . . . . . . :
   本地链接 IPv6 地址. . . . . . . . : fe80::8c18:aad8:8c5:59aa%24
   IPv4 地址 . . . . . . . . . . . . : 192.168.0.107
   子网掩码  . . . . . . . . . . . . : 255.255.255.0
   默认网关. . . . . . . . . . . . . : 192.168.0.1
```

这个默认网关 IP 的作用是什么呢？如果一台电脑发现它要发送到的目的 IP 地址不在自己所在的子网里，就会把报文发送给默认网关去处理。这个默认网关对应的设备一般是路由器，而默认网关的 IP 地址就是路由器上连接该子网的一个端口（网卡）的 IP 地址，路由器在收到这个报文后，就开始了三层路由寻址和转发，三层路由寻址就会涉及 IP 地址和路由表。在路由器的内部维护了 IP 地址段到对应端口（连接子网的端口）的映射关系，从而知道哪个 IP 地址段的报文要从哪个端口转发出去。路由器的路由机制就很复杂，路由表既有静态配置的路由，也有通过路由协议动态学习得到的路由。因此，它的配置和管理要比交换机难得多，它能实现的功能也更强大。在 Kubernetes 的网络方案中就有基于路由协议实现的组网方案。不过，路由转发的性能要比交换机的转发性能低很多，这是因为路由查找算法相对复杂，并且在进行路由转发的时候会修改网络报文。

如果一个 Linux 服务器配置了多个网卡，那么这个服务器就可以变成一个路由器，用来连接多个子网。此外，具备路由功能的交换机也被称为三层交换机，属于交换+路由二合一的设备，它在企业中用得也比较多。

路由器还有一个重要的功能，就是通过 DHCP 协议为接入网络内的设备自动分配正确的 IP 地址，这从根本上解决了手工维护 Node 的 IP 地址、子网掩码，以及网关等配置带来的烦琐和 IP 地址冲突问题。DHCP 协议的工作流程如下。

（1）新加入网络的客户端通过广播发送 discover 包请求提供 IP 地址。

（2）DHCP 服务器（路由器）在收到 discover 包后向客户端发送应答的 offer 包，包含 IP 地址、子网掩码等信息，供客户端的主机进行预配置。

（3）客户端在预配置成功后，确定使用此 IP 地址，此时会广播发出 request 包，告知所有服务器已经选择接收该服务器租约，同时发送 ARP 包，检测该地址是否被占用。若被占用，则向服务器发送 decline 包，拒绝接收服务器发来的 offer 包。

（4）服务器在收到 request 包后，记录该次租约请求，并向客户端发送 ack 应答包以确认客户端的使用。

3.1.3 接入互联网

局域网在接入互联网的时候，有一个关键限制，即局域网内的 IP 地址是私网地址，该地址不能被发送到互联网上。也就是说，局域网内的主机发送出去的报文必须要在接入互联网的边界之内修改报文的源 IP 地址，这个源 IP 地址必须是公网中的一个 IP 地址，这样，应答的报文才能被返回到这个 IP 地址对应的边界网关设备上。以常见的家庭宽带为例，运营商提供的光猫设备就是我们所说的边界网关设备，光猫在接入运营商的网络时，会被分配一个公网 IP 地址，光猫负责完成家庭网络内部数据报文地址的转换工作，即网络地址转换（Network Address Translation，NAT），从而连接家庭局域网和外部互联网，如图 3.4 所示。

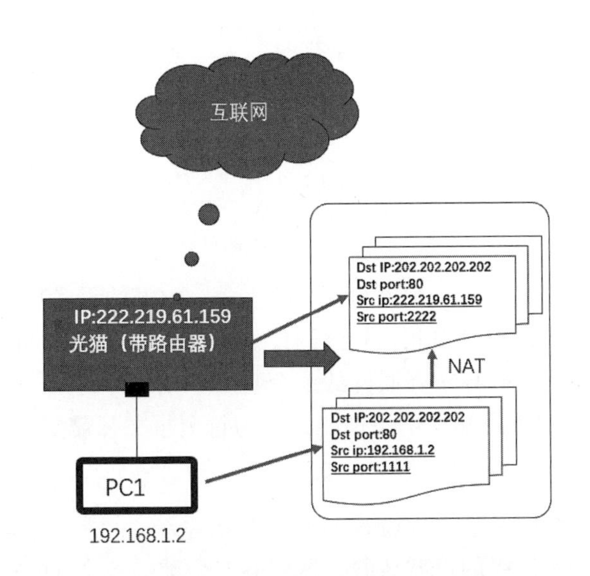

图 3.4 通过光猫连接家庭局域网和外部互联网

下面解释一下整个过程，假如光猫连接的 PC1 想要访问互联网上服务器 202.202.202.202 的端口 80，则它首先构建源地址和端口为 192.168.1.2 和 1111，并且目的地址和端口分别为 202.202.202.202 和 80 的数据报文。然后这个报文被发送到默认网关（光猫），光猫在收到这个数据报文后，最先要做的事情是通过 NAT 机制转换报文，将报文中的源地址和端口改为自己的公网 IP 地址和某个可用的随机端口，接着通过路由表查找转发端口，将报文发给下一个路由器，互联网上的每个路由器不断接力投递报文，最终到达目标服务器。这里的关键机制是 NAT，实现 NAT 功能的关键是 NAT 设备需要维持内部动态的 NAT 会话列表，这个会话列表记录了当前正在进行会话的内部设备的地址转换映射关系，内部设备发送到互联网上的报文及互联网设备应答的报文，都会用到这个 NAT 会话列表，将进出的报文地址进行准确转换，这个过程如图 3.5 所示。

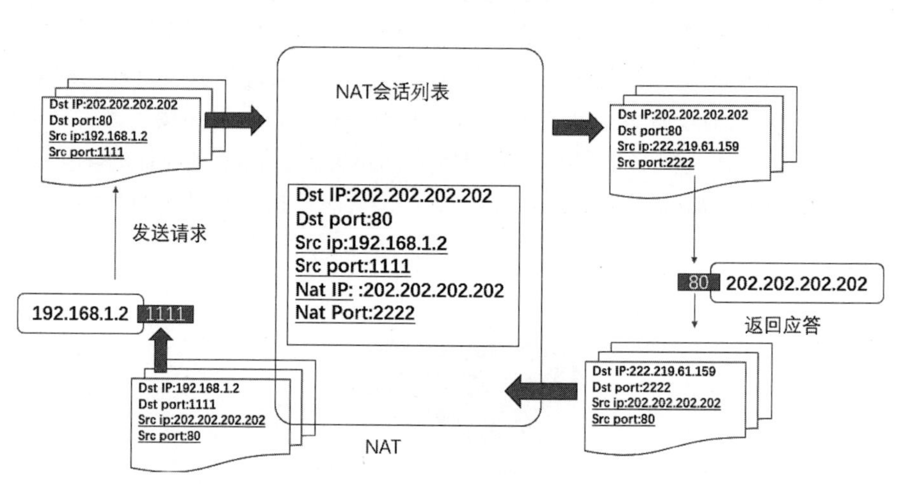

图 3.5　NAT 的过程

在这里，NAT 设备类似于一个网络代理服务器，内部的设备被完全屏蔽在内网中，外界看不到，也无法直接访问。因此，对内网设备提供保护。NAT 机制实际上是 IPv4 资源不足的一种无奈选择，它破坏了互联网的一个基本原则，即每个 Node 都有一个唯一的地址，同时，NAT 机制严重影响了网络性能，因为每个报文都需要经过 NAT 设备修改报文内容。

互联网另一个重要的基础设施就是 DNS（域名系统）机制，互联网的 DNS 也是一个巨大的分布式系统，从顶级的根域名服务器到遍布全球的各个 DNS 服务器，它们一起支撑起这个庞大的互联网。我们每次访问互联网，都离不开 DNS 服务器的支持。正因为 DNS 的重要性，Kubernetes 也将其融入核心设计中，并为每个 Service 都赋予了一个 DNS 名称用于域名解析。

3.2　Linux 网络基础

Linux 网络也是容器网络的基础，本节对 Linux 网络的基础知识做一个科普性的介绍。

3.2.1 网桥

Linux 可以支持多个不同的网络，它们之间能够互相通信。如何将这些网络连接起来并实现各网络中主机的相互通信呢？答案是用网桥。网桥是一个二层的虚拟网络设备，它把若干个网络接口“连接”起来，使得网络接口之间的报文能够相互转发。网桥能够解析收发的报文，读取目标 MAC 地址的信息，将其与自己记录的 MAC 表结合来决策报文转发的目标网络接口。为了实现这些功能，网桥会学习源 MAC 地址（二层网桥转发的依据就是 MAC 地址）。在转发报文时，网桥只需向特定的网口进行转发，来避免不必要的网络交互。如果它遇到一个自己从未学习到的地址，不知道这个报文应该向哪个网络接口转发，便将报文广播给所有的网络接口（报文来源的网络接口除外）。

在实际的网络中，网络拓扑不可能永久不变。如果某个网络设备被移动到另一个端口上，却没有发送任何数据，网桥设备就无法感知这个变化，而且依旧向原来的端口转发数据包，这时数据就会丢失。所以网桥还要对学习到的 MAC 地址表加上超时时间（默认为 5min）。如果网桥收到了对应端口 MAC 地址回发的包，则重置超时时间，如果过了超时时间，就认为设备已经不在那个端口上了，它就会重新广播发送。

在 Linux 的内部网络栈里实现的网桥设备，其作用和上面的描述相同。过去，一台 Linux 主机一般只有一个网卡，现在安装多网卡的越来越多，而且还可以有很多虚拟设备存在，所以 Linux 网桥提供了在这些设备之间相互转发数据的二层设备。

Linux 内核支持网口的桥接（目前只支持以太网接口）。但是它与单纯的交换机不同，交换机只是一个二层设备，对于接收到的报文，要么被转发，要么被丢弃。运行 Linux 的机器本身就是一台主机，有可能是网络报文的目的地，其收到的报文除了被转发或被丢弃，还可能被送到网络协议栈的上层（网络层），从而被自己（这台主机本身的协议栈）消化。所以，网桥既可以被看作一个二层设备，也可以被看作一个三层设备。

1. Linux 网桥的实现

Linux 内核是通过一个虚拟网桥设备（Net Device）来实现桥接的。这个虚拟网桥设备可以绑定若干个以太网接口设备，从而将它们桥接起来。如图 3.6 所示，这种虚拟网桥设备和普通的设备不同，最明显的一个特性是它还可以有一个 IP 地址。

在图 3.6 中，虚拟网桥设备 br0 绑定了 eth0 和 eth1。对于网络协议栈的上层来说，只要看得到 br0 就可以。因为桥接是在数据链路层实现的，协议栈上层不需要关心桥接的细节，所以协议栈上层需要发送的报文被送到 br0，虚拟网桥设备的处理代码判断报文应该被转发到 eth0 还是 eth1，或者两者皆应转发；反过来，从 eth0 或 eth1 接收到的报文被提交给网桥的处理代码，由其会判断报文是被转发、丢弃还是被提交到协议栈上层。

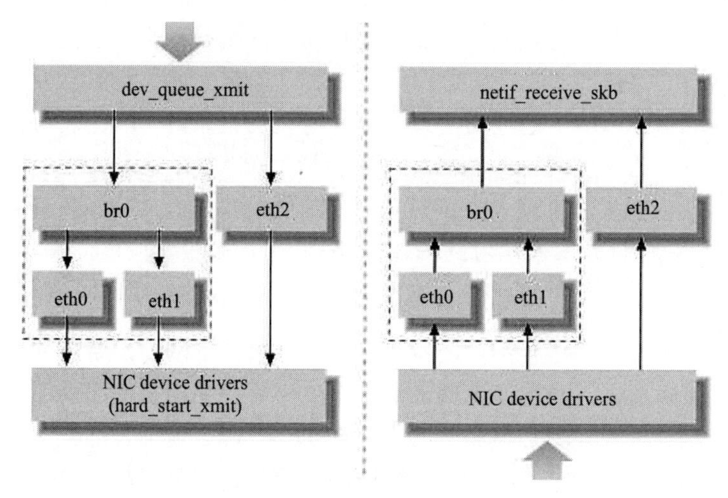

图 3.6 虚拟网桥设备的位置

eth0、eth1 有时会被作为报文的源地址或目的地址，直接参与报文的发送与接收，从而绕过网桥。

2. 网桥的常用操作命令

Docker 自动完成网桥的创建和维护。为了进一步理解网桥，下面举几个常用的对网桥进行手工操作的例子。

新增一个网桥设备：

```
# brctl addbr xxxxx
```

之后可以为网桥增加网口，在 Linux 中，一个网口对应于一个物理网卡。将物理网卡和网桥连接起来：

```
# brctl addif xxxxx ethx
```

网桥的物理网卡作为一个网口，由于在链路层工作，就不再需要 IP 地址了，这样上面的 IP 地址自然就会失效：

```
# ifconfig ethx 0.0.0.0
```

给网桥配置一个 IP 地址：

```
# ifconfig brxxx xxx.xxx.xxx.xxx
```

这样网桥就有了一个 IP 地址，而连接到上面的网卡就是一个纯链路层设备。

3.2.2 Netfilter 和 iptables

我们知道，Linux 网络协议栈的运行效率非常高，同时也较复杂。如果我们希望在处理数据的过程中对关心的数据进行一些操作，该怎么做呢？Linux 提供了一套机制来为用户实现自定义的数据包处理。

在 Linux 网络协议栈中有一组回调函数挂接点，通过这些挂接点挂接的钩子函数可以在 Linux 网络栈处理数据包的过程中对数据包进行一些操作，如过滤、修改、丢弃等。该挂接点技术被叫作 Netfilter 和 iptables。

Netfilter 负责在内核中执行各种挂接的规则，运行在内核模式中；而 iptables 是在用户模式下运行的进程，负责协助和维护内核中 Netfilter 的各种规则表。二者相互配合来实现整个 Linux 网络协议栈中灵活的数据包处理机制。

Netfilter 可以挂接的规则点有 5 个，如图 3.7 中的深色椭圆所示。

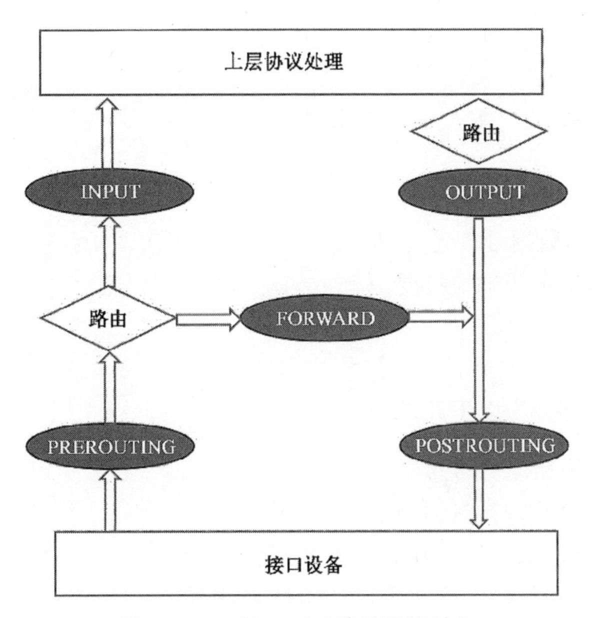

图 3.7 Netfilter 可以挂接的规则点

1. 规则表 Table

这些挂接点能挂接的规则也分不同的类型（称 Table 类型），我们可以在不同 Table 类型中加入规则。目前主要支持的 Table 类型有：RAW、MANGLE、NAT 和 FILTER。这 4 个 Table 类型的优先级为：RAW 最高，FILTER 最低。

在实际应用中，不同的挂接点所需的规则类型通常不同。例如，在 Input 的挂接点上明显不需要 FILTER 过滤规则，因为根据目标地址已经选择好本机的上层协议栈了，所以无须再挂接 FILTER 过滤规则。目前 Linux 系统支持的不同挂接点能挂接的规则类型如图 3.8 所示。

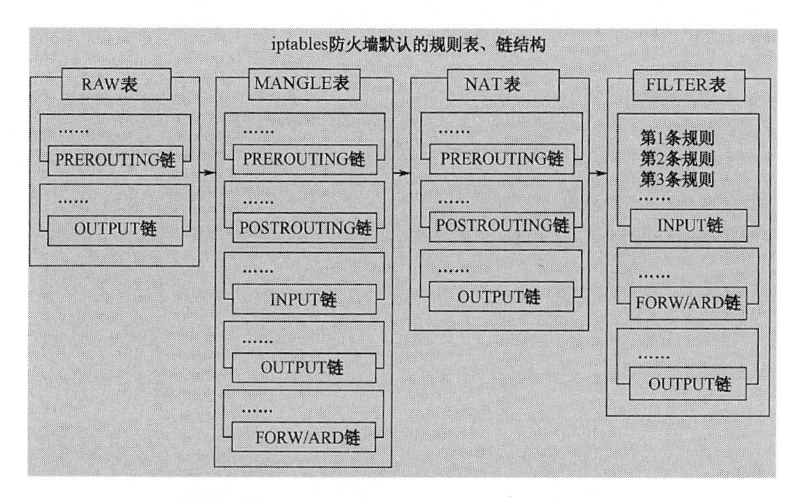

图 3.8　不同的挂接点能挂接的规则类型

当 Linux 协议栈的数据处理运行到挂接点时，它会依次调用挂接点上所有的挂钩函数，直到数据包的处理结果是明确地接受或者拒绝。

2. 处理规则

每个规则的特性都分为以下几部分。

◎ Table 类型（准备干什么事情）。
◎ 什么挂接点（什么时候起作用）。
◎ 匹配的参数是什么（针对什么样的数据包）。
◎ 匹配后有什么动作（匹配后具体的操作是什么）。

前面已经介绍了 Table 类型和挂接点，接下来看看匹配的参数和匹配后的动作。

（1）匹配的参数。匹配的参数用于对数据包或者 TCP 数据连接的状态进行匹配。当有多个条件存在时，它们一起发挥作用，达到只针对某部分数据进行修改的目的。常见的匹配参数如下。

◎ 流入、流出的网络接口。
◎ 来源、目的地址。
◎ 协议类型。
◎ 来源、目的端口。

（2）匹配后的动作。一旦有数据匹配，就会执行相应的动作。动作类型既可以是标准的预定义的动作，也可以是自定义的模块注册动作，或者是一个新的规则链，以更好地组织一组动作。

3. iptables 命令

iptables 命令用于协助用户维护各种规则。我们在使用 kube-proxy、CNI 插件的过程中，通常都会去查看相关的 Netfilter 配置。这里只介绍如何查看规则表，详细的介绍请参照 Linux 的 iptables 帮助文档。查看系统中已有规则的方法如下。

◎ iptables-save：按照命令的方式保存 iptables 的内容。
◎ iptables -vnL：以另一种格式显示 Netfilter 表的内容。

3.2.3 路由

Linux 系统包含一个完整的路由功能。IP 层在处理数据发送或者转发时，会使用路由表来决定发往哪里。在通常情况下，如果主机与目的主机直接相连，那么主机可以直接发送 IP 报文到目的主机，这个过程比较简单。例如，通过点对点的连接或网络共享，如果主机与目的主机没有直接相连，那么主机首先会将 IP 报文发送给默认的路由器，然后由路由器决定往哪里发送 IP 报文。

路由功能由 IP 层维护的一张路由表来实现。当主机收到数据报文时，它用此表来决策接下来应该做什么操作。当从网络侧接收到数据报文时，IP 层首先会检查报文的 IP 地址是否与主机自身的地址相同。如果数据报文中的 IP 地址是主机自身的地址，那么报文将被发送到传输层相应的协议中。如果报文中的 IP 地址不是主机自身的地址，并且主机配置了路由功能，那么该报文将被转发，否则报文将被丢弃。

路由表中的数据一般是以条目形式存在的。一个典型的路由表条目通常包含以下主要的条目项。

（1）目的 IP 地址：此字段表示目标的 IP 地址。这个 IP 地址可以是某主机的地址，也可以是一个网络地址。如果这个条目包含的是一个主机地址，那么它的主机 ID 将被标记为非零；如果这个条目包含的是一个网络地址，那么它的主机 ID 将被标记为零。

（2）下一个路由器的 IP 地址：这里采用“下一个”的说法，是因为下一个路由器并不总是最终的目的路由器，它很可能是一个中间路由器。条目给出的下一个路由器的地址用来转发在相应接口接收到的 IP 数据报文。

（3）标志：这个字段提供了另一组重要信息。例如，目的 IP 地址是一个主机地址还是一个网络地址。此外，从标志中可以得知下一个路由器是一个真实路由器还是一个直接相连的接口。

（4）网络接口规范：为一些数据报文的网络接口规范，该规范将与报文一起被转发。

在通过路由表转发时，如果任何条目的第 1 个字段完全匹配目的 IP 地址（主机）或部分匹配条目的 IP 地址（网络），那么它将指示下一个路由器的 IP 地址。这是一个重要的信息，因为这些信息直接告诉主机（具备路由功能的）数据包应该被转发到哪个路由器。而条目中的所有其他字段将提供更多的辅助信息来为路由转发做决定。

如果没有找到一个完全匹配的 IP，就接着搜索相匹配的网络 ID。如果找到，那么该数据报文就会被转发到指定的路由器上。可以看出，网络上的所有主机都通过这个路由表中的单个（这个）条目进行管理。

如果上述两个条件都不匹配，那么该数据报文将被转发到一个默认的路由器上。

如果上述步骤都失败，默认的路由器也不存在，那么该数据报文最终无法被转发。任何无法投递的数据报文都将产生一个 ICMP 主机不可达或 ICMP 网络不可达的错误，并将此错误返回给生成此数据报文的应用程序。

1. 路由表的创建

Linux 的路由表至少包括两个表（当启用策略路由时，还会有其他表）：一个是 LOCAL 表，另一个是 MAIN 表。在 LOCAL 表中会包含所有的本地设备地址。LOCAL 表是在配置网络设备地址时自动创建的。LOCAL 表用于供 Linux 协议栈识别本地地址，以及进行本地各个不同网络接口之间的数据转发。

可以通过下面的命令查看 LOCAL 表的内容：

```
# ip route show table local type local
local 127.0.0.0/8 dev lo proto kernel scope host src 127.0.0.1
local 127.0.0.1 dev lo proto kernel scope host src 127.0.0.1
local 192.168.18.3 dev ens33 proto kernel scope host src 192.168.18.3
```

MAIN 表用于各类网络 IP 地址的转发。它既可以使用静态配置生成，也可以使用动态路由发现协议生成。动态路由发现协议一般使用组播功能，通过发送路由发现数据，动态地交换和获取网络的路由信息，并更新到路由表中。

在 Linux 环境下，支持路由发现协议的开源软件有许多，常用的有 Quagga、Zebra 等。在 4.4.3 节会介绍如何使用 Quagga 动态容器路由发现机制来实现 Kubernetes 的网络组网。

2. 路由表的查看

我们可以使用 ip route list 命令查看当前路由表：

```
# ip route list
default via 192.168.18.2 dev ens33
192.168.18.0/24 dev ens33 proto kernel scope link src 192.168.18.3 metric 100
```

在上面的代码中，有一条默认路由规则（default）和一条子网路由规则（源地址是 192.168.18.3，目标地址在 192.168.18.0/24 网段的数据包都将通过 ens33 接口发送出去）。

也可以通过 netstat -rn 命令查看路由表：

```
# netstat -rn
Kernel IP routing table
Destination     Gateway         Genmask         Flags   MSS Window  irtt Iface
0.0.0.0         192.168.18.2    0.0.0.0         UG        0 0          0 ens33
192.168.18.0    0.0.0.0         255.255.255.0   U         0 0          0 ens33
```

在显示的信息中，如果标志（Flags）是 U（代表 Up），则说明该路由是有效的；如果标志是 G（代表 Gateway），则说明这个网络接口连接的是网关；如果标志是 H（代表 Host），则说明目的地是主机而非网络域，等等。

3.3 网络命名空间和 Veth 设备对

容器技术依赖于近年来 Linux 内核虚拟化技术的发展，所以容器对 Linux 内核有很强的依赖。这里将简单介绍容器可能用到的与 Linux 网络有关的主要技术，这些技术有网络命名空间（Network Namespace）、Veth 设备对、网桥、iptables 和路由。下面主要介绍网络命名空间和 Veth 设备对。

3.3.1　网络命名空间

为了支持网络协议栈的多个实例，Linux 在网络栈中引入了网络命名空间，这些独立的协议栈被隔离到不同的网络命名空间中。处于不同网络命名空间中的网络栈是完全隔离的，彼此之间无法通信。通过对网络资源的隔离，我们就能在一个宿主机上虚拟多个不同的网络环境。Docker 正是利用了网络命名空间的特性，实现了不同容器之间的网络隔离。

在 Linux 的网络命名空间中可以有自己独立的路由表及独立的 iptables 设置来提供包转发、NAT 及 IP 包过滤等功能。

为了隔离出独立的协议栈，需要纳入网络命名空间的元素有进程、套接字、网络设备等。进程创建的套接字必须属于某个网络命名空间，套接字的操作也必须在网络命名空间中进行。同样，网络设备必须属于某个网络命名空间。因为网络设备属于公共资源，所以可以通过修改属性实现在网络命名空间之间移动。当然，是否允许移动与设备的特征有关。

让我们深入 Linux 操作系统内部，看看它是如何实现网络命名空间的，这对理解后面的概念也有帮助。

1. 网络命名空间的实现

Linux 的网络协议栈是十分复杂的，为了支持独立的协议栈，相关的全局变量都必须被修改为协议栈私有。最好的办法就是让这些全局变量成为一个 Net Namespace 变量的成员，然后为协议栈的函数调用加入一个 Namespace 参数。这就是 Linux 实现网络命名空间的核心。

同时，为了保证对已经开发的应用程序及内核代码的兼容性，内核代码隐式地使用了网络命名空间中的变量。程序如果没有对网络命名空间有特殊需求，就不需要编写额外的代码，网络命名空间对应用程序而言是透明的。

在建立新的网络命名空间，并将某个进程关联到这个网络命名空间后，就会出现类似于如图 3.9 所示的内核数据结构，所有网络的栈变量都被放入了网络命名空间的数据结构中。这个网络命名空间是其进程组私有的，与其他进程组不冲突。

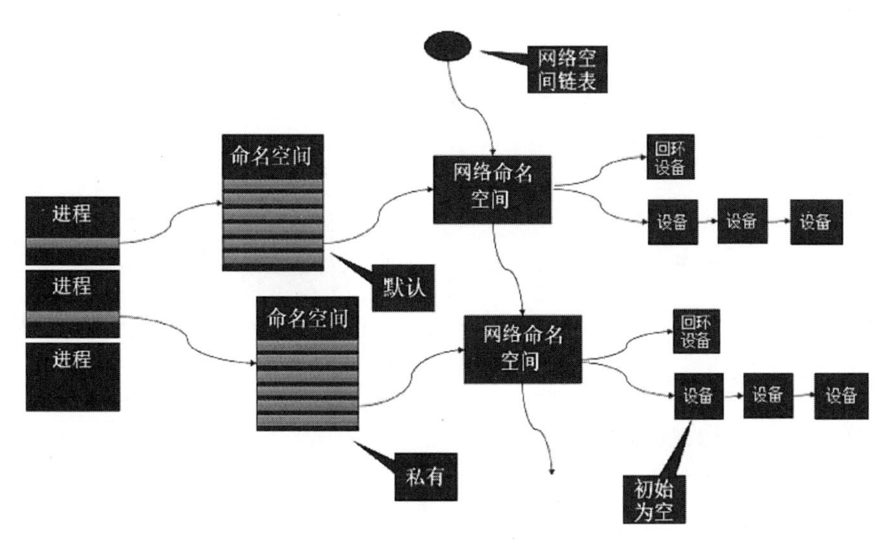

图 3.9 网络命名空间的内核数据结构

在新生成的私有网络命名空间中只有回环设备（名为“lo”且是停止状态），其他设备默认都不存在，如果需要，则要逐一进行手动建立。容器中的各类网络栈设备都是容器运行时（Container Runtime）在创建容器时自动为其创建和配置的。

所有的网络设备（物理接口或虚拟接口、桥等在内核里都叫作 Net Device）都只能属于一个网络命名空间。当然，物理设备（连接实际硬件的设备）通常只能关联到 root 这个网络命名空间中。虚拟网络设备（虚拟以太网接口或者虚拟网口对）则可以被创建并关联到一个给定的网络命名空间中，而且可以在这些网络命名空间之间移动。

前面提到，由于网络命名空间代表的是一个独立的协议栈，所以它们之间是相互隔离的，彼此无法通信，在协议栈内部都看不到对方。那么有没有办法打破这种限制，让处于不同网络命名空间中的网络相互通信，甚至与外部的网络进行通信呢？答案是“有，应用 Veth 设备对即可”。Veth 设备对的一个重要作用就是打破相互看不到的协议栈之间的壁垒，它就像一根管子，一端连着这个网络命名空间的协议栈，另一端连着另一个网络命名空间的协议栈。所以，如果想在两个网络命名空间之间通信，就必须有一个 Veth 设备对。后面会介绍如何操作 Veth 设备对来打通不同网络命名空间之间的网络。

2. 对网络命名空间的操作

下面列举对网络命名空间的一些操作。我们可以使用 Linux iproute2 系列配置工具中的 IP 命令来操作网络命名空间。注意，这个命令需要由 root 用户运行。

创建一个网络命名空间：

```
ip netns add <name>
```

在网络命名空间中运行命令：

```
ip netns exec <name> <command>
```

也可以先通过 bash 命令进入内部的 Shell 界面，然后运行各种命令：

```
ip netns exec <name> bash
```

退出到外面的网络命名空间时，请输入“exit”。

3. 网络命名空间操作中的实用技巧

操作网络命名空间时的一些实用技巧如下。

我们可以在不同的网络命名空间之间转移设备，例如，下面会提到 Veth 设备对的转移。因为一个设备只能属于一个网络命名空间，所以转移后在这个网络命名空间中就看不到这个设备了。具体哪些设备能被转移到不同的网络命名空间中呢？在设备的属性中有一个重要的属性：NETIF_F_ETNS_LOCAL，如果这个属性为 on，则说明不能被转移到其他网络命名空间中。Veth 设备属于可以被转移的设备，而其他很多设备如 lo 设备、VXLAN 设备、ppp 设备、bridge 设备等都是不可以被转移的。将无法转移的设备移动到其他的网络命名空间时，会得到参数无效的错误提示：

```
# ip link set br0 netns ns1
RTNETLINK answers: Invalid argument
```

如何知道这些设备是否可以被转移呢？可以使用 ethtool 工具查看：

```
# ethtool -k br0
netns-local: on [fixed]
```

netns-local 的值是 on，说明不可以被转移，否则可以被转移。

3.3.2　Veth 设备对

引入 Veth 设备对是为了在不同的网络命名空间之间设备的通信，利用它可以直接将两个网络命名空间连接起来。由于要连接两个网络命名空间，所以 Veth 设备都是成对出现的，很像一对以太网卡，并且中间有一条直连的网线。既然是一对网卡，那么我们将其中一端称为另一端的 peer。在 Veth 设备的一端（如 veth1）发送数据时，数据就会被发送到另一端（如 veth2），并触发另一端（veth2）的接收操作。

整个 Veth 设备对的实现非常直观，有兴趣的读者可以参考源代码“drivers/net/veth.c”自行操作，如图 3.10 所示。

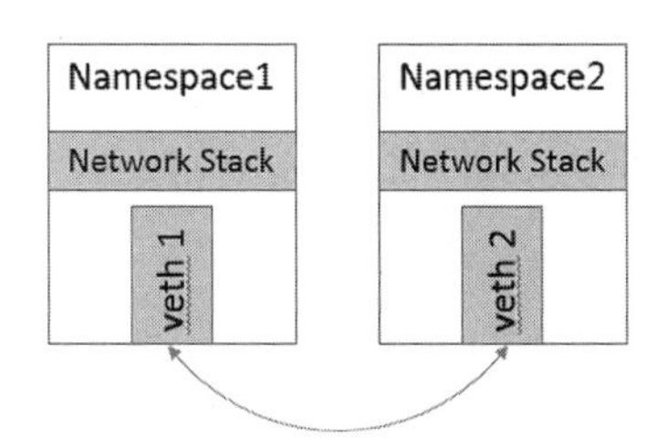

图 3.10　Veth 设备对示意图

1. 对 Veth 设备对的操作命令

接下来看看如何创建 Veth 设备对，并将其连接到不同的网络命名空间中，然后设置其地址，让它们通信。

创建 Veth 设备对：

```
ip link add veth0 type veth peer name veth1
```

创建 Veth 设备对后，可以查看 Veth 设备对的信息。使用 ip link show 命令查看所有的网络接口：

```
# ip link show
1: lo: <LOOPBACK,UP,LOWER_UP> mtu 65536 qdisc noqueue state UNKNOWN mode DEFAULT
group default qlen 1000
    link/loopback 00:00:00:00:00:00 brd 00:00:00:00:00:00
2: ens33: <BROADCAST,MULTICAST,UP,LOWER_UP> mtu 1500 qdisc pfifo_fast state UP
mode DEFAULT group default qlen 1000
    link/ether 00:0c:29:e7:20:b7 brd ff:ff:ff:ff:ff:ff
16: veth1@veth0: <BROADCAST,MULTICAST,M-DOWN> mtu 1500 qdisc noop state DOWN mode
DEFAULT group default qlen 1000
    link/ether a2:16:f6:3d:eb:fe brd ff:ff:ff:ff:ff:ff
17: veth0@veth1: <BROADCAST,MULTICAST,M-DOWN> mtu 1500 qdisc noop state DOWN mode
DEFAULT group default qlen 1000
    link/ether 7e:04:44:ac:46:db brd ff:ff:ff:ff:ff:ff
```

可以看到新增了两个设备：veth0 和 veth1，并且互为对方的 peer。

现在这两个设备都在自己的网络命名空间中，需要将它们转移到不同的网络命名空间中。如果将 Veth 看作有两个头的网线，那么将其中一个头给另一个网络命名空间(netns1)：

```
# 创建名为 netns1 的网络命名空间
ip netns add netns1
# 将 veth1 的 NetNS 设置为 netns1
ip link set veth1 netns netns1
```

在默认的网络命名空间中再次查看网络设备列表：

```
# ip link show
1: lo: <LOOPBACK,UP,LOWER_UP> mtu 65536 qdisc noqueue state UNKNOWN mode DEFAULT
group default qlen 1000
    link/loopback 00:00:00:00:00:00 brd 00:00:00:00:00:00
2: ens33: <BROADCAST,MULTICAST,UP,LOWER_UP> mtu 1500 qdisc pfifo_fast state UP
mode DEFAULT group default qlen 1000
    link/ether 00:0c:29:e7:20:b7 brd ff:ff:ff:ff:ff:ff
17: veth0@if16: <BROADCAST,MULTICAST> mtu 1500 qdisc noop state DOWN mode DEFAULT
group default qlen 1000
    link/ether 7e:04:44:ac:46:db brd ff:ff:ff:ff:ff:ff link-netnsid 1
```

可以看到只剩一个设备 veth0，已经看不到另一个设备 veth1 了，因为它已被转移到了另一个网络命名空间中。

在 netns1 网络命名空间中查看，就可以看到设备 veth1 了：

```
# ip netns exec netns1 ip link show
1: lo: <LOOPBACK> mtu 65536 qdisc noop state DOWN mode DEFAULT group default qlen
1000
    link/loopback 00:00:00:00:00:00 brd 00:00:00:00:00:00
16: veth1@if17: <BROADCAST,MULTICAST> mtu 1500 qdisc noop state DOWN mode DEFAULT
group default qlen 1000
    link/ether a2:16:f6:3d:eb:fe brd ff:ff:ff:ff:ff:ff link-netnsid 0
```

现在看到的结果是，两个不同的网络命名空间各自有一个 Veth 的“网线头”，各自显示为一个 Device。

现在它们可以进行网络通信了吗？答案是：还不行。因为它们还没有地址，现在给它们分配 IP 地址：

```
ip netns exec netns1 ip addr add 10.1.1.1/24 dev veth1
```

```
ip addr add 10.1.1.2/24 dev veth0
```

再将它们设置为运行状态：

```
ip netns exec netns1 ip link set dev veth1 up
ip link set dev veth0 up
```

现在两个网络命名空间可以相互通信了：

```
# veth0 访问 veth1 的 IP 地址
# ping 10.1.1.1
PING 10.1.1.1 (10.1.1.1) 56(84) bytes of data.
64 bytes from 10.1.1.1: icmp_seq=1 ttl=64 time=0.035 ms
64 bytes from 10.1.1.1: icmp_seq=2 ttl=64 time=0.096 ms
^C
--- 10.1.1.1 ping statistics ---
2 packets transmitted, 2 received, 0% packet loss, time 1001ms
rtt min/avg/max/mdev = 0.035/0.065/0.096/0.031 ms

# veth1 访问 veth0 的 IP 地址
# ip netns exec netns1 ping 10.1.1.2
PING 10.1.1.2 (10.1.1.2) 56(84) bytes of data.
64 bytes from 10.1.1.2: icmp_seq=1 ttl=64 time=0.045 ms
64 bytes from 10.1.1.2: icmp_seq=2 ttl=64 time=0.105 ms
^C
--- 10.1.1.2 ping statistics ---
2 packets transmitted, 2 received, 0% packet loss, time 1000ms
rtt min/avg/max/mdev = 0.045/0.075/0.105/0.030 ms
```

至此，我们就能够理解 Veth 设备对的原理和用法了。在容器环境中，Veth 设备对也是联通容器与宿主机的主要网络设备，离开它是不行的。

2. Veth 设备对如何查看对端名称

我们在操作 Veth 设备对时有一些实用技巧，具体如下。

一旦将 Veth 设备对的对端放入另一个网络命名空间中，在原网络命名空间中就看不到它了。那么我们怎么知道这个 Veth 设备的对端在哪里呢？也就是说，它到底连接到哪个网络命名空间中了呢？我们可以使用 ethtool 工具来查看（当网络命名空间特别多时，也不是一件很容易的事情）。

首先，在网络命名空间 netns1 中查询 Veth 设备的对端接口在设备列表中的序列号：

```
# ip netns exec netns1 ethtool --statistics veth1
NIC statistics:
     peer_ifindex: 17
```

得知 veth1 的对端 peer 设备的序列号是 17，这时再到对端网络命名空间中查看序列号 17 代表什么设备：

```
# ip link | grep 17     <-- 只关注序列号为 17 的设备
veth0@if16: <BROADCAST,MULTICAST,UP,LOWER_UP> mtu 1500 qdisc noqueue state UP
mode DEFAULT group default qlen 1000
```

好了，我们现在找到了序列号为 17 的设备，它是 veth0，它的另一端自然就是网络命名空间 netns1 中的 veth1 了，因为它们互为 peer。

3.4　Docker 的容器网络模式简介

标准的 Docker 支持以下网络模式。

◎ host 模式：使用--net=host 指定。

◎ container 模式：使用--net=container:NAME_or_ID 指定。

◎ none 模式：使用--net=none 指定。

◎ bridge 模式：使用--net=bridge 指定，为默认设置。

在 Kubernetes 管理模式下通常只会使用 bridge 模式，所以本节只介绍 Docker 在 bridge 模式下是如何支持网络的。

在 bridge 模式下，Docker Daemon 首次启动时会创建一个虚拟网桥，默认的名称是 docker0，然后按照 RFC 1918 的模型在私有网络命名空间中给这个网桥分配一个子网。针对由 Docker 创建的每一个容器，都会创建一个虚拟以太网设备（Veth 设备对），其中一端关联到网桥上，另一端使用 Linux 的网络命名空间技术映射到容器内的 eth0 设备，然后在网桥的地址段内给 eth0 接口分配一个 IP 地址。

图 3.11 所示，展示了 Docker 的默认桥接网络模型。

在图 3.11 中，IP1 是网桥的 IP 地址，Docker Daemon 会在几个备选地址段里给它选定一个地址，通常是以 172 开头的一个地址，这个地址和主机的 IP 地址是不重叠的。IP2 是 Docker 在启动容器时在这个地址段选择的一个没有使用的 IP 地址，它被分配给容器，相应的 MAC 地址也根据这个 IP 地址，在 02:42:ac:11:00:00 和 02:42:ac:11:ff:ff 的范围内生成，这样做可以确保不会有 ARP 冲突。

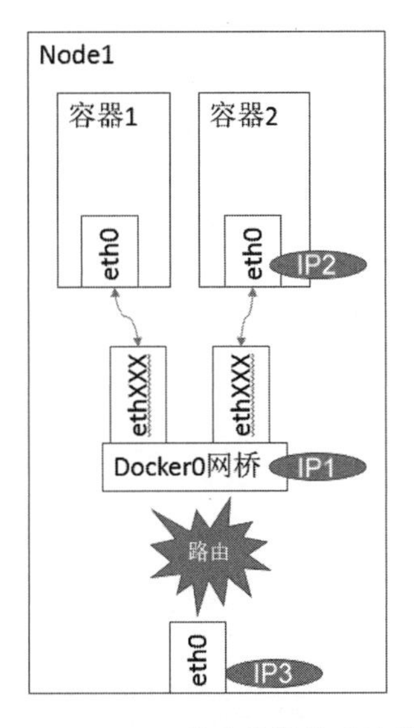

图 3.11 Docker 的默认桥接网络模型

启动后，Docker 还将 Veth 设备对的名称映射到 eth0 网络接口。IP3 就是主机的网卡地址。

一般情况下，IP1、IP2 和 IP3 属于不同的 IP 段，所以在默认不做任何特殊配置的情况下，在外部是看不到 IP1 和 IP2 的。

这样做的结果就是，在同一台机器内的容器之间可以相互通信，不同主机上的容器不能相互通信，实际上，它们甚至有可能在相同的网络地址范围内（不同主机上的 docker0 的地址段可能是一样的）。

为了让它们能跨 Node 相互通信，首先就必须在主机的地址上分配端口，然后通过这个端口将网络流量路由或代理到目标容器上。这样做显然意味着一定要在容器之间小心谨慎地协调好端口的分配情况，或者使用动态端口的分配技术。在不同应用之间协调端口分配情况是十分困难的事情，特别是集群水平扩展时。而动态端口分配也会大大增加复杂度，例如：每个应用程序都只能将端口看作一个符号（因为是动态分配的，所以无法提前设置），而且 API Server 要在分配完后，将动态端口插入配置的合适位置，服务也必须能相互找到对方等。这些都是 Docker 的网络模型在跨主机访问时面临的问题。

3.4.1　查看 Docker 启动后的系统情况

我们已经知道，Docker 网络在 bridge 模式下 Docker Daemon 启动时创建 docker0 网桥，并在网桥使用的网段为容器分配 IP。接下来让我们看看实际操作。

在刚刚启动 Docker Daemon，并且还没有启动任何容器时，网络协议栈的配置如下：

```
# systemctl start docker
# ip addr
1: lo: <LOOPBACK,UP,LOWER_UP> mtu 65536 qdisc noqueue state UNKNOWN
    link/loopback 00:00:00:00:00:00 brd 00:00:00:00:00:00
    inet 127.0.0.1/8 scope host lo
       valid_lft forever preferred_lft forever
    inet6 ::1/128 scope host
       valid_lft forever preferred_lft forever
2: eno16777736: <BROADCAST,MULTICAST,UP,LOWER_UP> mtu 1500 qdisc pfifo_fast
state UP qlen 1000
    link/ether 00:0c:29:14:3d:80 brd ff:ff:ff:ff:ff:ff
    inet 192.168.1.133/24 brd 192.168.1.255 scope global eno16777736
       valid_lft forever preferred_lft forever
    inet6 fe80::20c:29ff:fe14:3d80/64 scope link
       valid_lft forever preferred_lft forever
3: docker0: <NO-CARRIER,BROADCAST,MULTICAST,UP> mtu 1500 qdisc noqueue state DOWN
    link/ether 02:42:6e:af:0e:c3 brd ff:ff:ff:ff:ff:ff
    inet 172.17.42.1/24 scope global docker0
       valid_lft forever preferred_lft forever

# iptables-save
# Generated by iptables-save v1.4.21 on Thu Sep 24 17:11:04 2020
*nat
:PREROUTING ACCEPT [7:878]
:INPUT ACCEPT [7:878]
:OUTPUT ACCEPT [3:536]
:POSTROUTING ACCEPT [3:536]
:DOCKER - [0:0]
-A PREROUTING -m addrtype --dst-type LOCAL -j DOCKER
-A OUTPUT ! -d 127.0.0.0/8 -m addrtype --dst-type LOCAL -j DOCKER
-A POSTROUTING -s 172.17.0.0/16 ! -o docker0 -j MASQUERADE
COMMIT
# Completed on Thu Sep 24 17:11:04 2020
# Generated by iptables-save v1.4.21 on Thu Sep 24 17:11:04 2020
```

```
*filter
:INPUT ACCEPT [133:11362]
:FORWARD ACCEPT [0:0]
:OUTPUT ACCEPT [37:5000]
:DOCKER - [0:0]
-A FORWARD -o docker0 -j DOCKER
-A FORWARD -o docker0 -m conntrack --ctstate RELATED,ESTABLISHED -j ACCEPT
-A FORWARD -i docker0 ! -o docker0 -j ACCEPT
-A FORWARD -i docker0 -o docker0 -j ACCEPT
COMMIT
# Completed on Thu Sep 24 17:11:04 2020
```

可以看到，Docker 创建了 docker0 网桥，并添加了 iptables 规则。docker0 网桥和 iptables 规则都处于 root 网络命名空间中。通过解读这些规则，我们发现，在没有启动任何容器时，如果启动了 Docker Daemon，那么它已经做好了通信准备。对这些规则的说明如下。

（1）在 NAT 表中有 3 条记录，在前两条匹配生效后，都会继续执行 DOCKER 链，而此时 DOCKER 链为空，所以前两条只是做了一个框架，并没有实际效果。

（2）NAT 表第 3 条的含义是，若本地发出的数据包不是发往 docker0 的，而是发往主机之外的设备，则都需要进行动态地址修改（MASQUERADE），将源地址从容器的地址（172 段）修改为宿主机网卡的 IP 地址，之后就可以发送给外面的网络了。

（3）在 FILTER 表中，第 1 条也是一个框架，因为后续的 DOCKER 链是空的。

（4）在 FILTER 表中，第 3 条的含义是，docker0 发出的包如果需要转发到非 docker0 本地 IP 地址的设备，则是允许的。这样，docker0 设备的包就可以根据路由规则中转到宿主机的网卡设备，从而访问外面的网络。

（5）在 FILTER 表中，第 4 条的含义是，docker0 的包还可以被中转给 docker0 本身，即连接在 docker0 网桥上的不同容器之间的通信也是允许的。

（6）在 FILTER 表中，第 2 条的含义是，如果接收到的数据包属于以前已经建立好的连接，那么允许直接通过。这样，接收到的数据包自然又走回 docker0，并中转到相应的容器。

除了 Netfilter 的这些设置，Linux 的 ip_forward 功能也被 Docker Daemon 打开了：

```
# cat /proc/sys/net/ipv4/ip_forward
1
```

另外，我们可以看到刚刚启动 Docker 后的 Route 表，它和启动前相同：

```
# ip route
default via 192.168.1.2 dev eno16777736  proto static  metric 100
172.17.0.0/16 dev docker  proto kernel  scope link  src 172.17.42.1
192.168.1.0/24 dev eno16777736  proto kernel  scope link  src 192.168.1.132
192.168.1.0/24 dev eno16777736  proto kernel  scope link  src 192.168.1.132
metric 100
```

3.4.2　查看容器启动后的网络配置（容器无端口映射）

刚才查看了 Docker 服务启动后的网络配置。现在启动一个 Registry 容器（不使用任何端口镜像参数），看一下网络堆栈部分相关的变化：

```
docker run --name register -d registry
# ip addr
1: lo: <LOOPBACK,UP,LOWER_UP> mtu 65536 qdisc noqueue state UNKNOWN
    link/loopback 00:00:00:00:00:00 brd 00:00:00:00:00:00
    inet 127.0.0.1/8 scope host lo
       valid_lft forever preferred_lft forever
    inet6 ::1/128 scope host
       valid_lft forever preferred_lft forever
2: eno16777736: <BROADCAST,MULTICAST,UP,LOWER_UP> mtu 1500 qdisc pfifo_fast
state UP qlen 1000
    link/ether 00:0c:29:c8:12:5f brd ff:ff:ff:ff:ff:ff
    inet 192.168.1.132/24 brd 192.168.1.255 scope global eno16777736
       valid_lft forever preferred_lft forever
    inet6 fe80::20c:29ff:fec8:125f/64 scope link
       valid_lft forever preferred_lft forever
3: docker0: <NO-CARRIER,BROADCAST,MULTICAST,UP> mtu 1500 qdisc noqueue state DOWN
    link/ether 02:42:72:79:b8:88 brd ff:ff:ff:ff:ff:ff
    inet 172.17.42.1/24 scope global docker0
       valid_lft forever preferred_lft forever
    inet6 fe80::42:7aff:fe79:b888/64 scope link
       valid_lft forever preferred_lft forever
13: veth2dc8bbd: <BROADCAST,MULTICAST,UP,LOWER_UP> mtu 1500 qdisc noqueue master
docker0 state UP
    link/ether be:d9:19:42:46:18 brd ff:ff:ff:ff:ff:ff
    inet6 fe80::bcd9:19ff:fe42:4618/64 scope link
       valid_lft forever preferred_lft forever
```

```
# iptables-save
# Generated by iptables-save v1.4.21 on Thu Sep 24 18:21:04 2020
*nat
:PREROUTING ACCEPT [14:1730]
:INPUT ACCEPT [14:1730]
:OUTPUT ACCEPT [59:4918]
:POSTROUTING ACCEPT [59:4918]
:DOCKER - [0:0]
-A PREROUTING -m addrtype --dst-type LOCAL -j DOCKER
-A OUTPUT ! -d 127.0.0.0/8 -m addrtype --dst-type LOCAL -j DOCKER
-A POSTROUTING -s 172.17.0.0/16 ! -o docker0 -j MASQUERADE
COMMIT
# Completed on Thu Sep 24 18:21:04 2020
# Generated by iptables-save v1.4.21 on Thu Sep 24 18:21:04 2020
*filter
:INPUT ACCEPT [2383:211572]
:FORWARD ACCEPT [0:0]
:OUTPUT ACCEPT [2004:242872]
:DOCKER - [0:0]
-A FORWARD -o docker0 -j DOCKER
-A FORWARD -o docker0 -m conntrack --ctstate RELATED,ESTABLISHED -j ACCEPT
-A FORWARD -i docker0 ! -o docker0 -j ACCEPT
-A FORWARD -i docker0 -o docker0 -j ACCEPT
COMMIT
# Completed on Thu Sep 24 18:21:04 2020

# ip route
default via 192.168.1.2 dev eno16777736  proto static  metric 100
172.17.0.0/16 dev docker  proto kernel  scope link  src 172.17.42.1
192.168.1.0/24 dev eno16777736  proto kernel  scope link  src 192.168.1.132
192.168.1.0/24 dev eno16777736  proto kernel  scope link  src 192.168.1.132
metric 100
```

可以看到如下说明的情况。

（1）宿主机上的 Netfilter 和路由表都没有变化，说明在不进行端口映射时，Docker 的默认网络是没有进行特殊处理的。相关的 NAT 和 FILTER 这两个 Netfilter 链还是空的。

（2）宿主机上的 Veth 设备对已经建立，并连接到容器内。

我们再次进入刚刚启动的容器内，看看网络栈的情况。容器内部的 IP 地址和路由如下：

```
# docker exec -ti 24981a750a1a bash
[root@24981a750a1a /]# ip route
default via 172.17.42.1 dev eth0
172.17.0.0/16 dev eth0  proto kernel  scope link  src 172.17.0.10
[root@24981a750a1a /]# ip addr
1: lo: <LOOPBACK,UP,LOWER_UP> mtu 65536 qdisc noqueue state UNKNOWN
    link/loopback 00:00:00:00:00:00 brd 00:00:00:00:00:00
    inet 127.0.0.1/8 scope host lo
       valid_lft forever preferred_lft forever
    inet6 ::1/128 scope host
       valid_lft forever preferred_lft forever
22: eth0: <BROADCAST,MULTICAST,UP,LOWER_UP> mtu 1500 qdisc noqueue state UP
    link/ether 02:42:ac:11:00:0a brd ff:ff:ff:ff:ff:ff
    inet 172.17.0.10/16 scope global eth0
       valid_lft forever preferred_lft forever
    inet6 fe80::42:acff:fe11:a/64 scope link
       valid_lft forever preferred_lft forever
```

可以看到，默认停止的回环设备 lo 已被启动，外面宿主机连接进来的 Veth 设备也被命名成了 eth0，并且已经配置了地址 172.17.0.10。

路由信息表包含一条到 docker0 的子网路由和一条到 docker0 的默认路由。

3.4.3 查看容器启动后的网络配置（容器有端口映射）

下面用带端口映射的命令启动 registry：

```
docker run --name register -d -p 1180:5000 registry
```

启动后查看 iptables 的变化：

```
# iptables-save
# Generated by iptables-save v1.4.21 on Thu Sep 24 18:45:13 2020
*nat
:PREROUTING ACCEPT [2:236]
:INPUT ACCEPT [0:0]
:OUTPUT ACCEPT [0:0]
:POSTROUTING ACCEPT [0:0]
:DOCKER - [0:0]
-A PREROUTING -m addrtype --dst-type LOCAL -j DOCKER
-A OUTPUT ! -d 127.0.0.0/8 -m addrtype --dst-type LOCAL -j DOCKER
-A POSTROUTING -s 172.17.0.0/16 ! -o docker0 -j MASQUERADE
```

```
    -A POSTROUTING -s 172.17.0.19/32 -d 172.17.0.19/32 -p tcp -m tcp --dport 5000
-j MASQUERADE
    -A DOCKER ! -i docker0 -p tcp -m tcp --dport 1180 -j DNAT --to-destination
172.17.0.19:5000
    COMMIT
    # Completed on Thu Sep 24 18:45:13 2020
    # Generated by iptables-save v1.4.21 on Thu Sep 24 18:45:13 2020
    *filter
    :INPUT ACCEPT [54:4464]
    :FORWARD ACCEPT [0:0]
    :OUTPUT ACCEPT [41:5576]
    :DOCKER - [0:0]
    -A FORWARD -o docker0 -j DOCKER
    -A FORWARD -o docker0 -m conntrack --ctstate RELATED,ESTABLISHED -j ACCEPT
    -A FORWARD -i docker0 ! -o docker0 -j ACCEPT
    -A FORWARD -i docker0 -o docker0 -j ACCEPT
    -A DOCKER -d 172.17.0.19/32 ! -i docker0 -o docker0 -p tcp -m tcp --dport 5000
-j ACCEPT
    COMMIT
    # Completed on Thu Sep 24 18:45:13 2020
```

从新增的规则可以看出，Docker 服务在 NAT 和 FILTER 两个表内添加的两个 DOCKER 子链都用于端口映射。在本例中，我们需要把外面宿主机的 1180 端口映射到容器的 5000 端口。通过前面的分析我们知道，无论是宿主机接收到的还是宿主机本地协议栈发出的，目标地址是本地 IP 地址的包都会经过 NAT 表中的 DOCKER 子链。Docker 为每一个端口映射都在这个链上增加了到实际容器目标地址和目标端口的转换。

经过 DNAT 的规则修改后的 IP 包会重新经过路由模块的判断进行转发。由于目标地址和端口已经是容器的地址和端口，所以数据自然会被转发到 docker0 上，从而被转发到对应的容器内部。

当然在转发数据时，也需要在 DOCKER 子链中添加一条规则，如果目标端口和地址是指定容器的数据，则允许通过。

在 Docker 按照端口映射的方式启动容器时，主要的不同就是上述 iptables 部分。而容器内部的路由和网络设备都和未做端口映射时一样，没有任何变化。

3.4.4 Docker 的网络局限性

我们从 Docker 对 Linux 网络协议栈的操作可以看到，Docker 一开始没有考虑到多主机互联的网络解决方案。

Docker 一直以来的理念都是“简单为美”，几乎所有尝试用 Docker 的人都被它用法简单、功能强大的特性所吸引，这也是 Docker 迅速走红的一个原因。

我们都知道，虚拟化技术中最复杂的部分就是虚拟化网络技术，即使是单纯的物理网络部分，也是一个门槛很高的技能领域，通常只被少数网络工程师所掌握，所以掌握结合了物理网络的虚拟网络技术很难。在 Docker 之前，所有接触过 OpenStack 的人都对其网络问题讳莫如深，Docker 明智地避开了这个“雷区”，让其他专业人员去用现有的虚拟化网络技术解决 Docker 主机的互联问题，以免让用户觉得 Docker 太难，从而放弃学习和使用 Docker。

Docker 成名以后，Docker 公司开始重视上述网络解决方案，并收购了一家 Docker 网络解决方案公司——Socketplane，原因在于这家公司的产品广受好评，但有趣的是，Socketplane 的方案就是以 Open vSwitch 为核心的，其还为 Open vSwitch 提供了 Docker 镜像，以便部署程序。之后，Docker 开启了一个宏伟的虚拟化网络解决方案——Libnetwork，其概念图如图 3.12 所示。这个概念图中没有 IP，也没有路由，已经颠覆了我们的网络常识，对于不熟悉网络细节的大多数人来说，它的确很有诱惑力。它未来是否会对虚拟化网络的模型产生较强的冲击，我们还不知道，但它仅仅是 Docker 官方当前的一次尝试。

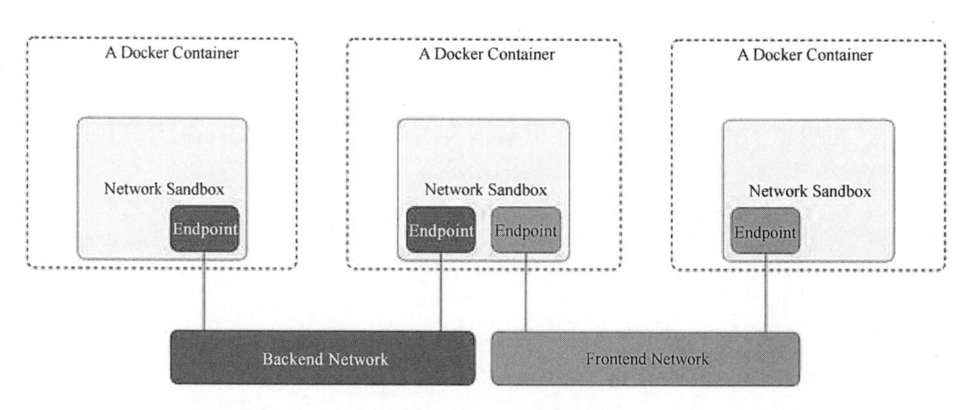

图 3.12 Libnetwork 概念图

针对目前 Docker 的网络方案，Docker 使用的 Libnetwork 组件只是将 Docker 平台中的网络子系统模块化为一个独立库的简单尝试，离成熟和完善还有一段距离。

第 4 章 Kubernetes 网络原理

关于 Kubernetes 网络，我们通常有如下问题需要回答。

◎ Kubernetes 网络模型是什么？
◎ 容器背后的网络基础是什么？
◎ Kubernetes 的网络组件之间是怎么通信的？
◎ 外部如何访问 Kubernetes 集群？
◎ 有哪些开源组件支持 Kubernetes 的网络模型？

本章将对这些问题进行分析和说明，并通过一个具体的实验将这些相关的知识点串联起来。

4.1　Kubernetes 网络模型

Kubernetes 网络模型设计的一个基本原则是，每个 Pod 都拥有一个独立的 IP 地址，并假定所有的 Pod 都在一个可以直接联通的、扁平的网络空间中。所以不管它们是否运行在同一个 Node（宿主机）中，都要求它们可以直接通过对方的 IP 地址进行访问。设计这个原则的原因是，用户不需要额外考虑如何建立 Pod 之间的连接，也不需要考虑如何将容器端口映射到主机端口等问题。

实际上，在 Kubernetes 网络里，IP 是以 Pod 为单位进行分配的，一个 Pod 内部的所有容器共享一个网络堆栈（相当于一个网络命名空间，它们的 IP 地址、网络设备、配置等都是共享的）。按照这个原则抽象出来的为每个 Pod 都设置一个 IP 地址的模型也被称为 IP-per-Pod 模型。

由于 Kubernetes 的网络模型假设 Pod 之间访问时使用的是对方 Pod 的实际地址，所以一个 Pod 内部的应用程序看到自己的 IP 地址和端口与集群内其他 Pod 看到的一样，它们都是 Pod 实际分配的 IP 地址。将 IP 地址和端口在 Pod 内部和外部都保持一致，也就不需要使用 NAT 进行地址转换了。Kubernetes 的网络之所以被这么设计，主要原因就是它可以兼容过去的应用。当然，我们使用 Linux 命令 ip addr show 也能看到这些地址，与通过程序看到的没有区别。所以这种 IP-per-Pod 的方案很好地利用了现有的各种域名解析和发现机制。

为每个 Pod 都设置一个 IP 地址的模型还有另一层含义，那就是同一个 Pod 内的不同容器会共享同一个网络命名空间，也就是同一个 Linux 网络协议栈。这就意味着同一个 Pod 内的容器可以通过 localhost 连接对方的端口。这种关系和同一个虚拟机内的进程之间的关系是一样的，看起来 Pod 内容器之间的隔离性减小了，而且 Pod 内不同容器之间的端口是共享的，就没有所谓的私有端口的概念了。如果你的应用必须使用一些特定的端口号，那么你也可以为这些应用单独创建一些 Pod。反之，对那些没有特殊需要的应用，由于 Pod 内的容器是共享部分资源的，所以可以通过共享资源相互通信，这显然更加容易和高效。针对这些应用，虽然损失了可接受范围内的部分隔离性，但也是值得的。

IP-per-Pod 模型和 Docker 原生的通过动态端口映射方式实现的多个 Node 访问模式有什么区别呢？主要区别是后者的动态端口映射不仅会引入端口管理的复杂性，而且访问者看到的 IP 地址和端口号与服务提供者实际绑定的 IP 地址和端口号不同（因为 NAT 的缘故，它们都被映射成新的地址或端口号），这也会引起应用配置的复杂化。同时，标准的 DNS 等名字解析服务也不适用了，甚至服务注册和发现机制都将迎来挑战，因为在设置了端口映射的情况下，服务自身很难知道自己对外暴露的真实服务 IP 地址和端口号，外部应用也无法通过服务所在容器的私有 IP 地址和端口号来访问服务。

总的来说，IP-per-Pod 模型是一个简单的兼容性较好的模型。从该模型的网络端口分配、域名解析、服务发现、负载均衡、应用配置和迁移等角度来看，Pod 都能够被看作一台独立的虚拟机或物理机。

按照这个网络抽象原则，Kubernetes 对网络有哪些要求呢？Kubernetes 对集群网络有如下基本要求。

（1）所有的 Pod 都可以在不用 NAT 的方式下与其他的 Pod 通信。

（2）在所有的 Node 上运行的代理程序（如 kubelet 或操作系统守护进程）都可以在不用 NAT 的方式下与所有的 Pod 通信，反之亦然。

（3）以 hostnetwork 模式运行的 Pod 都可以在不用 NAT 的方式下与其他的 Pod 通信。

这些基本要求意味着在所有的 Node 上除了需要安装必要的容器运行时（如 Docker），还需要安装必要的集群网络实现，来满足 Kubernetes 对容器网络的要求。

实际上，这些对网络模型的要求并没有降低整个网络系统的复杂度。如果你的程序原来在虚拟机上运行，而那些虚拟机拥有独立的 IP 地址，并且它们之间可以直接透明地通信，那么 Kubernetes 的网络模型就和虚拟机使用的网络模型一样。所以，使用这种模型可以很容易地将已有的应用程序从虚拟机或者物理机迁移到容器上。

当然，谷歌设计 Kubernetes 的一个主要运行基础就是其公有云 GCE，GCE 默认支持这些网络要求。另外，常见的其他公有云服务商如亚马逊的 AWS、微软的 Azure 等公有云环境也支持这些网络要求。

由于部署私有云的场景非常普遍，所以在私有云中部署 Kubernetes 集群前，需要管理员搭建符合 Kubernetes 要求的网络环境。有很多开源组件可以帮助我们打通跨主机容器之间的网络通信，实现满足 Kubernetes 要求的网络模型。当然，每种方案都有适合的场景，用户应根据自己的实际需要进行选择，本章也会对常见的开源方案进行介绍。

4.2　Kubernetes 网络的实现机制

在实际的业务场景中，业务组件之间的关系十分复杂，特别是随着微服务理念逐步深入人心，应用部署的粒度更加细小和灵活。为了支持业务应用组件的通信，Kubernetes 网络的设计主要致力于解决以下问题。

（1）容器和容器之间的通信。

（2）Pod 和 Pod 之间的通信。

（3）Service 和 Pod 之间的通信。

（4）集群外部与 Service 之间的通信。

本节将详细介绍底层的前两条网络机制，以及 CNI 网络模型如何对其进行实现。

4.2.1　容器和容器之间的通信

同一个 Pod 内的不同容器（Pod 内的容器是不会跨宿主机的）共享同一个网络命名空间，共享同一个 Linux 协议栈。所以对网络的各类操作，就和它们在同一台机器上操作一样，它们甚至可以用 localhost 地址访问彼此的端口。

这么做不仅简单、安全和高效，还能降低将已存在的程序从物理机或者虚拟机中移植到容器下运行的难度。其实，在出现容器技术之前，大家已经积累了如何在一台机器上运行一组应用程序的经验，例如，如何让端口不冲突，以及如何让客户端发现它们等。

我们来看一下 Kubernetes 如何利用容器网络实现容器之间的通信。

如图 4.1 所示，在 Node 上运行着一个 Pod 实例，其中包含两个容器——容器 1 和容器 2。容器 1 和容器 2 共享一个网络命名空间，这个共享网络命名空间由每个 Node 上的

kubelet 启动参数--pod-infra-container-image 指定的基础容器提供，一般名称为 pause（如 registry.k8s.io/pause:3.9）。而 CNI 网络插件将负责 infra 容器的地址管理，以及如何与宿主机网络通信的配置。

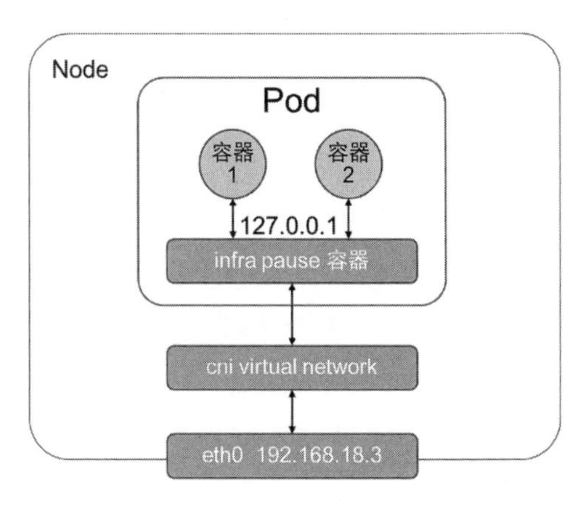

图 4.1 Kubernetes 的 Pod 网络模型

多个容器共享一个网络命名空间的结果就是它们好像在一台机器上运行，它们打开的端口不会有冲突，可以直接使用 Linux 的本地 IP 地址（Localhost 或 127.0.0.1）进行通信。其实，这和传统的一组普通程序运行的环境是完全一样的，传统程序不需要针对网络做特别的修改就可以移植，它们之间的相互访问只需使用 localhost 就可以。例如，如果容器 2 运行了 MySQL，那么容器 1 使用 localhost:3306 就能直接访问这个运行在容器 2 上的 MySQL 服务了。

4.2.2 Pod 和 Pod 之间的通信

4.2.1 节介绍了同一个 Pod 内不同容器之间的通信情况，本节将介绍 Pod 和 Pod 之间的通信方法。

每一个 Pod 都有一个具体的全局唯一的 IP 地址。Pod 既有可能在同一个 Node 上运行，也有可能在不同的 Node 上运行。所以通信也分为两类：同一个 Node 上不同 Pod 之间的通信和不同的 Node 上不同 Pod 之间的通信。

同一个 Node 上两个 Pod 之间的关系如图 4.2 所示。每个 Pod 都是通过 infra 容器连接到宿主机网络的。由 CNI 网络插件负责 infra 容器的地址管理，以及如何在同一台宿主机上管理不同 Pod 之间的网络通信。

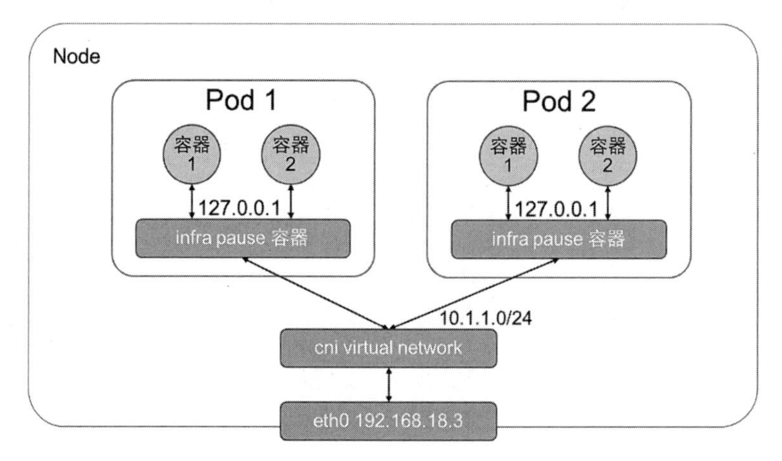

图 4.2　同一个 Node 上两个 Pod 之间的关系

跨 Node 的 Pod 之间的通信如图 4.3 所示。同样，由 CNI 网络插件负责 Pod 网络在多台主机直接进行寻址和通信，这通常需要利用各种网络技术来实现，例如虚拟路由、VXLAN、基于 BPG 协议的寻址等。

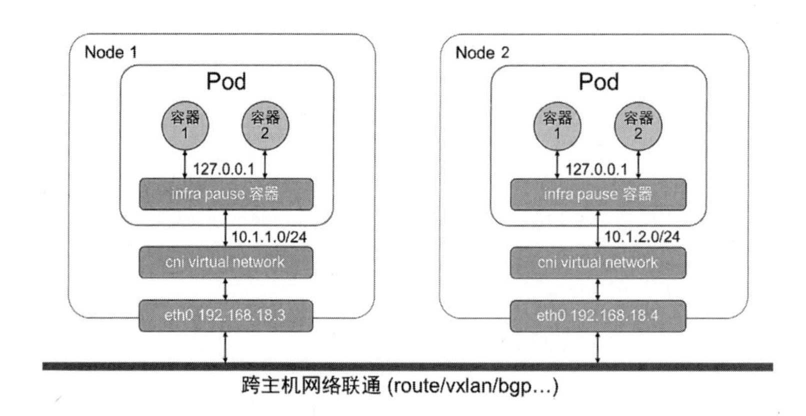

图 4.3　跨 Node 的 Pod 之间的通信

目前有不少开源软件提供了 CNI 网络的实现方案，4.3 节将对 CNI 网络模型和几种开源方案的组网原理进行说明。

4.3　CNI 网络模型

随着容器技术在企业生产系统中的逐步落地，用户对容器云的网络特性要求也越来越高。跨主机容器间的网络互通已经成为基本要求，更高的要求包括容器固定 IP 地址，支持一个容器多个 IP 地址、多个子网隔离、ACL 控制策略、与 SDN 集成等。目前主流的容器网络模型主要有 Docker 公司提出的 Container Network Model（CNM）和 CoreOS 公司提出的 Container Network Interface（CNI）。

4.3.1　CNM 网络模型简介

CNM 网络模型现已被 Cisco Contiv、Kuryr、Open Virtual Networking（OVN）、Project Calico、VMware 和 Weave 等项目所采纳。另外，Weave、Project Calico 和 Kuryr 等项目也为 CNM 提供了网络插件的具体实现。

CNM 网络模型主要通过 Network Sandbox、Endpoint 和 Network 这 3 个组件组合构建，如图 4.4 所示。

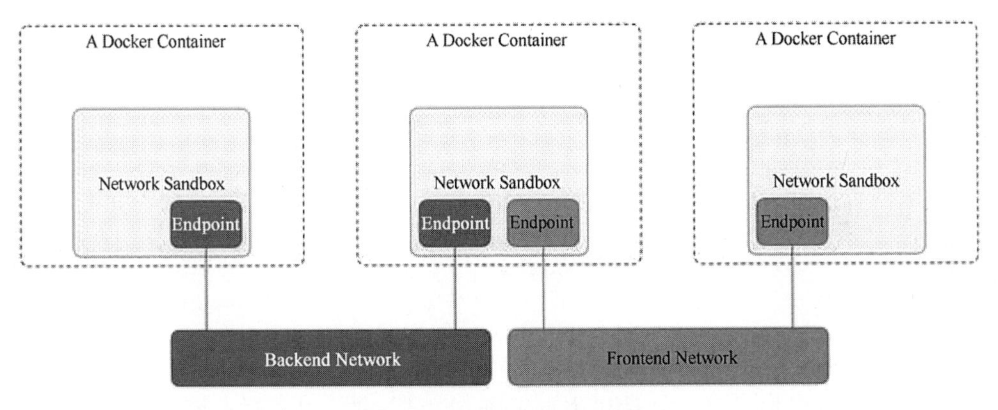

图 4.4　CNM 网络模型示意图

◎ Network Sandbox：容器内部的网络栈，包括对网络接口、路由表、DNS 等配置的管理。Sandbox 可通过 Linux 网络命名空间、FreeBSD Jail 等机制实现。一个 Sandbox 可以包含多个 Endpoint。

◎ Endpoint：用于将容器内的 Sandbox 与外部网络相连的网络接口。可以使用 Veth 设备对、Open vSwitch 的内部 port 等技术进行实现。一个 Endpoint 仅能加入一个 Network。

◎ Network：可以直接互联的 Endpoint 的集合，可以通过 Linux 网桥、VLAN 等技术实现。一个 Network 可以包含多个 Endpoint。

4.3.2　CNI 网络模型详解

CNI 是由 CoreOS 公司提出的另一种容器网络规范，现在已经被 Kubernetes 采纳。另外，Contiv、Project Calico、Flannel、Multus、Romana 和 Weave Net 等项目也为 CNI 提供了网络插件的具体实现。如图 4.5 所示为容器运行环境与各网络插件通过 CNI 连接的模型。

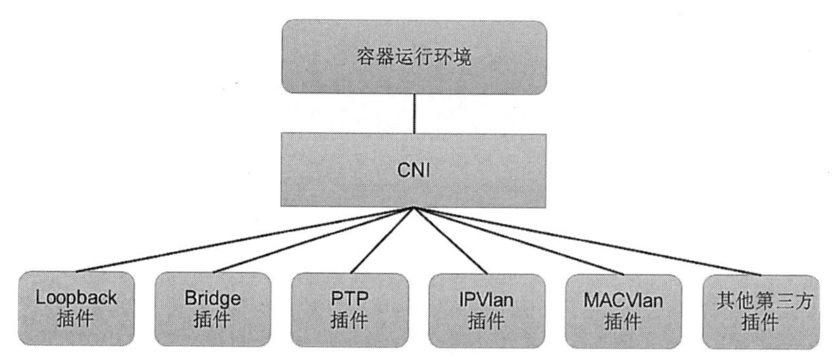

图 4.5　容器运行环境与各网络插件通过 CNI 连接的模型示意图

CNI 定义了容器运行环境与网络插件之间的简单接口规范，通过一个 JSON Schema 定义 CNI 插件提供的输入和输出参数。一个容器可以通过绑定多个网络插件加入多个网络。

本节将对 CNI 规范、CNI 插件、网络配置、IPAM 等概念和配置进行详细说明。

1. CNI 规范概述

CNI 提供了一种应用容器的插件化网络解决方案，来定义对容器网络进行操作和配置的规范，通过插件的形式对 CNI 接口进行实现，尝试提供一种普适的容器网络解决方案。CNI 仅关注在创建容器时分配网络资源与在销毁容器时删除网络资源，这使得 CNI 规范非常轻巧、易于实现，从而得到了广泛支持。

在 CNI 模型中主要包括以下概念或术语。

◎ 容器（container）：是拥有独立 Linux 网络命名空间的环境。关键之处是容器需要拥有自己的 Linux 网络命名空间，这是加入网络的必要条件。

◎ 网络（network）：表示可以互联的一组网络端点（endpoint），这些实体拥有各自独立、唯一的 IP 地址，可以是容器、物理机或者其他网络设备（如路由器）等。可以将容器添加到一个或多个网络，也可以从一个或多个网络中删除。

◎ 运行时（runtime）：运行 CNI 插件的程序。

◎ 插件（plugin）：设置特定网络配置的程序。

◎ CNI 接口（interface）：运行时（runtime）和插件（plugin）之间的接口对容器网络的设置和操作都通过插件进行具体实现。CNI 插件包括两种类型：CNI Plugin 和 IPAM（IP Address Management）Plugin。CNI Plugin 负责为容器配置网络资源，IPAM Plugin 负责对容器的 IP 地址进行分配和管理。IPAM Plugin 作为 CNI Plugin 的一部分，与 CNI Plugin 一起工作。

2. 容器运行时与 CNI 插件的关系和工作机制

将容器添加到网络中或者删除某个网络是由容器运行时和 CNI 插件完成的，容器运行时与 CNI 插件之间的关系和工作机制通常遵循下面的原则。

◎ 容器运行时必须在调用任意插件前为容器创建一个新的网络命名空间。

◎ 容器运行时必须确定此容器所归属的网络（一个或多个），以及每个网络必须执行哪个插件。

◎ 网络配置为 JSON 格式，便于在文件中存储。网络配置包括必填字段，如 name 和 type，以及插件（类型）特有的字段。网络配置允许在调用时更改字段的值。为此，必须在可选字段 args 中包含需要变更的信息。

◎ 容器运行时必须按照先后顺序为每个网络运行插件将容器添加到每个网络中。

◎ 容器生命周期结束后，容器运行时必须以逆序（相对于添加容器执行顺序）执行插件，以使容器与网络断开连接。

◎ 容器运行时一定不能为同一个容器的调用执行并行（parallel）操作，但可以为多个不同容器的调用执行并行操作。

◎ 容器运行时必须对容器的 ADD 和 DEL 操作设置顺序，以便 ADD 操作最终跟随相应的 DEL 操作。DEL 操作后面可能会有其他 DEL 操作，但插件应自由处理多个 DEL 操作（即多个 DEL 操作应该是幂等的）。

◎ 容器必须由 ContainerID 进行唯一标识。存储状态的插件应使用联合主键（network name、CNI_CONTAINERID、CNI_IFNAME）进行存储。

◎ 容器运行时不得为同一个实例（由联合主键 network name、CNI_CONTAINERID、CNI_IFNAME 进行标识）调用两次 ADD 操作（无相应的 DEL 操作）。对同一个容器（ContainerID）仅在每次 ADD 操作都使用不同的网络接口名称时，才可以多次添加到特定的网络中。

◎ 除非明确标记为可选配置，CNI 结构中的字段（如 Network Configuration 和 CNI Plugin Result）都是必填字段。

3. CNI Plugin 详解

CNI Plugin 必须是一个可执行程序，由容器管理系统（如 Kubernetes）调用。

CNI Plugin 负责将网络接口（network interface）插入容器的网络命名空间（如 Veth 设备对的一端），并在主机上进行必要的更改（如将 Veth 设备对的另一端连接到网桥），然后调用适当的 IPAM 插件，将 IP 地址分配给容器网络接口，并设置正确的路由规则。

CNI Plugin 需要支持的操作包括 ADD（添加）、DEL（删除）、CHECK（检查）和 VERSION（版本查询）。这些操作的具体实现均由 CNI Plugin 可执行程序完成。

容器运行时必须使用 CNI Plugin 网络配置参数中的 type 字段标识的文件名在环境变量 CNI_PATH 设定的路径下查找同名的可执行文件，一旦找到，容器运行时就将调用该可执行程序，并传入以下环境变量设置的网络配置参数，供该插件完成容器网络资源和参数的设置。

输入参数需要以操作系统环境变量的形式进行设置，CNI 规范要求包括以下环境变量。

◎ CNI_COMMAND：操作方法，包括 ADD、DEL、CHECK 和 VERSION。
◎ CNI_CONTAINERID：容器 ID。
◎ CNI_NETNS：容器的网络命名空间路径，例如/proc/[pid]/ns/net。
◎ CNI_IFNAME：待设置的网络接口名称。
◎ CNI_ARGS：其他参数，为 key=value 格式，参数之间用分号分隔，例如“FOO=BAR; ABC=123”。
◎ CNI_PATH：可执行文件的查找路径，可以设置多个。

网络配置全文由 JSON 格式表示，以标准输入（stdin）的方式传递给可执行程序。

下面对 CNI 的 4 种操作方法（ADD、DEL、CHECK 和 VERSION）进行说明。

1）ADD 操作

将容器添加到某个网络中，主要过程为在 Container Runtime 创建容器时，首先创建好容器内的网络命名空间（CNI_NETNS），并在其中为容器创建一个网络接口（CNI_IFNAME），然后调用 CNI 插件为该接口完成网络配置。

ADD 操作的必选输入参数如下。

◎ CNI_COMMAND：命令，如 ADD。

◎ CNI_CONTAINERID：容器 ID，容器的唯一标识。
◎ CNI_NETNS：容器的网络命名空间路径，如/proc/[pid]/ns/net。
◎ CNI_IFNAME：容器网络接口名称。

可选输入参数如下。

◎ CNI_ARGS：CNI 插件的其他参数。
◎ CNI_PATH：CNI 插件路径。

2）DEL 操作

在容器销毁时，将容器从某个网络中删除，或者回退之前 ADD 操作的结果。

DEL 操作的必选输入参数如下。

◎ CNI_COMMAND：命令，如 DEL。
◎ CNI_CONTAINERID：容器 ID，为容器的唯一标识。
◎ CNI_IFNAME：容器网络接口名称。

可选输入参数如下。

◎ CNI_NETNS：容器的网络命名空间路径，如/proc/[pid]/ns/net。
◎ CNI_ARGS：CNI 插件的其他参数。
◎ CNI_PATH：CNI 插件路径。

执行 DEL 操作时需要注意如下事项。

◎ DEL 操作通常应该返回成功，即使存在某些条件不满足的情况。例如，IPAM 插件执行 DEL 操作时应该释放容器 IP 地址，但如果容器的网络命名空间（NETNS）已经不存在，IPAM 通常也应该返回成功。
◎ DEL 操作必须能够允许执行多次并返回成功，即使网络接口存在问题或者已被删除。

3）CHECK 操作

检查容器网络是否正确设置，返回结果为空，则表示检查成功，返回错误信息则表示检查失败。

CHECK 操作的必选输入参数如下。

◎ CNI_COMMAND：命令，如 CHECK。

◎ CNI_CONTAINERID：容器 ID，容器的唯一标识。
◎ CNI_NETNS：容器的网络命名空间路径，如/proc/[pid]/ns/net。
◎ CNI_IFNAME：容器网络接口名称。

可选输入参数如下。

◎ CNI_ARGS：CNI 插件的其他参数。
◎ CNI_PATH：CNI 插件路径。

除了 CNI_PATH，其他 CHECK 操作参数的内容必须与 ADD 一样。

插件在执行 CHECK 操作时需要注意如下事项。

◎ 必须设置 prevResult 字段，标明需要检查的网络接口和网络地址。
◎ 插件必须允许插件链中靠后的插件对网络资源进行修改，如修改路由规则。
◎ 如果 prevResult 中的某个资源（如网络接口、网络地址、路由）不存在或者处于非法状态，则插件应该返回错误。
◎ 如果未在 Result 中跟踪的其他资源（如防火墙规则、流量整形、IP 保留等）不存在或者处于非法状态，则插件应该返回错误。
◎ 如果插件得知容器不可达，则应该返回错误。
◎ 插件应该在执行 ADD 操作后立刻执行 CHECK 操作。
◎ 插件应该在执行其他代理插件（如 IPAM）后立刻执行 CHECK 操作，并将错误的结果返回给调用者。

容器运行时在执行 CHECK 操作时需要注意如下事项。

◎ 容器运行时不得在调用 ADD 操作前调用 CHECK 操作，也不得在调用 DEL 操作后再调用 CHECK 操作。
◎ 如果在网络配置中明确设置了“disableCheck”，则容器运行时不得调用 CHECK 操作。
◎ 容器运行时在调用 ADD 操作后必须在网络配置中补充 prevResult 信息。
◎ 容器运行时可以选择在一个插件链中某一个插件返回错误时停止执行 CHECK 操作。
◎ 容器运行时可以在成功执行 ADD 操作后立刻执行 CHECK 操作，并在执行 DEL 之前始终保持 UP 状态。
◎ 容器运行时可以假设一次失败的 CHECK 操作意味着容器永远处于错误配置状态。

4）VERSION 操作

查询网络插件支持的 CNI 规范版本号，输入参数如下。

◎ CNI_COMMAND：命令，如 VERSION。
◎ cniVersion：以 JSON 格式表示，其中包含 key=cniVersion，value=版本号，如 {"cniVersion": "1.0.0"}。

下面对 CNI Plugin 操作的返回结果进行说明。

首先，成功操作的返回码应设置为 0，在失败的情况下，则设置为非 0，并返回如下 JSON 格式的错误信息到标准输出（stdout）中：

```
{
  "cniVersion": "1.0.0",
  "code": <numeric-error-code>,
  "msg": <short-error-message>,
  "details": <long-error-message> (optional)
}
```

各字段说明如下。

◎ cniVersion：版本号，如 1.0.0。
◎ code：返回码，在 CNI 规范中返回码 0 ~ 99 为系统保留，100 及以上的返回码可由插件的具体实现按需任意使用。另外，标准错误输出（stderr）也可以用于非结构化的输出内容，例如，详细的日志信息。
◎ msg：错误的简短描述信息。
◎ details：错误的详细描述信息。

在 CNI 规范中，系统保留的错误返回码范围为 1 ~ 99，目前已明确定义的错误返回码如表 4.1 所示。

表 4.1　CNI 规范明确定义的错误返回码

返回码	说　明
1	CNI 版本不匹配
2	在网络配置中存在不支持的字段，详细信息应在 msg 中以键-值对进行标识
3	容器不存在或处于未知状态，该错误表示容器运行时不需要执行清理操作（如 DEL 操作）
4	必需的环境变量的值无效，如 CNI_COMMAND、CNI_CONTAINERID 等，在错误描述（msg）中标注环境变量的名称

续表

返回码	说　明
5	I/O 错误，例如，无法从 stdin 中读取网络配置信息
6	无法对内容解码，例如，无法将网络配置信息反序列化，或者解析版本信息失败
7	无效的网络配置，对某些参数校验失败时返回
11	稍后重试，如果插件检测到应该清理某些临时状态而不能继续操作，则可以用该返回码通知容器运行时稍后重试

对于 ADD 操作来说，操作成功的结果应以如下格式的 JSON 报文发送到标准输出（注：下文中关键字段的含义用括号进行注解说明，在实际报文中不能有括号）。

```
{
  "cniVersion": "0.4.0",
  "interfaces": [                              (IPAM 插件无此字段)
      {
          "name": "<name>",                    (网络接口名称)
          "mac": "<MAC address>",              (需要 MAC 地址时设置)
          "sandbox": "<netns path or hypervisor identifier>"
(容器或 Hypervisor 设置的网络命名空间路径，使用主机网络时忽略)
      }
  ],
  "ips": [
      {
          "version": "<4-or-6>",                              (IPv4 或 IPv6)
          "address": "<ip-and-prefix-in-CIDR>",               (IP 地址)
          "gateway": "<ip-address-of-the-gateway>",           (网关地址，可选)
          "interface": <numeric index into 'interfaces' list>   (网络接口序号)
      },
      ......
  ],
  "routes": [                                               (路由信息，可选)
      {
          "dst": "<ip-and-prefix-in-cidr>",
          "gw": "<ip-of-next-hop>"                          (下一跳 IP 地址，可选)
      },
      ......
  ],
  "dns": {                                                  (DNS 信息，可选)
    "nameservers": <list-of-nameservers>                    (域名服务器列表，可选)
    "domain": <name-of-local-domain>                        (域名，可选)
    "search": <list-of-additional-search-domains>           (搜索后缀列表，可选)
    "options": <list-of-options>                            (DNS 选项，可选)
```

```
    }
}
```

其中，ips 和 dns 字段的内容应与 IPAM 插件的返回结果完全一致，并补充 interface 字段为网络接口的序号（这是因为 IPAM 插件不关心网络接口的信息）。

对各字段的说明如下。

◎ cniVersion：版本号，例如 1.0.0。
◎ interfaces：网络接口列表，通常包括以下信息。
- name：网络接口名称。
- mac：网络接口的 MAC 地址。
- sandbox：网络沙箱名称，如网络命名空间路径。

◎ ips：为每个网络接口分配的 IP 地址信息，通常包括以下字段。
- address：IP 地址，以 CIDR 格式表示，如 192.168.18.10/24。
- gateway：网关的 IP 地址。
- interface：网关接口索引序号。

◎ routes：路由信息，包括以下字段。
- dst：路由的目的地址，以 CIDR 格式表示。
- gw：下一条网关地址，未设置时使用 ips 中的 gateway 地址。

◎ dns：DNS 相关配置，包括以下信息。
- nameservers：名字服务器列表。
- domain：域名名称。
- search：搜索域后缀列表。
- options：DNS 选项。

对于 VERSION 操作来说，成功的结果应以如下格式的 JSON 报文返回到标准输出：

```
{
    "cniVersion": "1.0.0",
    "supportedVersions": [ "0.1.0", "0.2.0", "0.3.0", "0.3.1", "0.4.0", "1.0.0" ]
}
```

主要字段说明如下。

◎ cniVersion：版本号，例如 1.0.0。
◎ supportedVersions：支持的版本号列表。

4. CNI 网络配置详解

CNI 网络配置（Network Configuration）以 JSON 格式进行描述，可以由管理员生成一个配置文件保存在磁盘上，或者由容器运行时自动生成。

目前，CNI 规范的网络配置参数如下。

◎ cniVersion（string）：CNI 版本号。
◎ name（string）：网络名称，应在一个 Node 或一个管理域内唯一。
◎ disableCheck（string）：可设置为“true”或“false”。设置为“true”时表示容器运行时不得调用 CHECK 操作，可用于在某些插件可能返回虚假错误的情况下跳过检查。
◎ plugins（list）：插件列表及其配置信息。

插件的主要配置参数如下。

◎ type（string）：CNI Plugin 二进制文件的名称。
◎ capabilities：插件特定的 Linux 能力列表，例如 portMapping。
◎ runtimeConfig、args、以 cni.dev/开头的配置：系统保留的配置项，内容由系统自动填充，不应手动配置。

插件的其他常用配置参数如下。

◎ ipMasq（boolean）：是否设置 IP Masquerade（需插件支持），适用于主机可作为网关的环境中。
◎ ipam：IP 地址管理的相关配置。
　type（string）：IPAM 可执行的文件名。
◎ dns：DNS 服务的相关配置。
- nameservers（list of strings）：域名服务器列表，可以使用 IPv4 或 IPv6 地址。
- domain（string）：本地域名，用于短主机名查询。
- search（list of strings）：按优先级排序的域名搜索后缀列表。
- options（list of strings）：传递给域名解析器的选项列表。

下面是一个 CNI 网络配置示例，其中包含 3 个不同类型插件的配置：bridge、tuning 和 portmap。在 bridge 插件的配置中，IP 地址管理（IPAM）由 host-local 插件提供，并设置了子网、网关、路由等内容。此外，还通过 dns 字段配置了名字服务器。在 tuning 和 portmap 插件的配置中，通过 capabilities 字段配置具有“Linux 能力”的内容。

```
{
  "cniVersion": "1.0.0",
  "name": "dbnet",
  "plugins": [
    {
      "type": "bridge",
      "bridge": "cni0",
      "keyA": ["some more", "plugin specific", "configuration"],

      "ipam": {
        "type": "host-local",
        "subnet": "10.1.0.0/16",
        "gateway": "10.1.0.1",
        "routes": [
            {"dst": "0.0.0.0/0"}
        ]
      },
      "dns": {
        "nameservers": [ "10.1.0.1" ]
      }
    },
    {
      "type": "tuning",
      "capabilities": {
        "mac": true
      },
      "sysctl": {
        "net.core.somaxconn": "500"
      }
    },
    {
        "type": "portmap",
        "capabilities": {"portMappings": true}
    }
  ]
}
```

容器运行时将按先后顺序依次调用各 CNI Plugin 的二进制文件并执行。

如果某个插件执行失败，容器运行时就必须停止后续的执行，返回错误信息给调用者。对于 ADD 操作的失败情况，容器运行时应反向执行全部插件的 DEL 操作，即使某些插件从未执行过 ADD 操作。

下面看看容器运行时在执行 ADD、CHECK、DEL 操作时，CNI 网络配置内容的变化。

（1）容器运行时在执行 ADD 操作时，将按顺序执行 3 个插件。

首先调用 bridge 插件，以如下配置进行 ADD 操作。

```
{
    "cniVersion": "1.0.0",
    "name": "dbnet",
    "type": "bridge",
    "bridge": "cni0",
    "keyA": ["some more", "plugin specific", "configuration"],
    "ipam": {
        "type": "host-local",
        "subnet": "10.1.0.0/16",
        "gateway": "10.1.0.1"
    },
    "dns": {
        "nameservers": [ "10.1.0.1" ]
    }
}
```

在 bridge 插件执行的过程中，会调用 host-local 插件为容器分配 IP 地址，同样也是 ADD 操作，host-local 插件执行成功后，会返回如下结果：

```
{
    "ips": [
        {
          "address": "10.1.0.5/16",
          "gateway": "10.1.0.1"
        }
    ],
    "routes": [
      {
        "dst": "0.0.0.0/0"
      }
    ],
    "dns": {
      "nameservers": [ "10.1.0.1" ]
    }
}
```

bridge 插件在获取 ipam 插件的返回结果之后，会将容器网络接口的配置设置为以下信息：

```
{
    "ips": [
        {
          "address": "10.1.0.5/16",
          "gateway": "10.1.0.1",
          "interface": 2
        }
    ],
    "routes": [
      {
        "dst": "0.0.0.0/0"
      }
    ],
    "interfaces": [
        {
            "name": "cni0",
            "mac": "00:11:22:33:44:55"
        },
        {
            "name": "veth3243",
            "mac": "55:44:33:22:11:11"
        },
        {
            "name": "eth0",
            "mac": "99:88:77:66:55:44",
            "sandbox": "/var/run/netns/blue"
        }
    ],
    "dns": {
      "nameservers": [ "10.1.0.1" ]
    }
}
```

至此，bridge 插件运行结束，接下来运行 tuning 插件，基于其配置执行 ADD 操作，同时将上一个 bridge 插件的运行结果设置在 prevResult 字段中。

```
{
  "cniVersion": "1.0.0",
  "name": "dbnet",
```

```
    "type": "tuning",
    "sysctl": {
      "net.core.somaxconn": "500"
    },
    "runtimeConfig": {
      "mac": "00:11:22:33:44:66"
    },
    "prevResult": {
      "ips": [
          {
            "address": "10.1.0.5/16",
            "gateway": "10.1.0.1",
            "interface": 2
          }
      ],
      "routes": [
        {
          "dst": "0.0.0.0/0"
        }
      ],
      "interfaces": [
          {
              "name": "cni0",
              "mac": "00:11:22:33:44:55"
          },
          {
              "name": "veth3243",
              "mac": "55:44:33:22:11:11"
          },
          {
              "name": "eth0",
              "mac": "99:88:77:66:55:44",
              "sandbox": "/var/run/netns/blue"
          }
      ],
      "dns": {
        "nameservers": [ "10.1.0.1" ]
      }
    }
  }
```

tuning 插件成功运行结束后，将生成以下配置信息（其中更新了 mac 字段的内容）。

```
{
    "ips": [
        {
          "address": "10.1.0.5/16",
          "gateway": "10.1.0.1",
          "interface": 2
        }
    ],
    "routes": [
      {
        "dst": "0.0.0.0/0"
      }
    ],
    "interfaces": [
        {
            "name": "cni0",
            "mac": "00:11:22:33:44:55"
        },
        {
            "name": "veth3243",
            "mac": "55:44:33:22:11:11"
        },
        {
            "name": "eth0",
            "mac": "00:11:22:33:44:66",
            "sandbox": "/var/run/netns/blue"
        }
    ],
    "dns": {
      "nameservers": [ "10.1.0.1" ]
    }
}
```

最后运行第 3 个插件 portmap，同样执行 ADD 操作，同时将上一个 tuning 插件的运行结果设置在 prevResult 字段中。

```
{
  "cniVersion": "1.0.0",
  "name": "dbnet",
  "type": "portmap",
```

```
    "runtimeConfig": {
      "portMappings" : [
        { "hostPort": 8080, "containerPort": 80, "protocol": "tcp" }
      ]
    },
    "prevResult": {
      "ips": [
          {
            "address": "10.1.0.5/16",
            "gateway": "10.1.0.1",
            "interface": 2
          }
      ],
      "routes": [
        {
          "dst": "0.0.0.0/0"
        }
      ],
      "interfaces": [
          {
              "name": "cni0",
              "mac": "00:11:22:33:44:55"
          },
          {
              "name": "veth3243",
              "mac": "55:44:33:22:11:11"
          },
          {
              "name": "eth0",
              "mac": "00:11:22:33:44:66",
              "sandbox": "/var/run/netns/blue"
          }
      ],
      "dns": {
        "nameservers": [ "10.1.0.1" ]
      }
    }
  }
```

portmap 插件在成功运行完成后，CNI 对容器网络的 ADD 操作就结束了，也就是完成了容器网络的配置。

（2）容器运行时在执行 CHECK 操作时，将按顺序执行以下 3 个插件。

首先调用 bridge 插件执行 CHECK 操作，其中，将之前执行了 3 个插件 ADD 操作的结果设置在 prevResult 字段中：

```
{
  "cniVersion": "1.0.0",
  "name": "dbnet",
  "type": "bridge",
  "bridge": "cni0",
  "keyA": ["some more", "plugin specific", "configuration"],
  "ipam": {
    "type": "host-local",
    "subnet": "10.1.0.0/16",
    "gateway": "10.1.0.1"
  },
  "dns": {
    "nameservers": [ "10.1.0.1" ]
  },
  "prevResult": {
    "ips": [
        {
          "address": "10.1.0.5/16",
          "gateway": "10.1.0.1",
          "interface": 2
        }
    ],
    "routes": [
      {
        "dst": "0.0.0.0/0"
      }
    ],
    "interfaces": [
        {
            "name": "cni0",
            "mac": "00:11:22:33:44:55"
        },
        {
            "name": "veth3243",
            "mac": "55:44:33:22:11:11"
        },
```

```
        {
            "name": "eth0",
            "mac": "00:11:22:33:44:66",
            "sandbox": "/var/run/netns/blue"
        }
    ],
    "dns": {
      "nameservers": [ "10.1.0.1" ]
    }
  }
}
```

bridge 会在执行过程中调用 ipam 的 host-local 插件，同样执行 CHECK 操作，正确结束。然后 bridge 的 CHECK 操作也就成功结束，不会修改配置内容，以返回值 0 表示运行成功。

其次运行 tuning 插件，执行 CHECK 操作，prevResult 字段会保留上一个插件的结果内容：

```
{
  "cniVersion": "1.0.0",
  "name": "dbnet",
  "type": "tuning",
  "sysctl": {
    "net.core.somaxconn": "500"
  },
  "runtimeConfig": {
    "mac": "00:11:22:33:44:66"
  },
  "prevResult": {
    "ips": [
        {
          "address": "10.1.0.5/16",
          "gateway": "10.1.0.1",
          "interface": 2
        }
    ],
    "routes": [
      {
        "dst": "0.0.0.0/0"
      }
    ],
```

```
        "interfaces": [
            {
                "name": "cni0",
                "mac": "00:11:22:33:44:55"
            },
            {
                "name": "veth3243",
                "mac": "55:44:33:22:11:11"
            },
            {
                "name": "eth0",
                "mac": "00:11:22:33:44:66",
                "sandbox": "/var/run/netns/blue"
            }
        ],
        "dns": {
          "nameservers": [ "10.1.0.1" ]
        }
      }
    }
```

最后运行第 3 个插件 portmap，同样执行 CHECK 操作，配置如下（同样，prevResult 字段会保留上一个插件的结果内容）：

```
    {
      "cniVersion": "1.0.0",
      "name": "dbnet",
      "type": "portmap",
      "runtimeConfig": {
        "portMappings" : [
          { "hostPort": 8080, "containerPort": 80, "protocol": "tcp" }
        ]
      },
      "prevResult": {
        "ips": [
            {
              "address": "10.1.0.5/16",
              "gateway": "10.1.0.1",
              "interface": 2
            }
        ],
        "routes": [
```

```
        {
          "dst": "0.0.0.0/0"
        }
      ],
      "interfaces": [
          {
              "name": "cni0",
              "mac": "00:11:22:33:44:55"
          },
          {
              "name": "veth3243",
              "mac": "55:44:33:22:11:11"
          },
          {
              "name": "eth0",
              "mac": "00:11:22:33:44:66",
              "sandbox": "/var/run/netns/blue"
          }
      ],
      "dns": {
        "nameservers": [ "10.1.0.1" ]
      }
    }
}
```

（3）容器运行时在执行 DEL 操作时，将以 ADD 的逆序逐个运行插件，具体如下。

首先调用 portmap 插件，执行 DEL 操作，进行删除 portmap 配置的工作，其配置如下。

```
{
  "cniVersion": "1.0.0",
  "name": "dbnet",
  "type": "portmap",
  "runtimeConfig": {
    "portMappings" : [
      { "hostPort": 8080, "containerPort": 80, "protocol": "tcp" }
    ]
  },
  "prevResult": {
    "ips": [
        {
          "address": "10.1.0.5/16",
```

```
          "gateway": "10.1.0.1",
          "interface": 2
        }
    ],
    "routes": [
      {
        "dst": "0.0.0.0/0"
      }
    ],
    "interfaces": [
        {
            "name": "cni0",
            "mac": "00:11:22:33:44:55"
        },
        {
            "name": "veth3243",
            "mac": "55:44:33:22:11:11"
        },
        {
            "name": "eth0",
            "mac": "00:11:22:33:44:66",
            "sandbox": "/var/run/netns/blue"
        }
    ],
    "dns": {
      "nameservers": [ "10.1.0.1" ]
    }
  }
}
```

其次运行插件 tuning，同样执行 DEL 操作，配置如下。

```
{
  "cniVersion": "1.0.0",
  "name": "dbnet",
  "type": "tuning",
  "sysctl": {
    "net.core.somaxconn": "500"
  },
  "runtimeConfig": {
    "mac": "00:11:22:33:44:66"
  },
```

```
    "prevResult": {
      "ips": [
          {
            "address": "10.1.0.5/16",
            "gateway": "10.1.0.1",
            "interface": 2
          }
      ],
      "routes": [
        {
          "dst": "0.0.0.0/0"
        }
      ],
      "interfaces": [
          {
              "name": "cni0",
              "mac": "00:11:22:33:44:55"
          },
          {
              "name": "veth3243",
              "mac": "55:44:33:22:11:11"
          },
          {
              "name": "eth0",
              "mac": "00:11:22:33:44:66",
              "sandbox": "/var/run/netns/blue"
          }
      ],
      "dns": {
        "nameservers": [ "10.1.0.1" ]
      }
    }
}
```

最后运行插件 bridge，执行 DEL 操作，配置如下。

```
{
  "cniVersion": "1.0.0",
  "name": "dbnet",
  "type": "bridge",
  "bridge": "cni0",
  "keyA": ["some more", "plugin specific", "configuration"],
```

```
  "ipam": {
    "type": "host-local",
    "subnet": "10.1.0.0/16",
    "gateway": "10.1.0.1"
  },
  "dns": {
    "nameservers": [ "10.1.0.1" ]
  },
  "prevResult": {
    "ips": [
        {
          "address": "10.1.0.5/16",
          "gateway": "10.1.0.1",
          "interface": 2
        }
    ],
    "routes": [
      {
        "dst": "0.0.0.0/0"
      }
    ],
    "interfaces": [
        {
            "name": "cni0",
            "mac": "00:11:22:33:44:55"
        },
        {
            "name": "veth3243",
            "mac": "55:44:33:22:11:11"
        },
        {
            "name": "eth0",
            "mac": "00:11:22:33:44:66",
            "sandbox": "/var/run/netns/blue"
        }
    ],
    "dns": {
      "nameservers": [ "10.1.0.1" ]
    }
  }
}
```

bridge 插件在执行过程中，首先会调用 host-local 插件的 DEL 操作，等 host-local 插件运行完成后，继续完成 DEL 操作。

5. IPAM Plugin 详解

为了减轻 CNI Plugin 在 IP 地址管理方面的负担，CNI 规范设置了一个独立的插件 IPAM Plugin 来专门管理容器的 IP 地址。CNI Plugin 应负责在运行时调用 IPAM Plugin 完成容器 IP 地址的管理操作。IPAM Plugin 负责为容器分配 IP 地址、网关、路由和 DNS，并负责将 IP 地址操作结果返回给主 CNI Plugin，常用的插件类型包括 host-local、static 和 dhcp。

与 CNI Plugin 类似，IPAM Plugin 在 CNI_PATH 路径中也以可执行程序的形式完成具体操作。IPAM 可执行程序也处理传递给 CNI 插件的环境变量和通过标准输入传入的网络配置参数。

IPAM Plugin 操作的返回码在成功时应被设置为 0，在失败时应被设置为非 0。

以 host-local 为例，下面是网络配置的一个例子。

```
{
    "ipam": {
        "type": "host-local",
        "ranges": [
            [
                {
                    "subnet": "10.10.0.0/16",
                    "rangeStart": "10.10.1.20",
                    "rangeEnd": "10.10.3.50",
                    "gateway": "10.10.0.254"
                },
                {
                    "subnet": "172.16.5.0/24"
                }
            ],
            [
                {
                    "subnet": "3ffe:ffff:0:01ff::/64",
                    "rangeStart": "3ffe:ffff:0:01ff::0010",
                    "rangeEnd": "3ffe:ffff:0:01ff::0020"
                }
            ]
        ],
```

```
            "routes": [
                { "dst": "0.0.0.0/0" },
                { "dst": "192.168.0.0/16", "gw": "10.10.5.1" },
                { "dst": "3ffe:ffff:0:01ff::1/64" }
            ],
            "dataDir": "/run/my-orchestrator/container-ipam-state"
        }
    }
```

主要配置参数包括如下。

◎ type：插件类型，如 host-local。
◎ routes：路由信息，将会被设置到容器的网络命名空间中。
◎ ranges：可分配地址范围，可以包含以下参数。
- subnet：子网 CIDR 地址范围。
- rangeStart：范围的起始 IP 地址。
- rangeEnd：范围的结束 IP 地址。
- gateway：网关地址。

◎ resolvConf：域名解析服务配置，如/etc/resolv.conf。
◎ dataDir：数据目录，用于保存已分配 IP 地址等信息。

在上面的例子中，ranges 字段设置了 IPv4 和 IPv6 两种类型的 IP 地址范围，插件运行 ADD 操作后，会为 Pod 设置两个 IP 地址。

IPAM Plugin 在 ADD 操作成功时，应完成容器 IP 地址的分配。下面是 host-local 插件返回的 JSON 格式报文样例。

```
    {
      "cniVersion": "1.0.0",
      "ips": [
          {
              "version": "<4-or-6>",                        (IPv4 或 IPv6)
              "address": "<ip-and-prefix-in-CIDR>",         (IP 地址)
              "gateway": "<ip-address-of-the-gateway>"      (网关地址，可选)
          },
          ......
      ],
      "routes": [                                           (路由信息，可选)
          {
              "dst": "<ip-and-prefix-in-cidr>",
```

```
            "gw": "<ip-of-next-hop>"                      (下一跳 IP 地址，可选)
        },
        ......
    ],
    "dns": {                                              (DNS 信息，可选)
      "nameservers": <list-of-nameservers>                (域名服务器列表，可选)
      "domain": <name-of-local-domain>                    (域名，可选)
      "search": <list-of-additional-search-domains>       (搜索后缀列表，可选)
      "options": <list-of-options>                        (DNS 选项，可选)
    }
}
```

在以上代码中，主要包括 ips、routes 和 dns 等信息，与 CNI Plugin 执行 ADD 操作的结果不同的是，返回结果不包括 interfaces 信息，因为 IPAM Plugin 不关心网络接口信息。

- ◎ ips：IP 地址信息，包括地址类型是否是 IPv4 或 IPv6、IP 地址、网关地址、网络接口序号等信息。
- ◎ routes：路由信息。
- ◎ dns：DNS 相关信息，包括域名服务器、本地域名、搜索后缀、DNS 选项等。

4.4　开源容器网络方案

Kubernetes 网络模型假定了所有的 Pod 都在一个可以直接联通的扁平网络空间中。这在 GCE 里面是现成的网络模型，Kubernetes 假定这个网络已经存在。而在私有云里搭建 Kubernetes 集群时，就不能假定这个网络已经存在，需要自己实现这个网络假设，将跨主机容器网络部署完成后，再运行容器应用。

目前已经有多个开源组件支持容器网络模型。本节介绍几种使用不同技术实现的网络组件及其安装和配置方法，包括 Flannel、Open vSwitch、直接路由和 Calico。

4.4.1　Flannel 插件的原理和部署示例

Flannel 是一个轻量级的三层网络 CNI 插件，在每个 Node 上会运行一个 flanneld 代理来管理 Node 上 Pod 的网络配置。Flannel 可以使用 Kubernetes 或 etcd 作为后端存储，以保存为每个 Node 分配一段互不冲突的 Pod IP CIDR 地址池。Flannel 可用 VXLAN、host-gw、

WireGuard、UDP 等技术来实现 Pod 之间的网络联通机制。

图 4.6 展示了 Flannel 的工作原理。

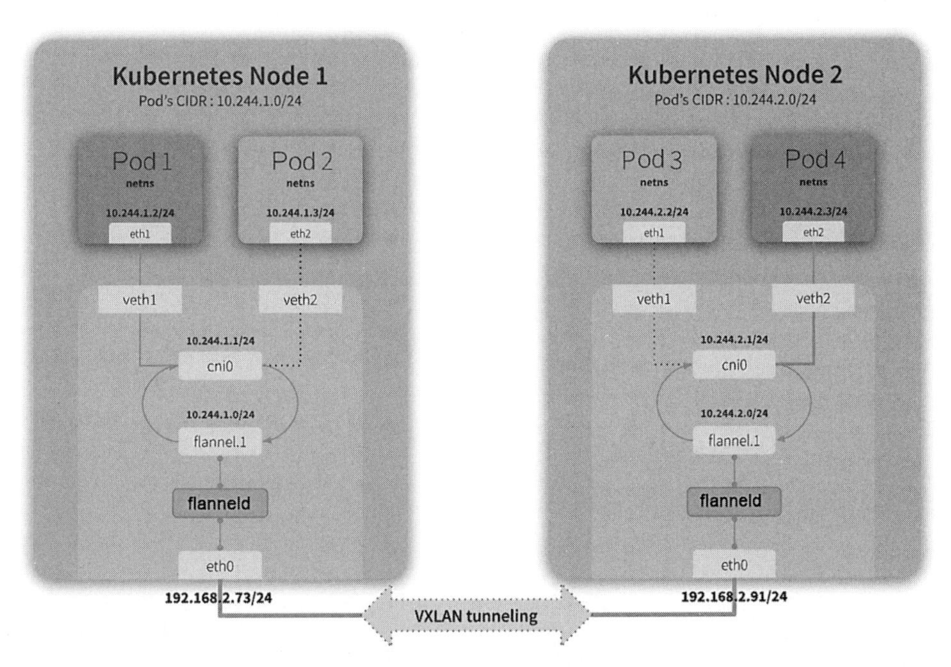

图 4.6 Flannel 的工作原理

Flannel 在每个 Node 上运行一个 flanneld 进程，创建两个网络接口 flannel.1 和 cni0，其中 cni0 作为 Pod 网络的网关管理容器网络与宿主机网络的通信，跨主机网络通信使用 VXLAN 协议实现。

下面对 Flannel 的安装和配置进行说明。

1）Kubernetes 控制平面的配置

我们需要在 Kubernetes 控制平面开启分配 Pod 地址的设置，包括 kube-controller-anager、kube-proxy 的启动参数——--cluster-cidr=10.244.0.0/16，这个 Pod IP CIDR 地址池应与 Flannel 的配置一致。

2）安装 Flannel

在 Kubernetes 集群中，Flannel 以 DaemonSet 模式运行，参考配置文件（kube-lannel.yaml）内容如下。

```
# kube-flannel.yaml
---
apiVersion: v1
kind: Namespace
metadata:
  labels:
    k8s-app: flannel
    pod-security.kubernetes.io/enforce: privileged
  name: kube-flannel
---
apiVersion: v1
kind: ServiceAccount
metadata:
  labels:
    k8s-app: flannel
  name: flannel
  namespace: kube-flannel
---
apiVersion: rbac.authorization.k8s.io/v1
kind: ClusterRole
metadata:
  labels:
    k8s-app: flannel
  name: flannel
rules:
- apiGroups:
  - ""
  resources:
  - pods
  verbs:
  - get
- apiGroups:
  - ""
  resources:
  - nodes
  verbs:
  - get
  - list
  - watch
- apiGroups:
  - ""
```

```
  resources:
  - nodes/status
  verbs:
  - patch
- apiGroups:
  - networking.k8s.io
  resources:
  - clustercidrs
  verbs:
  - list
  - watch
---
apiVersion: rbac.authorization.k8s.io/v1
kind: ClusterRoleBinding
metadata:
  labels:
    k8s-app: flannel
  name: flannel
roleRef:
  apiGroup: rbac.authorization.k8s.io
  kind: ClusterRole
  name: flannel
subjects:
- kind: ServiceAccount
  name: flannel
  namespace: kube-flannel
---
apiVersion: v1
data:
  cni-conf.json: |
    {
      "name": "cbr0",
      "cniVersion": "0.3.1",
      "plugins": [
        {
          "type": "flannel",
          "delegate": {
            "hairpinMode": true,
            "isDefaultGateway": true
          }
        },
```

```
        {
          "type": "portmap",
          "capabilities": {
            "portMappings": true
          }
        }
      ]
    }
  net-conf.json: |
    {
      "Network": "10.244.0.0/16",
      "Backend": {
        "Type": "vxlan"
      }
    }
kind: ConfigMap
metadata:
  labels:
    app: flannel
    k8s-app: flannel
    tier: node
  name: kube-flannel-cfg
  namespace: kube-flannel
---
apiVersion: apps/v1
kind: DaemonSet
metadata:
  labels:
    app: flannel
    k8s-app: flannel
    tier: node
  name: kube-flannel-ds
  namespace: kube-flannel
spec:
  selector:
    matchLabels:
      app: flannel
      k8s-app: flannel
  template:
    metadata:
      labels:
```

```
    app: flannel
    k8s-app: flannel
    tier: node
spec:
  affinity:
    nodeAffinity:
      requiredDuringSchedulingIgnoredDuringExecution:
        nodeSelectorTerms:
        - matchExpressions:
          - key: kubernetes.io/os
            operator: In
            values:
            - linux
  containers:
  - args:
    - --ip-masq
    - --kube-subnet-mgr
    command:
    - /opt/bin/flanneld
    env:
    - name: POD_NAME
      valueFrom:
        fieldRef:
          fieldPath: metadata.name
    - name: POD_NAMESPACE
      valueFrom:
        fieldRef:
          fieldPath: metadata.namespace
    - name: EVENT_QUEUE_DEPTH
      value: "5000"
    image: docker.io/flannel/flannel:v0.23.0
    imagePullPolicy: IfNotPresent
    name: kube-flannel
    resources:
      requests:
        cpu: 100m
        memory: 50Mi
    securityContext:
      capabilities:
        add:
        - NET_ADMIN
```

```
        - NET_RAW
      privileged: false
    volumeMounts:
    - mountPath: /run/flannel
      name: run
    - mountPath: /etc/kube-flannel/
      name: flannel-cfg
    - mountPath: /run/xtables.lock
      name: xtables-lock
  hostNetwork: true
  initContainers:
  - args:
    - -f
    - /flannel
    - /opt/cni/bin/flannel
    command:
    - cp
    image: docker.io/flannel/flannel-cni-plugin:v1.2.0
    imagePullPolicy: IfNotPresent
    name: install-cni-plugin
    volumeMounts:
    - mountPath: /opt/cni/bin
      name: cni-plugin
  - args:
    - -f
    - /etc/kube-flannel/cni-conf.json
    - /etc/cni/net.d/10-flannel.conflist
    command:
    - cp
    image: docker.io/flannel/flannel:v0.23.0
    imagePullPolicy: IfNotPresent
    name: install-cni
    volumeMounts:
    - mountPath: /etc/cni/net.d
      name: cni
    - mountPath: /etc/kube-flannel/
      name: flannel-cfg
  priorityClassName: system-node-critical
  serviceAccountName: flannel
  tolerations:
  - effect: NoSchedule
```

```
      operator: Exists
    volumes:
    - hostPath:
        path: /run/flannel
      name: run
    - hostPath:
        path: /opt/cni/bin
      name: cni-plugin
    - hostPath:
        path: /etc/cni/net.d
      name: cni
    - configMap:
        name: kube-flannel-cfg
      name: flannel-cfg
    - hostPath:
        path: /run/xtables.lock
        type: FileOrCreate
      name: xtables-lock
```

其中，CNI 网络配置在 ConfigMap 的“kube-flannel-cfg”中完成，主要为 Pod IP CIDR 地址池配置，例如“10.244.0.0/16”，并使用 VXLAN 作为后端容器网络互联方案。

```
{
  "Network": "10.244.0.0/16",
  "Backend": {
    "Type": "VXLAN"
  }
}
```

通过 kubectl create 命令部署 Flannel。

```
# k create -f kube-flannel.yml
namespace/kube-flannel created
serviceaccount/flannel created
clusterrole.rbac.authorization.k8s.io/flannel created
clusterrolebinding.rbac.authorization.k8s.io/flannel created
configmap/kube-flannel-cfg created
daemonset.apps/kube-flannel-ds created
```

确认 Flannel 在每个 Node 上都正常运行。

```
# kubectl -n kube-flannel get po -o wide
NAME                    READY   STATUS    RESTARTS   AGE   IP          NODE
```

```
NOMINATED NODE   READINESS GATES
    kube-flannel-ds-8sj5p   1/1     Running   0          39s   192.168.18.3
192.168.18.3   <none>           <none>
    kube-flannel-ds-m49ld   1/1     Running   0          6s    192.168.18.4
192.168.18.4   <none>           <none>
    kube-flannel-ds-nt7pd   1/1     Running   0          6s    192.168.18.5
192.168.18.5   <none>           <none>
```

在每个 Node 上都可以看到 Flannel 创建的两个网络接口 flannel.1 和 cni0：

```
    # ip a
    ......
    3: flannel.1: <BROADCAST,MULTICAST,UP,LOWER_UP> mtu 1450 qdisc noqueue state
UNKNOWN group default
        link/ether aa:14:31:d1:0b:1a brd ff:ff:ff:ff:ff:ff
        inet 10.244.0.0/32 scope global flannel.1
          valid_lft forever preferred_lft forever
        inet6 fe80::a814:31ff:fed1:b1a/64 scope link
          valid_lft forever preferred_lft forever
    4: cni0: <BROADCAST,MULTICAST,UP,LOWER_UP> mtu 1450 qdisc noqueue state UP group
default qlen 1000
        link/ether fa:5e:2f:ca:f4:67 brd ff:ff:ff:ff:ff:ff
        inet 10.244.0.1/24 brd 10.244.0.255 scope global cni0
          valid_lft forever preferred_lft forever
        inet6 fe80::f85e:2fff:feca:f467/64 scope link
          valid_lft forever preferred_lft forever
    ......
```

至此，Flannel 就部署完成了，之后 Flannel 会为新建的 Pod 完成网络配置。

4.4.2　Open vSwitch 插件的原理和部署示例

Open vSwitch 是一个开源的虚拟交换机软件，与 Linux 中的 bridge 类似，但是前者的功能要丰富得多。Open vSwitch 的网桥可以直接建立多种通信通道（隧道），例如，Open vSwitch with GRE/VXLAN。这些隧道的建立可以很容易地通过 OVS 的配置命令实现。在 Kubernetes、Docker 场景下，我们主要建立三层网络之间的隧道。下面来看看 Open vSwitch with GRE/VXLAN 的网络架构，如图 4.7 所示。

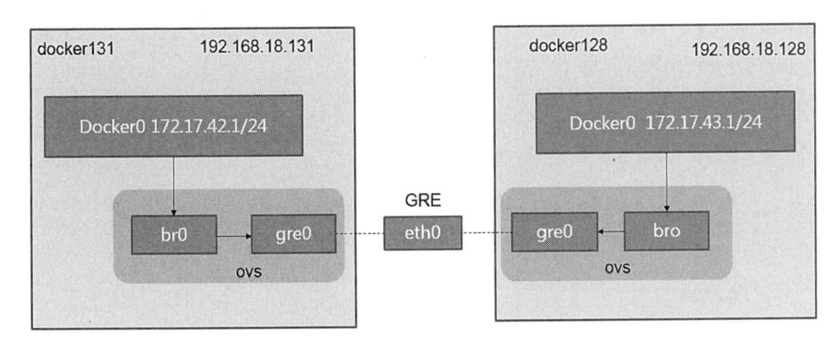

图 4.7 Open vSwitch with GRE/VXLAN 的网络架构

首先，为了避免与 Docker 创建的 docker0 地址冲突，我们可以先将 docker0 网桥删除，再手动创建一个 Linux 网桥，并给这个网桥配置 IP 地址。

其次，建立 Open vSwitch 的 OVS 网桥，使用 ovs-vsctl 命令给 OVS 网桥增加 gre 端口，在添加 gre 端口时要将目标连接的 NodeIP 地址设置为对端的 IP 地址。对每一个对端 IP 地址都需要这么操作（对于大型集群网络，用自动化脚本来完成比较方便）。

最后，将 OVS 网桥作为网络接口加入 Docker 网桥（docker0 或者手动建立的新网桥）。

重启 OVS 网桥和 Docker 网桥，并添加一个 Docker 的地址段到 Docker 网桥的路由规则项，就可以将两个容器的网络连接起来。

当容器内的应用访问另一个容器的地址时，数据包会通过容器内的默认路由发送给 docker0 网桥。OVS 网桥是作为 docker0 网桥的端口存在的，它会将数据发送给 OVS 网桥。OVS 网络已经通过配置建立了与其他 OVS 网桥连接的 GRE/VXLAN 隧道，自然能将数据送达对端的 Node，并送往 docker0 和 Pod。通过新增的路由项，Node 本身的应用数据也被路由传送到 docker0 网桥上，和刚才的通信过程一样，也可以访问其他 Node 上的 Pod。

OVS 的优势在于，它是一款成熟、稳定的开源虚拟交换机软件，能够支持各类网络隧道协议，并得到了 OpenStack 等项目的验证。在前面介绍 Flannel 时可知，Flannel 除了支持建立覆盖网络，保证 Pod 到 Pod 的无缝通信，还和 Kubernetes、Docker 架构体系紧密结合。Flannel 能够识别 Kubernetes 的 Service，并能动态地维护各 Node 的路由表。此外，它可以通过 etcd 为整个 Kubernetes 集群中每个 Node 上的 Pod 都分配子网地址。相比之下，我们在使用 OVS 时，往往需要手动执行许多操作。

Open vSwitch 的安装和配置过程如下。

以两个 Node 为例，其目标网络拓扑结构如图 4.8 所示，需要先确保 Node1 中 192.168.18.131 的 docker0 网桥的 IP 地址段配置为 172.17.42.0/24（docker0 自身使用该地址段的第一个地址 172.17.42.1/24），而 Node2 中 192.168.18.128 的 docker0 网桥的 IP 地址段配置为 172.17.43.0/24（docker0 自身使用该地址段的第一个地址 172.17.43.1/24），对应的参数为 docker daemon 的启动参数--bip 设置的值。

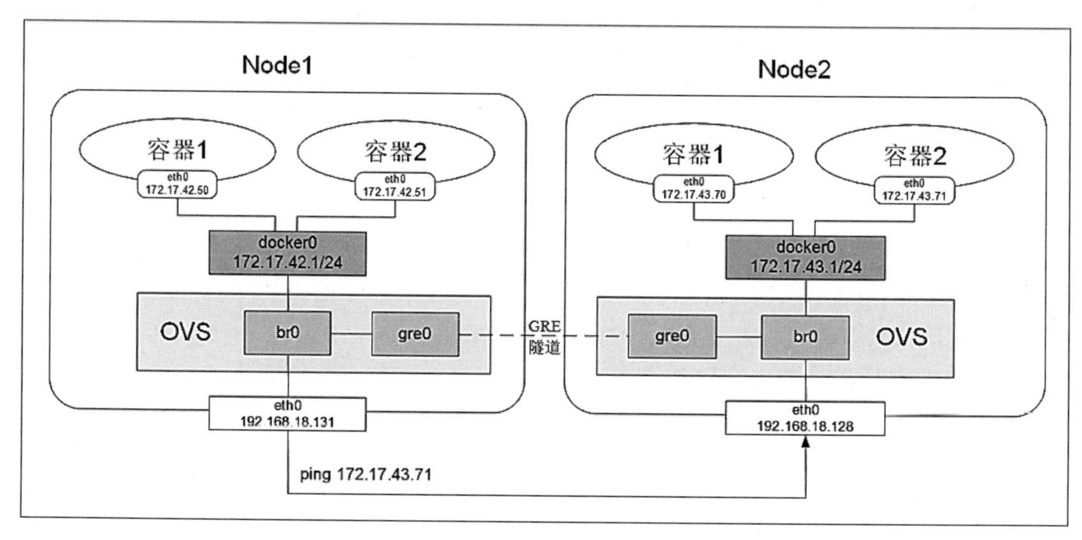

图 4.8　两个 Node 的目标网络拓扑结构

1）在两个 Node 上安装 OVS

使用 yum localinstall 命令在两个 Node 上安装并启动 OVS（基于本地 RPM 安装包）：

```
# yum localinstall openvswitch-2.4.0-1.x86_64.rpm
# systemctl start openvswitch
查看 Open vSwitch 的服务状态，应该启动 ovsdb-server 与 ovs-vswitchd 两个进程
# service openvswitch status
ovsdb-server is running with pid 2429
ovs-vswitchd is running with pid 2439
查看 Open vSwitch 的相关日志，确认没有异常
# more /var/log/messages |grep openv
Nov  2 03:12:52 docker128 openvswitch: Starting ovsdb-server [  OK  ]
Nov  2 03:12:52 docker128 openvswitch: Configuring Open vSwitch system IDs
[  OK  ]
Nov  2 03:12:52 docker128 kernel: openvswitch: Open vSwitch switching datapath
Nov  2 03:12:52 docker128 openvswitch: Inserting openvswitch module [  OK  ]
```

注意，上述操作需要在两个 Node 上分别执行完成。

2）创建网桥和 GRE 隧道

首先在每个 Node 上都建立 OVS 的网桥 br0，然后在网桥上创建一个 GRE 隧道连接对端网桥，最后把 OVS 网桥 br0 作为一个端口连接到 docker0 这个 Linux 网桥上（可以认为是交换机互联），这样，两个 Node 上的 docker0 网段就能互通了。

下面以 Node1（192.168.18.131）为例，具体的操作流程如下。

（1）创建 OVS 网桥：

```
# ovs-vsctl add-br br0
```

（2）创建 GRE 隧道连接对端网桥，remote_ip 为对端 eth0 的网卡地址：

```
# ovs-vsctl add-port br0 gre1 -- set interface gre1 type=gre
option:remote_ip=192.168.18.128
```

（3）添加 br0 到本地 docker0，使得容器流量通过 OVS 流经 tunnel：

```
# brctl addif docker0 br0
```

（4）启动 br0 与 docker0 网桥：

```
# ip link set dev br0 up
# ip link set dev docker0 up
```

（5）添加路由规则。由于 192.168.18.128 与 192.168.18.131 的 docker0 网段分别为 172.17.43.0/24 与 172.17.42.0/24，这两个网段的路由都需要经过本机的 docker0 网桥路由，其中一个 24 网段是通过 OVS 的 GRE 隧道到达对端的。因此，需要在每个 Node 上都添加通过 docker0 网桥转发的 172.17.0.0/16 网段的路由规则：

```
# ip route add 172.17.0.0/16 dev docker0
```

（6）清空 Docker 自带的 iptables 规则及 Linux 的规则，后者存在拒绝 icmp 报文通过防火墙的规则：

```
# iptables -t nat -F; iptables -F
```

在 Node1（192.168.18.131）上完成上述操作后，在 Node2（192.168.18.128）上执行同样的操作。注意，GRE 隧道里的 IP 地址要改为对端 Node1（192.168.18.131）的 IP 地址。

配置完成后，Node1（192.168.18.131）的 IP 地址、docker0 的 IP 地址及路由等重要信息显示如下：

```
# ip addr
1: lo: <LOOPBACK,UP,LOWER_UP> mtu 65536 qdisc noqueue state UNKNOWN
    link/loopback 00:00:00:00:00:00 brd 00:00:00:00:00:00
    inet 127.0.0.1/8 scope host lo
       valid_lft forever preferred_lft forever
2: eth0: <BROADCAST,MULTICAST,UP,LOWER_UP> mtu 1500 qdisc pfifo_fast state UP
qlen 1000
    link/ether 00:0c:29:55:5e:c3 brd ff:ff:ff:ff:ff:ff
    inet 192.168.18.131/24 brd 192.168.18.255 scope global dynamic eth0
       valid_lft 1369sec preferred_lft 1369sec
3: ovs-system: <BROADCAST,MULTICAST> mtu 1500 qdisc noop state DOWN
    link/ether a6:15:c3:25:cf:33 brd ff:ff:ff:ff:ff:ff
4: br0: <BROADCAST,MULTICAST,UP,LOWER_UP> mtu 1500 qdisc noqueue master docker0
state UNKNOWN
    link/ether 92:8d:d0:a4:ca:45 brd ff:ff:ff:ff:ff:ff
5: docker0: <BROADCAST,MULTICAST,UP,LOWER_UP> mtu 1500 qdisc noqueue state UP
    link/ether 02:42:44:8d:62:11 brd ff:ff:ff:ff:ff:ff
    inet 172.17.42.1/24 scope global docker0
       valid_lft forever preferred_lft forever
```

同样，Node2（192.168.18.128）上的重要信息显示如下：

```
# ip addr
1: lo: <LOOPBACK,UP,LOWER_UP> mtu 65536 qdisc noqueue state UNKNOWN
    link/loopback 00:00:00:00:00:00 brd 00:00:00:00:00:00
    inet 127.0.0.1/8 scope host lo
       valid_lft forever preferred_lft forever
2: eth0: <BROADCAST,MULTICAST,UP,LOWER_UP> mtu 1500 qdisc pfifo_fast state UP
qlen 1000
    link/ether 00:0c:29:e8:02:c7 brd ff:ff:ff:ff:ff:ff
    inet 192.168.18.128/24 brd 192.168.18.255 scope global dynamic eth0
       valid_lft 1356sec preferred_lft 1356sec
3: ovs-system: <BROADCAST,MULTICAST> mtu 1500 qdisc noop state DOWN
    link/ether fa:6c:89:a2:f2:01 brd ff:ff:ff:ff:ff:ff
4: br0: <BROADCAST,MULTICAST,UP,LOWER_UP> mtu 1500 qdisc noqueue master docker0
state UNKNOWN
    link/ether ba:89:14:e0:7f:43 brd ff:ff:ff:ff:ff:ff
5: docker0: <BROADCAST,MULTICAST,UP,LOWER_UP> mtu 1500 qdisc noqueue state UP
    link/ether 02:42:63:a8:14:d5 brd ff:ff:ff:ff:ff:ff
    inet 172.17.43.1/24 scope global docker0
       valid_lft forever preferred_lft forever
```

3）两个 Node 上容器之间的互通测试

首先，在 Node2（192.168.18.128）上 ping 192.168.18.131 上的 docker0 地址 172.17.42.1，验证网络的互通性：

```
# ping 172.17.42.1
PING 172.17.42.1 (172.17.42.1) 56(84) bytes of data.
64 bytes from 172.17.42.1: icmp_seq=1 ttl=64 time=1.57 ms
64 bytes from 172.17.42.1: icmp_seq=2 ttl=64 time=0.966 ms
64 bytes from 172.17.42.1: icmp_seq=3 ttl=64 time=1.01 ms
64 bytes from 172.17.42.1: icmp_seq=4 ttl=64 time=1.00 ms
64 bytes from 172.17.42.1: icmp_seq=5 ttl=64 time=1.22 ms
64 bytes from 172.17.42.1: icmp_seq=6 ttl=64 time=0.996 ms
```

其次，通过 tshark 抓包工具分析流量走向。在 Node2（192.168.18.128）上监听在 br0 上是否有 GRE 报文，运行下面的命令，我们发现在 br0 上并没有 GRE 报文：

```
# tshark -i  br0 -R ip proto GRE
tshark: -R without -2 is deprecated. For single-pass filtering use -Y.
Running as user "root" and group "root". This could be dangerous.
Capturing on 'br0'
^C
```

然后，在 eth0 上抓包，发现了 GRE 封装的 ping 包报文通过，说明 GRE 是在物理网络上完成的封包过程：

```
# tshark -i  eth0 -R ip proto GRE
tshark: -R without -2 is deprecated. For single-pass filtering use -Y.
Running as user "root" and group "root". This could be dangerous.
Capturing on 'eth0'
  1   0.000000  172.17.43.1 -> 172.17.42.1  ICMP 136 Echo (ping) request
id=0x0970, seq=180/46080, ttl=64
  2   0.000892  172.17.42.1 -> 172.17.43.1  ICMP 136 Echo (ping) reply
id=0x0970, seq=180/46080, ttl=64 (request in 1)
2   3   1.002014  172.17.43.1 -> 172.17.42.1  ICMP 136 Echo (ping) request
id=0x0970, seq=181/46336, ttl=64
  4   1.002916  172.17.42.1 -> 172.17.43.1  ICMP 136 Echo (ping) reply
id=0x0970, seq=181/46336, ttl=64 (request in 3)
4   5   2.004101  172.17.43.1 -> 172.17.42.1  ICMP 136 Echo (ping) request
id=0x0970, seq=182/46592, ttl=64
```

至此，基于 OVS 的网络搭建成功。由于 GRE 是点对点的隧道通信方式，因此，如果有多个 Node，则需要建立 $N\times(N\text{-}1)$条 GRE 隧道，即所有的 Node 组成一个网状网络，实现了全网互通。

4.4.3　直接路由的原理和部署示例

我们知道，docker0 网桥上的 IP 地址在 Node 网络上是看不到的。从一个 Node 到另一个 Node 内的 docker0 是不通的，因为它不知道某个 IP 地址在哪里。如果能够让这些机器知道对端 docker0 地址在哪里，就可以让这些 docker0 相互通信了。这样，在所有的 Node 上运行的 Pod 就都可以相互通信了。

我们可以通过部署 MultiLayer Switch（MLS）实现这一点，在 MLS 中配置每个 docker0 子网地址到 Node 地址的路由项，通过 MLS 将 docker0 的 IP 寻址定向到对应的 Node 上。

另外，可以将这些 docker0 和 Node 的匹配关系配置在 Linux 操作系统的路由项中，这样通信发起的 Node 就能够根据这些路由信息直接找到目标 Pod 所在的 Node，并将数据传输过去，如图 4.9 所示。

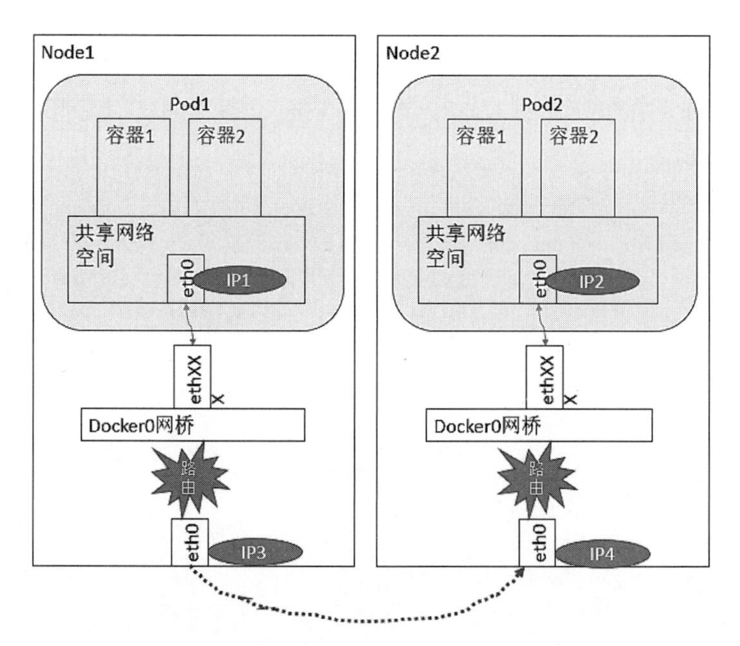

图 4.9　直接路由 Pod 到 Pod 之间的通信

我们在每个 Node 的路由表中增加对方所有 docker0 的路由项。

例如，Pod1 所在 docker0 网桥的 IP 子网是 10.1.10.0，Node1 的地址为 192.168.1.128；而 Pod2 所在 docker0 网桥的 IP 子网是 10.1.20.0，Node2 的地址是 192.168.1.129。

在 Node1 上用 route add 命令增加一条到 Node2 上 docker0 的静态路由规则：

```
# route add -net 10.1.20.0 netmask 255.255.255.0 gw 192.168.1.129
```

同样，在 Node2 上增加一条到 Node1 上 docker0 的静态路由规则：

```
# route add -net 10.1.10.0 netmask 255.255.255.0 gw 192.168.1.128
```

在 Node1 上通过 ping 命令验证到 Node2 上 docker0 的网络联通性。这里的 10.1.20.1 为 Node2 上 docker0 网桥自身的 IP 地址：

```
$ ping 10.1.20.1
PING 10.1.20.1 (10.1.20.1) 56(84) bytes of data.
64 bytes from 10.1.20.1: icmp_seq=1 ttl=62 time=1.15 ms
64 bytes from 10.1.20.1: icmp_seq=2 ttl=62 time=1.16 ms
64 bytes from 10.1.20.1: icmp_seq=3 ttl=62 time=1.57 ms
......
```

可以看到，路由转发规则生效，Node1 可以直接访问 Node2 上的 docker0 网桥，就可以进一步访问属于 docker0 网段的容器应用了。

在大规模集群中，在每个 Node 上都需要配置到其他 docker0/Node 的路由项，这会带来很大的工作量，并且在新增机器时，对所有的 Node 都需要修改配置；在重启机器时，如果 docker0 的地址有变化，那么也需要修改所有 Node 的配置，这显然是非常复杂的。

为了管理这些动态变化的 docker0 地址，动态地让其他 Node 都感知到它，还可以使用动态路由发现协议来同步这些变化。在运行动态路由发现协议代理的 Node 时，会将本机 LOCAL 路由表的 IP 地址通过组播协议发布出去，同时监听其他 Node 的组播包。通过这样的信息交换，Node 上的路由规则就都能够相互学习了。当然，动态路由发现协议本身还是很复杂的，感兴趣的读者可以查阅相关规范。在实现这些动态路由发现协议的开源软件中，常用的有 Quagga、Zebra 等。下面简单介绍直接路由的操作过程。

首先，手动分配 Docker bridge 的地址，保证它们在不同的网段是不重叠的。建议最好不用 Docker Daemon 自动创建的 docker0（因为我们不需要它的自动管理功能），而是单独建立一个 bridge，给它配置规划好的 IP 地址，并使用--bridge=XX 来指定网桥。

然后，在每个 Node 上都运行 Quagga。

完成这些操作后，我们很快就能得到一个 Pod 和另一个 Pod 相互访问的环境。由于动态路由发现的信息能够被网络上所有的设备接收，所以，如果网络上的路由器能打开 RIP 选项，则能够学习这些路由信息。通过这些路由器，我们甚至可以在非 Node 上使用 Pod 的 IP 地址直接访问 Node 上的 Pod。

除了在每台服务器上都安装 Quagga 软件并启动，还可以使用 Quagga 容器运行（如 index.alauda.cn/georce/router）。在每个 Node 上都下都载该 Docker 镜像：

```
$ docker pull index.alauda.cn/georce/router
```

在运行 Quagga 容器前，需要确保每个 Node 上 docker0 网桥的子网地址都不能重叠，也不能与物理机所在的网络重叠，这需要网络管理员仔细规划。

下面以 3 个 Node 为例，每个 Node 中 docker0 网桥的地址如下（前提是 Node 物理机的 IP 地址不是 10.1.×.×地址段）：

```
Node1: # ifconfig docker0 10.1.10.1/24
Node2: # ifconfig docker0 10.1.20.1/24
Node3: # ifconfig docker0 10.1.30.1/24
```

在每个 Node 上都启动 Quagga 容器。需要说明的是，Quagga 需要以--privileged 特权模式运行，并且指定--net=host，表示直接使用物理机的网络：

```
    $ docker run -itd --name=router --privileged --net=host index.alauda.cn/
georce/router
```

启动成功后，各 Node 上的 Quagga 会相互学习以完成到其他机器的 docker0 路由规则的添加。

一段时间后，在 Node1 上使用 route -n 命令来查看路由表。可以看到，Quagga 自动添加了两条 docker0 的路由规则到 Node2 和 Node3 上：

```
# route -n
Kernel IP routing table
Destination  Gateway         Genmask          Flags  Metric  Ref  Use Iface
0.0.0.0      192.168.1.128   0.0.0.0          UG     0       0    0   eth0
10.1.10.0    0.0.0.0         255.255.255.0    U      0       0    0   docker0
10.1.20.0    192.168.1.129   255.255.255.0    UG     20      0    0   eth0
10.1.30.0    192.168.1.130   255.255.255.0    UG     20      0    0   eth0
```

在 Node2 上查看路由表。同样可以看到，自动添加了两条 docker0 的路由规则到 Node1 和 Node3 上：

```
# route -n
Kernel IP routing table
Destination     Gateway         Genmask         Flags Metric Ref    Use Iface
0.0.0.0         192.168.1.129   0.0.0.0         UG    0      0        0 eth0
10.1.20.0       0.0.0.0         255.255.255.0   U     0      0        0 docker0
10.1.10.0       192.168.1.128   255.255.255.0   UG    20     0        0 eth0
10.1.30.0       192.168.1.130   255.255.255.0   UG    20     0        0 eth0
```

至此，所有 Node 上的 docker0 就都可以联通了。

当然，你可能还会有新的疑问：由于每个 Pod 的地址都会被动态路由发现协议广播出去，这样做会不会存在路由表过大的情况？实际上，路由表通常都会有高速缓存，查找速度会很快，不会对性能产生太大的影响。当然，如果你的集群容量在数千个 Node 以上，则仍然需要测试和评估路由表的效率问题。

4.4.4　Calico 插件的原理和部署示例

本节以 Calico 为例讲解 Kubernetes 中 CNI 插件的原理和应用。

1. Calico 简介

Calico 是一个基于 BGP 的纯三层的网络方案，能很好地集成到 OpenStack、Kubernetes、AWS、GCE 等云平台。Calico 在每个 Node 上都利用 Linux Kernel 实现了一个高效的 vRouter 来负责数据转发。每个 vRouter 都通过 BGP1 协议把在本 Node 上运行的容器的路由信息向整个 Calico 网络广播，并自动设置到达其他 Node 的路由转发规则。Calico 保证所有容器之间的数据都是通过 IP 路由的方式完成互联互通的。Calico Node 组网时可以直接利用数据中心的网络结构（L2 或者 L3），不需要额外的 NAT、隧道或者 Overlay Network，没有额外的封包和解包操作，能够节约 CPU 算力，提高网络效率，如图 4.10 所示。

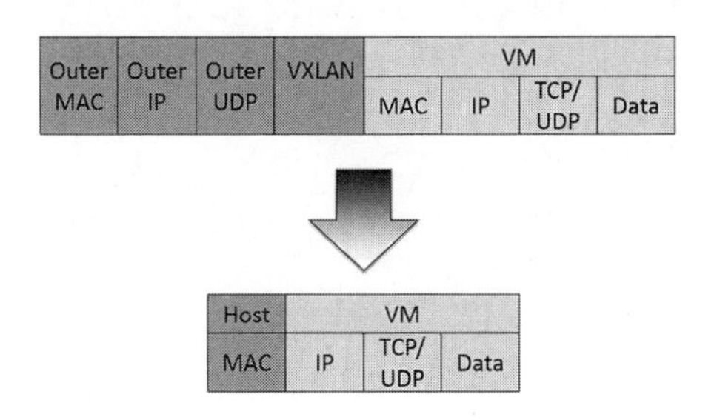

图 4.10　Calico 不使用额外的封包和解包

Calico 在小规模集群中可以直接互联，在大规模集群中可以通过额外的 BGP route reflector 来连接大规模网络，如图 4.11 所示。

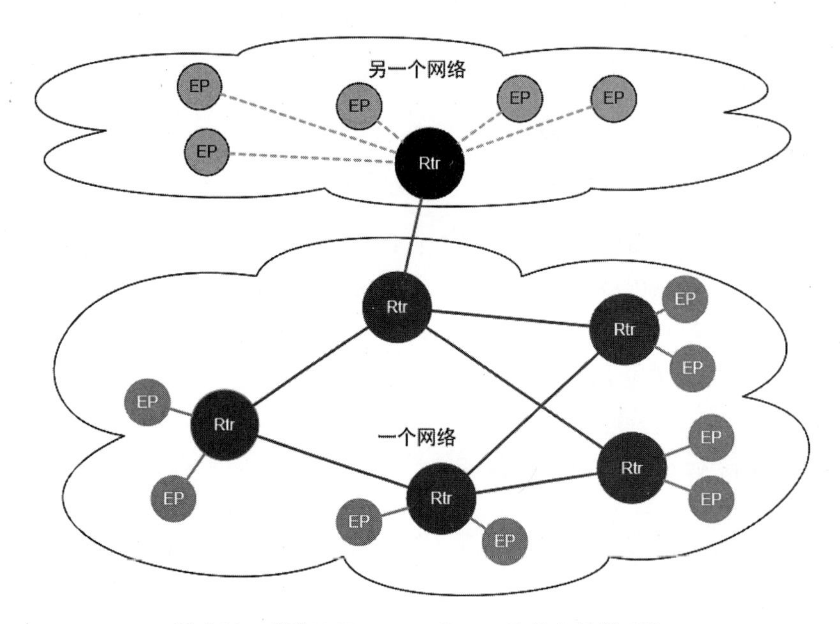

图 4.11　通过 BGP route reflector 连接大规模网络

此外，Calico 还基于 iptables 提供了丰富的网络策略，实现了 Kubernetes 的网络策略管理机制，提供容器间网络安全隔离的功能。

Calico 的系统架构如图 4.12 所示。

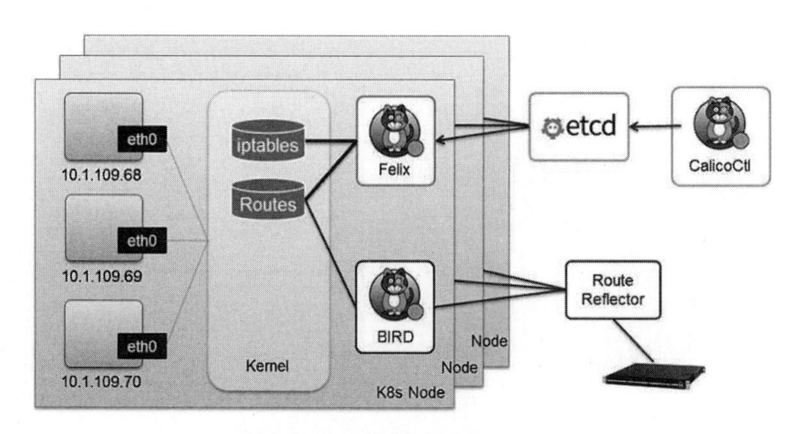

图 4.12　Calico 的系统架构

Calico 的主要组件如下。

◎ Felix：Calico Agent，运行在每个 Node 上，负责为容器设置网络资源（IP 地址、路由规则、iptables 规则等），保证跨主机容器间的网络互通。
◎ etcd：Calico 使用的后端存储。
◎ BGP Client（BIRD）：负责把 Felix 在各 Node 上设置的路由信息通过 BGP 广播到 Calico 网络。
◎ Route Reflector：通过一个或者多个 BGP Route Reflector 完成大规模集群的分级路由分发。
◎ CalicoCtl：Calico 命令行管理工具。

2. 部署 Calico 应用

本例中的 Kubernetes 集群包括两个 Node：k8s-node-1（IP 地址为 192.168.18.3）和 k8s-node-2（IP 地址为 192.168.18.4）。

在 Kubernetes 中部署 Calico，主要包括 calico-node 和 calico policy controller。需要创建的资源对象和配置信息如下。

◎ ConfigMap calico-config：包含 Calico 所需的配置参数。
◎ Secret calico-etcd-secrets：用于使用 TLS 方式连接 etcd。
◎ 在每个 Node 上都运行 calico/node 容器，部署为 DaemonSet。
◎ 在每个 Node 上都安装 Calico CNI 二进制文件并设置网络配置参数（由 install-cni 容器完成）。
◎ 部署一个名为“calico/kube-policy-controller”的 Deployment，以对接 Kubernetes 集群中为 Pod 设置的 NetworkPolicy。

从 Calico 官网下载其 YAML 文件 calico.yaml，该文件包括启动 Calico 所需的全部资源对象，下面对它们逐一进行说明。

（1）Calico 所需的配置及 CNI 网络配置，以 ConfigMap 为对象进行创建：

```
kind: ConfigMap
apiVersion: v1
metadata:
  name: calico-config
  namespace: kube-system
data:
```

```
  typha_service_name: "none"

  calico_backend: "bird"

  veth_mtu: "1440"

  cni_network_config: |-
    {
      "name": "k8s-pod-network",
      "cniVersion": "0.3.1",
      "plugins": [
        {
          "type": "calico",
          "log_level": "info",
          "datastore_type": "kubernetes",
          "nodename": "__KUBERNETES_NODE_NAME__",
          "mtu": __CNI_MTU__,
          "ipam": {
              "type": "calico-ipam"
          },
          "policy": {
              "type": "k8s"
          },
          "kubernetes": {
              "kubeconfig": "__KUBECONFIG_FILEPATH__"
          }
        },
        {
          "type": "portmap",
          "snat": true,
          "capabilities": {"portMappings": true}
        },
        {
          "type": "bandwidth",
          "capabilities": {"bandwidth": true}
        }
      ]
    }
```

主要的参数说明如下。

◎ typha_service_name：typha 服务用于大规模环境中，如需安装，则请参考官网上

calico-typha.yaml 的配置。

◎ calico_backend：Calico 的后端，默认为 bird。

◎ veth_mtu：网络接口的 MTU 值，需要根据不同的网络设置进行调整。

◎ cni_network_config：符合 CNI 规范的网络配置，将在/etc/cni/net.d 目录下生成 CNI 网络配置文件。其中，type=calico 表示 kubelet 将从/opt/cni/bin 目录下搜索名为“calico”的可执行文件，并调用它来完成容器网络的设置。ipam 中的 type=calico-ipam 表示 kubelet 将在/opt/cni/bin 目录下搜索名为“calico-ipam”的可执行文件，用于管理容器的 IP 地址。

（2）calico-node。以 DaemonSet 的形式在每个 Node 上都运行一个 calico-node 容器。

```
kind: DaemonSet
apiVersion: apps/v1
metadata:
  name: calico-node
  namespace: kube-system
  labels:
    k8s-app: calico-node
spec:
  selector:
    matchLabels:
      k8s-app: calico-node
  updateStrategy:
    type: RollingUpdate
    rollingUpdate:
      maxUnavailable: 1
  template:
    metadata:
      labels:
        k8s-app: calico-node
    spec:
      nodeSelector:
        kubernetes.io/os: linux
      hostNetwork: true
      tolerations:
        - effect: NoSchedule
          operator: Exists
        - key: CriticalAddonsOnly
          operator: Exists
        - effect: NoExecute
```

```
    operator: Exists
serviceAccountName: calico-node
terminationGracePeriodSeconds: 0
priorityClassName: system-node-critical
initContainers:
  - name: upgrade-ipam
    image: calico/cni:v3.15.1
    command: ["/opt/cni/bin/calico-ipam", "-upgrade"]
    env:
      - name: KUBERNETES_NODE_NAME
        valueFrom:
          fieldRef:
            fieldPath: spec.nodeName
      - name: CALICO_NETWORKING_BACKEND
        valueFrom:
          configMapKeyRef:
            name: calico-config
            key: calico_backend
    volumeMounts:
      - mountPath: /var/lib/cni/networks
        name: host-local-net-dir
      - mountPath: /host/opt/cni/bin
        name: cni-bin-dir
    securityContext:
      privileged: true
  - name: install-cni
    image: calico/cni:v3.15.1
    command: ["/install-cni.sh"]
    env:
      - name: CNI_CONF_NAME
        value: "10-calico.conflist"
      - name: CNI_NETWORK_CONFIG
        valueFrom:
          configMapKeyRef:
            name: calico-config
            key: cni_network_config
      - name: KUBERNETES_NODE_NAME
        valueFrom:
          fieldRef:
            fieldPath: spec.nodeName
      - name: CNI_MTU
```

```
              valueFrom:
                configMapKeyRef:
                  name: calico-config
                  key: veth_mtu
            - name: SLEEP
              value: "false"
          volumeMounts:
            - mountPath: /host/opt/cni/bin
              name: cni-bin-dir
            - mountPath: /host/etc/cni/net.d
              name: cni-net-dir
          securityContext:
            privileged: true
        - name: flexvol-driver
          image: calico/pod2daemon-flexvol:v3.15.1
          volumeMounts:
          - name: flexvol-driver-host
            mountPath: /host/driver
          securityContext:
            privileged: true
      containers:
        - name: calico-node
          image: calico/node:v3.15.1
          env:
            - name: DATASTORE_TYPE
              value: "kubernetes"
            - name: WAIT_FOR_DATASTORE
              value: "true"
            - name: NODENAME
              valueFrom:
                fieldRef:
                  fieldPath: spec.nodeName
            - name: CALICO_NETWORKING_BACKEND
              valueFrom:
                configMapKeyRef:
                  name: calico-config
                  key: calico_backend
            - name: CLUSTER_TYPE
              value: "k8s,bgp"
            - name: IP
              value: "autodetect"
```

```
            - name: CALICO_IPV4POOL_IPIP
              value: "Always"
            - name: CALICO_IPV4POOL_VXLAN
              value: "Never"
            - name: FELIX_IPINIPMTU
              valueFrom:
                configMapKeyRef:
                  name: calico-config
                  key: veth_mtu
            - name: FELIX_VXLANMTU
              valueFrom:
                configMapKeyRef:
                  name: calico-config
                  key: veth_mtu
            - name: FELIX_WIREGUARDMTU
              valueFrom:
                configMapKeyRef:
                  name: calico-config
                  key: veth_mtu
            # 设置 Pod 的 IP CIDR 地址段
            - name: CALICO_IPV4POOL_CIDR
              value: "10.1.0.0/16"
            # 设置需要绑定的宿主机网络接口名称的正则表达式
            - name: IP_AUTODETECTION_METHOD
              value: "interface=ens.*"
            - name: CALICO_DISABLE_FILE_LOGGING
              value: "true"
            - name: FELIX_DEFAULTENDPOINTTOHOSTACTION
              value: "ACCEPT"
            - name: FELIX_IPV6SUPPORT
              value: "false"
            - name: FELIX_LOGSEVERITYSCREEN
              value: "info"
            - name: FELIX_HEALTHENABLED
              value: "true"
          securityContext:
            privileged: true
          resources:
            requests:
              cpu: 250m
          livenessProbe:
```

```
      exec:
        command:
        - /bin/calico-node
        - -felix-live
        - -bird-live
      periodSeconds: 10
      initialDelaySeconds: 10
      failureThreshold: 6
    readinessProbe:
      exec:
        command:
        - /bin/calico-node
        - -felix-ready
        - -bird-ready
      periodSeconds: 10
    volumeMounts:
      - mountPath: /lib/modules
        name: lib-modules
        readOnly: true
      - mountPath: /run/xtables.lock
        name: xtables-lock
        readOnly: false
      - mountPath: /var/run/calico
        name: var-run-calico
        readOnly: false
      - mountPath: /var/lib/calico
        name: var-lib-calico
        readOnly: false
      - name: policysync
        mountPath: /var/run/nodeagent
volumes:
  - name: lib-modules
    hostPath:
      path: /lib/modules
  - name: var-run-calico
    hostPath:
      path: /var/run/calico
  - name: var-lib-calico
    hostPath:
      path: /var/lib/calico
  - name: xtables-lock
```

```
          hostPath:
            path: /run/xtables.lock
            type: FileOrCreate
        - name: cni-bin-dir
          hostPath:
            path: /opt/cni/bin
        - name: cni-net-dir
          hostPath:
            path: /etc/cni/net.d
        - name: host-local-net-dir
          hostPath:
            path: /var/lib/cni/networks
        - name: policysync
          hostPath:
            type: DirectoryOrCreate
            path: /var/run/nodeagent
        - name: flexvol-driver-host
          hostPath:
            type: DirectoryOrCreate
            path: /usr/libexec/kubernetes/kubelet-plugins/volume/exec/
nodeagent~uds
```

在该 Pod 中，初始化容器 upgrade-ipam、install-cni、flexvol-driver 分别完成了一些初始化工作。主应用容器为 calico-node，用于管理 Pod 的网络配置，保证 Pod 的网络与各 Node 互联互通。

calico-node 应用的主要参数如下。

◎ DATASTORE_TYPE：数据后端存储，默认为“kubernetes”，也可以使用“etcd”。
◎ CALICO_IPV4POOL_IPIP：是否启用 IPIP 模式。启用 IPIP 模式时，Calico 将在 Node 上创建一个名为“tunl0”的虚拟隧道。
◎ CALICO_IPV4POOL_CIDR：Calico IPAM 的 IP 地址池，Pod 的 IP 地址将从该地址池中进行分配。
◎ IP_AUTODETECTION_METHOD：获取 Node IP 地址的方式，默认使用第 1 个网络接口的 IP 地址，对于安装了多块网卡的 Node，建议使用正则表达式选择正确的网卡，例如“interface=ens.*”，表示选择名称以 ens 开头的网卡的 IP 地址。
◎ FELIX_IPV6SUPPORT：是否启用 IPv6。
◎ FELIX_LOGSEVERITYSCREEN：日志级别。

其中，IP 地址池可以使用两种模式：BGP 或 IPIP。使用 IPIP 模式时，设置 CALICO_IPV4POOL_IPIP="always"；不使用 IPIP 模式时，设置 CALICO_IPV4POOL_IPIP= "off"，此时将使用 BGP 模式。

IPIP 是一种在各 Node 的路由之间做一个 tunnel 后，再把两个网络连接起来的模式，如图 4.13 所示。启用 IPIP 模式时，Calico 将在各 Node 上创建一个名为“tunl0”的虚拟隧道。

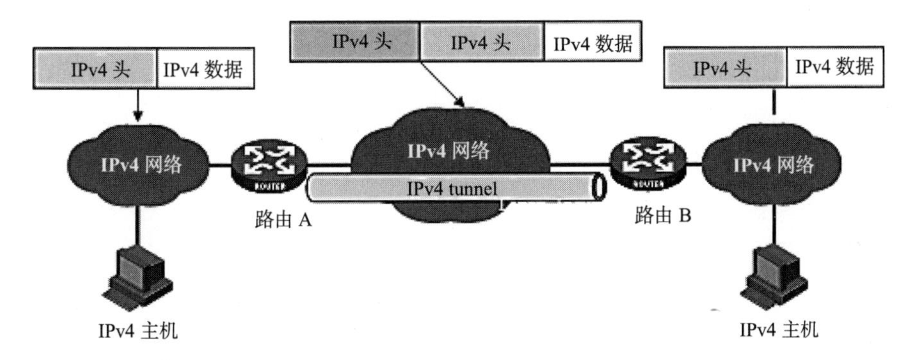

图 4.13　IPIP 模式

BGP 模式则直接使用物理机作为虚拟路由器（vRouter），不再创建额外的 tunnel。

（3）calico-kube-controllers 应用，用于管理 Kubernetes 集群中的网络策略。

```
apiVersion: apps/v1
kind: Deployment
metadata:
  name: calico-kube-controllers
  namespace: kube-system
  labels:
    k8s-app: calico-kube-controllers
spec:
  replicas: 1
  selector:
    matchLabels:
      k8s-app: calico-kube-controllers
  strategy:
    type: Recreate
  template:
    metadata:
      name: calico-kube-controllers
      namespace: kube-system
```

```
      labels:
        k8s-app: calico-kube-controllers
    spec:
      nodeSelector:
        kubernetes.io/os: linux
      tolerations:
        - key: CriticalAddonsOnly
          operator: Exists
        - key: node-role.kubernetes.io/master
          effect: NoSchedule
      serviceAccountName: calico-kube-controllers
      priorityClassName: system-cluster-critical
      containers:
        - name: calico-kube-controllers
          image: calico/kube-controllers:v3.15.1
          env:
            - name: ENABLED_CONTROLLERS
              value: node
            - name: DATASTORE_TYPE
              value: kubernetes
          readinessProbe:
            exec:
              command:
              - /usr/bin/check-status
              - -r
```

说明：本例中省略了 calico-node 和 calico-kube-controllers 相关的 RBAC 权限配置，以及对 Calico 自定义资源对象 CRD 的说明，详细配置请参考官方文档的说明。

修改好相应的参数后，创建 Calico 的各个资源对象：

```
# kubectl create -f calico.yaml
configmap/calico-config created
daemonset.apps/calico-node created
deployment.apps/calico-kube-controllers created
```

确保 Calico 的各个应用正确运行：

```
# kubectl get pods --namespace=kube-system -o wide
NAME                READY    STATUS    RESTARTS   AGE      IP            NODE
calico-node-pgwqr   2/2      Running    0         1m     192.168.18.4  k8s-node-2
calico-node-t3ntq   2/2      Running    0         1m     192.168.18.3  k8s-node-1
calico-kube-controllers-1838634297-cfddl  1/1  Running   0    2m
```

```
192.168.18.3   k8s-node-1
```

calico-node 在正常运行后，会根据 CNI 规范，在/etc/cni/net.d/目录下生成如下文件和目录，并在/opt/cni/bin/目录下安装二进制文件 calico 和 calico-ipam，供 kubelet 调用。

①10-calico.conflist：符合 CNI 规范的网络配置列表，其中，type=calico 表示该插件的二进制文件名为“calico”。示例如下：

```
{
  "name": "k8s-pod-network",
  "cniVersion": "0.3.1",
  "plugins": [
    {
      "type": "calico",
      "log_level": "info",
      "datastore_type": "kubernetes",
      "nodename": "192.168.18.3",
      "mtu": 1440,
      "ipam": {
          "type": "calico-ipam"
      },
      "policy": {
          "type": "k8s"
      },
      "kubernetes": {
          "kubeconfig": "/etc/cni/net.d/calico-kubeconfig"
      }
    },
    {
      "type": "portmap",
      "snat": true,
      "capabilities": {"portMappings": true}
    },
    {
      "type": "bandwidth",
      "capabilities": {"bandwidth": true}
    }
  ]
}
```

②calico-kubeconfig：Calico 访问 Master 所需的 kubeconfig 文件。示例如下：

```
    apiVersion: v1
    kind: Config
    clusters:
    - name: local
      cluster:
        server: https://[169.169.0.1]:443
        certificate-authority-data:
LS0tLS1CRUdJTiBDRVJUSUZJQ0FURS0tLS0tCk1JSURJakNDQWdHZ0F3SUJBZ0lVVzVYYm5RUE8xVk5K
bjZ4bXlrZWJvUXR3ZEhBd0RRWUpLb1pJaHZjTkFRRUwKQlFBd0Z6RVZNQk1HQTFVRUF3d01NVGt5TGpF
Mk9DNHhPQzR6TUNBWERUSXdNRFF6TURBNE1UQXhObG9ZRHpJeApNakF3TkRBMk1EZ3hNREUyV2pBWE1S
VXdFd1lEVlFRRERBd3hPVEl1TVRZNExqRTRMak13Z2dFcU1BMEdDU3FHClNJYjNEUUVCQVFVQUE0SUJG
d0F3Z2dFU0FvSUJDVEJUVWdwam1VVkFuVEhmOXBVaTlqMC9sNW5vNnZML0ZQTkUKcXFkNlNJNEFQL1h2
VklFUXhBN1JCV29oVithTFZCa2VrNzA5ZWdQSU84VmtmRDVJbk1tbzNOaHNYMmwzL3B3SwphTHRGT0Ra
ZHVvQThjUkNmTWNIUTZFVFA0SHRCV0V5eE9IbTBvSXJoeVdKS29oRzJBbU9jKzNUVDFieElpVjdhCnBS
VnN5ZUN6djhFRVhYYURZeE84aGszelZURFRZWlRUN0NycUZ3Zm1FZGhzbHNQZ3lUbWV3T1ZIQmV0czNv
bGoKdlZENkF6M3ZOMGFhaHRpeVpvb3ZodEc1MExxKYlRldkVOWEYzTzFUSVZuN2tqNmVkaG1kOWpoRTlP
Nzl6aVNiaQphYThMeFZqcUZnZFIxUzRXTGpnRjJDM2V0elpZTXY4K1dVbzA4Zk1jMDE5V3NHZGljMmdu
Q1pkODNUeFhVY2NDCkF3RUFBYU5UTUZFd0hRWURWUjBPQkJZRUZQM01kOERLMlhyVWJQSDF3WU1JUktK
WTJDcVZNQjhHQTFVZEl3UVkKTUJhQUZQM01kOERLMlhyVWJQSDF3WU1JUktKWTJDcVZNQThHQTFVZEV3
RUIvd1FGTUFNQkFmOHdEUVlKS29aSQpodmNOQVFFTEJRQURnZ0VLQUJHZVBYMkJFa3JpNHpQZUE3SHRx
aHZodFdQSnozV252aC9wSGxYTW5pcDYzUXljCjhwUGJldHcyU0F2NGY2cVBTNnRrbVNwMmY1NE16ZlVn
aWhaVmdFVUZ0bWx1ejhLY0hBcWxDamUreTRpdk5xMVcKYVVVBUWpsNEJwL3kySlIwR1hZcGwrT3psWFVs
alpYRlBrYnJncmRRcENNrb1ZBRmtwd2pITUQ0RzZMU0llcWk4RApJVzl6WEo4Z1BZS21yWjBBVjVRWjhv
RkxpSlV5emppY3RuWUcxVVJQNitxcmdqcDB6YlcrQXdOVXdhQitEMmNyCm5BLzdkNXgyM01mb2lyZThG
SmFDeEU3MUZSV055R1NpQ0ZMSksxcmIyRnJuRTJCQW9WLyt5NWVJN3BmQTRZcW8Kci95UnhmRHRpaURs
czRwVGZFZmxqYnkrYnRhNHRLTTN1b3BoT1hTRFNBbStIaVpYdGhnPQotLS0tLUVORCBDRVJUSUZJQ0FU
RS0tLS0tCg==
    users:
    - name: calico
      user:
        token:
"eyJhbGciOiJSUzI1NiIsImtpZCI6InlIS3phUUFZT0NJb1U2NDdENjNFWWdMQk1oMHRKYVRkMG5BYTN
mbkd6WjAifQ.eyJpc3MiOiJrdWJlcm5ldGVzL3NlcnZpY2VhY2NvdW50Iiwia3ViZXJuZXRlcy5pby9z
ZXJ2aWNlYWNjb3VudC9uYW1lc3BhY2UiOiJrdWJlLXN5c3RlbSIsImt1YmVybmV0ZXMuaW8vc2Vydmlj
ZWFjY291bnQvc2VjcmV0Lm5hbWUiOiJjYWxpY28tbm9kZS10b2tlbi1tZ2pzeCIsImt1YmVybmV0ZXMu
aW8vc2VydmljZWFjY291bnQvc2VydmljZS1hY2NvdW50Lm5hbWUiOiJjYWxpY28tbm9kZSIsImt1YmVy
bmV0ZXMuaW8vc2VydmljZWFjY291bnQvc2VydmljZS1hY2NvdW50LnVpZCI6ImNkZWUyY2Y4LTAzZmIt
NDZmNS1hZGNmLTU2OWY3Yzk0Y2FiMiIsInN1YiI6InN5c3RlbTpzZXJ2aWNlYWNjb3VudDprdWJlLXN5
c3RlbTpjYWxpY28tbm9kZSJ9.E0V0SpzBZIigd15Nzn3Ul1yDu40ss2Ndqn-il8n-Ki7-693JH4CJNp8
DC7IkEBoj2Ir1ViNKIlnv_P9nv1-yik3zsstNF6hjjolibi6ZlEwEpBUbnhZXhnESIZUy7z28UECAw5W
mMACVBgrVUEM-ec6m3kz3XwC_QrhVLv7HCrZq0ANTn_bJrpj9ry7uljShpPjhNwZlhz25WiL41BKpI_2
```

```
ll-ce80Uvd6imrWXoyZesVtJ_PnKGyCjTy0YGrvb3j05ZPLgCAPtV4P6RAM2ZBKQ3irlOL8CkDtBjRgz
z1XWWe5tdz7vSmjStmZ9Q6MTISxlQJKCVXwegO8Y7DaRfgFb3qWmTEORU7Q"
    contexts:
    - name: calico-context
      context:
        cluster: local
        user: calico
    current-context: calico-context
```

在 Calico 正确运行后，我们看看 Calico 在操作系统中设置的网络配置。查看 k8s-node-1 服务器的网络接口设置，可以看到一个新的名为“tunl0”的接口，并设置网络地址为 10.1.109.64/32：

```
    # ip addr show
    1: lo: <LOOPBACK,UP,LOWER_UP> mtu 65536 qdisc noqueue state UNKNOWN qlen 1
        link/loopback 00:00:00:00:00:00 brd 00:00:00:00:00:00
        inet 127.0.0.1/8 scope host lo
          valid_lft forever preferred_lft forever
        inet6 ::1/128 scope host
          valid_lft forever preferred_lft forever
    2: ens33: <BROADCAST,MULTICAST,UP,LOWER_UP> mtu 1500 qdisc pfifo_fast state UP
qlen 1000
        link/ether 00:0c:29:1b:c5:fc brd ff:ff:ff:ff:ff:ff
        inet 192.168.18.3/24 brd 192.168.18.255 scope global ens33
          valid_lft forever preferred_lft forever
        inet6 fe80::20c:29ff:fe1b:c5fc/64 scope link
          valid_lft forever preferred_lft forever
    3: tunl0@NONE: <NOARP,UP,LOWER_UP> mtu 1440 qdisc noqueue state UNKNOWN qlen 1
        link/ipip 0.0.0.0 brd 0.0.0.0
        inet 10.1.109.64/32 scope global tunl0
          valid_lft forever preferred_lft forever
```

查看 k8s-node-2 服务器的网络接口设置，同样可以看到一个新的名为“tunl0”的接口，网络地址为 10.1.140.64/32：

```
    1: lo: <LOOPBACK,UP,LOWER_UP> mtu 65536 qdisc noqueue state UNKNOWN qlen 1
        link/loopback 00:00:00:00:00:00 brd 00:00:00:00:00:00
        inet 127.0.0.1/8 scope host lo
          valid_lft forever preferred_lft forever
        inet6 ::1/128 scope host
          valid_lft forever preferred_lft forever
    2: ens33: <BROADCAST,MULTICAST,UP,LOWER_UP> mtu 1500 qdisc pfifo_fast state UP
```

```
qlen 1000
      link/ether 00:0c:29:93:71:9e brd ff:ff:ff:ff:ff:ff
      inet 192.168.18.4/24 brd 192.168.18.255 scope global ens33
        valid_lft forever preferred_lft forever
      inet6 fe80::20c:29ff:fe93:719e/64 scope link
        valid_lft forever preferred_lft forever
   3: tunl0@NONE: <NOARP,UP,LOWER_UP> mtu 1440 qdisc noqueue state UNKNOWN qlen 1
      link/ipip 0.0.0.0 brd 0.0.0.0
      inet 10.1.140.64/32 scope global tunl0
        valid_lft forever preferred_lft forever
```

这两个子网都是从 calico-node 设置的 IP 地址池（CALICO_IPV4POOL_CIDR="10.1.0.0/16"）中分配得来的。

我们再看看 Calico 在两台主机上设置的路由规则。

首先，查看 k8s-node-1 服务器的路由表，可以看到一条到 k8s-node-2 的 Calico 容器网络 10.1.140.64/26 的路由转发规则：

```
# ip route
default via 192.168.18.2 dev ens33
blackhole 10.1.109.64/26  proto bird
10.1.140.64/26 via 192.168.18.4 dev tunl0  proto bird onlink
192.168.18.0/24 dev ens33  proto kernel  scope link  src 192.168.18.3  metric 100
```

然后，查看 k8s-node-2 服务器的路由表，可以看到一条到 k8s-node-1 的 Calico 容器网络 10.1.109.64/26 的路由转发规则：

```
# ip route
default via 192.168.18.2 dev ens33
blackhole 10.1.140.64/26  proto bird
10.1.109.64/26 via 192.168.18.3 dev tunl0  proto bird onlink
192.168.18.0/24 dev ens33  proto kernel  scope link  src 192.168.18.4  metric 100
```

这样，通过 Calico 就完成了 Node 间的容器网络设置。在后续的 Pod 创建过程中，kubelet 将通过 CNI 接口调用 Calico 进行 Pod 网络设置，包括 IP 地址、路由规则、iptables 规则等。

如果设置 CALICO_IPV4POOL_IPIP="off"，即不使用 IPIP 模式，则 Calico 将不会创建 tunl0 网络接口，路由规则直接使用物理机网卡作为路由器进行转发。

查看 k8s-node-1 服务器的路由表，可以看到一条到 k8s-node-2 的私网 10.1.140.64/26 的路由转发规则，将通过本机 ens33 网卡进行转发：

```
# ip route
default via 192.168.18.2 dev ens33
blackhole 10.1.109.64/26  proto bird
10.1.140.64/26 via 192.168.18.4 dev ens33  proto bird
192.168.18.0/24 dev ens33  proto kernel  scope link  src 192.168.18.3  metric 100
```

查看 k8s-node-2 服务器的路由表，可以看到一条到 k8s-node-1 的私网 10.1.109.64/26 的路由转发规则，将通过本机 ens33 网卡进行转发：

```
# ip route
default via 192.168.18.2 dev ens33
blackhole 10.1.140.64/26  proto bird
10.1.109.64/26 via 192.168.18.3 dev ens33  proto bird
192.168.18.0/24 dev ens33  proto kernel  scope link  src 192.168.18.4  metric 100
```

3. 跨主机 Pod 网络联通性验证

下面创建几个 Pod，验证 Calico 对它们的网络设置。

以 mysql 和 myweb 为例，分别创建一个 Pod 和两个 Pod：

```
# mysql.yaml
apiVersion: apps/v1
kind: Deployment
metadata:
  name: mysql
spec:
  replicas: 1
  selector:
    matchLabels:
      app: mysql
  template:
    metadata:
      labels:
        app: mysql
    spec:
      containers:
      - name: mysql
        image: mysql
        ports:
        - containerPort: 3306
        env:
        - name: MYSQL_ROOT_PASSWORD
```

```
          value: "123456"

# myweb.yaml
apiVersion: apps/v1
kind: Deployment
metadata:
  name: myweb
spec:
  replicas: 2
  selector:
    matchLabels:
      app: myweb
  template:
    metadata:
      labels:
        app: myweb
    spec:
      containers:
      - name: myweb
        image: kubeguide/tomcat-app:v1
        ports:
        - containerPort: 8080
        env:
        - name: MYSQL_SERVICE_HOST
          value: 'mysql'
        - name: MYSQL_SERVICE_PORT
          value: '3306'

# kubectl create -f mysql.yaml -f myweb.yaml
deployment.apps/mysql created
deployment.apps/myweb created
```

查看各 Pod 的 IP 地址，可以看到是通过 Calico 设置的以 10.1 开头的 IP 地址：

```
# kubectl get pod -o wide
NAME          READY    STATUS    RESTARTS   AGE      IP             NODE
mysql-8cztq   1/1      Running   0          2m       10.1.109.71    k8s-node-1
myweb-h4lg3   1/1      Running   0          2m       10.1.109.70    k8s-node-1
myweb-s86sk   1/1      Running   0          2m       10.1.140.66    k8s-node-2
```

进入运行在 k8s-node-2 上的 Pod “myweb-s86sk”：

```
# kubectl exec -ti myweb-s86sk -- bash
```

在容器内访问运行在 k8s-node-1 上的 Pod “mysql-8cztq” 的 IP 地址 10.1.109.71：

```
root@myweb-s86sk:/usr/local/tomcat# ping 10.1.109.71
PING 10.1.109.71 (10.1.109.71): 56 data bytes
64 bytes from 10.1.109.71: icmp_seq=0 ttl=63 time=0.344 ms
64 bytes from 10.1.109.71: icmp_seq=1 ttl=63 time=0.213 ms
```

在容器内访问物理机 k8s-node-1 的 IP 地址 192.168.18.3：

```
root@myweb-s86sk:/usr/local/tomcat# ping 192.168.18.3
PING 192.168.18.3 (192.168.18.3): 56 data bytes
64 bytes from 192.168.18.3: icmp_seq=0 ttl=64 time=0.327 ms
64 bytes from 192.168.18.3: icmp_seq=1 ttl=64 time=0.182 ms
```

这说明跨主机容器之间、容器与宿主机之间的网络都能互联互通了。

查看 k8s-node-2 物理机的网络接口和路由表，可以看到 Calico 为 Pod “myweb-s86sk” 新建了一个网络接口 cali439924adc43，并为其设置了一条路由规则：

```
# ip addr show
1: lo: <LOOPBACK,UP,LOWER_UP> mtu 65536 qdisc noqueue state UNKNOWN qlen 1
......
7: cali439924adc43@if3: <BROADCAST,MULTICAST,UP,LOWER_UP> mtu 1500 qdisc
noqueue state UP
    link/ether e2:e9:9a:55:52:92 brd ff:ff:ff:ff:ff:ff link-netnsid 0
    inet6 fe80::e0e9:9aff:fe55:5292/64 scope link
       valid_lft forever preferred_lft forever

# ip route
default via 192.168.18.2 dev ens33
blackhole 10.1.140.64/26  proto bird
10.1.109.64/26 via 192.168.18.3 dev tunl0  proto bird onlink
10.1.140.66 dev cali439924adc43  scope link
192.168.18.0/24 dev ens33  proto kernel  scope link  src 192.168.18.4  metric 100
```

另外，Calico 也为该 Pod 的网络接口 cali439924adc43 设置了相应的 iptables 规则：

```
# iptables -L
......
Chain cali-from-wl-dispatch (2 references)
target     prot opt source               destination
cali-fw-cali439924adc43  all  --  anywhere             anywhere             [goto]
/* cali:27N3bvAtjtNgABL_ */
DROP       all  --  anywhere             anywhere             /*
```

```
cali:tL986QdUS4OiW3mC */ /* Unknown interface */

    Chain cali-fw-cali439924adc43 (1 references)
    target     prot opt source               destination
    ACCEPT     all  --  anywhere             anywhere             /*
cali:w_ft-rPVu6fgqGmc */ ctstate RELATED,ESTABLISHED
    DROP       all  --  anywhere             anywhere             /*
cali:ATcF-FBghYxNthE2 */ ctstate INVALID
    MARK       all  --  anywhere             anywhere             /*
cali:5mvqaVXl8wQh6vS6 */ MARK and 0xfeffffff
    MARK       all  --  anywhere             anywhere             /*
cali:nOAdEHYzt1IeVaqu */ /* Start of policies */ MARK and 0xfdffffff

    Chain cali-to-wl-dispatch (1 references)
    target     prot opt source               destination
    cali-tw-cali439924adc43  all  --  anywhere             anywhere             [goto]
/* cali:WibRaHK-UmAeF88Y */
    Chain cali-tw-cali439924adc43 (1 references)
    target     prot opt source               destination
    ACCEPT     all  --  anywhere             anywhere             /*
cali:c21cc_VY82hSFHuc */ ctstate RELATED,ESTABLISHED
    DROP       all  --  anywhere             anywhere             /*
cali:6eNswYurPxc_1g2M */ ctstate INVALID
    MARK       all  --  anywhere             anywhere             /*
cali:Y55YBsPr1TihN4NE */ MARK and 0xfeffffff
    MARK       all  --  anywhere             anywhere             /*
cali:hfMD9kYf5exJluSH */ /* Start of policies */ MARK and 0xfdffffff
    ......
```

4.5　Kubernetes 网络策略

为了实现细粒度的微服务之间的网络访问隔离策略，Kubernetes 从 v1.3 版本开始引入了网络策略管理机制，在 Kubernetes v1.8 版本升级为 networking.k8s.io/v1 稳定版本。网络策略管理机制的主要功能是对 Pod 或者 Namespace 之间的网络通信进行限制和准入控制，设置方式为将目标对象的 Label 作为查询条件，设置允许访问或禁止访问的客户端 Pod 列表。目前查询条件可以作用于 Pod、Namespace 或特定的 IP 地址范围（IP CIDR Block）。

为了使用网络策略管理机制，Kubernetes 引入了一个新的资源对象 NetworkPolicy，供用户设置 Pod 之间的网络访问策略。但这个资源对象配置的仅仅是策略规则，还需要一个策略控制器（Policy Controller）进行策略规则的具体实现。策略控制器通常可以由 CNI 网络插件提供，目前 Calico、Cilium、Romana、Weave Net 等开源项目均支持网络策略的实现。

网络策略管理机制的工作原理如图 4.14 所示，策略控制器需要实现一个 API Listener，监听用户设置的 NetworkPolicy 定义，并将网络访问规则通过各 Node 的 Agent 进行实际设置（Agent 由 CNI 网络插件实现）。

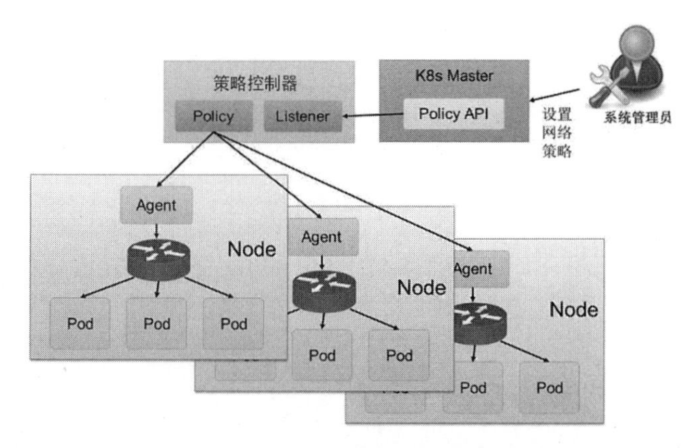

图 4.14 网络策略管理机制的工作原理

4.5.1 网络策略概述

网络策略的设置主要用于对目标 Pod 的网络访问进行控制，在默认情况下，对所有的 Pod 都是允许访问的，在设置了指向 Pod 的 NetworkPolicy 后，到 Pod 的访问才会被限制。

下面通过一个例子对 NetworkPolicy 资源对象的使用进行说明。

```
apiVersion: networking.k8s.io/v1
kind: NetworkPolicy
metadata:
  name: test-network-policy
  namespace: default
spec:
  podSelector:
    matchLabels:
      role: db
```

```
  policyTypes:
  - Ingress
  - Egress
  ingress:
  - from:
    - ipBlock:
        cidr: 172.17.0.0/16
        except:
        - 172.17.1.0/24
    - namespaceSelector:
        matchLabels:
          project: myproject
        matchExpressions:
        - key: namespace
          operator: In
          values: ["frontend", "backend"]
    - podSelector:
        matchLabels:
          role: frontend
    ports:
    - protocol: TCP
      port: 6379
  egress:
  - to:
    - ipBlock:
        cidr: 10.0.0.0/24
    ports:
    - protocol: TCP
      port: 5978
```

主要的参数说明如下。

◎ podSelector：定义该网络策略作用的目标 Pod 范围，本例的选择条件为包含 role=db 标签的 Pod。

◎ policyTypes：网络策略的类型，包括 Ingress 和 Egress 两种，用于设置目标 Pod 的入站和出站的网络限制。如果未指定 policyTypes，则系统默认会设置为 Ingress 类型；若设置了 egress 策略，则系统自动设置为 Egress 类型。可以配置多个策略，要求不能互相冲突，多个策略具有叠加效果，即每个策略都应该生效。

◎ ingress：定义允许访问目标 Pod 的入站白名单规则，满足 from 条件的客户端才能访问 ports 定义的目标 Pod 端口号。

- from：对符合条件的客户端 Pod 进行网络放行，规则包括基于客户端 Pod 的 Label、基于客户端 Pod 所在命名空间的 Label 或者客户端的 IP 范围。
- ports：允许访问的目标 Pod 监听的端口号。

◎ egress：定义目标 Pod 允许访问的“出站”白名单规则，目标 Pod 仅允许访问满足 to 条件的服务端 IP 范围和 ports 定义的端口号。

- to：允许访问的服务端信息，可以基于服务端 Pod 的 Label、基于服务端 Pod 所在命名空间的 Label 或者服务端 IP 范围。
- ports：允许访问的服务端的端口号。从 Kubernetes v1.25 版本开始引入了一个新的字段 endPort 以支持设置端口范围，前提是 CNI 插件必须支持 endPort 字段的含义，如果 CNI 插件不支持该字段，则只会对 port 字段生效。使用字段 endPort 要求在设置了 port 的前提下才能设置，并且要求其值必须大于或等于 port 的值。例如：

```
egress:
- to:
  - ipBlock:
      cidr: 10.0.0.0/24
  ports:
  - protocol: TCP
    port: 5978
    endPort: 6000
```

通过本例所示的 NetworkPolicy 设置，针对目的地为命名空间 default 中包含 role=db 标签的全部 Pod 的网络访问，对不同来源的 Pod 进行了网络访问限制，为目标 Pod 的网络访问设置了以下两个方向的访问策略。

Ingress 策略包括：

◎ 允许与目标 Pod 在同一个命名空间（default）中的包含 role=frontend 标签的客户端 Pod 访问目标 Pod。

◎ 允许属于包含 project=myproject 标签的命名空间的客户端 Pod 访问目标 Pod。

◎ 允许属于 IP 地址范围 172.17.0.0/16 的客户端 Pod 访问目标 Pod，但不包括属于 IP 地址范围 172.17.1.0/24 的客户端应用。

Egress 策略包括：允许目标 Pod 访问 IP 地址范围为 10.0.0.0/24，并监听 5978 端口的服务。

4.5.2　Selector 功能说明

本节对 podSelector、namespaceSelector 和 ipBlock 等选择器的功能进行说明。

在 from 或 to 配置中，namespaceSelector 和 podSelector 可以单独设置，也可以组合设置。ingress 的 from 字段和 egress 的 to 字段总共可以有 4 种设置选择器（Selector）的方式。

◎ podSelector：同一个命名空间选中的目标 Pod 应作为 ingress 来源或 egress 目标允许网络访问。

◎ namespaceSelector：目标命名空间中的全部 Pod 应作为 ingress 来源或 egress 目标允许网络访问。

◎ podSelector 和 namespaceSelector：在 from 或 to 配置中，如果既设置了 namespaceSelector，又设置了 podSelector，则表示选中指定命名空间中的 Pod。这在 YAML 文件中需要进行准确设置。

◎ ipBlock：其设置的 IP 地址范围应作为 ingress 来源或 egress 目标允许网络访问，通常应设置为集群外部的 IP 地址。

下面通过示例对 Selector 的功能进行说明。

例 1：在 from 中同时设置 namespaceSelector 和 podSelector，该策略允许在拥有 user=alice 标签的命名空间中拥有 role=client 标签的 Pod 发起访问：

```
......
  ingress:
  - from:
    - namespaceSelector:
        matchLabels:
          user: alice
      podSelector:
        matchLabels:
          role: client
......
```

例 2：在 from 中分别设置 namespaceSelector 和 podSelector，该策略既允许拥有 user=alice 标签的命名空间中的任意 Pod 发起访问，也允许目标 Pod 所在命名空间中有 role=client 标签的 Pod 发起访问：

```
......
  ingress:
  - from:
```

```
    - namespaceSelector:
        matchLabels:
          user: alice
    - podSelector:
        matchLabels:
          role: client
......
```

例 3：在 to 中设置 namespaceSelector 时，通过 matchExpressions 表达式来设置选择范围，该策略允许目标 Pod 发起标签 key 为“frontend”或“backend”的 Namespace 中的任意 Pod 的网络访问：

```
......
  egress:
  - to:
    - namespaceSelector:
       matchExpressions:
       - key: namespace
         operator: In
         values: ["frontend", "backend"]
......
```

在设置策略的时候，需要注意以下几种情况。

◎ 集群的 ingress 和 egress 策略通常需要重写数据包的源 IP 或目标 IP 地址，如果发生了这种情况，则无法确定是在 NetworkPolicy 处理前还是处理后发生的，并且重写行为可能会根据网络插件、云提供商、Service 实现的不同而有所不同。

◎ 对于 ingress 策略，这意味着在某些情况下能基于真实源 IP 地址对入站的数据包进行过滤，而在其他情况下，NetworkPolicy 所作用的源 IP 地址可能是 LoadBalancer 的 IP 或 Pod 所在 Node 的 IP 地址。

◎ 对于 egress 策略，这意味着从 Pod 到被重写为集群外部 IP 地址的服务 IP 地址的连接（Connection）可能受（也可能不受）ipBlock 策略的约束。

◎ 在设置 Namespace 时，只能使用标签名称，不能直接使用名称（name），Kubernetes 会给每个 Namespace 都自动创建一个 key 为 kubernetes.io/metadata.name 的标签（其值为 Namespace 名称），这个标签也可以用于网络策略中的配置。

4.5.3　为命名空间配置默认的网络策略

在一个命名空间（Namespace）没有配置任何网络策略的情况下，对其中 Pod 的 ingress 和 egress 网络流量并不会有任何限制。在命名空间级别可以配置一些默认的全局网络策略，以便管理员对整个命名空间进行统一的网络策略配置。

以下是一些常用的命名空间级别的默认网络策略。

（1）默认禁止 ingress 访问。该策略禁止任意客户端访问该命名空间中的任意 Pod，起到隔离访问的作用：

```
apiVersion: networking.k8s.io/v1
kind: NetworkPolicy
metadata:
  name: default-deny
spec:
  podSelector: {}
  policyTypes:
  - Ingress
```

（2）默认允许 ingress 访问。该策略允许任意客户端访问该命名空间中的任意 Pod：

```
apiVersion: networking.k8s.io/v1
kind: NetworkPolicy
metadata:
  name: allow-all
spec:
  podSelector: {}
  ingress:
  - {}
  policyTypes:
  - Ingress
```

（3）默认禁止 egress 访问。该策略禁止该命名空间中的所有 Pod 访问外部的任意服务：

```
apiVersion: networking.k8s.io/v1
kind: NetworkPolicy
metadata:
  name: default-deny
spec:
  podSelector: {}
  policyTypes:
```

```
  - Egress
```

（4）默认允许 egress 访问。该策略允许该命名空间中的所有 Pod 访问外部的任意服务：

```
apiVersion: networking.k8s.io/v1
kind: NetworkPolicy
metadata:
  name: allow-all
spec:
  podSelector: {}
  egress:
  - {}
  policyTypes:
  - Egress
```

（5）默认同时禁止 ingress 和 egress 访问。该策略禁止任意客户端访问该命名空间中的任意 Pod，同时禁止该命名空间中的所有 Pod 访问外部的任意服务：

```
apiVersion: networking.k8s.io/v1
kind: NetworkPolicy
metadata:
  name: default-deny
spec:
  podSelector: {}
  policyTypes:
  - Ingress
  - Egress
```

4.5.4 网络策略应用示例

下面以一个提供服务的 Nginx Pod 为例,为两个客户端 Pod 设置不同的网络访问权限：允许拥有 role=nginxclient 标签的 Pod 访问 Nginx 容器,没有这个标签的客户端容器会被禁止访问。

（1）创建目标 Pod，设置 app=nginx 标签：

```
# nginx.yaml
apiVersion: v1
kind: Pod
metadata:
  name: nginx
  labels:
```

```
      app: nginx
  spec:
    containers:
    - name: nginx
      image: nginx

# kubectl create -f nginx.yaml
pod/nginx created
```

（2）为目标 Nginx Pod 设置网络策略，创建 NetworkPolicy 的 YAML 文件，内容如下：

```
# networkpolicy-allow-nginxclient.yaml
kind: NetworkPolicy
apiVersion: networking.k8s.io/v1
metadata:
  name: allow-nginxclient
spec:
  podSelector:
    matchLabels:
      app: nginx
  ingress:
    - from:
      - podSelector:
          matchLabels:
            role: nginxclient
      ports:
      - protocol: TCP
        port: 80
```

该网络策略的目标 Pod 应包含 app=nginx 标签，通过 from 设置允许访问的客户端 Pod 包含 role=nginxclient 标签，并设置允许客户端访问的端口号为 80。

创建该 NetworkPolicy 资源对象：

```
# kubectl create -f networkpolicy-allow-nginxclient.yaml
networkpolicy.networking.k8s.io/allow-nginxclient created
```

（3）创建两个客户端 Pod，一个包含 role=nginxclient 标签，另一个无此标签，并分别进入各自的 Pod 访问 Nginx 容器，验证网络策略的效果：

```
# client1.yaml
apiVersion: v1
kind: Pod
```

```
metadata:
  name: client1
  labels:
    role: nginxclient
spec:
  containers:
  - name: client1
    image: busybox
    command: [ "sleep", "3600" ]

# client2.yaml
apiVersion: v1
kind: Pod
metadata:
  name: client2
spec:
  containers:
  - name: client2
    image: busybox
    command: [ "sleep", "3600" ]

# kubectl create -f client1.yaml -f client2.yaml
pod/client1 created
pod/client2 created
```

登录 Pod 的“client1”：

```
# kubectl exec -ti client1 -- sh
```

尝试连接 Nginx 容器的 80 端口：

```
/ # wget 10.1.109.69
Connecting to 10.1.109.69 (10.1.109.69:80)
index.html           100% |*******************************|   612   0:00:00 ETA
```

成功访问 Nginx 的服务，说明 NetworkPolicy 生效。

登录 Pod 的“client2”：

```
# kubectl exec -ti client2 -- sh
```

尝试连接 Nginx 容器的 80 端口：

```
/ # wget --timeout=5 10.1.109.69
Connecting to 10.1.109.69 (10.1.109.69:80)
```

```
wget: download timed out
```

访问超时，说明 NetworkPolicy 生效，对没有 role=nginxclient 标签的客户端 Pod 拒绝访问。

说明：本例中的网络策略是基于 Calico 提供的 calico-kube-controllers 实现的，calico-kube-controllers 持续监听 Kubernetes 中 NetworkPolicy 的定义，与各自的 Pod 通过标签进行关联，将允许访问或拒绝访问的策略推送给每个 Node 的 calico-node，最终由 calico-node 完成对 Pod 之间网络访问的设置，实现 Pod 之间的网络隔离。有兴趣的读者可以尝试使用其他 CNI 插件的网络策略控制器来实现 NetworkPolicy 的功能。

4.5.5　网络策略的一些特殊情况和功能限制

由于网络策略（NetworkPolicy）是由运行在每个 Node 上的 CNI 插件进行配置的，因此，在以下几种情况下可能存在预期之外的一些效果。

1）在 Pod 生命周期中可能出现的情况

有时候，CNI 插件在 Node 上配置 Pod 网络策略需要消耗一定的时间，在完成网络策略的设置之前，如果 Pod 已经运行了，那么 Pod 在运行的这段时间内就没有按预期被隔离。

在设置了多种策略的情况下，系统会先处理“隔离”类型的规则，再处理“允许”类型的规则，最坏的情况是所有“隔离”类型的规则都已作用于 Pod，但“运行”类型的规则还未生效，这样可能导致 Pod 在启动时完全无法访问网络连接。

由于 CNI 插件在 Node 上配置网络策略的过程通常不会反馈到 Pod 的信息中，所以无法通过 Kubernetes 的 API（如使用 kubectl get pod）查询网络策略是否设置完成。

对于对网络策略有要求的 Pod 来说，建议使用初始化容器（init container）执行一段脚本，等待网络策略设置完成后（比如可以访问需要的服务地址）再启动应用容器。

另外，由于 CNI 插件设置网络策略是由每个 Node 上的插件程序来完成的，不能保证各个 Node 配置策略同时完成，所以可能出现这种情况：一个在 Node A 新部署的 Pod 可能能够立刻访问 Node A 的目标 Pod，但是需要过一段时间才能访问 Node B 的目标 Pod。

2）对于 hostNetwork 类型的 Pod 应用网络策略可能出现的情况

如果 Pod 设置了 hostNetwork=true，表示它将直接使用宿主机的网络接口，它的 IP 地址不再是 CNI 插件配置的地址，网络策略如何作用于这类 Pod 是未定义的，不过应该局限于下面两种可能的情况。

◎ 如果 CNI 插件能够在同一个 Node 上区分 hostNetwork 类型 Pod 的网络流量，也能够区分同一个 Node 上多个不同的 hostNetwork 类型 Pod 的网络流量，那么就应该能够对 hostNetwork 类型 Pod 的流量应用网络策略。

◎ 如果 CNI 插件无法区分同一个 Node 上 hostNetwork 类型 Pod 的网络流量，那么应该将这类流量作为 IP Block 地址范围进行配置，而不应使用 podSelector 或 namespaceSelector 来关联相关的 Pod。

3）网络策略到目前为止仍不支持的功能

到 Kubernetes v1.28 版本时，以下功能在网络策略中仍然无法实现。如果需要实现这些功能，则可以选择使用操作系统提供的功能组件，如 SELinux、Open vSwitch、IPTables 等；或七层网络技术，如 Ingress Controller、Service Mesh 等；或通过准入控制器（Admission Controller）等替代方案来实现。

◎ 强制集群内部的流量都经过一个公共网关（替代方案建议考虑使用 Service Mesh 或其他 Proxy）。

◎ TLS 相关功能（替代方案建议考虑使用 Service Mesh 或其他 Proxy）。

◎ 特定于 Node 的网络策略（当前无法基于 Kubernetes 信息将网络策略设置在特定 Node 上）。

◎ 按名称指定服务或命名空间（当前仅支持通过 Label 进行设置）。

◎ 创建或管理第三方提供实现的策略请求（Policy Request）。

◎ 适用于所有命名空间或 Pod 的默认策略。

◎ 高级策略查询和可达性工具。

◎ 对网络安全事件进行日志记录的能力（例如连接被阻止或接受的事件）。

◎ 显式设置拒绝策略的能力（当前仅支持设置默认的拒绝策略，仅可以添加“允许”的规则）。

◎ 禁止通过本地回路（loopback）发起流量或从主机上发起流量的策略管理能力（当前 Pod 无法阻止从 Localhost 发起的访问，也不能阻止从其他同组 Node 发起的访问）。

Kubernetes 社区正在积极讨论其中的一些功能特性，有兴趣的读者可以持续关注该社区的进展并参与讨论。

第 5 章 Kubernetes 存储原理和实践

5.1 存储机制概述

容器内部存储的生命周期是短暂的，会随着容器环境的销毁而被销毁，具有不稳定性。如果多个容器希望共享同一份存储资源，则仅仅依赖容器本身是很难实现的。Kubernetes 通过将容器应用所需的存储资源抽象为 Volume（存储卷）来解决这些问题。

Volume 在 Kubernetes 中也是一种资源，Kubernetes 提供了多种类型的 Volume 供容器应用使用。Pod 通过挂载（Mount）的方式来使用一个或多个 Volume。某些类型的 Volume 是"临时"的，简称"临时卷"（Ephemeral Volume），具有与 Pod 相同的生命周期。其他类型的 Volume 是"持久"的，简称"持久卷"（Persistent Volume，PV），通常比 Pod 的生命周期更长。在 Pod 被销毁时，持久卷通常不会被立刻删除，而是交给用户来处理其中的数据。

Volume 可以被理解为用于存放数据的一个目录或文件。Pod 需要首先在其定义中的.spec.volumes 字段定义 Volume，并且可以配置一个或多个不同类型的 Volume；然后在 containers 字段中为每个容器都配置 volumeMounts 字段，设置容器内的挂载路径，这样就能够实现访问 Volume 中的数据了。Volume 具体是什么类型，以及由哪个系统提供，对容器应用来说是透明的。

下面对各种类型的 Volume 的概念和用法进行详细说明。

5.2 临时卷详解

临时卷与 Pod 具有相同的生命周期，包括为 Pod 创建的临时卷（emptyDir、Generic Ephemeral、CSI Ephemeral），以及通过 Kubernetes 的资源对象 configMap、secret、Downward API、Service Account Token、Projected Volume 为 Pod 提供数据的临时卷等。

本节对 emptyDir、Generic Ephemeral、CSI Ephemeral，以及 ConfigMap、Secret、Downward API、Service Account Token、Projected Volume 的概念和用法进行说明。

5.2.1 emptyDir

这种类型的 Volume 将在 Pod 被调度到 Node 时由 kubelet 进行创建，在初始状态下其目录是空的，所以被命名为“空目录”（Empty Directory）。它与 Pod 具有相同的生命周期，当 Pod 被销毁时，emptyDir 对应的目录也会被删除。同一个 Pod 中的多个容器都可以挂载这种类型的 Volume。

由于 emptyDir 类型的 Volume 具有临时性的特点，所以它通常可以用于以下应用场景中。

◎ 基于磁盘进行合并排序操作时需要的暂存空间。
◎ 长时间计算任务的中间检查点文件。
◎ 为某个 Web 服务提供的临时网站内容文件。

在默认情况下，kubelet 会在 Node 的工作目录下为 Pod 创建 emptyDir 目录，这个目录的存储介质可能是本地磁盘、SSD 磁盘或者网络存储设备，具体取决于环境的配置。

另外，emptyDir 可以通过 medium 字段设置存储介质为“Memory”，表示使用基于内存的文件系统（tmpfs、RAM-backed filesystem）。虽然 tmpfs 的读写速度非常快，但与磁盘中的目录不同，在主机重启之后，tmpfs 中的内容就会被清空。此外，写入 tmpfs 中的数据将被计入容器的内存使用量，受到容器级别内存资源上限（Memory Resource Limit）的限制。

下面是使用 emptyDir 类型的 Volume 的 Pod 的 YAML 文件示例，该类型的 Volume 的参数只有一对花括号“{}”：

```yaml
apiVersion: v1
kind: Pod
metadata:
  name: test-pod
spec:
  containers:
  - image: busybox
    name: test-container
    volumeMounts:
    - mountPath: /cache
      name: cache-volume
  volumes:
  - name: cache-volume
    emptyDir: {}
```

在下面的示例中，设置 emptyDir 类型为内存：

```
apiVersion: v1
kind: Pod
......
  volumes:
  - name: cache-volume
    emptyDir:
      medium: "Memory"
```

在下面的示例中，在开启 SizeMemoryBackedVolumes 特性门控时，可以设置 emptyDir 类型为内存并设置内存上限：

```
apiVersion: v1
kind: Pod
......
  volumes:
  - name: cache-volume
    emptyDir:
      medium: "Memory"
      sizeLimit: 500Mi
```

5.2.2 Generic Ephemeral

Generic Ephemeral 类型的 Volume（通用临时卷）特性是从 Kubernetes v1.19 版本开始被引入的，到 v1.23 版本时达到 Stable 阶段，它与 emptyDir 的功能相似，但更加灵活，并且包括以下特性。

◎ 后端的存储既可以是本地磁盘，也可以是网络存储。

◎ 可以为 Generic Ephemeral 设置容量上限。

◎ 在 Generic Ephemeral 内可以有一些初始数据。

在驱动支持的情况下，Generic Ephemeral 支持快照、克隆、调整大小、容量跟踪等标准的卷操作。

下面是使用 Generic Ephemeral 类型的 Volume 的 Pod 的 YAML 文件示例，该类型的 Volume 的参数设置需要从 StorageClass “scratch-storage-class” 中申请 1GiB（代码中写为 “Gi”）的存储空间：

```
kind: Pod
apiVersion: v1
metadata:
```

```
    name: my-app
  spec:
    containers:
      - name: my-frontend
        image: busybox
        volumeMounts:
        - mountPath: "/scratch"
          name: scratch-volume
        command: [ "sleep", "1000000" ]
    volumes:
      - name: scratch-volume
        ephemeral:
          volumeClaimTemplate:
            metadata:
              labels:
                type: my-frontend-volume
            spec:
              accessModes: [ "ReadWriteOnce" ]
              storageClassName: "scratch-storage-class"
              resources:
                requests:
                  storage: 1Gi
```

基于 Generic Ephemeral 中的 volumeClaimTemplate 配置，系统将自动创建一个对应的 PVC（Persistent Volume Claim），并确保在删除 Pod 时自动删除这个 PVC。

对于这个 PVC，将以 Pod 的名称和 Volume 的名称的组合为其命名，中间由“-”连接，例如，在上例中，系统自动创建的 PVC 名称为“my-app-scratch-volume”。不过这种命名机制可能会引起冲突，例如，另一个 Pod“my”和 Volume“app-scratch-volume”也会生成同名的 PVC，在部署 Pod 的时候需要小心设置。

另外，在安全方面，当用户有权限创建 Pod 的时候，Generic Ephemeral 会隐式地创建一个 PVC（即使用户没有直接创建 PVC 的权限），这可能不符合安全要求，可以通过 Admission Webhook 来管理这类操作的权限。

5.2.3　CSI Ephemeral

CSI Ephemeral 类型的 Volume（又称“CSI 临时卷”）特性是从 Kubernetes v1.15 版本开始被引入的，到 v1.25 版本时达到 Stable 阶段，这种类型的 Volume 必须由第三方 CSI

存储驱动程序提供。

CSI 临时卷的概念与 ConfigMap、Secret、Downward API 比较相似，在 Pod 被调度到某个 Node 之后，由 CSI 在该 Node 上进行 CSI 临时卷的创建和管理。由于这种存储不在 Kubernetes 的管理范围内，所以无法设置存储的资源限制，或者应用基于存储容量的调度机制。

下面是一个使用 CSI 临时卷的 Pod 的配置示例：

```
kind: Pod
apiVersion: v1
metadata:
  name: pod-csi-ephemeral
spec:
  containers:
  - name: my-frontend
    image: busybox
    command: [ "sleep", "1000000" ]
    volumeMounts:
    - mountPath: "/data"
      name: my-csi-inline-vol
  volumes:
  - name: my-csi-inline-vol
    csi:
      driver: inline.storage.kubernetes.io
      volumeAttributes:
        foo: bar
```

其中，volumeAttributes 字段用于指示 CSI 驱动提供具有哪种属性的 Volume。属性根据 CSI 驱动的类型有所区别，还未实现标准化。

目前，支持 CSI 临时卷的驱动程序包括 Google Cloud Storage、Intel PMEM-CSI、Portworx 等存储资源提供者提供的驱动程序，详细的列表请参考 CSI 官方网站的说明。

在 Pod 的定义中，用户可以直接配置 CSI 驱动的 volumeAttributes 属性，对于只能由管理员设置的情况，就不适合让用户使用 CSI 临时卷了。另外，通过 StorageClass 设置的参数可能也不适合用于 CSI 临时卷。当有需要时，管理员可以通过 Admission Webhook 来限制对 CSI 驱动的使用方式，或者在 CSIDriver 定义的 volumeLifecycleModes 中删除 Generic Ephemeral 的配置。

5.2.4　其他类型临时卷

Kubernetes 的一些内部资源对象可以以 Volume 的形式被挂载为容器内的目录或文件，目前包括 ConfigMap、Secret、Downward API、Service Account Token、Projected Volume。这些类型的 Volume 也都是“临时”的，即随着 Pod 的销毁会被系统删除。下面对这几种类型的内部资源对象如何以 Volume 形式使用进行说明。

1. ConfigMap

ConfigMap 主要保存应用所需的配置文件，并且通过 Volume 形式被挂载到容器内的文件系统中，以便供容器内的应用读取。

例如，一个包含两个配置文件的 ConfigMap 资源如下：

```
apiVersion: v1
kind: ConfigMap
metadata:
  name: cm-appconfigfiles
data:
  key-serverxml: |
    <?xml version='1.0' encoding='utf-8'?>
    ......
  key-loggingproperties: "handlers
    ......
    = 4host-manager.org.apache.juli.FileHandler\r\n\r\n"
```

在 Pod 的 YAML 文件中，首先将 ConfigMap 设置为一个 Volume，然后在容器中通过 volumeMounts 将 ConfigMap 类型的 Volume 挂载到/configfiles 目录下：

```
apiVersion: v1
kind: Pod
metadata:
  name: cm-test-app
spec:
  containers:
  - name: cm-test-app
    image: kubeguide/tomcat-app:v1
    ports:
    - containerPort: 8080
    volumeMounts:
    - name: serverxml                    # 引用 Volume 的名称
```

```
      mountPath: /configfiles           # 挂载到容器内的目录下
  volumes:
  - name: serverxml                     # 定义 Volume 的名称
    configMap:
      name: cm-appconfigfiles           # 使用 ConfigMap "cm-appconfigfiles"
      items:
      - key: key-serverxml              # key=key-serverxml
        path: server.xml                # 挂载为 server.xml 文件
      - key: key-loggingproperties      # key=key-loggingproperties
        path: logging.properties        # 挂载为 logging.properties 文件
```

在成功创建 Pod 之后，进入容器内查看，可以看到在/configfiles 目录下存在 server.xml 和 logging.properties 文件：

```
# kubectl exec -ti cm-test-app -- bash
root@cm-test-app:/# cat /configfiles/server.xml
<?xml version='1.0' encoding='utf-8'?>
<Server port="8005" shutdown="SHUTDOWN">
......

root@cm-test-app:/# cat /configfiles/logging.properties
handlers = 1catalina.org.apache.juli.AsyncFileHandler,
2localhost.org.apache.juli.AsyncFileHandler,
3manager.org.apache.juli.AsyncFileHandler,
4host-manager.org.apache.juli.AsyncFileHandler, java.util.logging.ConsoleHandler
......
```

ConfigMap 中的配置内容如果是 UTF-8 编码的字符，则将被系统认为是文本文件。如果是其他字符，则将被系统以二进制数据格式进行保存（设置为 binaryData 字段）。

2. Secret

假设在 Kubernetes 中已经存在如下 Secret 资源：

```
apiVersion: v1
kind: Secret
metadata:
  name: mysecret
type: Opaque
data:
  password: dmFsdWUtMg0K
  username: dmFsdWUtMQ0K
```

与 ConfigMap 的用法类似，在 Pod 的 YAML 文件中首先将 Secret 设置为一个 Volume，然后在容器内通过 volumeMounts 将 Secret 类型的 Volume 挂载到/etc/foo 目录下：

```
apiVersion: v1
kind: Pod
metadata:
  name: mypod
spec:
  containers:
  - name: mycontainer
    image: redis
    volumeMounts:
    - name: foo
      mountPath: "/etc/foo"
  volumes:
  - name: foo
    secret:
      secretName: mysecret
```

3. Downward API

通过 Downward API 可以将 Pod 或 Container 的某些元数据信息（例如 Pod 名称、Pod IP、Node IP、Label、Annotation、容器资源限制等）以文件的形式挂载到容器内，供容器内的应用使用。下面是一个将 Pod 的标签通过 Downward API 挂载为容器内文件的示例：

```
apiVersion: v1
kind: Pod
metadata:
  name: kubernetes-downwardapi-volume-example
  labels:
    zone: us-east-coast
    cluster: test-cluster1
    rack: rack-22
  annotations:
    build: two
    builder: john-doe
spec:
  containers:
    - name: client-container
      image: busybox
      command: ["sh", "-c"]
```

```
      args:
      - while true; do
          if [[ -e /etc/podinfo/labels ]]; then
            echo -en '\n\n'; cat /etc/podinfo/labels; fi;
          if [[ -e /etc/podinfo/annotations ]]; then
            echo -en '\n\n'; cat /etc/podinfo/annotations; fi;
          sleep 5;
        done;
      volumeMounts:
        - name: podinfo
          mountPath: /etc/podinfo
  volumes:
    - name: podinfo
      downwardAPI:
        items:
          - path: "labels"
            fieldRef:
              fieldPath: metadata.labels
          - path: "annotations"
            fieldRef:
              fieldPath: metadata.annotations
```

4. Projected Volume 和 Service Account Token

Projected Volume 是特殊的 Volume 类型，用于将一个或多个上述资源对象（ConfigMap、Secret、Downward API）一次性挂载到容器内的同一个目录下。

从上面的几个示例来看，如果 Pod 希望同时挂载 ConfigMap、Secret、Downward API，则需要设置多个不同类型的 Volume，再将每个 Volume 都挂载为容器内的目录或文件。如果应用希望将配置文件和密钥文件放在容器内的同一个目录下，则通过多个 Volume 就无法实现了。为了支持这种需求，Kubernetes 引入了一种新的 Projected Volume 类型，用于将多种配置类数据通过单个 Volume 挂载到容器内的单个目录下。

Projected Volume 的一些常见应用场景如下。

- ◎ 在通过 Pod 的标签生成不同的配置文件，需要使用配置文件及用户名和密码时，需要使用 3 种资源：ConfigMap、Secret、Downward API。
- ◎ 在自动化运维应用中使用配置文件和账号信息时，需要使用 ConfigMap、Secret。
- ◎ 在配置文件中使用 Pod 名称（metadata.name）记录日志时，需要使用 ConfigMap、Downward API。

◎ 在使用某个 Secret 对 Pod 所在的命名空间（metadata.namespace）进行加密时，需要使用 Secret、Downward API。

Projected Volume 在 Pod 的 Volume 定义中类型为 projected，通过 sources 字段可以设置一个或多个 ConfigMap、Secret、Downward API 和 Service Account Token 资源。各种类型资源的配置内容与被单独设置为 Volume 时基本一样，但有两个不同点。

◎ 对于 Secret 类型的 Volume，字段名“secretName”在 projected.sources.secret 中被改为“name”。
◎ Volume 的挂载模式“defaultMode”仅可以被设置为 projected 级别，对于各子项，仍然可以设置各自的挂载模式，使用的字段名为“mode”。

此外，Kubernetes 从 v1.11 版本开始支持对 Service Account Token 的挂载，在 v1.12 版本时达到 Beta 阶段，到 v1.20 版本时达到 Stable 阶段。ServiceAccountToken 通常被用于容器内应用访问 API Server 鉴权的场景中。

下面通过几个例子来看一看如何使用 Projected Volume。

下面是一个使用 Projected Volume 挂载 ConfigMap、Secret、Downward API 共 3 种资源的示例：

```
apiVersion: v1
kind: Pod
metadata:
  name: volume-test
spec:
  containers:
  - name: container-test
    image: busybox
    volumeMounts:
    - name: all-in-one
      mountPath: "/projected-volume"
      readOnly: true
  volumes:
  - name: all-in-one
    projected:
      sources:
      - secret:
          name: mysecret
          items:
```

```
        - key: username
          path: my-group/my-username
    - downwardAPI:
        items:
          - path: "labels"
            fieldRef:
              fieldPath: metadata.labels
          - path: "cpu_limit"
            resourceFieldRef:
              containerName: container-test
              resource: limits.cpu
    - configMap:
        name: myconfigmap
        items:
          - key: config
            path: my-group/my-config
```

下面是一个使用 Projected Volume 挂载两个 Secret 资源，其中一个设置了非默认挂载模式（mode）的示例：

```
apiVersion: v1
kind: Pod
metadata:
  name: volume-test
spec:
  containers:
  - name: container-test
    image: busybox
    volumeMounts:
    - name: all-in-one
      mountPath: "/projected-volume"
      readOnly: true
  volumes:
  - name: all-in-one
    projected:
      sources:
      - secret:
          name: mysecret
          items:
            - key: username
              path: my-group/my-username
      - secret:
```

```
        name: mysecret2
        items:
          - key: password
            path: my-group/my-password
            mode: 511
```

下面是一个使用 Projected Volume 挂载 Service Account Token 的示例：

```
apiVersion: v1
kind: Pod
metadata:
  name: sa-token-test
spec:
  containers:
  - name: container-test
    image: busybox
    volumeMounts:
    - name: token-vol
      mountPath: "/service-account"
      readOnly: true
  volumes:
  - name: token-vol
    projected:
      sources:
      - serviceAccountToken:
          audience: api
          expirationSeconds: 3600
          path: token
```

对于 Service Account Token 类型的卷，可以设置 Token 的 audience、expiration-Seconds、path 等属性信息。

◎ audience：预期受众的名称。Token 的接收者必须使用其中的 audience 标识符来标识自己，否则应该拒绝该 Token。该字段是可选的，默认为 API Server 的标识符“api”。

◎ expirationSeconds：Service Account Token 的过期时间，默认为 1h，至少为 10min（600s）。管理员可以通过 kube-apiserver 的启动参数--service-account-max-token-expiration 限制 Token 的最长有效时间。

◎ path：挂载目录下的相对路径。

5.3 持久卷详解

在 Kubernetes 中，对存储资源的管理方式与计算资源（CPU/内存）截然不同。为了屏蔽底层存储实现的细节，方便用户使用及管理员管理，Kubernetes 从 v1.0 版本开始就引入了 Persistent Volume（简称 PV，持久卷）和 Persistent Volume Claim（简称 PVC，持久卷申请申明）两个资源对象来实现存储管理子系统。

PV 将存储定义为一种容器应用可以使用的资源。PV 由管理员创建和配置，它与存储资源提供者的具体实现直接相关。不同提供者提供的 PV 类型包括 NFS、iSCSI、RBD 或者由 GCE 或 AWS 公有云提供的共享存储。PV 与普通的临时卷一样，也是通过插件机制进行实现的，只是 PV 的生命周期独立于使用它的 Pod。

与之前的 Kubernetes Volume 不同，PV 并不是直接隶属于 Pod 的，如果某个 Pod 想要使用 PV，则需要通过 PVC 来完成申请，随后由 Kubernetes 完成从 PVC 到 PV 的自动绑定流程。在完成绑定流程后，被绑定的 PV 就可以被申请的 Pod 使用了。同时，有可能一个 PV 会被多个 PVC 绑定，从而实现不同的 Pod 共享同一个 PV 的目的。

PVC 可以申请存储空间的大小（Size）和访问模式（例如 ReadWriteOnce、ReadOnlyMany 或 ReadWriteMany）。

使用 PVC 申请的存储空间可能仍然不满足应用对存储设备的各种需求。在很多情况下，应用对存储设备的特性和性能都有不同的要求，包括读写速度、并发性能、数据冗余等要求。Kubernetes 从 v1.4 版本开始引入了一个新的资源对象 StorageClass，用于标记存储资源的特性和性能，根据 PVC 的需求动态供给合适的 PV 资源。到 Kubernetes v1.6 版本时，StorageClass 和存储资源动态供应的机制得到完善，实现了按需创建 Volume，在共享存储的自动化管理进程中迈出了重要的一步。

通过 StorageClass 的定义，管理员可以将存储资源定义为某种类别（Class），正如存储设备对于自身的配置描述（Profile），例如快速存储、慢速存储、有数据冗余、无数据冗余等。用户根据 StorageClass 的描述就可以直观地得知各种存储资源的特性，根据应用对存储资源的需求去申请存储资源。

Kubernetes 从 v1.9 版本开始引入容器存储接口 Container Storage Interface（CSI），目标是在 Kubernetes 和外部存储系统之间建立一套标准的存储管理接口，具体的存储驱动程序由存储资源提供者在 Kubernetes 之外提供，并通过该标准接口为容器提供存储服务，类似于 CRI 接口和 CNI 接口，目的是将 Kubernetes 代码与存储相关代码解耦。

本节会对 Kubernetes 的 PV、PVC、StorageClass 和内置持久卷等进行详细说明。

5.3.1　PV 和 PVC 的工作原理

我们可以将 PV 看作可用的存储资源，PVC 则是对存储资源的需求。PV 和 PVC 的生命周期如图 5.1 所示，其中包括资源供应、资源绑定、资源使用、资源回收 4 个阶段。

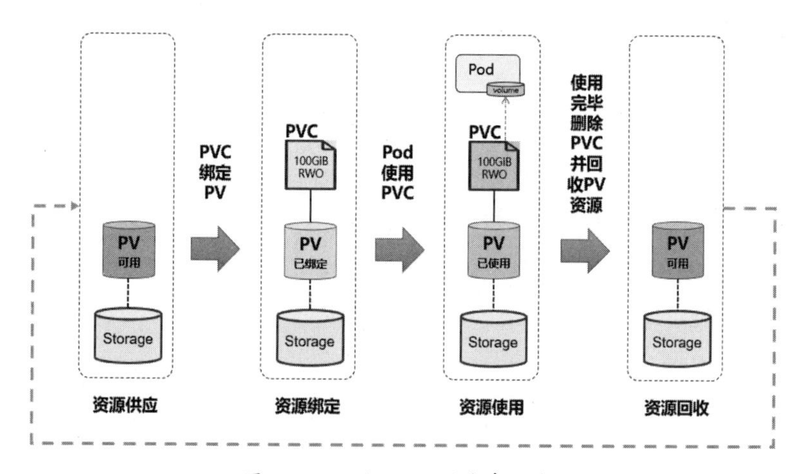

图 5.1　PV 和 PVC 的生命周期

本节将对 PV 和 PVC 生命周期中各阶段的工作原理进行说明。

1. 资源供应

Kubernetes 支持两种资源供应模式：静态（Static）模式和动态（Dynamic）模式，资源供应的结果就是将适合的 PV 与 PVC 成功绑定。

◎ 静态模式：集群管理员预先创建若干 PV，在 PV 的定义中能够体现存储资源的特性。

◎ 动态模式：集群管理员无须预先创建 PV，而是通过 StorageClass 的设置对后端存储资源进行描述，标记存储的类型和特性。用户通过创建 PVC 对存储类型进行申请。StorageClass 中的驱动提供者将自动完成 PV 的创建及与 PVC 的绑定。如果 PVC 声明的 Class 为空""，则说明 PVC 不使用动态模式。另外，Kubernetes 支持设置集群范围内默认的 StorageClass，通过 kube-apiserver 开启准入控制器 DefaultStorageClass，可以为用户创建的 PVC 设置一个默认的存储类 StorageClass。

下面通过两张图分别对静态资源供应模式和动态资源供应模式下，PV、PVC、StorageClass 及 Pod 使用 PVC 的原理进行说明。

图 5.2 描述了在静态资源供应模式下，通过 PV 和 PVC 完成绑定并供 Pod 使用的原理。

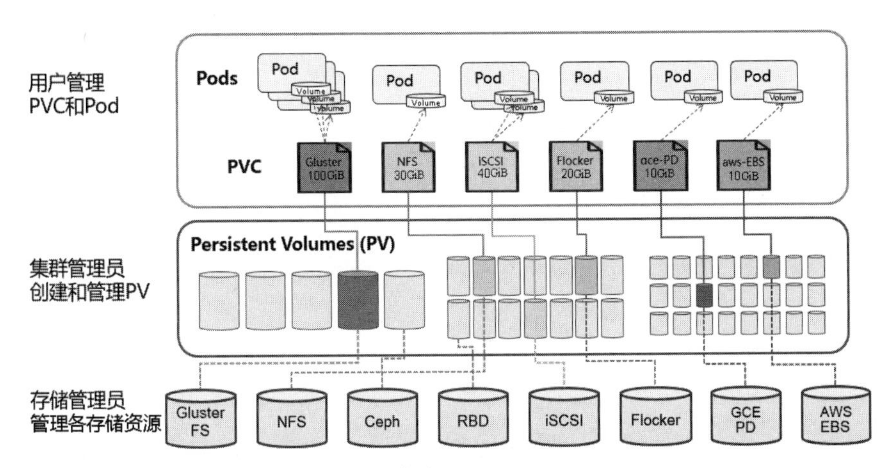

图 5.2 静态资源供应模式下的原理

图 5.3 描述了在动态资源供应模式下，通过 StorageClass 和 PVC 完成资源动态绑定（系统自动生成 PV），并供 Pod 使用的原理。

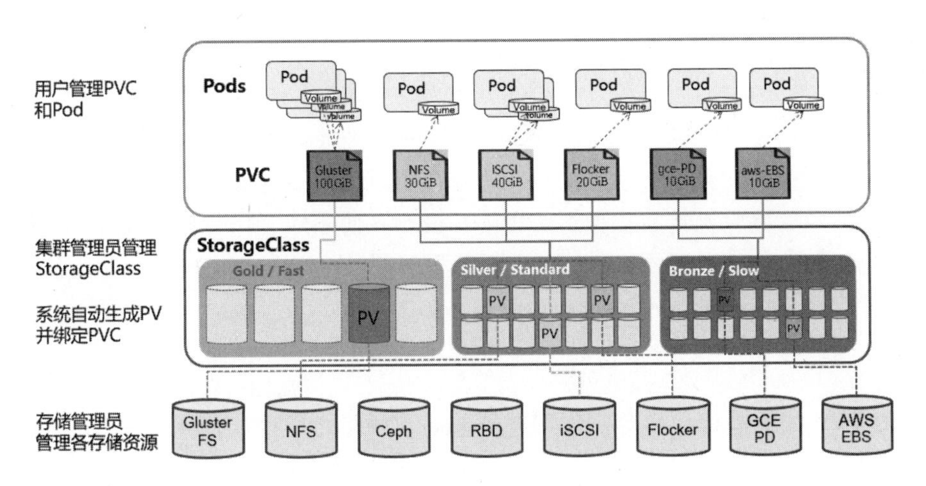

图 5.3 动态资源供应模式下的原理

2. 资源绑定

在用户定义好 PVC 之后，系统将根据 PVC 对存储资源的请求（存储空间和访问模式）在已存在的 PV 中选择一个满足 PVC 要求的 PV，一旦找到，就将该 PV 与用户定义的 PVC 绑定，用户的应用就可以使用这个 PVC 了。如果在系统中没有满足 PVC 要求的 PV，则 PVC 会无限期处于 Pending 状态，直到系统管理员创建了一个符合其要求的 PV。

PV 一旦与某个 PVC 完成绑定，就会被这个 PVC 独占，不能再与其他 PVC 绑定了。PVC 与 PV 的绑定关系是一对一的，不会存在一对多的情况。如果 PVC 申请的存储空间比 PV 拥有的空间少，则整个 PV 的空间都能为 PVC 所用，但是这可能造成资源的浪费。

如果资源供应使用的是动态模式，则系统在为 PVC 找到合适的 StorageClass 后，将自动创建一个 PV 并完成与 PVC 的绑定。

3. 资源使用

当 Pod 需要使用存储资源时，需要在 Volume 的定义中引用 PVC 类型的 Volume，将 PVC 挂载到容器内的某个路径下进行使用。Volume 的类型字段为“persistentVolumeClaim”，在后面的示例中将进行详细举例说明。

Pod 在被挂载 PVC 后，就能使用存储资源了。同一个 PVC 还可以被多个 Pod 同时挂载使用，在这种情况下，应用需要处理完成多个进程访问同一个存储的问题。

关于使用中的存储对象的保护机制（Storage Object in Use Protection）的说明如下。

存储资源（PV、PVC）相对于容器应用（Pod）是独立管理的资源，可以单独将其删除。在执行删除操作的时候，系统会检测存储资源当前是否正在被使用，如果仍被使用，则相关资源对象的删除操作将被推迟，直到其没有被使用才会执行删除操作，这样可以确保资源在仍被使用的情况下不会被直接删除而导致数据丢失。这个机制被称为使用中的存储对象的保护机制（Storage Object in Use Protection）。

该保护机制适用于 PVC 和 PV 两种资源，如下所述。

1）对 PVC 的删除操作将等到使用它的 Pod 被删除之后再执行

举例来说，当用户删除一个正在被 Pod 使用的 PVC 时，PVC 资源对象不会被立刻删除，查看 PVC 资源对象的状态，可以看到其状态为“Terminating”，以及系统为其设置的 Finalizer 为“kubernetes.io/pvc-protection”，说明 PVC 资源对象处于被保护的状态：

```
# kubectl describe pvc test-pvc
```

```
Name:          test-pvc
Namespace:     default
StorageClass:  example-hostpath
Status:        Terminating
Volume:
Labels:        <none>
Annotations:   volume.beta.kubernetes.io/storage-class=example-hostpath
           volume.beta.kubernetes.io/storage-provisioner=example.com/hostpath
Finalizers:    [kubernetes.io/pvc-protection]
......
```

2）对 PV 的删除操作将等到绑定它的 PVC 被删除之后再执行

举例来说，当用户删除一个仍被 PVC 绑定的 PV 时，PV 对象不会被立刻删除，查看 PV 资源对象的状态，可以看到其状态为“Terminating”，以及系统为其设置的 Finalizers 为“kubernetes.io/pv-protection”：

```
# kubectl describe pv test-pv
Name:            test-pv
Labels:          type=local
Annotations:     <none>
Finalizers:      [kubernetes.io/pv-protection]
StorageClass:    standard
Status:          Terminating
Claim:
Reclaim Policy:  Delete
Access Modes:    RWO
Capacity:        1Gi
Message:
Source:
    Type:          HostPath (bare host directory volume)
    Path:          /tmp/data
    HostPathType:
Events:            <none>
```

4. 资源回收

用户在使用完存储资源后，可以删除 PVC。与该 PVC 绑定的 PV 将被标记为“已释放”，但它还不能立刻与其他 PVC 绑定。Pod 在该 PVC 中生成的数据可能还被留在 PV 对应的存储设备上，只有在清除这些数据之后，才能再次使用该 PV。

管理员可以对 PV 设置资源回收策略。可以设置 3 种回收策略：Retain（保留）、Delete

（删除）和 Recycle（回收）。

1）Retain

Retain 策略表示在删除 PVC 之后，与之绑定的 PV 不会被删除，仅被标记为已释放（released）。PV 中的数据仍然存在，在清空数据之前不能被新的 PVC 使用，需要管理员手动清理之后才能继续使用，清理步骤如下。

（1）删除 PV 资源对象，此时与该 PV 关联的某些外部存储资源提供者（例如 AWSElasticBlockStore、GCEPersistentDisk、AzureDisk、Cinder 等）的后端存储资产（Asset）中的数据仍然存在。

（2）手动清理 PV 后端存储资产中的数据。

（3）手动删除后端存储资产。如果希望重用该存储资产，则可以创建一个新的 PV 与之关联。

2）Delete

Delete 策略表示自动删除 PV 资源对象和相关后端存储资产，同时会删除与该 PV 关联的后端存储资产。

并不是所有类型的存储资源提供者都支持 Delete 策略，目前支持 Delete 策略的存储资源提供者包括 AWSElasticBlockStore、GCEPersistentDisk、Azure Disk、Cinder 等。

通过动态供应机制创建的 PV 将继承 StorageClass 的回收策略，默认为 Delete 策略。管理员应该基于用户的需求设置 StorageClass 的回收策略，或者在创建出 PV 后手动更新其回收策略。

3）Recycle（已被淘汰）

目前只有 HostPort 和 NFS 类型的 Volume 支持 Recycle 策略，其实现机制为运行 rm -rf /thevolume/*命令，删除 Volume 目录下的全部文件，使得 PV 可以被新的 PVC 使用。

此外，管理员可以创建一个专门用于回收 hostPort 或 NFS 类型的 PV 数据的自定义 Pod 来实现数据清理工作，这个 Pod 的 YAML 文件所在的目录需要通过 kube-controller-manager 服务的启动参数 --pv-recycler-pod-template-filepath-hostpath 或 --pv-recycler-pod-template-filepath-nfs 进行设置（还可以设置相应的 timeout 参数）。在这个目录下创建一个 Pod 的 YAML 文件，示例如下：

```
apiVersion: v1
kind: Pod
metadata:
  name: pv-recycler
  namespace: default
spec:
  restartPolicy: Never
  volumes:
  - name: vol
    hostPath:
      path: <some-path>
  containers:
  - name: pv-recycler
    image: busybox
    command: ["/bin/sh", "-c", "test -e /scrub && rm -rf /scrub/..?* /scrub/.[!.]*
/scrub/*  && test -z \"$(ls -A /scrub)\" || exit 1"]
    volumeMounts:
    - name: vol
      mountPath: /scrub
```

根据以上配置，系统将通过创建这个 Pod 来完成 PV 的数据清理工作，并完成 PV 的回收。

注意，Recycle 策略已被弃用，建议使用动态供应机制管理容器所需的存储资源。

5. PV 删除时的保护机制

在删除 PV 时，系统会为其设置一个 Finalizer，以确保只有在删除 PV 对应的后端存储后，才删除具有“Delete”回收策略的 PV，这期间 PV 将处于被保护的状态。该特性从 Kubernetes v1.23 版本开始被引入，目前为 Alpha 阶段。

对于 Kubernetes 内置存储类型，系统会自动为其添加一个类型为“kubernetes.io/pv-controller”的 Finalizer，例如：

```
# kubectl describe pv pvc-74a498d6-3929-47e8-8c02-078c1ece4d78
Name:           pvc-74a498d6-3929-47e8-8c02-078c1ece4d78
Labels:         <none>
Annotations:     kubernetes.io/createdby: vsphere-volume-dynamic-provisioner
              pv.kubernetes.io/bound-by-controller: yes
              pv.kubernetes.io/provisioned-by: kubernetes.io/vsphere-volume
Finalizers:      [kubernetes.io/pv-protection kubernetes.io/pv-controller]
StorageClass:    vcp-sc
```

```
    Status:          Bound
    Claim:           default/vcp-pvc-1
    Reclaim Policy:  Delete
    Access Modes:    RWO
    VolumeMode:      Filesystem
    Capacity:        1Gi
    Node Affinity:   <none>
    Message:
    Source:
       Type:              vSphereVolume (a Persistent Disk resource in vSphere)
       VolumePath:         [vsanDatastore]
d49c4a62-166f-ce12-c464-020077ba5d46/kubernetes-dynamic-pvc-74a498d6-3929-47e8-8
c02-078c1ece4d78.vmdk
       FSType:             ext4
       StoragePolicyName:  vSAN Default Storage Policy
    Events:                <none>
```

对于外部 CSI 存储类型，系统会自动为其添加一个类型为“external-provisioner.volume.kubernetes.io/finalizer”的 Finalizer，例如：

```
    Name:            pvc-2f0bab97-85a8-4552-8044-eb8be45cf48d
    Labels:          <none>
    Annotations:     pv.kubernetes.io/provisioned-by: csi.vsphere.vmware.com
    Finalizers:      [kubernetes.io/pv-protection
external-provisioner.volume.kubernetes.io/finalizer]
    StorageClass:    fast
    Status:          Bound
    Claim:           demo-app/nginx-logs
    Reclaim Policy:  Delete
    Access Modes:    RWO
    VolumeMode:      Filesystem
    Capacity:        200Mi
    Node Affinity:   <none>
    Message:
    Source:
       Type:             CSI (a Container Storage Interface (CSI) volume source)
       Driver:           csi.vsphere.vmware.com
       FSType:           ext4
       VolumeHandle:      44830fa8-79b4-406b-8b58-621ba25353fd
       ReadOnly:          false
       VolumeAttributes:
storage.kubernetes.io/csiProvisionerIdentity=1648442357185-8081-csi.vsphere.vmwa
```

```
re.com
                              type=vSphere CNS Block Volume
    Events:                 <none>
```

6. PVC 与指定 PV 绑定

在默认情况下，Kubernetes 的控制平面会为 PVC 寻找一个匹配的 PV 进行绑定。有时候，用户希望为 PVC 指定一个特定的 PV 进行绑定，这种方式在用户希望复用回收策略为 Retain 的 PV 中的数据时非常有用。

指定 PV 的绑定可以通过以下设置来实现：

（1）在 PV 的定义中，通过 claimRef 字段设置 PVC 的名称。

（2）在 PVC 的定义中，通过 volumeName 字段指定需要绑定的 PV 的名称。

系统将根据指定的名称为 PVC 绑定特定的 PV，从而起到将某个特定的 PV 预留给某个 PVC 的效果。

在下面的示例中，PV 的名称为“foo-pv”，其中 claimRef 字段被设置为只有 namespace “foo” 中名为 “foo-pvc” 的 PVC 才能与之绑定；之后在 PVC 中指定该 PV 的名称，以确保只绑定这个 PV。注意，在 PVC 的定义中，需要设置 storageClassName=""（空值），这是为了避免当集群中存在默认的 storageClass 时，如果不设置 storageClassName，则系统将自动为该 PVC 设置默认的 storageClass，无法达到与指定 PV 绑定的要求。

```
# pv
apiVersion: v1
kind: PersistentVolume
metadata:
  name: foo-pv
spec:
  storageClassName: ""
  claimRef:
    name: foo-pvc
    namespace: foo
  ...

# pvc
apiVersion: v1
kind: PersistentVolumeClaim
metadata:
```

```
  name: foo-pvc
  namespace: foo
spec:
  storageClassName: ""
  volumeName: foo-pv
  ......
```

注意，这种指定绑定名称的方法不会考虑某些 Volume 的匹配条件是否满足，例如节点亲和性。

7. PVC 的资源扩容

PVC 在首次被创建成功之后，还应该能够在使用过程中实现空间的扩容，Kubernetes 对 PVC 扩容机制的支持到 v1.24 版本时达到 Stable 阶段。

目前支持 PVC 扩容的存储类型有 CSI 和 RBD，已弃用的类型有 AzureFile、FlexVolume 和 PortworxVolume。

如需扩容 PVC，则首先需要在 PVC 对应的 StorageClass 定义中设置 allowVolumeExpansion=true，例如：

```
apiVersion: storage.k8s.io/v1
kind: StorageClass
metadata:
  name: gluster-vol-default
provisioner: kubernetes.io/glusterfs
parameters:
  resturl: "http://192.168.10.100:8080"
  restuser: ""
  secretNamespace: ""
  secretName: ""
allowVolumeExpansion: true
```

对 PVC 进行扩容时，只需修改 PVC 的定义，将 resources.requests.storage 设置为一个更大的值即可，例如通过以下设置，系统将会基于 PVC 新设置的存储空间触发后端 PV 的扩容操作，而不会创建一个新的 PV 资源对象：

```
resources:
  requests:
    storage: 16Gi
```

此外，存储资源扩容还存在以下几种情况。

（1）CSI 类型的 Volume 的扩容。对于 CSI 类型的 Volume 的扩容，在 Kubernetes v1.16 版本时达到 Beta 阶段，v1.24 版本时达到 Stable 阶段，同样要求 CSI 存储驱动能够支持扩容操作，具体请参考各存储资源提供者的 CSI 驱动的文档说明。

（2）包含文件系统（File System）Volume 的扩容。对于包含文件系统 Volume 的扩容，文件系统的类型必须是 XFS、Ext3 或 Ext4，同时要求 Pod 在使用 PVC 时设置的是可读可写（ReadWrite）模式。文件系统的扩容只能在 Pod 启动时完成，或者底层文件系统在 Pod 运行过程中支持在线扩容。对于 FlexVolume 类型的 Volume，在驱动程序支持 RequiresFSResize=true 参数设置的情况下才支持扩容。另外，FlexVolume 支持在 Pod 重启时完成扩容操作。注意，FlexVolume 在 Kubernetes v1.23 版本时已被弃用。

（3）使用中的 PVC 在线扩容。Kubernetes 从 v1.11 版本开始引入了对使用中的 PVC 进行在线扩容的机制，到 v1.15 版本时达到 Beta 阶段，到 v1.24 版本时达到 Stable 阶段，以实现在扩容 PVC 时无须重建 Pod。PVC 在线扩容机制要求使用了 PVC 的 Pod 必须成功运行，对于没被任何 Pod 使用的 PVC，不会有实际的扩容效果。FlexVolume 类型的 Volume 也可以在被 Pod 使用时实现在线扩容，这需要底层存储驱动提供支持。

（4）扩容失败的恢复机制。如果扩容存储资源失败，则集群管理员可以手动恢复 PVC 的状态并且取消之前的扩容请求，否则系统将不断尝试扩容请求。执行恢复操作的步骤：设置与 PVC 绑定的 PV 的回收策略为“Retain”；删除 PVC，此时 PV 的数据仍然存在；删除 PV 中的 claimRef 定义，这样新的 PVC 可以与之绑定，结果将使 PV 的状态为“Available”；新建一个 PVC，设置比 PV 空间小的存储空间申请，同时设置 volumeName 字段为 PV 的名称，结果将使 PVC 与 PV 完成绑定；恢复 PVC 的原回收策略。另外，Kubernetes 从 v1.23 版本开始，引入了一个新的重试扩容失败 PVC 的扩容机制，允许用户对某个扩容失败的 PVC 再次尝试一个更小容量的扩容操作（这需要开启 RecoverVolumeExpansionFailure 特性门控）。在 PVC 扩容失败时，用户可以编辑 PVC 的配置，将.spec.resources 设置为一个比之前扩容申请更小的容量值来重试扩容。这在不太确定之前申请的扩容容量是否太大的情况下很有用，用户可以通过查看 PVC 状态（Status）信息中的 allocatedResourceStatuses 和相关事件信息（Event）来监控扩容的结果。需要注意的是，新指定的存储容量不能低于.status.capacity，即不能将 PVC 的容量减小到比当前容量更小的值。

5.3.2 PV 详解

PV 作为对存储资源的定义，主要涉及存储能力、访问模式、存储类型、回收策略、后端存储类型等关键信息的设置。

在 Kubernetes 中，不同类型的 PV 是以不同的插件进行设计和实现的。Kubernetes 内置支持的插件类型包括：

◎ CSI：CSI 容器存储接口（由存储资源提供者提供驱动程序和存储管理程序）。
◎ FC（Fibre Channel）：光纤存储设备。
◎ hostPath：宿主机目录，仅供单 Node 测试。
◎ iSCSI：iSCSI 存储设备。
◎ Local：本地持久化存储。
◎ NFS：基于 NFS 协议的网络文件系统。

在旧版本的 Kubernetes 中内置的一些与存储资源提供者相关的驱动已被淘汰，并由外部 CSI 驱动替代，包括：

◎ AWSElasticBlockStore：AWS 公有云提供的 Elastic Block Store，在 Kubernetes v1.27 版本中被淘汰，由 AWS EBS CSI 驱动替代。
◎ AzureDisk：Azure 公有云提供的 Disk，在 Kubernetes v1.27 版本中被淘汰，由 Azure Disk CSI 驱动替代。
◎ AzureFile：Azure 公有云提供的 File，在 Kubernetes v1.21 版本中被淘汰，由 asureFile 插件替代。
◎ FlexVolume：一种基于插件式驱动的 Volume，在 Kubernetes v1.23 版本中被淘汰。
◎ PortworxVolume：Portworx 提供的 Volume，在 Kubernetes v1.25 版本中被淘汰，由 Portworx CSI 驱动替代。
◎ CephFS：在 Kubernetes v1.28 版本中被淘汰，由 CephFS CSI 驱动替代。
◎ Cinder：在 Kubernetes v1.27 版本中被淘汰，由 OpenStack Cinder 驱动替代。
◎ RBD（Ceph Block Device）：Ceph 块存储，在 Kubernetes v1.28 版本中被淘汰，由 Ceph CSI 驱动替代。
◎ VsphereVolume：VMWare 提供的存储系统，在 Kubernetes v1.26 版本中被淘汰，由 vSphere CSI 驱动替代。

每种存储类型都有各自的特点，在使用时需要根据它们各自的参数进行设置。

下面通过几个示例对 PV 的属性和作用进行说明。

例如，基于下面 YAML 文件的 PV 具有如下属性：5GiB 存储空间，存储卷模式为 Filesystem，访问模式为 ReadWriteOnce，存储类型为 slow（要求在系统中已存在名称为“slow”的 StorageClass），回收策略为 Recycle，并且后端存储类型为 NFS（设置了 NFS Server 的 IP 地址和路径），同时设置了挂载选项（mountOptions）。

```
apiVersion: v1
kind: PersistentVolume
metadata:
  name: pv1
spec:
  capacity:
    storage: 5Gi
  volumeMode: Filesystem
  accessModes:
    - ReadWriteOnce
  persistentVolumeReclaimPolicy: Recycle
  storageClassName: slow
  mountOptions:
    - hard
    - nfsvers=4.1
  nfs:
    path: /tmp
    server: 172.17.0.2
```

PV 资源对象需要设置的关键配置参数如下。

1. 存储容量（capacity）

存储容量用于描述存储的容量，目前仅支持对存储空间的设置（storage=xx），未来可能加入对 IOPS、吞吐率等的设置。

2. 存储卷模式（volumeMode）

Kubernetes 从 v1.13 版本开始引入存储卷模式设置（volumeMode=xxx），到 v1.18 版本时达到 Stable 阶段。

其中可以设置的选项包括 Filesystem（文件系统，默认值）和 Block（块设备）。文件系统模式的 PV 将以目录（Directory）形式被挂载到 Pod 内。如果模式为块设备，但是设备是空的，则 Kubernetes 会自动在块设备上创建一个文件系统。支持块设备的 Volume 会以裸块设备（Raw Block Device）的形式被挂载到容器内，并且不会创建任何文件系统，适用于需要以最快速度直接操作裸设备的应用。

目前有以下 PV 类型支持裸块设备：CSI、FC（Fibre Channel）、iSCSI、Local Volume、OpenStack Cinder、RBD（已弃用）、vSphereVolume。

下面的示例使用了块设备的 PV 定义：

```
apiVersion: v1
kind: PersistentVolume
metadata:
  name: block-pv
spec:
  capacity:
    storage: 10Gi
  accessModes:
    - ReadWriteOnce
  persistentVolumeReclaimPolicy: Retain
  volumeMode: Block
  fc:
    targetWWNs: ["50060e801049cfd1"]
    lun: 0
    readOnly: false
```

3. 访问模式（accessModes）

当将 PV Volume 挂载到宿主机系统上时，可以设置不同的访问模式（Access Modes）。PV 支持哪些访问模式由存储资源提供者提供支持，例如 NFS 可以支持多个客户端同时读写（ReadWriteMany）模式，但一个特定的 NFS PV 也可以以只读（Read-Only）模式被导出到服务端。

Kubernetes 支持的访问模式如下。

- ◎ ReadWriteOnce（RWO）：读写权限，并且只能被单个 Node 挂载。
- ◎ ReadOnlyMany（ROX）：只读权限，允许被多个 Node 挂载。
- ◎ ReadWriteMany（RWX）：读写权限，允许被多个 Node 挂载。
- ◎ ReadWriteOncePod（RWOP）：可以被单个 Pod 以读写方式挂载的模式，该特性在 Kubernetes v1.22 版本中被引入，到 v1.29 版本时达到 Stable 阶段，仅支持 CSI 存储卷，用于在集群中只有一个 Pod 时以读写方式使用这种模式的 PVC。

某些 PV 可能支持多种访问模式，但 PV 在挂载时只能使用一种访问模式，多种访问模式不能同时生效。

表 5.1 描述了不同的存储资源提供者支持的访问模式。

表 5.1 不同的存储资源提供者支持的访问模式

卷插件类型	ReadWriteOnce	ReadOnlyMany	ReadWriteMany	ReadWriteOncePod
AzureFile	✓	✓	✓	-
CephFS	✓	✓	✓	-
CSI	视驱动而定	视驱动而定	视驱动而定	视驱动而定
FC	✓	✓	-	-
FlexVolume	✓	✓	视驱动而定	-
GCEPersistentDisk	✓	✓	-	-
GlusterFS	✓	✓	✓	-
HostPath	✓	-	-	-
iSCSI	✓	✓	-	-
NFS	✓	✓	✓	-
RBD	✓	✓	-	-
vSphereVolume	✓	-	-（Pod 运行在同 Node 时支持）	-
PortworxVolume	✓	-	✓	-

4. 存储类别（Class）

PV 可以设定其存储的类别，通过 storageClassName 参数指定一个 StorageClass 资源对象的名称。具有特定类别的 PV 只能与请求了该类别的 PVC 绑定。未设定类别的 PV 则只能与不请求任何类别的 PVC 绑定。

5. 回收策略（ReclaimPolicy）

回收策略通过 PV 定义中的 persistentVolumeReclaimPolicy 字段进行设置，可选项如下。

◎ Retain：保留数据，需要手动处理。
◎ Recycle：简单清除文件的操作（例如运行 rm -rf /thevolume/*命令）。
◎ Delete：与 PV 相连的后端存储完成 Volume 的删除操作。

目前只有 NFS 和 hostPath 两种类型的 PV 支持 Recycle 策略。

6. 挂载选项（mountOptions）

在将 PV 挂载到一个 Node 上时，根据后端存储的特点，可能需要设置额外的挂载选项的参数，这个可以在 PV 定义的 mountOptions 字段中进行设置，例如：

```
apiVersion: v1
kind: PersistentVolume
metadata:
  name: pv1
spec:
  capacity:
    storage: 5Gi
  volumeMode: Filesystem
  accessModes:
    - ReadWriteOnce
  persistentVolumeReclaimPolicy: Recycle
  storageClassName: slow
  mountOptions:
    - hard
    - nfsvers=4.1
  nfs:
    path: /tmp
    server: 172.17.0.2
```

目前，支持设置挂载选项的 PV 类型如下。

◎ AzureFile。
◎ iSCSI。
◎ NFS。
◎ vSphereVolume。
◎ CephFS：在 Kubernetes v1.28 版本中被淘汰。
◎ Cinder：在 Kubernetes v1.28 版本中被淘汰。
◎ RBD：在 Kubernetes v1.28 版本中被淘汰。

注意，Kubernetes 不会对挂载选项进行验证，如果设置了错误的挂载选项，则挂载将会失败。

7. 节点亲和性（nodeAffinity）

PV 可以通过设置节点亲和性来实现只能通过某些 Node 访问 Volume，这可以在 PV 定义的 nodeAffinity 字段中进行设置。使用这些 Volume 的 Pod 将被调度到满足亲和性要求的 Node 上。

大部分存储驱动提供的 Volume 都由存储驱动自动完成节点亲和性的设置，通常无须用户手动设置。对于 Local 类型的 PV，需要手动设置，例如：

```
apiVersion: v1
kind: PersistentVolume
metadata:
  name: example-local-pv
spec:
  capacity:
    storage: 5Gi
  accessModes:
  - ReadWriteOnce
  persistentVolumeReclaimPolicy: Delete
  storageClassName: local-storage
  local:
    path: /mnt/disks/ssd1
  nodeAffinity:
    required:
      nodeSelectorTerms:
      - matchExpressions:
        - key: kubernetes.io/hostname
          operator: In
          values:
          - my-node
```

8. PV 生命周期的各个阶段（Phase）

PV 在其生命周期中可能处于以下 4 个阶段之一。

◎ Available：可用状态，还未与某个 PVC 绑定。

◎ Bound：已与某个 PVC 绑定。

◎ Released：与之绑定的 PVC 已被删除，但未完成资源回收，不能被其他 PVC 使用。

◎ Failed：自动资源回收失败。

Kubernetes 从 v1.28 版本开始，会为 PV 在阶段转换时在状态（Status）信息中设置一个 lastPhaseTransitionTime 字段，保存上一次阶段转换的时间戳。对于新建的 PV，阶段（Phase）会被设置为“Pending”，lastPhaseTransitionTime 被设置为系统当前时间。该特性需要启用 PersistentVolumeLastPhaseTransitionTime 特性门控进行启用，该特性到 v1.29 版本时达到 Beta 阶段。

5.3.3　PVC 详解

在定义了 PV 资源之后，就需要通过定义 PVC 来使用 PV 资源了。

PVC 作为用户对存储资源的需求申请，主要涉及存储空间请求、访问模式、PV 选择条件和存储类别等信息的设置。下面的示例中声明的 PVC 具有如下属性：申请 8GiB 存储空间，访问模式为 ReadWriteOnce，PV 选择条件为包含 release=stable 标签并且包含条件为 environment In[dev] 的标签，存储类别为“slow”（要求在系统中已存在名为“slow”的 StorageClass）。

```
apiVersion: v1
kind: PersistentVolumeClaim
metadata:
  name: myclaim
spec:
  accessModes:
    - ReadWriteOnce
  volumeMode: Filesystem
  resources:
    requests:
      storage: 8Gi
  storageClassName: slow
  selector:
    matchLabels:
      release: "stable"
    matchExpressions:
      - {key: environment, operator: In, values: [dev]}
```

对 PVC 的关键配置参数说明如下。

（1）资源请求（resources）：描述对存储资源的请求，通过 resources.requests.storage 字段设置需要的存储空间大小。

（2）访问模式（accessModes）：PVC 也可以设置访问模式，用于描述用户应用对存储资源的访问权限。其 3 种访问模式的设置与 PV 的设置相同。

（3）存储卷模式（volumeMode）：PVC 也可以设置存储卷模式，用于描述希望使用的 PV 存储卷模式，包括文件系统和块设备。PVC 设置的存储卷模式应该与 PV 存储卷模式相同，以实现绑定；如果不同，则可能出现不同的绑定结果。PV 和 PVC 在各种组合模式下是否可以绑定的结果如表 5.2 所示。

表 5.2 PV 和 PVC 在各种组合模式下是否可以绑定的结果

PV 的存储卷模式	PVC 的存储卷模式	是否可以绑定
未设定	未设定	可以绑定
未设定	Block	无法绑定
未设定	Filesystem	可以绑定
Block	未设定	无法绑定
Block	Block	可以绑定
Block	Filesystem	无法绑定
Filesystem	Filesystem	可以绑定
Filesystem	Block	无法绑定
Filesystem	未设定	可以绑定

（4）PV 选择条件（selector）：通过设置 Label Selector，可使 PVC 对于系统中已存在的各种 PV 进行筛选。系统将根据标签选出合适的 PV 与该 PVC 进行绑定。对于选择条件可以通过 matchLabels 和 matchExpressions 进行设置，如果两个字段都已设置，则 Selector 的逻辑将是两组条件同时满足才能完成匹配。

（5）存储类别（Class）：在定义 PVC 时可以设定需要的后端存储的类别（通过 storageClassName 字段进行指定），以减少对后端存储特性的详细信息的依赖。只有设置了该 Class 的 PV 才能被系统筛选出来，并与该 PVC 进行绑定。PVC 也可以不设置 Class 需求，如果 storageClassName 字段的值被设置为空（storageClassName=""），则表示该 PVC 不要求特定的 Class，系统将只选择未设定 Class 的 PV 与之匹配和绑定。PVC 也可以完全不设置 storageClassName 字段，此时将根据系统是否启用了名为 DefaultStorageClass 的 Admission Controller 进行相应的操作。

◎ 启用 DefaultStorageClass：要求集群管理员已定义默认的 StorageClass。如果在系统中不存在默认的 StorageClass，则等效于不启用 DefaultStorageClass。如果存在默认的 StorageClass，则系统将自动为 PVC 创建一个 PV（使用默认 StorageClass 的后端存储），并将它们进行绑定。集群管理员在设置默认 StorageClass 时，会在 StorageClass 的定义中增加一个注解（annotation）“storageclass.kubernetes.io/is-default-class=true”。如果管理员将多个 StorageClass 都定义为 default，则由于 StorageClass 不唯一，系统将无法创建 PVC。

◎ 未启用 DefaultStorageClass：等效于 PVC 设置 storageClassName 的值为空（storageClassName=""）的情况，即只能选择未设定 Class 的 PV 与之匹配和绑定。

当对 Selector 和 Class 都进行了设置时，系统将选择两个条件同时满足的 PV 与之匹配。

Kubernetes v1.25 版本中引入了一个新的 RetroactiveDefaultStorageClass 特性，用于为 PVC 配置默认 StorageClass 的行为，其到 v1.28 版本时达到 Stable 阶段。之前 PVC 使用默认 StorageClass 有顺序要求，即必须先创建默认 StorageClass，再创建 PVC，PVC 才能被系统自动分配默认 StorageClass。如果在创建 PVC 时没有全局的默认 StorageClass，则该 PVC 的 StorageClass 的值将一直为空（nil）。即使后续管理员又补充了默认 StorageClass，也无法自动关联，除非删除该 PVC 重建。在启用 RetroactiveDefaultStorageClass 特性之后，未设置 StorageClass 的 PVC 将无须重建，系统在后续管理员创建了默认 StorageClass 之后，会为之前未设置 StorageClass 的所有 PVC 补充该默认 StorageClass。不过需要注意的是，如果在 PVC 中显示设置了 storageClassName=""，则表示不使用默认 StorageClass。

另外，如果 PVC 设置了 Selector，则系统无法使用动态供给模式为其分配 PV。

5.3.4　Pod 使用 PVC

在成功创建 PVC 之后，Pod 就可以以 Volume 的方式使用 PVC 的存储资源了。但 PVC 受限于命名空间，Pod 在使用 PVC 时必须与 PVC 处于同一个命名空间中。

Kubernetes 为 Pod 挂载 PVC 的过程如下：系统在 Pod 所在的命名空间中找到其配置的 PVC，然后找到与 PVC 绑定的后端 PV，将 PV 的存储资源挂载到 Pod 所在 Node 的目录下，最后将 Node 的目录挂载到 Pod 的容器内。

在 Pod 中使用 PVC 时，需要在 YAML 文件中设置 PVC 类型的 Volume，之后在容器中通过 volumeMounts.mountPath 设置容器内的挂载目录，示例如下：

```
apiVersion: v1
kind: Pod
metadata:
  name: mypod
spec:
  containers:
    - name: myfrontend
      image: nginx
      volumeMounts:
      - mountPath: "/var/www/html"
        name: mypd
  volumes:
```

```
    - name: mypd
      persistentVolumeClaim:
        claimName: myclaim
```

如果存储卷模式为块设备（Block），则 PVC 的配置与默认模式（Filesystem）略有不同。目前，以下 PVC 类型支持裸块设备（Raw Block Device）类型：CSI、FC（Fibre Channel）、iSCSI、Local Volume、OpenStack Cinder、RBD（已弃用）、vSphereVolume。

下面对如何使用裸块设备进行说明。假设使用裸块设备的 PV 已创建，例如：

```
apiVersion: v1
kind: PersistentVolume
metadata:
  name: block-pv
spec:
  capacity:
    storage: 10Gi
  accessModes:
    - ReadWriteOnce
  volumeMode: Block
  persistentVolumeReclaimPolicy: Retain
  fc:
    targetWWNs: ["50060e801049cfd1"]
    lun: 0
    readOnly: false
```

PVC 的 YAML 文件示例如下：

```
apiVersion: v1
kind: PersistentVolumeClaim
metadata:
  name: block-pvc
spec:
  accessModes:
    - ReadWriteOnce
  volumeMode: Block
  resources:
    requests:
      storage: 10Gi
```

使用裸块设备 PVC 的 Pod 定义如下。与文件系统模式 PVC 的用法不同，容器不使用 volumeMounts 设置挂载目录，而是通过 volumeDevices 字段设置块设备的路径 devicePath：

```
apiVersion: v1
kind: Pod
metadata:
  name: pod-with-block-volume
spec:
  containers:
    - name: fc-container
      image: fedora:26
      command: ["/bin/sh", "-c"]
      args: [ "tail -f /dev/null" ]
      volumeDevices:
        - name: data
          devicePath: /dev/xvda
  volumes:
    - name: data
      persistentVolumeClaim:
        claimName: block-pvc
```

在某些应用场景中，同一个 Volume 可能会被多个 Pod 或者一个 Pod 中的多个容器共享，此时可能存在各应用需要使用不同子目录的需求，可以通过 Pod 中的 volumeMounts 定义的 subPath 字段进行设置。通过对 subPath 的设置，在容器中将以 subPath 设置的目录而不是 Volume 中提供的默认根目录作为根目录。下面对 Pod 如何使用 subPath 进行详细说明。

下面的两个容器共享同一个 PVC（及后端 PV），但是它们各自在 Volume 中可以访问的根目录由 subPath 进行区分，MySQL 容器使用 Volume 中的 mysql 子目录作为根目录，PHP 容器使用 Volume 中的 html 子目录作为根目录：

```
apiVersion: v1
kind: Pod
metadata:
  name: mysql
spec:
    containers:
    - name: mysql
      image: mysql
      env:
      - name: MYSQL_ROOT_PASSWORD
        value: "rootpasswd"
      volumeMounts:
      - mountPath: /var/lib/mysql
```

```
        name: site-data
        subPath: mysql
      - name: php
        image: php:7.0-apache
        volumeMounts:
        - mountPath: /var/www/html
          name: site-data
          subPath: html
      volumes:
      - name: site-data
        persistentVolumeClaim:
          claimName: site-data-pvc
```

注意，subPath 中的路径名称不能以“/”开头，需要用相对路径的形式。

在一些应用场景中，如果希望通过环境变量来设置 subPath 路径，例如使用 Pod 名称作为子目录的名称，则可以通过 subPathExpr 字段来实现。subPathExpr 字段用于将 Downward API 的环境变量设置为 Volume 的子目录，该特性在 Kubernetes v1.17 版本时达到稳定阶段。

需要注意的是，subPathExpr 字段和 subPath 字段是互斥的，不能同时使用。

下面的例子通过 Downward API 将 Pod 名称设置为环境变量 POD_NAME，之后在挂载 Volume 时设置 subPathExpr=$(POD_NAME)子目录：

```
apiVersion: v1
kind: Pod
metadata:
  name: pod1
spec:
  containers:
  - name: container1
    env:
    - name: POD_NAME
      valueFrom:
        fieldRef:
          apiVersion: v1
          fieldPath: metadata.name
    image: busybox
    command: [ "sh", "-c", "while [ true ]; do echo 'Hello'; sleep 10; done | tee -a /logs/hello.txt" ]
    volumeMounts:
```

```
    - name: workdir1
      mountPath: /logs
      subPathExpr: $(POD_NAME)
  restartPolicy: Never
  volumes:
  - name: workdir1
    hostPath:
      path: /var/log/pods
```

5.3.5　StorageClass 详解

StorageClass 作为对存储资源的抽象定义，可对用户设置的 PVC 申请屏蔽后端存储的细节，这一方面减少了用户对于存储资源细节的关注，另一方面减轻了管理员手动管理 PV 的工作，由系统自动完成 PV 的创建和绑定，实现动态的资源供应。基于 StorageClass 的动态资源供应模式将逐步成为云平台的标准存储管理模式。

StorageClass 资源对象的定义主要包括名称、后端存储资源提供者（Provisioner）、后端存储的相关参数配置（Parameters）和回收策略（Reclaim Policy）。StorageClass 的名称尤为重要，因为在创建 PVC 时会被引用，所以管理员应该准确命名具有不同存储特性的 StorageClass。

一旦 StorageClass 被创建成功，就无法修改。如需更改，则只能删除原 StorageClass 资源对象并重新创建。

管理员可以在集群内创建一个默认 StorageClass，系统将为不指定 StorageClass 的 PVC 自动配置这个默认 StorageClass。

下面通过几个例子对 StorageClass 的配置和用法进行说明。

下面定义了一个 StorageClass，名称为 standard，Provisioner 为 aws-ebs，type 为 gp2，回收策略为 Retain 等：

```
apiVersion: storage.k8s.io/v1
kind: StorageClass
metadata:
  name: standard
provisioner: kubernetes.io/aws-ebs
parameters:
  type: gp2
```

```yaml
reclaimPolicy: Retain
allowVolumeExpansion: true
mountOptions:
  - debug
volumeBindingMode: Immediate
```

StorageClass 资源对象需要设置的关键配置参数如下。

1. 存储资源提供者（Provisioner）

Provisioner 描述存储资源的提供者，用于提供具体的 PV 资源，可以将其看作后端存储驱动。目前，Kubernetes 内置支持的 Provisioner 包括 AzureFile、PortworxVolume、RBD、vSphereVolume 等。

Kubernetes 内置支持的 Provisioner 的命名都以“kubernetes.io/”开头，用户也可以使用自定义的后端 Provisioner。为了符合 StorageClass 的用法，自定义的后端 Provisioner 需要符合 Volume 的开发规范。外部存储资源供应者对代码、提供方式、运行方式、存储插件（包括 Flex）等具有完全的自由控制权。目前，可以在 Kubernetes 的 kubernetes-sigs/sig-storage-lib- external-provisioner 代码库中维护外部 Provisioner 的代码。

例如，对于 NFS 类型，Kubernetes 没有提供内部的 Provisioner，但可以使用外部的 Provisioner。也有许多第三方存储资源提供者自行提供外部的 Provisioner。

2. 回收策略（Reclaim Policy）

通过动态资源供应模式创建的 PV 将继承在 StorageClass 上设置的回收策略，配置字段名称为“reclaimPolicy”，可以设置的选项包括 Delete 和 Retain。

如果 StorageClass 没有指定 reclaimPolicy 字段，则默认值为 Delete。

对于管理员手动创建的仍被 StorageClass 管理的 PV，将使用创建 PV 时设置的资源回收策略。

3. 是否允许存储卷扩容（Allow Volume Expansion）

当 StorageClass 的 AllowVolumeExpansion 字段被设置为 true 时，表示 PV 被配置为可以扩容，系统将允许用户通过编辑增加 PVC 的存储空间自动完成 PV 的扩容，该特性在 Kubernetes v1.11 版本时达到 Beta 阶段。

表 5.3 描述了支持存储扩容的 Volume 类型和要求的 Kubernetes 最低版本。

表 5.3　支持存储扩容的 Volume 类型和要求的 Kubernetes 最低版本

支持存储扩容的 Volume 类型	Kubernetes 最低版本
RBD	v1.11
Azure File	v1.11
Portworx	v1.11
FlexVolume	v1.13
CSI	v1.14（Alpha）、1.16（Beta）

注意，该特性仅支持扩容存储空间，不支持减少存储空间。

4. 挂载选项（Mount Options）

通过设置 StorageClass 的 mountOptions 字段，系统将为动态创建的 PV 设置挂载选项。并不是所有 PV 类型都支持挂载选项，如果 PV 不支持但 StorageClass 设置了该字段，则 PV 将会创建失败。另外，系统不会对挂载选项进行验证，如果设置了错误的选项，则容器在挂载存储时会直接失败。

5. 存储绑定模式（Volume Binding Mode）

StorageClass 资源对象的 volumeBindingMode 字段用于控制何时将 PVC 与动态创建的 PV 绑定。目前支持的绑定模式包括：

◎ Immediate。
◎ WaitForFirstConsumer。

存储绑定模式的默认值为 Immediate，表示当一个 PersistentVolumeClaim（PVC）被创建出来时，就动态创建 PV 并进行 PVC 与 PV 的绑定操作。需要注意的是，对于拓扑受限（Topology-limited）或无法从全部 Node 访问的后端存储，将在不了解 Pod 调度需求的情况下完成 PVC 与 PV 的绑定操作，这可能会导致某些 Pod 无法完成调度。

WaitForFirstConsumer 绑定模式表示 PVC 与 PV 的绑定操作延迟到第一个使用 PVC 的 Pod 创建出来时再进行。系统将根据 Pod 的调度需求，在 Pod 所在的 Node 上创建 PV，这些调度需求可以通过以下条件（不限于）进行设置：

◎ Pod 对资源的需求设置。
◎ Node Selector 设置。
◎ Pod 亲和性和反亲和性设置。
◎ Taint 和 Toleration 设置。

目前支持 WaitForFirstConsumer 绑定模式的 Volume 仅包括 Local 类型的 Volume。

需要说明的是，如果需要使用 WaitForFirstConsumer 绑定模式，则在 Pod 中不要通过设置 nodeName 来指定调度的目标 Node，这样会跳过调度器对 PVC 的选择逻辑，使得 Pod 始终处于 Pending 状态。

不过可以使用 nodeSelector 来指定目标 Node 的名称，例如：

```
apiVersion: v1
kind: Pod
metadata:
  name: task-pv-pod
spec:
  nodeSelector:
    kubernetes.io/hostname: kube-01
  volumes:
    - name: task-pv-storage
      persistentVolumeClaim:
        claimName: task-pv-claim
  containers:
    - name: task-pv-container
      image: nginx
      ports:
        - containerPort: 80
          name: "http-server"
      volumeMounts:
        - mountPath: "/usr/share/nginx/html"
          name: task-pv-storage
```

在使用 WaitForFirstConsumer 模式的环境中，通常无须对基于特定拓扑（Topology）信息进行 PV 绑定的操作进行限制。如果仍然希望基于特定拓扑信息进行 PV 绑定的操作，则在 StorageClass 的定义中还可以通过 allowedTopologies 字段进行设置。下面的例子是通过 matchLabelExpressions 设置目标 Node 的标签选择条件（zone=us-central1-a 或 us-central1-b），PV 将在满足这些条件的 Node 上被允许创建：

```
apiVersion: storage.k8s.io/v1
kind: StorageClass
metadata:
  name: standard
provisioner: kubernetes.io/gce-pd
parameters:
```

```
  type: pd-standard
volumeBindingMode: WaitForFirstConsumer
allowedTopologies:
- matchLabelExpressions:
  - key: failure-domain.beta.kubernetes.io/zone
    values:
    - us-central1-a
    - us-central1-b
```

6. 存储参数（Parameters）

对于后端 Provisioner 的参数设置，不同的存储资源提供者可能提供不同的参数设置。如果某些参数可以不显示设定，则 Provisioner 将使用其默认值。目前 StorageClass 资源对象支持设置的存储参数最多为 512 个，全部 key 和 value 所占的空间不能超过 256KiB。

下面是一些常见的 Provisioner 提供的 StorageClass 存储参数示例。

1）AWS EBS Volume

```
kind: StorageClass
apiVersion: storage.k8s.io/v1
metadata:
  name: slow
provisioner: kubernetes.io/aws-ebs
parameters:
  type: io1
  iopsPerGB: "10"
  fsType: ext4
```

可以配置的参数如下（详细说明请参考 AWSElasticBlockStore 文档）。

- ◎ type：可选项为 io1、gp2、sc1、st1，默认值为 gp2。
- ◎ iopsPerGB：仅用于 io1 类型的 Volume，表示每秒每 GiB 的 I/O 操作数量。
- ◎ fsType：文件系统类型，默认值为 ext4。
- ◎ encrypted：是否加密。
- ◎ kmsKeyId：加密时使用的 Amazon Resource Name。

2）NFS Volume

```
apiVersion: storage.k8s.io/v1
kind: StorageClass
metadata:
```

```
  name: example-nfs
provisioner: example.com/external-nfs
parameters:
  server: nfs-server.example.com
  path: /share
  readOnly: "false"
```

可以配置的参数如下。

◎ server：NFS 服务端的地址。
◎ path：NFS 服务端的路径。
◎ readOnly：是否以只读模式挂载，默认值为 false。

3）AzureFile Volume

```
apiVersion: storage.k8s.io/v1
kind: StorageClass
metadata:
  name: azurefile
provisioner: kubernetes.io/azure-file
parameters:
  skuName: Standard_LRS
  location: eastus
  storageAccount: azure_storage_account_name
```

可以配置的参数如下（详细说明请参考 AzureFile 文档）。

◎ skuName：Azure 存储账户的 Sku 层，默认值为空。
◎ location：Azure 存储账户的位置，默认值为空。
◎ storageAccount：Azure 存储账户的名称，默认值为空。
◎ secretNamespace：保存访问 Azure 存储服务认证信息的 Namespace 名称，默认值为 Pod 所在的 Namespace 名称。
◎ secretName：保存访问 Azure 存储服务认证信息的 Secret 资源对象名，默认值为 azure-storage-account-<accountName>-secret。
◎ readOnly：是否以只读模式挂载，默认值为 false。

4）Local Volume

```
apiVersion: storage.k8s.io/v1
kind: StorageClass
metadata:
```

```
  name: local-storage
provisioner: kubernetes.io/no-provisioner
volumeBindingMode: WaitForFirstConsumer
```

Local 类型的 PV 在 Kubernetes v1.14 版本时达到稳定阶段，虽然它不能以动态资源供应的模型被创建，但仍可为其设置一个 StorageClass，将其延迟到一个使用 PVC 的 Pod 被创建出来时再进行创建和绑定，这可以通过设置参数 volumeBindingMode=WaitForFirstConsumer 进行控制。

其他 Provisioner 的 StorageClass 相关参数设置请参考它们各自的配置手册。

7. 设置默认的 StorageClass

在 Kubernetes 中，管理员可以为有不同存储需求的 PVC 创建相应的 StorageClass 来提供动态的存储资源（PV），同时在集群级别设置一个默认的 StorageClass，供那些未指定 StorageClass 的 PVC 使用。当然，管理员要明确系统默认提供的 StorageClass 应满足和符合 PVC 的资源需求，同时注意避免资源浪费。

要在集群中启用默认 StorageClass，首先需要在 kube-apiserver 服务准入控制器 --enable-admission-plugins 中开启 DefaultStorageClass（从 Kubernetes 1.10 版本开始默认开启）:

```
--enable-admission-plugins=...,DefaultStorageClass
```

然后，在 StorageClass 的定义中设置一个 annotation：

```
kind: StorageClass
apiVersion: storage.k8s.io/v1
metadata:
  name: gold
  annotations:
    storageclass.beta.kubernetes.io/is-default-class="true"
provisioner: kubernetes.io/gce-pd
parameters:
  type: pd-ssd
```

在 kubectl create 命令创建成功后，查看 StorageClass 资源列表，可以看到名为“gold”的 StorageClass 被标记为 default：

```
# kubectl get sc
NAME            TYPE
gold (default)  kubernetes.io/gce-pd
```

如果集群中存在多个 StorageClass 资源，则只能有一个被设置为默认 StorageClass，如果有两个 StorageClass 都被设置为默认 StorageClass，即设计了注解 storageclass.beta.kubernetes.io/is-default-class="true"，则系统将忽略这两个 StorageClass 的默认值设置，也就是等于集群中不存在默认 StorageClass。

如果要将某个默认 StorageClass 设置为非默认 StorageClass，则只需修改注解为 storageclass.beta.kubernetes.io/is-default-class="false"即可。

后续在创建未指定 StorageClass 的 PVC 时，系统将自动为其设置集群中的默认 StorageClass。

5.3.6 内置持久卷类型

Kubernetes 支持的内置（in-tree）持久卷类型包括 hostPath（宿主机目录）、FC（Fibre Channel，光纤存储设备）、iSCSI（iSCSI 存储设备）、Local（本地持久化存储）、NFS（基于 NFS 协议的网络文件系统）等类型，它们不作为 PV 资源对象被创建，而是直接在 Pod 的 volume 字段中被设置和使用。本节对 hostPath 和 NFS 两种类型进行示例说明。

1. hostPath

hostPath 类型的 Volume 用于将 Node 文件系统的目录或文件挂载到容器内部使用，并且在 Pod 被删除之后数据仍然被保留。

由于 hostPath 直接使用的是宿主机的文件系统，无法被 Kubernetes 直接管理，因此存在很多安全风险，建议尽可能不要使用它。在必须使用它时也应尽量以只读的方式将其挂载进容器，以减少对容器应用可能造成的破坏。管理员也可以通过 Admission Policy 来限制 hostPath 只能以只读的方式被挂载，以保护宿主机的文件系统。

对大多数容器应用来说，都不需要使用宿主机的文件系统。适合使用 hostPath 的一些应用场景如下。

◎ 容器应用的关键数据需要被持久化到宿主机上。

◎ 需要使用 Docker 中的某些内部机制，可以将主机的/var/lib/docker 目录挂载到容器内。

◎ 监控系统，例如 cAdvisor 需要采集宿主机/sys 目录下的内容。

◎ Pod 的启动依赖于宿主机上的某个目录或文件就绪。

hostPath 的主要配置参数为 path，表示宿主机的目录或文件路径；还可以设置一个可选的参数 type，表示路径的操作类型。目前 hostPath 的 type 配置参数和其校验规则如表 5.4 所示。

表 5.4　hostPath 的 type 配置参数和其校验规则

type 配置参数	校验规则
空	系统默认值，为向后兼容的设置，意为系统在挂载 path 时不做任何校验
DirectoryOrCreate	path 指定的路径必须是目录，如果不存在，则系统将自动创建该目录，并将目录权限设置为 0755，具有与 kubelet 相同的 owner 和 group
Directory	path 指定的目录必须存在，否则挂载失败
FileOrCreate	path 指定的路径必须是文件，如果不存在，则系统将自动创建该文件，并将文件权限设置为 0644，具有与 kubelet 相同的 owner 和 group
File	path 指定的文件必须存在，否则挂载失败
Socket	path 指定的 UNIX Socket 必须存在，否则挂载失败
CharDevice	path 指定的字符设备（Character Device）必须存在，否则挂载失败
BlockDevice	path 指定的块设备（Block Device）必须存在，否则挂载失败

由于 hostPath 使用的是宿主机的文件系统，所以有以下注意事项。

◎ 通过 hostPath 可能会将宿主机的某些具有特殊权限的文件挂载到容器内，例如 kubelet 和容器运行时的 Socket，使得容器内的进程也能够越权对宿主机进行某些操作。

◎ 对具有相同 hostPath 设置的多个 Pod（例如通过 podTemplate 创建的）来说，可能会被 Master 调度到多个 Node 上运行，但如果多个 Node 上的 hostPath 中的文件内容（例如是配置文件）不同，则各 Pod 的运行可能出现不同的结果。

◎ 如果管理员设置了基于存储资源情况的调度策略，则 hostPath 目录下的磁盘空间将无法被计入 Node 的可用资源范围内，可能出现与预期不同的调度结果。

◎ 如果是之前不存在的路径，则由 kubelet 自动创建的目录或文件的 owner 将是 root，这意味着如果容器内的运行用户（User）不是 root，则将无法对该目录进行写操作，除非将容器设置为特权模式（Privileged），或者由管理员修改 hostPath 的权限以使得非 root 用户可写。

◎ hostPath 设置的宿主机目录或文件不会随着 Pod 的销毁而被删除，而是在 Pod 被销毁之后，需要由管理员手工删除。

下面是使用 hostPath 类型的 Volume 的 Pod 的 YAML 文件示例，其中将宿主机的/data 目录挂载为容器内的/host-data 目录：

```yaml
apiVersion: v1
kind: Pod
metadata:
  name: test-pod
spec:
  containers:
  - image: busybox
    name: test-container
    volumeMounts:
    - mountPath: /host-data
      name: test-volume
  volumes:
  - name: test-volume
    hostPath:
      path: /data            # 宿主机目录
      type: Directory        # 可选，"Directory"表示该目录必须存在
```

对于 type 为 FileOrCreate 模式的情况，需要注意，如果挂载文件有上层目录，则系统不会自动创建上层目录，当上层目录不存在时，Pod 将启动失败。在这种情况下，可以将上层目录也设置为一个 hostPath 类型的 Volume，并且设置 type 为 DirectoryOrCreate，确保当目录不存在时，系统会将该目录自动创建出来。

下面是 FileOrCreate 的 Pod 示例，其中预先创建了文件的上层目录：

```yaml
apiVersion: v1
kind: Pod
metadata:
  name: test-webserver
spec:
  containers:
  - name: test-webserver
    image: k8s.gcr.io/test-webserver:latest
    volumeMounts:
    - mountPath: /var/local/aaa
      name: mydir
    - mountPath: /var/local/aaa/1.txt
      name: myfile
  volumes:
  - name: mydir
    hostPath:
      path: /var/local/aaa          # 文件 1.txt 的上层目录
```

```
      type: DirectoryOrCreate      # 确保该目录存在
  - name: myfile
    hostPath:
      path: /var/local/aaa/1.txt
      type: FileOrCreate           # 确保文件存在
```

2. NFS

NFS 类型的 Volume 用于将基于 NFS 协议的网络文件系统中的目录或文件挂载到容器内部使用，并且在 Pod 被删除之后数据仍然被保留。

下面是使用 NFS Volume 的 Pod 示例：

```
apiVersion: v1
kind: Pod
metadata:
  name: pod-use-nfs
spec:
  containers:
  - image: busybox
    name: busybox
    volumeMounts:
    - mountPath: /data
      name: nfs-volume
  volumes:
  - name: nfs-volume
    nfs:
      server: 10.1.1.1    # nfs 服务器 IP 地址
      path: /nfs_data     # nfs 服务器目录
      readOnly: true      # 是否只读
```

需要注意的是，在 Pod 使用 NFS Volume 之前，需要确保 NFS 服务正常运行。另外，也不能像 PV 那样使用 mountOptions 字段来定义挂载选项。

5.4　动态存储管理实战：GlusterFS

本节以 GlusterFS 为例，从创建 GlusterFS 和 Heketi 服务、定义 StorageClass、定义 PVC 到创建 Pod 使用 PVC 的存储资源，对 StorageClass 和动态资源分配进行详细说明，进一步剖析 Kubernetes 的存储机制。

5.4.1 准备工作

为了能够使用 GlusterFS，我们要在计划用于 GlusterFS 的各 Node 上安装 GlusterFS 客户端：

```
# yum install glusterfs glusterfs-fuse
```

GlusterFS 管理服务容器需要以特权模式运行，可以在 kube-apiserver 的启动参数中增加：

```
--allow-privileged=true
```

给要部署 GlusterFS 管理服务的 Node 打上 storagenode=glusterfs 标签，是为了将 GlusterFS 容器定向部署到安装了 GlusterFS 的 Node 上：

```
# kubectl label node k8s-node-1 storagenode=glusterfs
# kubectl label node k8s-node-2 storagenode=glusterfs
# kubectl label node k8s-node-3 storagenode=glusterfs
```

5.4.2 创建 GlusterFS 管理服务容器集群

GlusterFS 管理服务容器以 DaemonSet 的方式被部署，确保在每个 Node 上都运行一个 GlusterFS 管理服务。glusterfs-daemonset.yaml 的内容如下：

```
apiVersion: apps/v1
kind: DaemonSet
metadata:
  name: glusterfs
  labels:
    glusterfs: daemonset
  annotations:
    description: GlusterFS DaemonSet
    tags: glusterfs
spec:
  template:
    metadata:
      name: glusterfs
      labels:
        glusterfs-node: pod
    spec:
      nodeSelector:
```

```
        storagenode: glusterfs
      hostNetwork: true
      containers:
      - image: gluster/gluster-centos:latest
        name: glusterfs
        volumeMounts:
        - name: glusterfs-heketi
          mountPath: "/var/lib/heketi"
        - name: glusterfs-run
          mountPath: "/run"
        - name: glusterfs-lvm
          mountPath: "/run/lvm"
        - name: glusterfs-etc
          mountPath: "/etc/glusterfs"
        - name: glusterfs-logs
          mountPath: "/var/log/glusterfs"
        - name: glusterfs-config
          mountPath: "/var/lib/glusterd"
        - name: glusterfs-dev
          mountPath: "/dev"
        - name: glusterfs-misc
          mountPath: "/var/lib/misc/glusterfsd"
        - name: glusterfs-cgroup
          mountPath: "/sys/fs/cgroup"
          readOnly: true
        - name: glusterfs-ssl
          mountPath: "/etc/ssl"
          readOnly: true
        securityContext:
          capabilities: {}
          privileged: true
        readinessProbe:
          timeoutSeconds: 3
          initialDelaySeconds: 60
          exec:
            command:
            - "/bin/bash"
            - "-c"
            - systemctl status glusterd.service
        livenessProbe:
          timeoutSeconds: 3
```

```
          initialDelaySeconds: 60
          exec:
            command:
            - "/bin/bash"
            - "-c"
            - systemctl status glusterd.service
      volumes:
      - name: glusterfs-heketi
        hostPath:
          path: "/var/lib/heketi"
      - name: glusterfs-run
      - name: glusterfs-lvm
        hostPath:
          path: "/run/lvm"
      - name: glusterfs-etc
        hostPath:
          path: "/etc/glusterfs"
      - name: glusterfs-logs
        hostPath:
          path: "/var/log/glusterfs"
      - name: glusterfs-config
        hostPath:
          path: "/var/lib/glusterd"
      - name: glusterfs-dev
        hostPath:
          path: "/dev"
      - name: glusterfs-misc
        hostPath:
          path: "/var/lib/misc/glusterfsd"
      - name: glusterfs-cgroup
        hostPath:
          path: "/sys/fs/cgroup"
      - name: glusterfs-ssl
        hostPath:
          path: "/etc/ssl"

# kubectl create -f glusterfs-daemonset.yaml
daemonset.apps/glusterfs created

# kubectl get pods
NAME              READY     STATUS    RESTARTS   AGE
```

```
glusterfs-k2src   1/1       Running   0          1m
glusterfs-q32z2   1/1       Running   0          1m
glusterfs-2l9af   1/1       Running   0          1m
```

5.4.3　创建 Heketi 服务

Heketi 是一个提供 RESTful API 管理 GlusterFS Volume 的框架，能够在 OpenStack、Kubernetes、OpenShift 等云平台上实现动态存储资源供应，支持 GlusterFS 多集群管理，便于管理员对 GlusterFS 进行操作。图 5.4 简单展示了 Heketi 的功能。

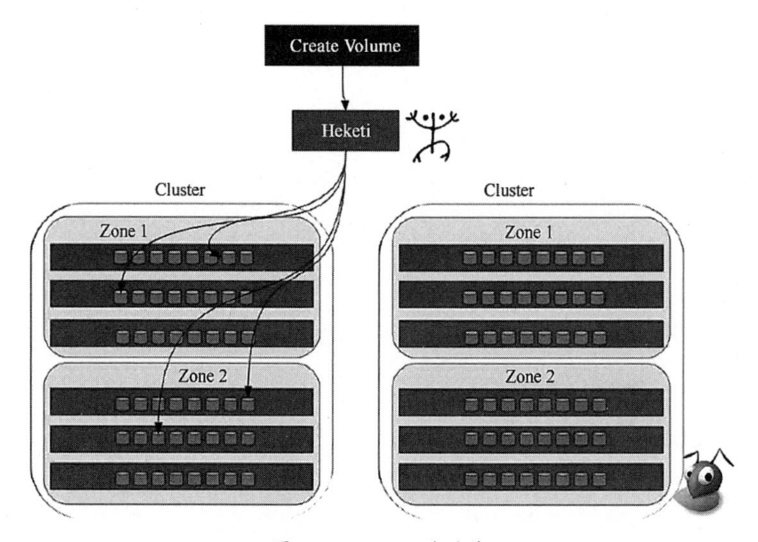

图 5.4　Heketi 的功能

在部署 Heketi 服务之前，要创建 ServiceAccount 并完成 RBAC 授权：

```
# heketi-rbac.yaml
---
apiVersion: v1
kind: ServiceAccount
metadata:
  name: heketi-service-account

---
apiVersion: rbac.authorization.k8s.io/v1
kind: Role
metadata:
```

```
  name: heketi
rules:
- apiGroups:
  - ""
  resources:
  - endpoints
  - services
  - pods
  verbs:
  - get
  - list
  - watch
- apiGroups:
  - ""
  resources:
  - pods/exec
  verbs:
  - create

---
apiVersion: rbac.authorization.k8s.io/v1
kind: RoleBinding
metadata:
  name: heketi
roleRef:
  apiGroup: rbac.authorization.k8s.io
  kind: Role
  name: heketi
subjects:
- kind: ServiceAccount
  name: heketi-service-account
  namespace: default


# kubectl create -f heketi-rbac.yaml
serviceaccount/heketi-service-account created
role.rbac.authorization.k8s.io/heketi created
rolebinding.rbac.authorization.k8s.io/heketi created
```

部署 Heketi 服务：

```
heketi-deployment-svc.yaml
```

```
---
apiVersion: apps/v1
kind: Deployment
metadata:
  name: heketi
  labels:
    glusterfs: heketi-deployment
    deploy-heketi: heketi-deployment
  annotations:
    description: Defines how to deploy Heketi
spec:
  replicas: 1
  selector:
    matchLabels:
      name: deploy-heketi
      glusterfs: heketi-pod
  template:
    metadata:
      name: deploy-heketi
      labels:
        name: deploy-heketi
        glusterfs: heketi-pod
    spec:
      serviceAccountName: heketi-service-account
      containers:
      - image: heketi/heketi
        name: deploy-heketi
        env:
        - name: HEKETI_EXECUTOR
          value: kubernetes
        - name: HEKETI_FSTAB
          value: "/var/lib/heketi/fstab"
        - name: HEKETI_SNAPSHOT_LIMIT
          value: '14'
        - name: HEKETI_KUBE_GLUSTER_DAEMONSET
          value: "y"
        ports:
        - containerPort: 8080
        volumeMounts:
        - name: db
          mountPath: "/var/lib/heketi"
```

```
        readinessProbe:
          timeoutSeconds: 3
          initialDelaySeconds: 3
          httpGet:
            path: "/hello"
            port: 8080
        livenessProbe:
          timeoutSeconds: 3
          initialDelaySeconds: 30
          httpGet:
            path: "/hello"
            port: 8080
      volumes:
      - name: db
        hostPath:
          path: "/heketi-data"

---
kind: Service
apiVersion: v1
metadata:
  name: heketi
  labels:
    glusterfs: heketi-service
    deploy-heketi: support
  annotations:
    description: Exposes Heketi Service
spec:
  selector:
    name: deploy-heketi
  ports:
  - name: deploy-heketi
    port: 8080
    targetPort: 8080
```

需要注意的是，Heketi 的 DB 数据需要持久化保存，建议使用 hostPath 或其他共享存储进行保存：

```
# kubectl create -f heketi-deployment-svc.yaml
deployment.apps/heketi created
service/heketi created
```

5.4.4　通过 Heketi 管理 GlusterFS 集群

在 Heketi 能够管理 GlusterFS 集群之前，首先要为其设置 GlusterFS 集群的信息。可以用一个 topology.json 配置文件来完成各个 GlusterFS Node 和设备的定义。Heketi 要求在一个 GlusterFS 集群中至少有 3 个 Node。在 topology.json 配置文件的 hostnames 字段的 managek 中设置主机名，在 storage 中设置 IP 地址，devices 字段要求被设置为未创建文件系统的裸设备(可以有多块盘)，以供 Heketi 自动完成 PV(Physical Volume)、VG(Volume Group)和 LV(Logical Volume)的创建。topology.json 文件的内容如下：

```
{
  "clusters": [
    {
      "nodes": [
        {
          "node": {
            "hostnames": {
              "manage": [
                "k8s-node-1"
              ],
              "storage": [
                "192.168.18.3"
              ]
            },
            "zone": 1
          },
          "devices": [
            "/dev/sdb"
          ]
        },
        {
          "node": {
            "hostnames": {
              "manage": [
                "k8s-node-2"
              ],
              "storage": [
                "192.168.18.4"
              ]
            },
            "zone": 1
```

```
        },
        "devices": [
          "/dev/sdb"
        ]
      },
      {
        "node": {
          "hostnames": {
            "manage": [
              "k8s-node-3"
            ],
            "storage": [
              "192.168.18.5"
            ]
          },
          "zone": 1
        },
        "devices": [
          "/dev/sdb"
        ]
      }
    ]
  }
 ]
}
```

进入 Heketi 容器，使用命令行工具 heketi-cli 完成 GlusterFS 集群的创建：

```
# export HEKETI_CLI_SERVER=http://localhost:8080
# heketi-cli topology load --json=topology.json
Creating cluster ... ID: f643da1cd64691c5705932a46a95d1d5
        Creating node k8s-node-1 ... ID: 883506b091a22bd13f10bc3d0fb51223
                Adding device /dev/sdb ... OK
        Creating node k8s-node-2 ... ID: e64b879689106f82a9c4ac910a865cc8
                Adding device /dev/sdb ... OK
        Creating node k8s-node-3 ... ID: b7783484180f6a592a30baebfb97d9be
                Adding device /dev/sdb ... OK
```

经过上述操作，Heketi 就完成了 GlusterFS 集群的创建，结果是在 GlusterFS 集群各个 Node 的/dev/sdb 磁盘上成功创建了 PV 和 VG。

查看 Heketi 的 topology 信息，可以看到 Node 和 Device 的详细信息，包括磁盘空间大小和剩余空间大小。此时，GlusterFS 的 Volume 和 Brick 还未被创建：

```
    # heketi-cli topology info
    Cluster Id: f643da1cd64691c5705932a46a95d1d5

        Volumes:

        Nodes:

            Node Id: 883506b091a22bd13f10bc3d0fb51223
            State: online
            Cluster Id: f643da1cd64691c5705932a46a95d1d5
            Zone: 1
            Management Hostname: k8s-node-1
            Storage Hostname: 192.168.18.3
            Devices:
                    Id:b474f14b0903ed03ec80d4a989f943f2   Name:/dev/sdb
State:online    Size (GiB):9      Used (GiB):0      Free (GiB):9
                        Bricks:

            Node Id: b7783484180f6a592a30baebfb97d9be
            State: online
            Cluster Id: f643da1cd64691c5705932a46a95d1d5
            Zone: 1
            Management Hostname: k8s-node-3
            Storage Hostname: 192.168.18.5
            Devices:
                    Id:fac3fa5ac1de3d5bde3aa68f6aa61285   Name:/dev/sdb
State:online    Size (GiB):9      Used (GiB):0      Free (GiB):9
                        Bricks:

            Node Id: e64b879689106f82a9c4ac910a865cc8
            State: online
            Cluster Id: f643da1cd64691c5705932a46a95d1d5
            Zone: 1
            Management Hostname: k8s-node-2
            Storage Hostname: 192.168.18.4
            Devices:
                    Id:05532e7db723953e8643b64b36aee1d1   Name:/dev/sdb
State:online    Size (GiB):9      Used (GiB):0      Free (GiB):9
                        Bricks:
```

5.4.5 定义 StorageClass

准备工作已经就绪，集群管理员现在可以在 Kubernetes 集群中定义一个 StorageClass 了。storageclass-gluster-heketi.yaml 的内容如下：

```
apiVersion: storage.k8s.io/v1
kind: StorageClass
metadata:
  name: gluster-heketi
provisioner: kubernetes.io/glusterfs
parameters:
  resturl: "http://172.17.2.2:8080"
  restauthenabled: "false"
```

provisioner 参数必须被设置为“kubernetes.io/glusterfs”。

resturl 的地址需要被设置为 API Server 所在主机可以访问到的 Heketi 服务地址，可以使用服务 ClusterIP+Port、PodIP+Port，或将服务映射到物理机，使用 NodeIP+NodePort。

创建该 StorageClass 资源对象：

```
# kubectl create -f storageclass-gluster-heketi.yaml
storageclass/gluster-heketi created
```

5.4.6 定义 PVC

现在，用户可以定义一个 PVC 申请 Glusterfs 存储空间了。下面是 PVC 的 YAML 文件，其中申请 1GiB 空间的存储资源，设置 StorageClass 为“gluster-heketi”，同时未设置 Selector，表示使用动态资源供应模式：

```
pvc-gluster-heketi.yaml
apiVersion: v1
kind: PersistentVolumeClaim
metadata:
  name: pvc-gluster-heketi
spec:
  storageClassName: gluster-heketi
  accessModes:
    - ReadWriteOnce
  resources:
    requests:
```

```
        storage: 1Gi

    # kubectl create -f pvc-gluster-heketi.yaml
    persistentvolumeclaim/pvc-gluster-heketi created
```

PVC 的定义一旦生成，系统便将触发 Heketi 进行相应的操作，主要为在 GlusterFS 集群中创建 brick，再创建并启动一个 Volume。可以在 Heketi 的日志中查看整个过程：

```
    ......
    [kubeexec] DEBUG 2023/04/26 00:51:30
/src/github.com/heketi/heketi/executors/kubeexec/kubeexec.go:250: Host:
k8s-node-1 Pod: glusterfs-ld7nh Command: gluster --mode=script volume create
vol_87b9314cb76bafacfb7e9cdc04fcaf05 replica 3
192.168.18.3:/var/lib/heketi/mounts/vg_b474f14b0903ed03ec80d4a989f943f2/brick_d0
8520c9ff7b9a0a9165f9815671f2cd/brick
192.168.18.5:/var/lib/heketi/mounts/vg_fac3fa5ac1de3d5bde3aa68f6aa61285/brick_68
18dce118b8a54e9590199d44a3817b/brick
192.168.18.4:/var/lib/heketi/mounts/vg_05532e7db723953e8643b64b36aee1d1/brick_9e
cb8f7fde1ae937011f04401e7c6c56/brick
    Result: volume create: vol_87b9314cb76bafacfb7e9cdc04fcaf05: success: please
start the volume to access data
    ......
    [kubeexec] DEBUG 2023/04/26 00:51:33
/src/github.com/heketi/heketi/executors/kubeexec/kubeexec.go:250: Host:
k8s-node-1 Pod: glusterfs-ld7nh Command: gluster --mode=script volume start
vol_87b9314cb76bafacfb7e9cdc04fcaf05
    Result: volume start: vol_87b9314cb76bafacfb7e9cdc04fcaf05: success
    ......
```

查看 PVC 的详情，确认其状态为 Bound（已绑定）：

```
    # kubectl get pvc
    NAME                 STATUS    VOLUME                                     CAPACITY
ACCESSMODES   STORAGECLASS     AGE
    pvc-gluster-heketi   Bound     pvc-783cf949-2a1a-11e7-8717-000c29eaed40   1Gi
RWX           gluster-heketi   6m
```

查看 PV，可以看到系统通过动态供应机制自动创建的 PV：

```
    # kubectl get pv
    NAME                                       CAPACITY   ACCESSMODES   RECLAIMPOLICY
STATUS    CLAIM                          STORAGECLASS     REASON    AGE
    pvc-783cf949-2a1a-11e7-8717-000c29eaed40   1Gi        RWX           Delete
```

```
Bound     default/pvc-gluster-heketi    gluster-heketi              6m
```

查看该 PV 的详细信息，可以看到其容量、引用的 StorageClass 等信息都已被正确设置，状态为 Bound 表示已与 PVC 完成绑定，回收策略则为默认的 Delete。同时 Gluster 的 Endpoint 和 Path 也由 Heketi 自动完成了设置：

```
# kubectl describe pv pvc-783cf949-2a1a-11e7-8717-000c29eaed40
Name:          pvc-783cf949-2a1a-11e7-8717-000c29eaed40
Labels:         <none>
Annotations:    pv.beta.kubernetes.io/gid=2000
               pv.kubernetes.io/bound-by-controller=yes
               pv.kubernetes.io/provisioned-by=kubernetes.io/glusterfs
StorageClass:   gluster-heketi
Status:         Bound
Claim:          default/pvc-gluster-heketi
Reclaim Policy: Delete
Access Modes:   RWX
Capacity:       1Gi
Message:
Source:
    Type:      Glusterfs (a Glusterfs mount on the host that shares a pod's
lifetime)
    EndpointsName:     glusterfs-dynamic-pvc-gluster-heketi
    Path:              vol_87b9314cb76bafacfb7e9cdc04fcaf05
    ReadOnly:           false
Events:                 <none>
```

至此，一个可供 Pod 使用的 PVC 就创建成功了。接下来 Pod 就能通过 Volume 的设置将这个 PVC 挂载到容器内部进行使用了。

5.4.7　Pod 使用 PVC 的存储资源

下面是在 Pod 中使用 PVC 定义的存储资源的配置，首先设置一个类型为 persistent-VolumeClaim 的 Volume，然后将其通过 volumeMounts 设置挂载到容器内的目录下。注意，Pod 需要与 PVC 属于同一个命名空间：

```
pod-use-pvc.yaml
apiVersion: v1
kind: Pod
metadata:
```

```
  name: pod-use-pvc
spec:
  containers:
  - name: pod-use-pvc
    image: busybox
    command:
    - sleep
    - "3600"
    volumeMounts:
    - name: gluster-volume
      mountPath: "/pv-data"
      readOnly: false
  volumes:
  - name: gluster-volume
    persistentVolumeClaim:
      claimName: pvc-gluster-heketi

# kubectl create -f pod-use-pvc.yaml
pod/pod-use-pvc created
```

进入容器 pod-use-pvc，在/pv-data 目录下创建一些文件：

```
# kubectl exec -ti pod-use-pvc -- /bin/sh
/ # cd /pv-data
/ # touch a
/ # echo "hello" > b
```

可以验证文件 a 和 b 在 GlusterFS 集群中正确生成。

至此，使用 Kubernetes 最新的动态存储供应模式，配合 StorageClass 和 Heketi 共同搭建基于 GlusterFS 的共享存储就完成了。有兴趣的读者可以继续尝试 StorageClass 的其他设置，例如调整 GlusterFS 的 Volume 类型、修改 PV 的回收策略等。

在使用动态存储供应模式的情况下，可以解决静态模式的下列问题。

（1）管理员需要预先准备大量的静态 PV。

（2）系统在为 PVC 选择 PV 时，可能存在 PV 空间比 PVC 申请空间大的情况，导致资源浪费。

所以在 Kubernetes 中，建议用户优先考虑使用 StorageClass 的动态存储供应模式进行存储资源的申请、使用、回收等操作。

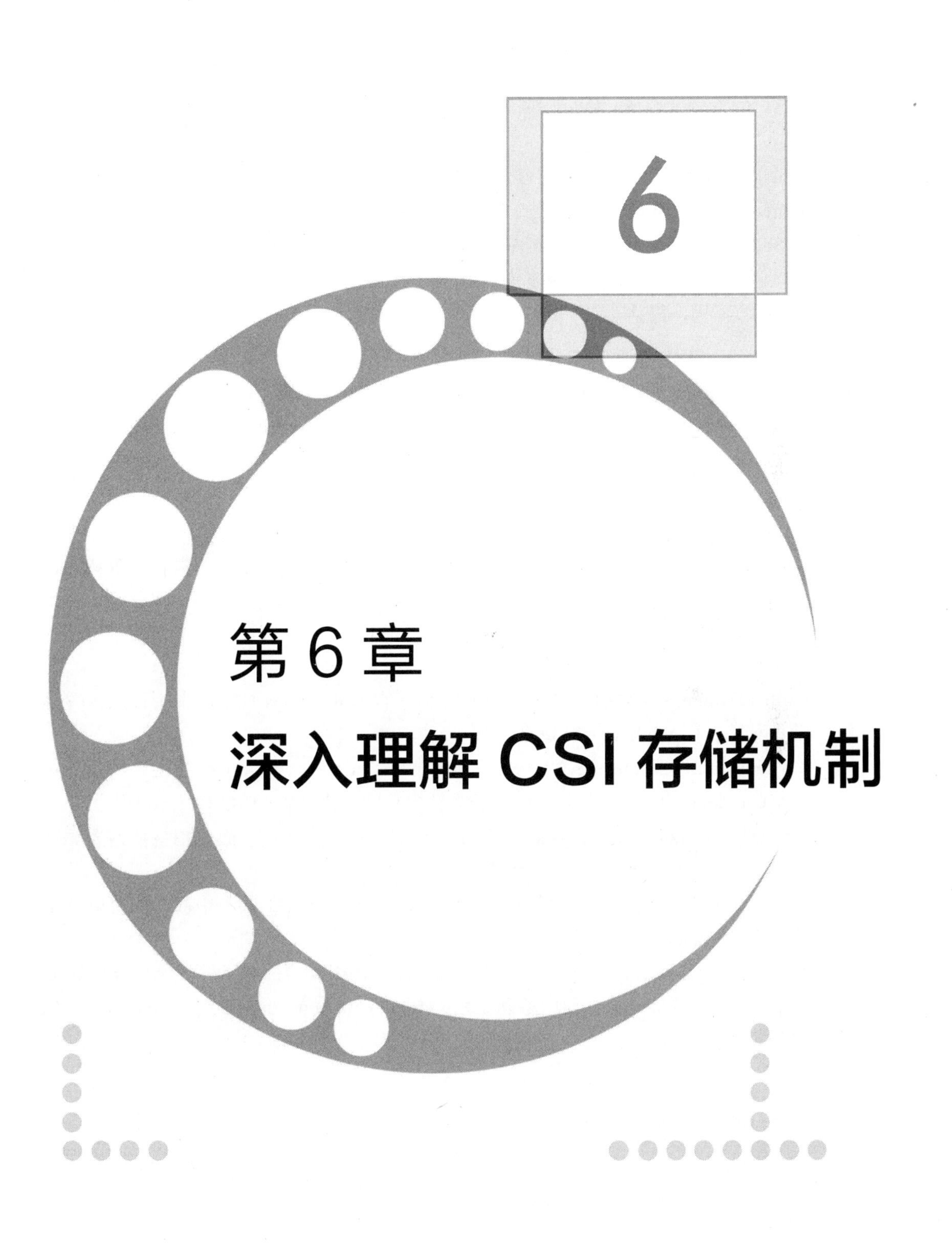

第6章 深入理解CSI存储机制

6.1　CSI 存储插件机制详解

Kubernetes 从 v1.9 版本开始引入容器存储接口 CSI（Container Storage Interface），用于在 Kubernetes 与外部存储系统之间建立一套标准的存储接口，通过该接口为容器提供存储服务。CSI 到 Kubernetes v1.10 版本时升级到 Beta 阶段，到 Kubernetes v1.13 版本时升级到 Stable 阶段。在 Kubernetes 旧版本中内置的一些由存储资源提供者提供的存储驱动已由外部 CSI 驱动替代，包括：

◎ CephFS：一种开源共享存储系统，在 Kubernetes v1.28 版本中被从内置驱动中移除，由 CephFS CSI 驱动替代。

◎ Cinder：一种开源共享存储系统，在 Kubernetes v1.26 版本中被从内置驱动中移除，由 OpenStack Cinder 驱动替代。

◎ GlusterFS：一种开源共享存储系统，在 Kubernetes v1.26 版本中被从内置驱动中移除。

◎ PortworxVolume：Portworx 提供的存储服务，在 Kubernetes v1.25 版本中被从内置驱动中移除，由 Portworx CSI 驱动替代。

◎ RBD（Ceph Block Device）：Ceph 块存储，在 Kubernetes v1.28 版本中被从内置驱动中移除，由 Ceph CSI 驱动替代。

◎ vSphereVolume：VMWare 提供的存储系统，在 Kubernetes 1.26 版本中被从内置驱动中移除，由 vSphere CSI 驱动替代。

◎ AWSElasticBlockStore：AWS 公有云提供的 Elastic Block Store 类型的存储资源，在 Kubernetes v1.27 版本中被从内置驱动中移除，由 AWS EBS CSI 驱动替代。

◎ AzureDisk：Azure 公有云提供的 Disk，在 Kubernetes v1.27 版本中被从内置驱动中移除，由 Azure Disk CSI 驱动替代。

◎ AzureFile：Azure 公有云提供的 File，在 Kubernetes v1.21 版本中被从内置驱动中移除，由 AsureFile 插件替代。

◎ GCEPersistentDisk：GCE 公有云提供的 Persistent Disk 类型的存储资源，在 Kubernetes v1.27 版本中被从内置驱动中移除，由 Google Compute Engine Persistent Disk CSI 驱动替代。

6.1.1　CSI 的设计背景

Kubernetes 通过 PV、PVC、StorageClass 已经提供了一种强大的基于存储插件的存储管理机制，但是各种存储插件都是基于一种被称为“in-tree”（树内）的服务提供方式提供服务的，其要求存储插件的代码必须被放进 Kubernetes 的主干代码库中才能被 Kubernetes 调用（属于紧耦合的开发模式）。但是这种“in-tree”的服务提供方式会带来一些问题。

◎ 存储插件的代码需要与 Kubernetes 的代码放在同一代码库中，并与 Kubernetes 的二进制文件共同发布。
◎ 存储插件代码的开发者必须遵循 Kubernetes 的代码开发规范。
◎ 存储插件代码的开发者必须遵循 Kubernetes 的发布流程，包括添加对 Kubernetes 存储系统的支持和修复错误。
◎ Kubernetes 社区需要对存储插件的代码进行维护，包括审核、测试等。
◎ 存储插件代码中的问题可能会影响 Kubernetes 组件的运行，并且很难排查问题。
◎ 存储插件代码与 Kubernetes 的核心组件（kubelet 和 kube-controller-manager）享有相同的系统特殊权限，可能存在可靠性和安全性问题。
◎ 存储插件代码与 Kubernetes 代码一样被强制要求开源、公开。

Kubernetes 已有的 Flex Volume 插件机制试图通过为外部存储暴露一个基于可执行程序（exec）的 API 来解决这些问题。尽管它允许第三方存储资源提供者在 Kubernetes 核心代码之外开发存储驱动，但有两个问题没有得到很好的解决：

◎ 部署第三方驱动的可执行文件仍然需要宿主机的 root 权限，存在安全隐患。
◎ 存储插件在执行 mount、attach 这些操作时，通常需要在宿主机上安装一些第三方工具包和依赖库，这使得部署过程更加复杂，例如在部署 Ceph 时需要安装 RBD 库，在部署 GlusterFS 时需要安装 mount.glusterfs 库，等等。

基于以上这些问题和考虑，Kubernetes 逐步推出与容器对接的存储接口标准，存储资源提供者只需基于存储接口标准进行存储插件的实现，就能使用 Kubernetes 的原生存储机制为容器提供存储服务了。这套标准被称为 CSI。在 CSI 成为 Kubernetes 的存储接口标准之后，存储资源提供者的代码就能与 Kubernetes 代码彻底解耦，其部署也与 Kubernetes 核心组件分离。显然，存储插件由提供者自行维护，可以为 Kubernetes 用户提供更多的存储功能，也更加安全可靠。基于 CSI 的存储插件机制也被称为“out-of-tree”（树外）服务提供方式，是未来 Kubernetes 第三方存储插件的标准方案。感兴趣的读者可以到 CSI 项目官网获取更多信息。

6.1.2　CSI 的核心组件和部署架构

图 6.1 展示了 Kubernetes CSI 的核心组件和推荐的容器化部署架构。

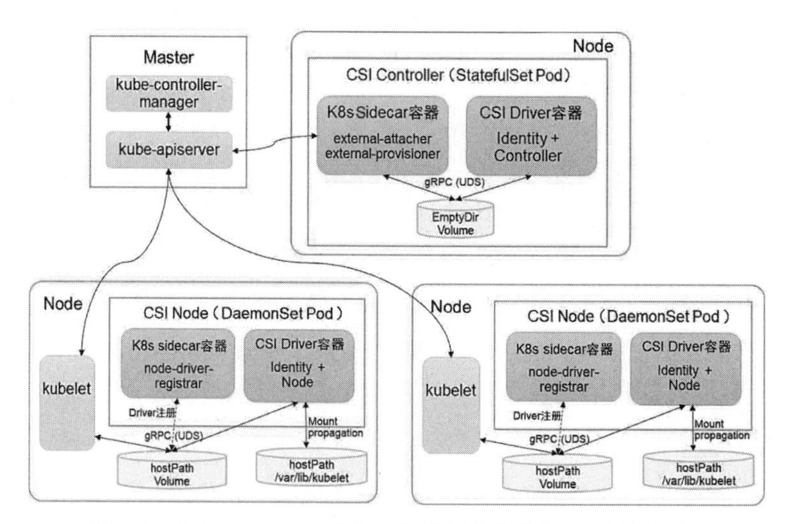

图 6.1　Kubernetes CSI 的核心组件和推荐的容器化部署架构

其中主要包括两类组件：CSI Controller 和 CSI Node。

1. CSI Controller

CSI Controller 的主要功能是以存储服务视角对存储资源和 Volume 进行管理和操作。在 Kubernetes 中建议将其部署为单实例 Pod，可以使用 StatefulSet 或 Deployment 控制器进行部署，设置副本数量为 1，保证一种存储插件只运行一个控制器实例。

在这个 Pod 内部署两个容器，分别提供以下功能。

（1）与 Master（kube-controller-manager）通信的辅助 Sidecar 容器。在 Sidecar 容器内又可以包含 external-attacher 和 external-provisioner 两个容器，它们的功能分别如下。

◎ external-attacher：监控 VolumeAttachment 资源对象的变更，触发针对 CSI 端点的 ControllerPublish 和 ControllerUnpublish 操作。

◎ external-provisioner：监控 PersistentVolumeClaim 资源对象的变更，触发针对 CSI 端点的 CreateVolume 和 DeleteVolume 操作。

另外，Kubernetes 社区正在引入具备其他管理功能的 Sidecar 工具，例如：external-snapshotter，用于管理存储快照，目前处于 Alpha 阶段；external-resizer，用于管理存储容量扩容，目前处于 Beta 阶段。

（2）CSI Driver 存储驱动容器，由第三方存储资源提供者提供，需要实现上述接口。

这两个容器通过本地 Socket（Unix Domain Socket，UDS），并使用 gPRC 协议进行通信。Sidecar 容器通过 Socket 调用 CSI Driver 容器的 CSI 接口，CSI Driver 容器负责具体的 Volume 操作。

2. CSI Node

CSI Node 的主要功能是对 Node 上的 Volume 进行管理等操作。在 Kubernetes 中建议将其部署为 DaemonSet，在需要提供存储资源的各个 Node 上都运行一个 Pod。

在这个 Pod 中部署以下两个容器。

（1）与 kubelet 通信的辅助 Sidecar 容器的 node-driver-registrar 容器，主要功能是将存储驱动注册到 kubelet 中。

（2）CSI Driver 存储驱动容器，由第三方存储资源提供者提供，主要功能是接收 kubelet 的调用，需要实现一系列与 Node 相关的 CSI 接口，例如 NodePublishVolume 接口（用于将 Volume 挂载到容器内的目标路径下）、NodeUnpublishVolume 接口（用于从容器中卸载 Volume），等等。

node-driver-registrar 容器与 kubelet 通过 Node 上的一个 hostPath 目录下的 UNIX Socket 进行通信。CSI Driver 容器与 kubelet 通过 Node 上的另一个 hostPath 目录下的 UNIX Socket 进行通信，同时需要将 kubelet 的工作目录（默认为/var/lib/kubelet）挂载到 CSI Driver 容器下，用于为 Pod 进行 Volume 的管理操作（包括 Mount、Umount 等）。

6.2 CSI 存储插件应用实战

下面以 csi-hostpath 存储插件为例，对如何部署 CSI 存储插件、用户如何使用 CSI 存储插件提供的存储资源进行详细说明。

6.2.1 部署 csi-hostpath 存储插件

csi-hostpath 存储插件主要包括 csi-hostpath-attacher、csi-hostpath-provisioner、csi-hostpathplugin（其中包含 csi-node-driver-registrar 和 hostpathplugin）、csi-hostpath-resizer（负责调整空间）和 csi-hostpath-snapshotter（负责管理快照）组件，并为每个组件都配置了 ServiceAccount 及必要的 RBAC 权限控制规则，这对于安全访问 Kubernetes 资源对象非常重要。

csi-hostpath-attacher.yaml 的内容如下：

```
# RBAC 相关配置
---
apiVersion: v1
kind: ServiceAccount
metadata:
  name: csi-attacher
  namespace: default
---
kind: ClusterRole
apiVersion: rbac.authorization.k8s.io/v1
metadata:
  name: external-attacher-runner
rules:
  - apiGroups: [""]
    resources: ["persistentvolumes"]
    verbs: ["get", "list", "watch", "patch"]
  - apiGroups: ["storage.k8s.io"]
    resources: ["csinodes"]
    verbs: ["get", "list", "watch"]
  - apiGroups: ["storage.k8s.io"]
    resources: ["volumeattachments"]
    verbs: ["get", "list", "watch", "patch"]
  - apiGroups: ["storage.k8s.io"]
    resources: ["volumeattachments/status"]
    verbs: ["patch"]
---
kind: ClusterRoleBinding
apiVersion: rbac.authorization.k8s.io/v1
metadata:
  name: csi-attacher-role
subjects:
  - kind: ServiceAccount
    name: csi-attacher
    namespace: default
```

```
roleRef:
  kind: ClusterRole
  name: external-attacher-runner
  apiGroup: rbac.authorization.k8s.io
---
kind: Role
apiVersion: rbac.authorization.k8s.io/v1
metadata:
  namespace: default
  name: external-attacher-cfg
rules:
- apiGroups: ["coordination.k8s.io"]
  resources: ["leases"]
  verbs: ["get", "watch", "list", "delete", "update", "create"]
---
kind: RoleBinding
apiVersion: rbac.authorization.k8s.io/v1
metadata:
  name: csi-attacher-role-cfg
  namespace: default
subjects:
  - kind: ServiceAccount
    name: csi-attacher
    namespace: default
roleRef:
  kind: Role
  name: external-attacher-cfg
  apiGroup: rbac.authorization.k8s.io

# StatefulSet 的定义
---
kind: StatefulSet
apiVersion: apps/v1
metadata:
  name: csi-hostpath-attacher
  labels:
    app.kubernetes.io/instance: hostpath.csi.k8s.io
    app.kubernetes.io/part-of: csi-driver-host-path
    app.kubernetes.io/name: csi-hostpath-attacher
    app.kubernetes.io/component: attacher
spec:
```

```yaml
  serviceName: "csi-hostpath-attacher"
  replicas: 1
  selector:
    matchLabels:
      app.kubernetes.io/instance: hostpath.csi.k8s.io
      app.kubernetes.io/part-of: csi-driver-host-path
      app.kubernetes.io/name: csi-hostpath-attacher
      app.kubernetes.io/component: attacher
  template:
    metadata:
      labels:
        app.kubernetes.io/instance: hostpath.csi.k8s.io
        app.kubernetes.io/part-of: csi-driver-host-path
        app.kubernetes.io/name: csi-hostpath-attacher
        app.kubernetes.io/component: attacher
    spec:
      affinity:
        podAffinity:
          requiredDuringSchedulingIgnoredDuringExecution:
          - labelSelector:
              matchExpressions:
              - key: app.kubernetes.io/instance
                operator: In
                values:
                  - hostpath.csi.k8s.io
            topologyKey: kubernetes.io/hostname
      serviceAccountName: csi-attacher
      containers:
        - name: csi-attacher
          image: registry.k8s.io/sig-storage/csi-attacher:v4.4.0
          imagePullPolicy: IfNotPresent
          args:
            - --v=5
            - --csi-address=/csi/csi.sock
          securityContext:
            privileged: true
          volumeMounts:
          - mountPath: /csi
            name: socket-dir
      volumes:
        - hostPath:
```

```
            path: /var/lib/kubelet/plugins/csi-hostpath
            type: DirectoryOrCreate
          name: socket-dir
```

csi-hostpath-provisioner.yaml 的内容如下：

```
# RBAC 相关配置
---
apiVersion: v1
kind: ServiceAccount
metadata:
  name: csi-provisioner
  namespace: default
---
kind: ClusterRole
apiVersion: rbac.authorization.k8s.io/v1
metadata:
  name: external-provisioner-runner
rules:
  - apiGroups: [""]
    resources: ["persistentvolumes"]
    verbs: ["get", "list", "watch", "create", "delete"]
  - apiGroups: [""]
    resources: ["persistentvolumeclaims"]
    verbs: ["get", "list", "watch", "update"]
  - apiGroups: ["storage.k8s.io"]
    resources: ["storageclasses"]
    verbs: ["get", "list", "watch"]
  - apiGroups: [""]
    resources: ["events"]
    verbs: ["list", "watch", "create", "update", "patch"]
  - apiGroups: ["snapshot.storage.k8s.io"]
    resources: ["volumesnapshots"]
    verbs: ["get", "list"]
  - apiGroups: ["snapshot.storage.k8s.io"]
    resources: ["volumesnapshotcontents"]
    verbs: ["get", "list"]
  - apiGroups: ["storage.k8s.io"]
    resources: ["csinodes"]
    verbs: ["get", "list", "watch"]
  - apiGroups: [""]
    resources: ["nodes"]
```

```
    verbs: ["get", "list", "watch"]
  - apiGroups: ["storage.k8s.io"]
    resources: ["volumeattachments"]
    verbs: ["get", "list", "watch"]
---
kind: ClusterRoleBinding
apiVersion: rbac.authorization.k8s.io/v1
metadata:
  name: csi-provisioner-role
subjects:
  - kind: ServiceAccount
    name: csi-provisioner
    namespace: default
roleRef:
  kind: ClusterRole
  name: external-provisioner-runner
  apiGroup: rbac.authorization.k8s.io
---
kind: Role
apiVersion: rbac.authorization.k8s.io/v1
metadata:
  namespace: default
  name: external-provisioner-cfg
rules:
- apiGroups: ["coordination.k8s.io"]
  resources: ["leases"]
  verbs: ["get", "watch", "list", "delete", "update", "create"]
- apiGroups: ["storage.k8s.io"]
  resources: ["csistoragecapacities"]
  verbs: ["get", "list", "watch", "create", "update", "patch", "delete"]
- apiGroups: [""]
  resources: ["pods"]
  verbs: ["get"]
- apiGroups: ["apps"]
  resources: ["replicasets"]
  verbs: ["get"]
---
kind: RoleBinding
apiVersion: rbac.authorization.k8s.io/v1
metadata:
  name: csi-provisioner-role-cfg
```

```
  namespace: default
subjects:
  - kind: ServiceAccount
    name: csi-provisioner
    namespace: default
roleRef:
  kind: Role
  name: external-provisioner-cfg
  apiGroup: rbac.authorization.k8s.io

# StatefulSet 的定义
---
kind: StatefulSet
apiVersion: apps/v1
metadata:
  name: csi-hostpath-provisioner
  labels:
    app.kubernetes.io/instance: hostpath.csi.k8s.io
    app.kubernetes.io/part-of: csi-driver-host-path
    app.kubernetes.io/name: csi-hostpath-provisioner
    app.kubernetes.io/component: provisioner
spec:
  serviceName: "csi-hostpath-provisioner"
  replicas: 1
  selector:
    matchLabels:
      app.kubernetes.io/instance: hostpath.csi.k8s.io
      app.kubernetes.io/part-of: csi-driver-host-path
      app.kubernetes.io/name: csi-hostpath-provisioner
      app.kubernetes.io/component: provisioner
  template:
    metadata:
      labels:
        app.kubernetes.io/instance: hostpath.csi.k8s.io
        app.kubernetes.io/part-of: csi-driver-host-path
        app.kubernetes.io/name: csi-hostpath-provisioner
        app.kubernetes.io/component: provisioner
    spec:
      affinity:
        podAffinity:
          requiredDuringSchedulingIgnoredDuringExecution:
```

```
          - labelSelector:
              matchExpressions:
              - key: app.kubernetes.io/instance
                operator: In
                values:
                  - hostpath.csi.k8s.io
            topologyKey: kubernetes.io/hostname
      serviceAccountName: csi-provisioner
      containers:
        - name: csi-provisioner
          image: registry.k8s.io/sig-storage/csi-provisioner:v3.6.0
          imagePullPolicy: IfNotPresent
          args:
            - -v=5
            - --csi-address=/csi/csi.sock
            - --feature-gates=Topology=true
          securityContext:
            privileged: true
          volumeMounts:
            - mountPath: /csi
              name: socket-dir
      volumes:
        - hostPath:
            path: /var/lib/kubelet/plugins/csi-hostpath
            type: DirectoryOrCreate
          name: socket-dir
```

csi-hostpathplugin.yaml 的内容如下：

```
# RBAC 相关配置
---
apiVersion: v1
kind: ServiceAccount
metadata:
  name: csi-external-health-monitor-controller
  namespace: default
---
kind: ClusterRole
apiVersion: rbac.authorization.k8s.io/v1
metadata:
  name: external-health-monitor-controller-runner
rules:
```

```
  - apiGroups: [""]
    resources: ["persistentvolumes"]
    verbs: ["get", "list", "watch"]
  - apiGroups: [""]
    resources: ["persistentvolumeclaims"]
    verbs: ["get", "list", "watch"]
  - apiGroups: [""]
    resources: ["nodes"]
    verbs: ["get", "list", "watch"]
  - apiGroups: [""]
    resources: ["pods"]
    verbs: ["get", "list", "watch"]
  - apiGroups: [""]
    resources: ["events"]
    verbs: ["get", "list", "watch", "create", "patch"]
---
kind: ClusterRoleBinding
apiVersion: rbac.authorization.k8s.io/v1
metadata:
  name: csi-external-health-monitor-controller-role
subjects:
  - kind: ServiceAccount
    name: csi-external-health-monitor-controller
    namespace: default
roleRef:
  kind: ClusterRole
  name: external-health-monitor-controller-runner
  apiGroup: rbac.authorization.k8s.io
---
kind: Role
apiVersion: rbac.authorization.k8s.io/v1
metadata:
  namespace: default
  name: external-health-monitor-controller-cfg
rules:
- apiGroups: ["coordination.k8s.io"]
  resources: ["leases"]
  verbs: ["get", "watch", "list", "delete", "update", "create"]
---
kind: RoleBinding
apiVersion: rbac.authorization.k8s.io/v1
```

```
metadata:
  name: csi-external-health-monitor-controller-role-cfg
  namespace: default
subjects:
  - kind: ServiceAccount
    name: csi-external-health-monitor-controller
    namespace: default
roleRef:
  kind: Role
  name: external-health-monitor-controller-cfg
  apiGroup: rbac.authorization.k8s.io

# StatefulSet 的定义
---
kind: StatefulSet
apiVersion: apps/v1
metadata:
  name: csi-hostpathplugin
  labels:
    app.kubernetes.io/instance: hostpath.csi.k8s.io
    app.kubernetes.io/part-of: csi-driver-host-path
    app.kubernetes.io/name: csi-hostpathplugin
    app.kubernetes.io/component: plugin
spec:
  serviceName: "csi-hostpathplugin"
  replicas: 1
  selector:
    matchLabels:
      app.kubernetes.io/instance: hostpath.csi.k8s.io
      app.kubernetes.io/part-of: csi-driver-host-path
      app.kubernetes.io/name: csi-hostpathplugin
      app.kubernetes.io/component: plugin
  template:
    metadata:
      labels:
        app.kubernetes.io/instance: hostpath.csi.k8s.io
        app.kubernetes.io/part-of: csi-driver-host-path
        app.kubernetes.io/name: csi-hostpathplugin
        app.kubernetes.io/component: plugin
    spec:
      serviceAccountName: csi-external-health-monitor-controller
```

```
      containers:
        - name: hostpath
          image: registry.k8s.io/sig-storage/hostpathplugin:v1.9.0
          imagePullPolicy: IfNotPresent
          args:
            - "--drivername=hostpath.csi.k8s.io"
            - "--v=5"
            - "--endpoint=$(CSI_ENDPOINT)"
            - "--nodeid=$(KUBE_NODE_NAME)"
          env:
            - name: CSI_ENDPOINT
              value: unix:///csi/csi.sock
            - name: KUBE_NODE_NAME
              valueFrom:
                fieldRef:
                  apiVersion: v1
                  fieldPath: spec.nodeName
          securityContext:
            privileged: true
          ports:
          - containerPort: 9898
            name: healthz
            protocol: TCP
          livenessProbe:
            failureThreshold: 5
            httpGet:
              path: /healthz
              port: healthz
            initialDelaySeconds: 10
            timeoutSeconds: 3
            periodSeconds: 2
          volumeMounts:
            - mountPath: /csi
              name: socket-dir
            - mountPath: /var/lib/kubelet/pods
              mountPropagation: Bidirectional
              name: mountpoint-dir
            - mountPath: /var/lib/kubelet/plugins
              mountPropagation: Bidirectional
              name: plugins-dir
            - mountPath: /csi-data-dir
```

```
            name: csi-data-dir
          - mountPath: /dev
            name: dev-dir
        - name: liveness-probe
          volumeMounts:
          - mountPath: /csi
            name: socket-dir
          image: registry.k8s.io/sig-storage/livenessprobe:v2.11.0
          imagePullPolicy: IfNotPresent
          args:
          - --csi-address=/csi/csi.sock
          - --health-port=9898

        - name: csi-external-health-monitor-controller
          image: registry.k8s.io/sig-storage/csi-external-health-monitor-
controller:v0.10.0
          imagePullPolicy: IfNotPresent
          args:
            - "--v=5"
            - "--csi-address=$(ADDRESS)"
            - "--leader-election"
          env:
            - name: ADDRESS
              value: /csi/csi.sock
          imagePullPolicy: "IfNotPresent"
          volumeMounts:
            - name: socket-dir
              mountPath: /csi

        - name: node-driver-registrar
          image: registry.k8s.io/sig-storage/csi-node-driver-registrar:v2.9.0
          imagePullPolicy: IfNotPresent
          args:
            - --v=5
            - --csi-address=/csi/csi.sock
            - --kubelet-registration-path=/var/lib/kubelet/plugins/csi-
hostpath/csi.sock
          securityContext:
            privileged: true
          env:
            - name: KUBE_NODE_NAME
```

```
            valueFrom:
              fieldRef:
                apiVersion: v1
                fieldPath: spec.nodeName
          volumeMounts:
          - mountPath: /csi
            name: socket-dir
          - mountPath: /registration
            name: registration-dir
          - mountPath: /csi-data-dir
            name: csi-data-dir
      volumes:
        - hostPath:
            path: /var/lib/kubelet/plugins/csi-hostpath
            type: DirectoryOrCreate
          name: socket-dir
        - hostPath:
            path: /var/lib/kubelet/pods
            type: DirectoryOrCreate
          name: mountpoint-dir
        - hostPath:
            path: /var/lib/kubelet/plugins_registry
            type: Directory
          name: registration-dir
        - hostPath:
            path: /var/lib/kubelet/plugins
            type: Directory
          name: plugins-dir
        - hostPath:
            path: /var/lib/csi-hostpath-data/
            type: DirectoryOrCreate
          name: csi-data-dir
        - hostPath:
            path: /dev
            type: Directory
          name: dev-dir
```

csi-hostpath-resizer.yaml 的内容如下：

```
# RBAC 相关配置
---
apiVersion: v1
```

```
kind: ServiceAccount
metadata:
  name: csi-resizer
  namespace: default
---
kind: ClusterRole
apiVersion: rbac.authorization.k8s.io/v1
metadata:
  name: external-resizer-runner
rules:
  - apiGroups: [""]
    resources: ["persistentvolumes"]
    verbs: ["get", "list", "watch", "patch"]
  - apiGroups: [""]
    resources: ["persistentvolumeclaims"]
    verbs: ["get", "list", "watch"]
  - apiGroups: [""]
    resources: ["pods"]
    verbs: ["get", "list", "watch"]
  - apiGroups: [""]
    resources: ["persistentvolumeclaims/status"]
    verbs: ["patch"]
  - apiGroups: [""]
    resources: ["events"]
    verbs: ["list", "watch", "create", "update", "patch"]
---
kind: ClusterRoleBinding
apiVersion: rbac.authorization.k8s.io/v1
metadata:
  name: csi-resizer-role
subjects:
  - kind: ServiceAccount
    name: csi-resizer
    namespace: default
roleRef:
  kind: ClusterRole
  name: external-resizer-runner
  apiGroup: rbac.authorization.k8s.io
---
kind: Role
apiVersion: rbac.authorization.k8s.io/v1
```

```
metadata:
  namespace: default
  name: external-resizer-cfg
rules:
- apiGroups: ["coordination.k8s.io"]
  resources: ["leases"]
  verbs: ["get", "watch", "list", "delete", "update", "create"]
---
kind: RoleBinding
apiVersion: rbac.authorization.k8s.io/v1
metadata:
  name: csi-resizer-role-cfg
  namespace: default
subjects:
  - kind: ServiceAccount
    name: csi-resizer
    namespace: default
roleRef:
  kind: Role
  name: external-resizer-cfg
  apiGroup: rbac.authorization.k8s.io

# StatefulSet 的定义
---
kind: StatefulSet
apiVersion: apps/v1
metadata:
  name: csi-hostpath-resizer
  labels:
    app.kubernetes.io/instance: hostpath.csi.k8s.io
    app.kubernetes.io/part-of: csi-driver-host-path
    app.kubernetes.io/name: csi-hostpath-resizer
    app.kubernetes.io/component: resizer
spec:
  serviceName: "csi-hostpath-resizer"
  replicas: 1
  selector:
    matchLabels:
      app.kubernetes.io/instance: hostpath.csi.k8s.io
      app.kubernetes.io/part-of: csi-driver-host-path
      app.kubernetes.io/name: csi-hostpath-resizer
```

```
      app.kubernetes.io/component: resizer
  template:
    metadata:
      labels:
        app.kubernetes.io/instance: hostpath.csi.k8s.io
        app.kubernetes.io/part-of: csi-driver-host-path
        app.kubernetes.io/name: csi-hostpath-resizer
        app.kubernetes.io/component: resizer
    spec:
      affinity:
        podAffinity:
          requiredDuringSchedulingIgnoredDuringExecution:
          - labelSelector:
              matchExpressions:
              - key: app.kubernetes.io/instance
                operator: In
                values:
                  - hostpath.csi.k8s.io
            topologyKey: kubernetes.io/hostname
      serviceAccountName: csi-resizer
      containers:
        - name: csi-resizer
          image: registry.k8s.io/sig-storage/csi-resizer:v1.9.0
          imagePullPolicy: IfNotPresent
          args:
            - -v=5
            - -csi-address=/csi/csi.sock
          securityContext:
            privileged: true
          volumeMounts:
            - mountPath: /csi
              name: socket-dir
      volumes:
        - hostPath:
            path: /var/lib/kubelet/plugins/csi-hostpath
            type: DirectoryOrCreate
          name: socket-dir
```

csi-hostpath-snapshotter.yaml 的内容如下：

```
# RBAC 相关配置
---
```

```yaml
apiVersion: v1
kind: ServiceAccount
metadata:
  name: csi-snapshotter
---
kind: ClusterRole
apiVersion: rbac.authorization.k8s.io/v1
metadata:
  name: external-snapshotter-runner
rules:
  - apiGroups: [""]
    resources: ["events"]
    verbs: ["list", "watch", "create", "update", "patch"]
  - apiGroups: ["snapshot.storage.k8s.io"]
    resources: ["volumesnapshotclasses"]
    verbs: ["get", "list", "watch"]
  - apiGroups: ["snapshot.storage.k8s.io"]
    resources: ["volumesnapshotcontents"]
    verbs: ["get", "list", "watch", "update", "patch"]
  - apiGroups: ["snapshot.storage.k8s.io"]
    resources: ["volumesnapshotcontents/status"]
    verbs: ["update", "patch"]
---
kind: ClusterRoleBinding
apiVersion: rbac.authorization.k8s.io/v1
metadata:
  name: csi-snapshotter-role
subjects:
  - kind: ServiceAccount
    name: csi-snapshotter
    namespace: default
roleRef:
  kind: ClusterRole
  name: external-snapshotter-runner
  apiGroup: rbac.authorization.k8s.io
---
kind: Role
apiVersion: rbac.authorization.k8s.io/v1
metadata:
  namespace: default
  name: external-snapshotter-leaderelection
```

```
rules:
- apiGroups: ["coordination.k8s.io"]
  resources: ["leases"]
  verbs: ["get", "watch", "list", "delete", "update", "create"]
---
kind: RoleBinding
apiVersion: rbac.authorization.k8s.io/v1
metadata:
  name: external-snapshotter-leaderelection
  namespace: default
subjects:
  - kind: ServiceAccount
    name: csi-snapshotter
    namespace: default
roleRef:
  kind: Role
  name: external-snapshotter-leaderelection
  apiGroup: rbac.authorization.k8s.io

# StatefulSet 的定义
---
kind: StatefulSet
apiVersion: apps/v1
metadata:
  name: csi-hostpath-snapshotter
  labels:
    app.kubernetes.io/instance: hostpath.csi.k8s.io
    app.kubernetes.io/part-of: csi-driver-host-path
    app.kubernetes.io/name: csi-hostpath-snapshotter
    app.kubernetes.io/component: snapshotter
spec:
  serviceName: "csi-hostpath-snapshotter"
  replicas: 1
  selector:
    matchLabels:
      app.kubernetes.io/instance: hostpath.csi.k8s.io
      app.kubernetes.io/part-of: csi-driver-host-path
      app.kubernetes.io/name: csi-hostpath-snapshotter
      app.kubernetes.io/component: snapshotter
  template:
    metadata:
```

```
      labels:
        app.kubernetes.io/instance: hostpath.csi.k8s.io
        app.kubernetes.io/part-of: csi-driver-host-path
        app.kubernetes.io/name: csi-hostpath-snapshotter
        app.kubernetes.io/component: snapshotter
    spec:
      affinity:
        podAffinity:
          requiredDuringSchedulingIgnoredDuringExecution:
          - labelSelector:
              matchExpressions:
              - key: app.kubernetes.io/instance
                operator: In
                values:
                  - hostpath.csi.k8s.io
            topologyKey: kubernetes.io/hostname
      serviceAccountName: csi-snapshotter
      containers:
        - name: csi-snapshotter
          image: registry.k8s.io/sig-storage/csi-snapshotter:v6.3.0
          imagePullPolicy: IfNotPresent
          args:
            - -v=5
            - --csi-address=/csi/csi.sock
          securityContext:
            privileged: true
          volumeMounts:
            - mountPath: /csi
              name: socket-dir
      volumes:
        - hostPath:
            path: /var/lib/kubelet/plugins/csi-hostpath
            type: DirectoryOrCreate
          name: socket-dir
```

为了使 csi-snapshotter 能够正常工作，还需要部署与 CSI VolumeSnapshot 相关的 CRD 资源和快照控制器（Snapshot Controller），相关配置文件可以从 GitHub 的 kubernetes-csi/external-snapshotter 仓库中获取，此处略。

部署成功后，确保集群中以下 CRD 资源已存在：

```
# kubectl get crd | grep volumesnapshot
```

```
volumesnapshotclasses.snapshot.storage.k8s.io          2023-10-10T10:41:23Z
volumesnapshotcontents.snapshot.storage.k8s.io         2023-10-10T10:41:23Z
volumesnapshots.snapshot.storage.k8s.io                2023-10-10T10:41:23Z
```

同时，确保 snapshot-controller 应用正常运行：

```
# kubectl get po
snapshot-controller-0       1/1     Running   0          4m37s
```

之后，使用 kubectl create 命令完成 csi-hostpath 相关组件的创建：

```
# kubectl create -f csi-hostpath-attacher.yaml
serviceaccount/csi-attacher created
clusterrole.rbac.authorization.k8s.io/external-attacher-runner created
clusterrolebinding.rbac.authorization.k8s.io/csi-attacher-role created
role.rbac.authorization.k8s.io/external-attacher-cfg created
rolebinding.rbac.authorization.k8s.io/csi-attacher-role-cfg created
statefulset.apps/csi-hostpath-attacher created

# kubectl create -f csi-hostpath-provisioner.yaml
serviceaccount/csi-provisioner created
clusterrole.rbac.authorization.k8s.io/external-provisioner-runner created
clusterrolebinding.rbac.authorization.k8s.io/csi-provisioner-role created
role.rbac.authorization.k8s.io/external-provisioner-cfg created
rolebinding.rbac.authorization.k8s.io/csi-provisioner-role-cfg created
statefulset.apps/csi-hostpath-provisioner created

# kubectl create -f csi-hostpathplugin.yaml
serviceaccount/csi-external-health-monitor-controller created
clusterrole.rbac.authorization.k8s.io/external-health-monitor-controller-run
ner created
clusterrolebinding.rbac.authorization.k8s.io/csi-external-health-monitor-con
troller-role created
role.rbac.authorization.k8s.io/external-health-monitor-controller-cfg created
rolebinding.rbac.authorization.k8s.io/csi-external-health-monitor-controller
-role-cfg created
statefulset.apps/csi-hostpathplugin created

# kubectl create -f csi-hostpath-resizer.yaml
serviceaccount/csi-resizer created
clusterrole.rbac.authorization.k8s.io/external-resizer-runner created
clusterrolebinding.rbac.authorization.k8s.io/csi-resizer-role created
role.rbac.authorization.k8s.io/external-resizer-cfg created
```

```
rolebinding.rbac.authorization.k8s.io/csi-resizer-role-cfg created
statefulset.apps/csi-hostpath-resizer created

# kubectl create -f csi-hostpath-snapshotter.yaml
serviceaccount/csi-snapshotter created
clusterrole.rbac.authorization.k8s.io/external-snapshotter-runner created
clusterrolebinding.rbac.authorization.k8s.io/csi-snapshotter-role created
role.rbac.authorization.k8s.io/external-snapshotter-leaderelection created
rolebinding.rbac.authorization.k8s.io/external-snapshotter-leaderelection
created
statefulset.apps/csi-hostpath-snapshotter created
```

确保各个组件正常运行：

```
# kubectl get pods
NAME                           READY   STATUS    RESTARTS    AGE
csi-hostpath-attacher-0        1/1     Running   0           3m14s
csi-hostpath-provisioner-0     1/1     Running   0           105s
csi-hostpath-resizer-0         1/1     Running   0           60s
csi-hostpath-snapshotter-0     1/1     Running   0           27s
csi-hostpathplugin-0           4/4     Running   0           2m21s
```

至此就完成了 CSI 存储插件的部署。

6.2.2 使用 CSI 存储插件

应用如果希望使用 CSI 存储插件提供的存储服务，则仍然可以采用 Kubernetes 动态或静态存储管理机制，下面以动态存储管理机制为例进行具体介绍。首先通过创建 StorageClass 和 PVC 为应用容器准备存储资源，然后应用容器就可以将 PVC 挂载到应用容器内的目录下进行使用了。

创建一个 StorageClass，其中 provisioner 为 CSI 存储插件的类型，在本例中为 csi-hostpath：

```
# csi-storageclass.yaml
apiVersion: storage.k8s.io/v1
kind: StorageClass
metadata:
  name: csi-hostpath-sc
provisioner: hostpath.csi.k8s.io
reclaimPolicy: Delete
```

```
volumeBindingMode: Immediate
allowVolumeExpansion: true

# kubectl create -f csi-storageclass.yaml
storageclass.storage.k8s.io/csi-hostpath-sc created
```

创建一个 PVC，引用前面创建的 StorageClass，申请存储空间为 1GiB：

```
# csi-pvc.yaml
apiVersion: v1
kind: PersistentVolumeClaim
metadata:
  name: csi-pvc
spec:
  accessModes:
  - ReadWriteOnce
  resources:
    requests:
      storage: 1Gi
  storageClassName: csi-hostpath-sc

# kubectl create -f csi-pvc.yaml
persistentvolumeclaim/csi-pvc created
```

查看 PVC 和系统自动创建的 PV，状态为 Bound，说明创建成功：

```
# kubectl get pvc
NAME      STATUS   VOLUME                                     CAPACITY   ACCESS MODES
STORAGECLASS      AGE
csi-pvc   Bound    pvc-f8923093-3e25-11e9-a5fa-000c29069202   1Gi        RWO
csi-hostpath-sc   40s

# kubectl get pv
NAME                                       CAPACITY   ACCESS MODES   RECLAIM POLICY
STATUS   CLAIM             STORAGECLASS      REASON   AGE
pvc-f8923093-3e25-11e9-a5fa-000c29069202   1Gi        RWO            Delete
Bound    default/csi-pvc   csi-hostpath-sc            42s
```

下面，在应用容器的配置中使用该 PVC：

```
# csi-app.yaml
kind: Pod
apiVersion: v1
metadata:
```

```
  name: my-csi-app
spec:
  containers:
  - name: my-csi-app
    image: busybox
    imagePullPolicy: IfNotPresent
    command: [ "sleep", "1000000" ]
    volumeMounts:
    - mountPath: "/data"
      name: my-csi-volume
  volumes:
  - name: my-csi-volume
    persistentVolumeClaim:
      claimName: csi-pvc

# kubectl create -f csi-app.yaml
pod/my-csi-app created

# kubectl get pods
NAME                          READY   STATUS    RESTARTS   AGE
my-csi-app                    1/1     Running   0          40s
```

在创建成功 Pod 之后，应用容器中的/data 目录使用的就是 CSI 存储插件提供的存储服务。

我们通过 kubelet 的日志可以查看到 Volume 挂载的详细过程：

```
I1010 10:39:27.408018   29488 operation_generator.go:1196] Controller attach succeeded for volume "pvc-f8923093-3e25-11e9-a5fa-000c29069202" (UniqueName: "kubernetes.io/csi/csi-hostpath^f89c8e8e-3e25-11e9-8d66-000c29069202") pod "my-csi-app" (UID: "b624c688-3e26-11e9-a5fa-000c29069202") device path: "csi-43a8c0897d21520e942e9ceea0b1ddac36c8c462d726780bed5f50841f0b0871"
I1010 10:39:27.501816   29488 operation_generator.go:501] MountVolume.WaitForAttach entering for volume "pvc-f8923093-3e25-11e9-a5fa-000c29069202" (UniqueName: "kubernetes.io/csi/csi-hostpath^f89c8e8e-3e25-11e9-8d66-000c29069202") pod "my-csi-app" (UID: "b624c688-3e26-11e9-a5fa-000c29069202") DevicePath "csi-43a8c0897d21520e942e9ceea0b1ddac36c8c462d726780bed5f50841f0b0871"
I1010 10:39:27.504542   29488 operation_generator.go:510] MountVolume.WaitForAttach succeeded for volume "pvc-f8923093-3e25-11e9-a5fa-000c29069202" (UniqueName: "kubernetes.io/csi/csi-hostpath^f89c8e8e-3e25-11e9-8d66-000c29069202") pod
```

```
"my-csi-app" (UID: "b624c688-3e26-11e9-a5fa-000c29069202") DevicePath
"csi-43a8c0897d21520e942e9ceea0b1ddac36c8c462d726780bed5f50841f0b0871"
    I1010 10:39:27.506867   29488 csi_attacher.go:360] kubernetes.io/csi:
attacher.MountDevice STAGE_UNSTAGE_VOLUME capability not set. Skipping
MountDevice...
    I1010 10:39:27.506894   29488 operation_generator.go:531]
MountVolume.MountDevice succeeded for volume
"pvc-f8923093-3e25-11e9-a5fa-000c29069202" (UniqueName:
"kubernetes.io/csi/csi-hostpath^f89c8e8e-3e25-11e9-8d66-000c29069202") pod
"my-csi-app" (UID: "b624c688-3e26-11e9-a5fa-000c29069202") device mount path
"/var/lib/kubelet/plugins/kubernetes.io/csi/pv/pvc-f8923093-3e25-11e9-a5fa-000c2
9069202/globalmount"
```

接下来验证 csi-hostpath 驱动正常工作。

进入 Pod 的容器控制台，在/data 目录中创建几个文件：

```
    # kubectl exec -ti my-csi-app -- sh
    / #
    / # cd /data
    /data # touch a b c
    /data # ls
    a  b  c
```

查看 Pod 的“my-csi-app”的 UID：

```
    # kubectl get po my-csi-app -o yaml | grep uid
      uid: bee5d487-3e4b-4978-9cc0-476cd11e54c1
```

之后进入 csi-hostpathplugin 容器的控制台，可以在这个 Pod 的 Volume 目录下看到 CSI 类型的 PVC 的挂载目录，并确认其中包含上面创建的几个文件：

```
    # kubectl exec -ti csi-hostpathplugin-0 -c hostpath -- sh
    / #
    / # ls /var/lib/kubelet/pods/bee5d487-3e4b-4978-9cc0-476cd11e54c1/volumes/
kubernetes.io~csi/pvc-90c739b4-f88d-4079-88be-e41c
    143ce0f2/mount
    a  b  c
```

此外，还可以查看系统自动创建的 VolumeAttachment 资源对象，可以确认 CSI 存储插件正常工作：

```
    # kubectl get volumeattachment
    NAME                                                              ATTACHER
```

```
PV                                            NODE            ATTACHED   AGE
    csi-8e7fd3128b6c191864f7760be7ea32c7ab1951e045752e75e4fe7c947bb031ea
hostpath.csi.k8s.io   pvc-90c739b4-f88d-4079-88be-e41c143ce0f2   192.168.18.3
true      123m

    # kubectl describe volumeattachment
csi-8e7fd3128b6c191864f7760be7ea32c7ab1951e045752e75e4fe7c947bb031ea
    Name:
csi-8e7fd3128b6c191864f7760be7ea32c7ab1951e045752e75e4fe7c947bb031ea
    Namespace:
    Labels:       <none>
    Annotations:  <none>
    API Version:  storage.k8s.io/v1
    Kind:         VolumeAttachment
    Metadata:
      Creation Timestamp:  2023-12-10T12:13:21Z
      Resource Version:    596406
      UID:                 f5c1008e-586e-4f05-bb3a-5d0745eaa50d
    Spec:
      Attacher:   hostpath.csi.k8s.io
      Node Name:  192.168.18.3
      Source:
        Persistent Volume Name:  pvc-90c739b4-f88d-4079-88be-e41c143ce0f2
    Status:
      Attached:  true
    Events:      <none>
```

6.2.3 扩展存储空间

应用如果希望扩展 PVC 存储空间的大小，则可以通过编辑 PVC 存储资源的 requests.storage 的数值来实现。

例如，将当前的 storage=1GiB 修改为 storage=2GiB：

```
    # kubectl edit pvc csi-pvc
    ......
    spec:
      accessModes:
      - ReadWriteOnce
      resources:
        requests:
```

```
        storage: 2Gi
    ......
    persistentvolumeclaim/csi-pvc edited
```

等待一段时间，csi-hostpath-resizer 将完成 PVC 空间的扩容，再次查看 PVC 可以看到容量已更新为 2GiB：

```
    # kubectl get pvc
    NAME      STATUS    VOLUME                                     CAPACITY   ACCESS MODES
STORAGECLASS      AGE
    csi-pvc   Bound    pvc-90c739b4-f88d-4079-88be-e41c143ce0f2   2Gi        RWO
csi-hostpath-sc   93m
```

从 PVC 的事件信息中可以看到扩容成功的事件信息：

```
    # kubectl describe pvc csi-pvc
    Name:          csi-pvc
    ......
    Events:
      Type     Reason                       Age    From
Message
      ----     ------                       ----   ----
-------
      Normal   Resizing                     2m36s  external-resizer
hostpath.csi.k8s.io  External resizer is resizing volume
pvc-90c739b4-f88d-4079-88be-e41c143ce0f2
      Warning  ExternalExpanding            2m36s  volume_expand
waiting for an external controller to expand this PVC
      Normal   FileSystemResizeRequired     2m36s  external-resizer
hostpath.csi.k8s.io  Require file system resize of volume on node
      Normal   FileSystemResizeSuccessful  2m3s   kubelet
MountVolume.NodeExpandVolume succeeded for volume
"pvc-90c739b4-f88d-4079-88be-e41c143ce0f2" 192.168.18.3
```

另外，从 csi-hostpath-resizer 的日志记录中也可以看到扩容成功的信息：

```
    # kubectl logs csi-hostpath-resizer-0
    ......
    I1010 13:42:36.148021       1 controller.go:483] Resize volume succeeded for
volume "pvc-90c739b4-f88d-4079-88be-e41c143ce0f2", start to update PV's capacity
    I1010 13:42:36.148042       1 controller.go:590] Resize volume succeeded for
volume "pvc-90c739b4-f88d-4079-88be-e41c143ce0f2", start to update PV's capacity
    I1010 13:42:36.154351       1 controller.go:489] Update capacity of PV
```

```
"pvc-90c739b4-f88d-4079-88be-e41c143ce0f2" to 2Gi succeeded
    I1010 13:42:36.160848       1 controller.go:511] Mark PVC "default/csi-pvc" as
file system resize required
    I1010 13:42:36.160885       1 controller.go:295] Started PVC processing
"default/csi-pvc"
    ......
```

6.2.4 PVC 的快照管理

用户可以对已经创建好的 PVC 进行快照管理，包括创建快照、快照内容、快照类别等，详见 6.3 节的说明。

6.3 CSI 存储卷管理

Kubernetes 从 v1.12 版本开始引入存储卷快照（Volume Snapshot）功能，其到 v1.17 版本时达到 Beta 阶段，到 v1.20 版本时达到 Stable 阶段。为此，Kubernetes 引入了 3 个主要的资源对象：VolumeSnapshotContent、VolumeSnapshot 和 VolumeSnapshotClass，它们均为 CRD 自定义资源对象。

◎ VolumeSnapshotContent：基于某个 PV 创建的快照，类似于 PV 的“资源”概念。
◎ VolumeSnapshot：需要使用某个快照的申请，类似于 PVC 的“申请”概念。
◎ VolumeSnapshotClass：设置快照的特性，屏蔽 VolumeSnapshotContent 的细节，为 VolumeSnapshot 绑定提供动态管理，类似于 StorageClass 的“类型”概念。

为了提供对存储快照的管理，还需要在 Kubernetes 中部署快照控制器（Snapshot Controller），并且为 CSI 驱动部署一个 csi-snapshotter 辅助工具 Sidecar。Snapshot Controller 持续监控 VolumeSnapshot 和 VolumeSnapshotContent 的创建，并且在动态供应模式下自动创建 VolumeSnapshotContent。csi-snapshotter 辅助工具 Sidecar 则持续监控 VolumeSnapshot-Content 的创建，一旦出现新的 VolumeSnapshotContent 或者 VolumeSnapshotContent 被删除，就自动调用针对 CSI Endpoint 的 CreateSnapshot 或 DeleteSnapshot 方法，完成快照的创建或删除。

CSI 驱动根据存储资源提供者的实现不同来决定是否提供卷快照功能，支持此功能的 CSI 驱动包括 AWS EBS、Azure Disk、Ceph RBD 等，用户可以查阅 CSI 驱动官方网站的说明。

接下来对存储卷快照的主要概念（VolumeSnapshotContent、VolumeSnapshot 和 VolumeSnapshotClass）、主要配置和应用、基于快照创建新的 PVC，以及存储卷克隆等机制进行说明。

6.3.1　存储卷快照

VolumeSnapshot 和 VolumeSnapshotContent 的生命周期包括资源供应、资源绑定、对使用中的 PVC 采取保护机制和资源删除等阶段。

（1）资源供应。与 PV 的资源供应模型类似，VolumeSnapshotContent 也可以以静态供应或动态供应两种方式提供。

- ◎ 静态供应：集群管理员预先创建好若干 VolumeSnapshotContent。
- ◎ 动态供应：基于 VolumeSnapshotClass 类型，由系统在用户创建 VolumeSnapshot 申请时自动创建 VolumeSnapshotContent。

（2）资源绑定：Snapshot Controller 负责将 VolumeSnapshot 与一个合适的 VolumeSnapshotContent 进行绑定，包括静态供应和动态供应两种情况。VolumeSnapshot 与 VolumeSnapshotContent 的绑定关系为一对一，不会存在一对多的绑定关系。

（3）对使用中的 PVC 采取保护机制。当 VolumeSnapshot 正在被创建且还未完成时，相关的 PVC 将会被标记为“正被使用中”。如果用户对 PVC 进行删除操作，则系统将不会立即删除 PVC，以避免在存储快照还未被创建成功时可能发生的数据丢失。对 PVC 的删除操作将会延迟到 VolumeSnapshot 被创建完成（状态为 readyToUse）或者被终止（aborted）之后再完成。

（4）资源删除。当对 VolumeSnapshot 发起删除操作时，对与其绑定的后端 VolumeSnapshotContent 的删除操作将基于删除策略的设置而定，可以设置的策略如下。

- ◎ Delete：自动删除 VolumeSnapshotContent 和快照的内容。
- ◎ Retain：VolumeSnapshotContent 和快照的内容都将被保留，需要手动清理。

下面对如何使用快照及其配置内容进行示例说明。

1. 创建一个 VolumeSnapshotClass

创建一个 VolumeSnapshotClass 的示例（csi-hostpath-snapclass.yaml）如下：

```
apiVersion: snapshot.storage.k8s.io/v1
kind: VolumeSnapshotClass
metadata:
  name: csi-hostpath-snapclass
deletionPolicy: Delete
driver: hostpath.csi.k8s.io
parameters:
```

主要配置参数如下。

◎ driver：CSI 存储插件驱动的名称。

◎ deletionPolicy：删除策略，可以被设置为 Delete 或 Retain，用于设置当删除绑定该快照类别的 VolumeSnapshot 时，如何处理由系统动态创建的 VolumeSnapshotContent。

◎ parameters：存储插件所需配置的参数，由 CSI 驱动提供具体的配置参数。

对于未设置 VolumeSnapshotClass 的 VolumeSnapshot，管理员也可以像提供默认 StorageClass 一样，在集群中设置一个默认 VolumeSnapshotClass，通过在 VolumeSnapshotClass 中设置一个注解 annotation 进行标记：snapshot.storage.kubernetes.io/is-default-class=true，例如：

```
apiVersion: snapshot.storage.k8s.io/v1
kind: VolumeSnapshotClass
metadata:
  name: csi-hostpath-snapclass
  annotations:
    snapshot.storage.kubernetes.io/is-default-class: "true"
driver: hostpath.csi.k8s.io
deletionPolicy: Delete
parameters:
```

创建这个 VolumeSnapshotClass：

```
# kubectl create -f csi-hostpath-snapclass.yaml
volumesnapshotclass.snapshot.storage.k8s.io/csi-hostpath-snapclass created

# kubectl get volumesnapshotclass
NAME                      DRIVER                DELETIONPOLICY   AGE
csi-hostpath-snapclass   hostpath.csi.k8s.io   Delete           50s
```

2. 创建一个 VolumeSnapshot

创建一个动态存储快照的 VolumeSnapshot 示例如下（csi-hostpath-snapshot-1.yaml）：

```
apiVersion: snapshot.storage.k8s.io/v1
kind: VolumeSnapshot
```

```
metadata:
  name: csi-hostpath-snapshot-1
spec:
  volumeSnapshotClassName: csi-hostpath-snapclass
  source:
    persistentVolumeClaimName: csi-pvc
```

主要配置参数如下。

◎ volumeSnapshotClassName：存储快照类别的名称，未指定时，系统将使用可用的默认类别。

◎ persistentVolumeClaimName：作为数据来源的 PVC 名称。

创建这个 VolumeSnapshot：

```
# kubectl create -f 21-csi-hostpath-snapshot-1.yaml
volumesnapshot.snapshot.storage.k8s.io/csi-hostpath-snapshot-1 created
```

查看 VolumeSnapshot 的信息，可以看到通过动态模式（VolumeSnapshotClass）系统自动创建了一个 VolumeSnapshotContent 资源，并与 VolumeSnapshot 完成了绑定：

```
# kubectl get volumesnapshot
NAME                    READYTOUSE   SOURCEPVC   SOURCESNAPSHOTCONTENT
RESTORESIZE   SNAPSHOTCLASS          SNAPSHOTCONTENT
CREATIONTIME   AGE
csi-hostpath-snapshot-1   true        csi-pvc                        1Gi
csi-hostpath-snapclass   snapcontent-7839f00c-328c-4b77-bbed-ccf36a63b05c   9s
9s

# kubectl describe volumesnapshot csi-hostpath-snapshot-1
Name:         csi-hostpath-snapshot-1
Namespace:    default
Labels:       <none>
......
Spec:
  Source:
    Persistent Volume Claim Name:  csi-pvc
  Volume Snapshot Class Name:     csi-hostpath-snapclass
Status:
  Bound Volume Snapshot Content Name:
snapcontent-7839f00c-328c-4b77-bbed-ccf36a63b05c
  Creation Time:                    2023-10-10T12:58:35Z
```

```
    Ready To Use:                   true
    Restore Size:                   1Gi
  Events:
    Type    Reason           Age   From                  Message
    ----    ------           ----  ----                  -------
    Normal  CreatingSnapshot  41s   snapshot-controller  Waiting for a snapshot
default/csi-hostpath-snapshot-1 to be created by the CSI driver.
    Normal  SnapshotCreated   41s   snapshot-controller  Snapshot
default/csi-hostpath-snapshot-1 was successfully created by the CSI driver.
    Normal  SnapshotReady     41s   snapshot-controller  Snapshot
default/csi-hostpath-snapshot-1 is ready to use.
```

查看系统自动创建的 VolumeSnapshotContent，可以看到它的状态及与其关联的 VolumeSnapshotClass 和 VolumeSnapshot：

```
  # kubectl get volumesnapshotcontent
  NAME                                               READYTOUSE   RESTORESIZE
DELETIONPOLICY   DRIVER                VOLUMESNAPSHOTCLASS       VOLUMESNAPSHOT
VOLUMESNAPSHOTNAMESPACE   AGE
  snapcontent-7839f00c-328c-4b77-bbed-ccf36a63b05c   true         1073741824
Delete           hostpath.csi.k8s.io   csi-hostpath-snapclass
csi-hostpath-snapshot-1   default                   2m48s

  # kubectl describe volumesnapshotcontent
snapcontent-7839f00c-328c-4b77-bbed-ccf36a63b05c
  Name:         snapcontent-7839f00c-328c-4b77-bbed-ccf36a63b05c
  ......
  Spec:
    Deletion Policy:  Delete
    Driver:           hostpath.csi.k8s.io
    Source:
      Volume Handle:            467f2631-9755-11ee-9b96-567386d519d8
    Volume Snapshot Class Name:  csi-hostpath-snapclass
    Volume Snapshot Ref:
      API Version:       snapshot.storage.k8s.io/v1
      Kind:              VolumeSnapshot
      Name:              csi-hostpath-snapshot-1
      Namespace:         default
      Resource Version:  601049
      UID:               7839f00c-328c-4b77-bbed-ccf36a63b05c
  Status:
    Creation Time:    1696913115097417602
```

```
  Ready To Use:     true
  Restore Size:     1073741824
  Snapshot Handle:  d4142cc0-975b-11ee-9b96-567386d519d8
Events:             <none>
```

另外，也可以申请静态存储快照的 VolumeSnapshot，此时通过参数 volumeSnapshotContentName 设置需要绑定的 VolumeSnapshotContent：

```
apiVersion: snapshot.storage.k8s.io/v1beta1
kind: VolumeSnapshot
metadata:
  name: snapshot-test
spec:
  source:
    volumeSnapshotContentName: test-content
```

3. VolumeSnapshotContent 示例

在动态供应模式下系统自动创建的 VolumeSnapshotContent 的内容如下：

```
# kubectl get volumesnapshotcontent
snapcontent-7839f00c-328c-4b77-bbed-ccf36a63b05c -o yaml
apiVersion: snapshot.storage.k8s.io/v1
kind: VolumeSnapshotContent
metadata:
  creationTimestamp: "2023-10-10T12:58:35Z"
  finalizers:
  - snapshot.storage.kubernetes.io/volumesnapshotcontent-bound-protection
  generation: 1
  name: snapcontent-7839f00c-328c-4b77-bbed-ccf36a63b05c
  resourceVersion: "601059"
  uid: 71599f9d-808b-4e75-ab66-1b25ed0aa2cc
spec:
  deletionPolicy: Delete
  driver: hostpath.csi.k8s.io
  source:
    volumeHandle: 467f2631-9755-11ee-9b96-567386d519d8
  volumeSnapshotClassName: csi-hostpath-snapclass
  volumeSnapshotRef:
    apiVersion: snapshot.storage.k8s.io/v1
    kind: VolumeSnapshot
    name: csi-hostpath-snapshot-1
```

```
    namespace: default
    resourceVersion: "601049"
    uid: 7839f00c-328c-4b77-bbed-ccf36a63b05c
status:
  creationTime: 1696913115097417602
  readyToUse: true
  restoreSize: 1073741824
  snapshotHandle: d4142cc0-975b-11ee-9b96-567386d519d8
```

volumeHandle 字段的值是在后端存储上创建并由 CSI 驱动在创建 Volume 期间返回的 Volume 的唯一标识符。在动态供应模式下需要该字段，它指定的是快照的来源 Volume 信息。

在静态供应模式下，用户可以手动创建 VolumeSnapshotContent，例如：

```
apiVersion: snapshot.storage.k8s.io/v1
kind: VolumeSnapshotContent
metadata:
  name: snapshot-content-1
spec:
  deletionPolicy: Delete
  driver: hostpath.csi.k8s.io
  source:
    snapshotHandle: 7bdd0de3-aaeb-11e8-9aae-0242ac110002
  sourceVolumeMode: Filesystem
  volumeSnapshotRef:
    name: new-snapshot-test
    namespace: default
```

主要配置参数如下。

◎ deletionPolicy：删除策略。

◎ source.snapshotHandle：在后端存储上创建的快照的唯一标识符。

◎ sourceVolumeMode：卷模式，可以是 Filesystem 或 Block。

◎ volumeSnapshotRef：由系统为 VolumeSnapshot 完成绑定之后自动设置。

Kubernetes 对基于存储快照（Snapshot）创建存储卷的功能的支持到 v1.20 版本时达到 Stable 阶段，目前仅支持第三方 CSI 存储插件。

下面是一个 PVC 定义的示例，其中通过 dataSource 字段设置名为“csi-hostpath-snapshot-1”的存储快照的创建：

```
apiVersion: v1
kind: PersistentVolumeClaim
metadata:
  name: pvc-from-snapshot
spec:
  storageClassName: csi-hostpath-sc
  dataSource:
    name: csi-hostpath-snapshot-1
    kind: VolumeSnapshot
    apiGroup: snapshot.storage.k8s.io
  accessModes:
    - ReadWriteOnce
  resources:
    requests:
      storage: 1Gi
```

创建这个 PVC：

```
# kubectl create -f pvc-from-snapshot.yaml
persistentvolumeclaim/pvc-from-snapshot created
```

可以看到新建的 PVC 与一个自动创建的 PV 完成了绑定：

```
# kubectl get pvc
NAME                STATUS   VOLUME                                     CAPACITY
ACCESS MODES   STORAGECLASS      AGE
csi-pvc             Bound    pvc-90c739b4-f88d-4079-88be-e41c143ce0f2   1Gi
RWO            csi-hostpath-sc   102m
pvc-from-snapshot   Bound    pvc-7b17f821-616d-45bb-b316-b41aa389d505   1Gi
RWO            csi-hostpath-sc   20s
```

6.3.2　存储卷克隆

CSI 类型的 Volume 还支持克隆功能，可以基于某个系统中已存在的 PVC 克隆一个新的 PVC，这通过在 dataSource 字段中设置源 PVC 来实现。

一个 PVC 的克隆被定义为已存在的一个 Volume 的副本，Pod 应用可以像使用标准 Volume 一样使用该克隆的 PVC，唯一的区别是，系统在为 PVC 的克隆提供后端存储资源时，不是新建一个 PV，而是复制一个与源 PVC 绑定的 PV。

从 Kubernetes API 的角度来看，克隆功能要求源 PVC 必须已完成绑定（Bound）并处于可用状态（Available）。

在使用克隆功能时，需要注意以下事项。

◎ 克隆功能仅适用于 CSI 类型的 Volume。
◎ 克隆功能仅适用于动态供应模式。
◎ 克隆功能功能取决于具体的 CSI 驱动的实现机制。
◎ 克隆功能要求 PVC 的克隆和源 PVC 处于相同的命名空间中。
◎ 克隆功能仅支持在相同的 StorageClass 中完成克隆：目标 Volume 与源 Volume 可以具有相同的 StorageClass，也可以不同；可以使用默认的存储类别（Default StorageClass），也可以省略。
◎ 克隆功能要求两个 Volume 的存储模式（VolumeMode）相同，同为文件系统（Filesystem）模式或块存储（Block）模式。

下面是一个克隆 PVC 的示例：

```
apiVersion: v1
kind: PersistentVolumeClaim
metadata:
    name: clone-of-pvc-1
    namespace: default
spec:
  accessModes:
  - ReadWriteOnce
  storageClassName: csi-hostpath-sc
  resources:
    requests:
      storage: 1Gi
  dataSource:
    kind: PersistentVolumeClaim
    name: csi-pvc
```

关键配置参数如下。

◎ dataSource：设置源 PVC 的名称。
◎ resources.requests.storage：存储空间需求，必须大于或等于源 PVC 的空间。

执行下面的命令：

```
# kubectl create -f clone-of-pvc-1.yaml
persistentvolumeclaim/clone-of-pvc-1 created
```

确认创建成功：

```
# kubectl get pvc
NAME             STATUS   VOLUME                                     CAPACITY
ACCESS MODES   STORAGECLASS      AGE
clone-of-pvc-1   Bound    pvc-af6ed8cc-9d80-438f-b143-6870de714cda   2Gi
RWO            csi-hostpath-sc   2m5s
```

这个 PVC 的克隆“clone-of-pvc-1”将包含与源 PVC“csi-pvc”完全相同的存储内容，之后 Pod 就能像使用普通 PVC 一样使用该这个 PVC 的克隆了。

再创建一个挂载该 PVC 的 Pod：

```
kind: Pod
apiVersion: v1
metadata:
  name: my-csi-app-2
spec:
  containers:
  - name: my-csi-app-2
    image: busybox
    imagePullPolicy: IfNotPresent
    command: [ "sleep", "1000000" ]
    volumeMounts:
    - mountPath: "/data"
      name: my-csi-volume
  volumes:
  - name: my-csi-volume
    persistentVolumeClaim:
      claimName: clone-of-pvc-1
```

进入 Pod 容器控制台，可以看到在/data 目录中存在从源 PVC“csi-pvc”中克隆的数据（基于 6.2.2 节示例中由 Pod“my-csi-app”创建的几个文件）：

```
# k exec -ti my-csi-app-2 -- sh
/ # cd /data
/data # ls
a  b  c
```

另外，PVC 的克隆与源 PVC 并没有直接的关联关系，用户完全可以将其当作一个普通的 PVC，也可以对其再次进行克隆、删除等操作。

6.3.3 存储容量跟踪

存储的容量总是有限的，Kubernetes 从 v1.19 版本开始引入 CSI 存储容量跟踪（Storage Capacity Tracking）功能，到 v1.24 版本时达到 Stable 阶段，到 v1.28 版本时提供对集群级 API 的支持，用于系统跟踪存储容量信息，以便调度器能够更加准确地调度 Pod 到具有足够存储资源的 Node 上。

对存储容量跟踪功能的支持必须由 CSI 驱动提供，CSI 驱动应向 Kubernetes Master 报告存储容量的使用情况。关于是否支持存储容量跟踪功能，需要查阅 CSI 驱动的文档说明。

该特性支持以下两个扩展的 API。

◎ CSIStorageCapacity 资源对象：由 CSI 驱动创建，其中包含容量信息，以及哪些 Node 可以访问该存储资源。
◎ CSIDriver 资源对象的 storageCapacity 字段：当设置为 true 时表示 Kubernetes 调度器将 CSI 驱动的卷存储容量纳入调度考量。

在以下情况下，调度器将使用存储容量信息用于 Pod 调度。

◎ Pod 使用的卷还未创建。
◎ 卷引用了 CSI 驱动的 StorageClass，并且绑定模式为 WaitForFirstConsumer。
◎ CSIDriver 资源对象的 storageCapacity 字段被设置为 true。

有了这些信息，调度器将仅考虑将 Pod 调度到具有足够存储容量的 Node 上，其检测方式也很简单，即比较卷申请的容量与 CSIStorageCapacity 中的容量，同时会考虑 Node 的拓扑信息。

对于绑定模式为“Immediate”的卷，存储驱动将决定在哪里创建该卷，而不是使用它的 Pod。调度器将会在成功创建卷之后，调度 Pod 到该卷所在的 Node 上。

对于 CSI 临时卷，调度器不会考虑存储容量的问题，因为它基于这个前提假设：临时卷仅被特殊的 CSI 驱动在某个 Node 本地使用，不会消耗太多资源。

在使用存储容量跟踪时仍然有一些限制，如下所述。

◎ 对于绑定模式为 WaitForFirstConsumer 的卷，仍然需要由 CSI 驱动完成卷的创建，如果存储容量信息已经过时，则可能会导致 CSI 驱动无法成功创建卷，这样会导致调度器重新尝试为 Pod 选择 Node。

◎ 当 Pod 使用多个卷时，调度的结果可能是永远无法成功。例如一个卷已经被创建，但这个卷没有足够的容量用于创建另一个卷，这通常需要人工干预，比如通过增加存储容量或删除已创建的卷来恢复。

6.4　CSI 的演进和发展

CSI 正在逐渐成为 Kubernetes 中 Volume 的标准接口，越来越多的存储资源提供者都提供了相应的实现功能和丰富的存储管理功能。

6.4.1　CSI 驱动插件

表 6.1 中列出了一些具有 Raw/快照/扩容等特性且可用于生产环境的 CSI 插件，这个列表中的内容在不断变化，读者可以到 CSI 官网查看最新的信息。

表 6.1　具有 Raw/快照/扩容等特性且可用于生产环境的 CSI 插件列表

名　　称	CSI 驱动名称	兼容的 CSI 版本	持久卷或临时卷的支持	访问模式	是否支持动态供应	其他特性
Alicloud Disk	diskplugin.csi.alibabacloud.com	v1.0	Persistent	Read/Write Single Pod	Yes	Raw Block、Snapshot
ArStor CSI	arstor.csi.huayun.io	v1.0	Persistent 和 Ephemeral	Read/Write Single Pod	Yes	Raw Block、Snapshot、Expansion、Cloning
AWS Elastic Block Storage	ebs.csi.aws.com	v0.3、v1.0	Persistent	Read/Write Single Pod	Yes	Raw Block、Snapshot、Expansion
Azure Disk	disk.csi.azure.com	v1.0	Persistent	Read/Write Single Pod	Yes	Raw Block、Snapshot、Expansion、Cloning、Topology
Azure File	file.csi.azure.com	v1.0	Persistent	Read/Write Multiple Pods	Yes	Expansion
Bigtera VirtualStor (block)	csi.block.bigtera.com	v0.3、v1.0.0、v1.1.0	Persistent	Read/Write Single Pod	Yes	Raw Block、Snapshot、Expansion
Bigtera VirtualStor (filesystem)	csi.fs.bigtera.com	v0.3、v1.0.0、v1.1.0	Persistent	Read/Write Multiple Pods	Yes	Expansion

续表

名　称	CSI 驱动名称	兼容的 CSI 版本	持久卷或临时卷的支持	访问模式	是否支持动态供应	其他特性
BizFlyCloud Block Storage	volume.csi.bizflycloud.vn	v1.2	Persistent	Read/Write Single Pod	Yes	Raw Block、Snapshot、Expansion
CephFS	cephfs.csi.ceph.com	v0.3、v1.0.0 及以上	Persistent	Read/Write Multiple Pods	Yes	Expansion、Snapshot、Cloning
Ceph RBD	rbd.csi.ceph.com	v0.3、v1.0.0 及以上	Persistent	Read/Write Single Pod	Yes	Raw Block、Snapshot、Expansion、Topology、Cloning,In-tree plugin migration
Cisco HyperFlex CSI	HX-CSI	v1.2	Persistent	Read/Write Multiple Pods	Yes	Raw Block、Expansion、Cloning
Cinder	cinder.csi.openstack.org	v0.3、[v1.0, v1.3.0]	Persistent 和 Ephemeral	依赖后端实现	Yes（依赖后端实现）	Raw Block、Snapshot、Expansion、Cloning、Topology
cloudscale.ch	csi.cloudscale.ch	v1.0	Persistent	Read/Write Single Pod	Yes	Snapshot
CTDI Block Storage	csi.block.ctdi.com	v1.0、v1.6	Persistent	Read/Write Single Pod	Yes	Raw Block、Snapshot、Expansion、Cloning
Datatom-InfinityCSI	csi-infiblock-plugin	v0.3、v1.0.0、v1.1.0	Persistent	Read/Write Single Pod	Yes	Raw Block、Snapshot、Expansion、Topology
Datatom-InfinityCSI (filesystem)	csi-infifs-plugin	v0.3、v1.0.0、v1.1.0	Persistent	Read/Write Multiple Pods	Yes	Expansion
Datera	dsp.csi.daterainc.io	v1.0	Persistent	Read/Write Single Pod	Yes	Snapshot
DDN EXAScaler	exa.csi.ddn.com	v1.0、v1.1	Persistent	Read/Write Multiple Pods	Yes	Expansion
Dell EMC PowerScale	csi-isilon.dellemc.com	[v1.0, v1.5]	Persistent 和 Ephemeral	Read/Write Multiple Pods	Yes	Snapshot、Expansion、Cloning、Topology
Dell EMC PowerStore	csi-powerstore.dellemc.com	[v1.0, v1.5]	Persistent 和 Ephemeral	Read/Write Single Pod	Yes	Raw Block、Snapshot、Expansion、Cloning、Topology
Excelero NVMesh	nvmesh-csi.excelero.com	v1.0、v1.1	Persistent	Read/Write Multiple Pods	Yes	Raw Block、Expansion
GCE Persistent Disk	pd.csi.storage.gke.io	v0.3、v1.0	Persistent	Read/Write Single Pod	Yes	Raw Block、Snapshot、Expansion、Topology
GlusterFS	org.gluster.glusterfs	v0.3、v1.0	Persistent	Read/Write Multiple Pods	Yes	Snapshot
Hetzner Cloud Volumes CSI	csi.hetzner.cloud	v0.3、v1.0	Persistent	Read/Write Single Pod	Yes	Raw Block、Expansion
Hitachi Vantara	hspc.csi.hitachi.com	v1.2	Persistent	Read/Write Single Pod	Yes	Raw Block、Snapshot、Expansion、Cloning

续表

名　　称	CSI 驱动名称	兼容的 CSI 版本	持久卷或临时卷的支持	访问模式	是否支持动态供应	其他特性
Huawei Storage CSI	csi.huawei.com	v1.0、v1.1、v1.2	Persistent	Read/Write Multiple Pod	Yes	Snapshot、Expansion、Cloning
IBM Block Storage	block.csi.ibm.com	[v1.0, v1.5]	Persistent	Read/Write Single Pod	Yes	Raw Block、Snapshot、Expansion、Cloning、Topology
IBM Storage Scale	spectrumscale.csi.ibm.com	v1.5	Persistent	Read/Write Multiple Pod	Yes	Snapshot、 Expansion、Cloning
JD Cloud Storage Platform Block	jdcsp-block.csi.jdcloud.com	v1.8.0	Persistent	Read/Write Single Pod	Yes	Raw Block、 Snapshot、Expansion
JD Cloud Storage Platform Filesystem	jdcsp-file.csi.jdcloud.com	v1.8.0	Persistent	Read/Write Multiple Pods	Yes	Expansion
Longhorn	driver.longhorn.io	v1.5	Persistent	Read/Write Single Node	Yes	Raw Block
NetApp	csi.trident.netapp.io	[v1.0, v1.8]	Persistent	Read/Write Multiple Pods	Yes	Raw Block、Snapshot、Expansion、Cloning、Topology
NexentaStor File Storage	nexentastor-csi-driver.nexenta.com	v1.0、v1.1、v1.2	Persistent	Read/Write Multiple Pods	Yes	Snapshot、Expansion、Cloning、Topology
NexentaStor Block Storage	nexentastor-block-csi-driver.nexenta.com	v1.0、v1.1、v1.2	Persistent	Read/Write Multiple Pods	Yes	Snapshot、Expansion、Cloning、Topology、Raw block
Portworx	pxd.portworx.com	v1.4	Persistent 和 Ephemeral	Read/Write Multiple Pods	Yes	Snapshot、Expansion、Raw Block、Cloning
QingCloud CSI	disk.csi.qingcloud.com	v1.1	Persistent	Read/Write Single Pod	Yes	Raw Block、Snapshot、Expansion、Cloning
QingStor CSI	neonsan.csi.qingstor.com	v0.3、v1.1	Persistent	Read/Write Multiple Pods	Yes	Raw Block、Snapshot、Expansion、Cloning
TrueNAS	csi.hpe.com	v1.3	Persistent	Read/Write Multiple Pods	Yes	Raw Block、Snapshot、Expansion、Cloning
VAST Data	csi.vastdata.com	v1.2	Persistent 和 Ephemeral	Read/Write Multiple Pods	Yes	Snapshot、Expansion
Veritas InfoScale Volumes	org.veritas.infoscale	v1.2	Persistent	Read/Write Multiple Pods	Yes	Snapshot、Expansion、Cloning
vSphere	csi.vsphere.vmware.com	v1.4	Persistent	Read/Write Single Pod (Block Volume) Read/Write Multiple Pods (File Volume)	Yes	Raw Block、Expansion (Block Volume)、Topology Aware (Block Volume)、Snapshot (Block Volume)
Zadara-CSI	csi.zadara.com	v1.0、v1.1	Persistent	Read/Write Multiple Pods	Yes	Raw Block、Snapshot、Expansion、Cloning

各 CSI 插件都提供了容器镜像功能，与 external-attacher、external-provisioner、node-driver-registrar 等 Sidecar 容器一起完成插件系统的部署，部署配置详见 CSI 官网中各插件的链接。需要注意的是，CSI 驱动不一定兼容 Kubernetes 的全部版本，用户需要查看特定 CSI 驱动的文档，以了解其对不同 Kubernetes 版本的兼容性要求和部署方式。

实验性的 CSI 插件列表如表 6.2 所示。

表 6.2 实验性的 CSI 插件列表

名　　称	状态/版本号	说　　明
Flexvolume	Sample	作为示例使用
hostPath	v1.2.0	仅供单 Node 测试
ImagePopulator	Prototype	临时 Volume 驱动
In-memory Sample Mock Driver	v0.3.0	用于模拟 csi-sanity 的示例
Synology NAS	v1.0.0	Synology NAS 非官方驱动
VFS Driver	Released	虚拟文件系统驱动

另外，Kubernetes 从 v1.13 版本开始废弃了对 CSI 规范 v0.2 和 v0.3 版本的支持。

6.4.2 CSI 存储卷健康检查

Kubernetes 从 v1.21 版本开始，引入了 CSI 存储卷的健康检查功能，要求 CSI 驱动能够向 Kubernetes 控制平面报告 CSI 存储卷的健康状况。目前其处于 Alpha 阶段，需要开启 CSIVolumeHealth 特性门控进行启用。如果 CSI 驱动支持在 Node 上对存储卷的健康检查，那么在出现异常的时候，应该上报一个 Event 信息。同时，应该通过 kubelet 的一个新的性能指标“kubelet_volume_stats_health_status_abnormal”标明存储卷的健康状况。这个指标包括两个 Label：namespace 和 PersistentVolumeClaim，指标的值可以被设置为 1 或 0，其中 1 表示 Volume 不健康，0 表示 Volume 健康。

6.4.3 in-tree 插件迁移

Kubernetes 逐步将其内置的 in-tree 存储卷插件迁移为 CSI 驱动，通过 CSI 驱动机制将正在使用的 in-tree 存储卷插件重定向到外部 CSI 驱动，从而使得用户无须改变当前用户配置的 StorageClass、PV、PVC 等资源。该机制在 Kubernetes v1.14 版本中被引入，到 v1.25 版本时达到 Stable 阶段，目前支持的操作和特性包括：存储供应、挂接和解挂、挂载和卸载、调整 Volume 的容量大小等，并且需要各存储资源提供者和 Kubernetes 社区共同开发和完善。

6.4.4　新特性演进

Kubernetes 为了支持 CSI 的更多特性，正在不断开发更多的子功能，各个子功能相对独立，可以在 Kubernetes 的不同版本中以 Alpha、Beta、Stable/GA 的过程进行演进。表 6.3 说明了目前的一些 CSI 新特性及其演进状态。

表 6.3　目前的一些 CSI 新特性及其演进状态

名　称	说　明	演进状态
Secrets and Credentials	一些驱动需要密钥进行 CSI 操作，包括 StorageClass Secrets 和 VolumeSnapshotClass Secrets	请根据 external-provisioner 的版本查看详细说明
Topology	对拓扑域的支持	Kubernetes v1.17 GA
Raw Block Volume	对块设备的支持	Kubernetes v1.18 GA
Skip Kubernetes Attach and Detach	跳过 Kubernetes 的 Attach 和 Detach 操作	Kubernetes v1.18 GA
Pod Info on Mount	在 Mount 时将 Pod 信息补充到 CSI 驱动	Kubernetes v1.18 GA
Volume Expansion	对卷扩展的支持	Kubernetes v1.16 Beta
Kubernetes PVC DataSource (CSI VolumeContentSource)	数据源的类型，目前包括两种类型：VolumeSnapshot 和 PersistentVolumeClaim (Cloning)	VolumeSnapshot: Kubernetes v1.18 GA PersistentVolumeClaim (Cloning): Kubernetes v1.17 Beta
Pod Inline Volume Support	对 Pod 内联卷的支持	CSI Ephemeral Inline Volumes : Kubernetes v1.25 GA Generic Ephemeral Inline Volumes: Kubernetes v1.23 GA
Volume Limits	对卷限制的支持	Kubernetes v1.17 GA
Storage Capacity Tracking	存储容量跟踪	Kubernetes v1.19 Alpha
Volume Health Monitoring	卷健康状态监控	Kubernetes v1.21 Alpha
Token Requests	Mount 时使用 token 加强用户权限管理	Kubernetes v1.22 GA
fsGroup Support	驱动对 fsGroup 的支持	Kubernetes v1.23 GA
CSI Windows Support	对 Windows Node 的支持	Kubernetes v1.19 GA
Prevent unauthorised volume mode conversion	防止未授权用户进行卷模式转换	Kubernetes v1.24 Alpha
Cross-namespace storage data sources	跨命名空间的数据源引用	Kubernetes v1.26 Alpha

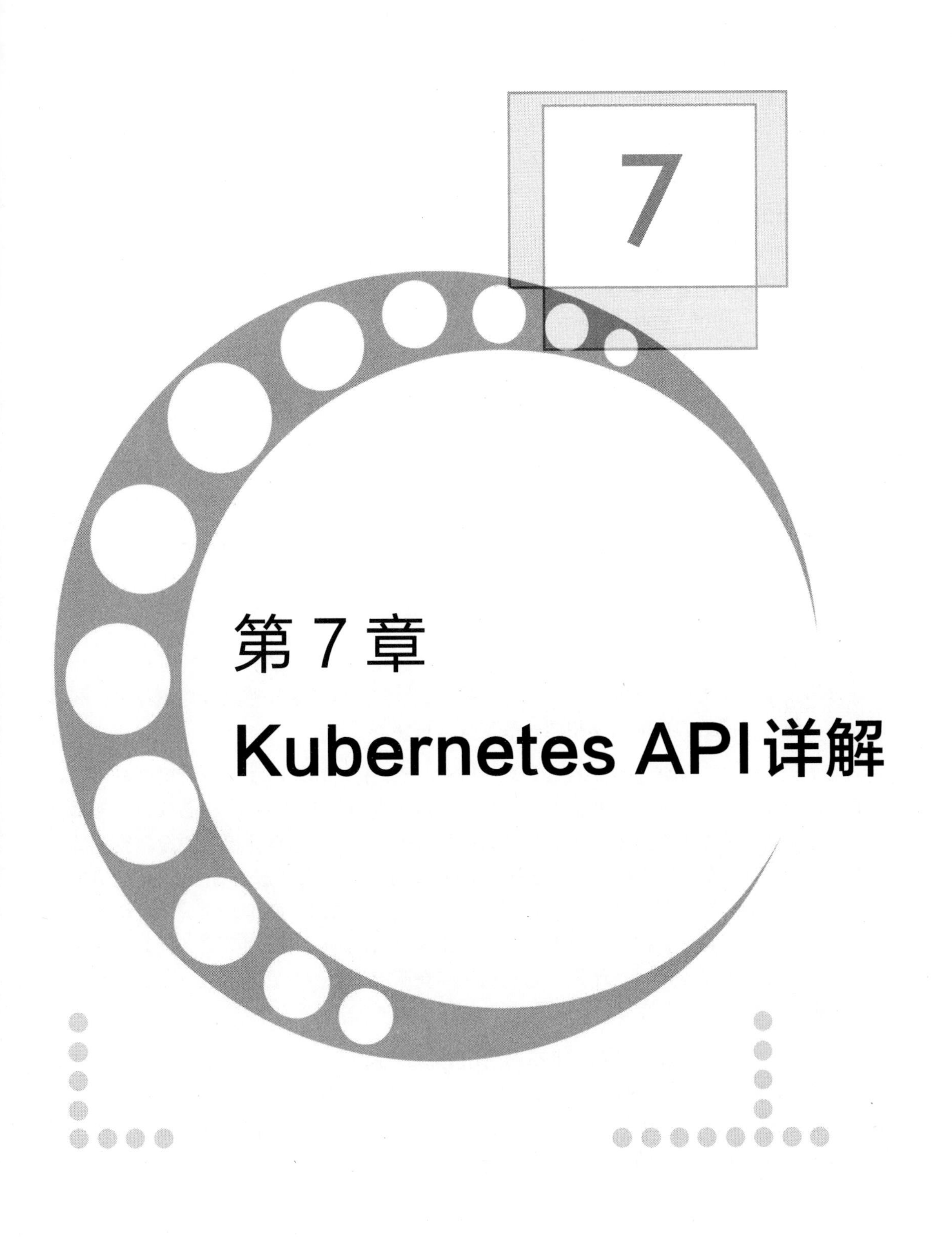

第 7 章
Kubernetes API详解

本章主要介绍如何基于 Kubernetes 提供的 API 进行开发。首先简述 REST 接口的概念，然后对 Kubernetes 的资源对象和 API 的概念和使用方法进行说明。

7.1　REST 概述

REST（Representational State Transfer，表述性状态传递）是由 Roy Thomas Fielding 博士在他的论文 *Architectural Styles and the Design of Network-based Software Architectures* 中提出的一个术语。REST 本身只是为分布式超媒体系统设计的一种架构，而不是某种协议标准。

计算机系统发展至今，基于 Web 的架构实际上就是各种规范的集合，比如 HTTP 是一种规范，客户端-服务端模式是另一种规范。每当我们在原有规范的基础上增加新的规范时，就会形成新的架构。而 REST 正是这样一种新的架构，它结合一系列规范，形成了一种新的基于 Web 的架构风格。

传统的 Web 应用大多是浏览器/服务器（Browser/Server，简称 B/S）架构，主要包括以下内容。

（1）客户端-服务端：这种规范的提出，改善了用户接口跨多个平台的可移植性，并且通过简化服务器组件，改善了系统的可伸缩性。最为关键的是，通过分离用户接口和数据存储，使得不同的客户端共享相同的数据成为可能。

（2）无状态性：无状态性是在客户端-服务端规范的基础上添加的又一层规范，它要求通信必须在本质上是无状态的，即从客户端到服务端的每个 request 都必须包含理解该 request 必需的所有信息。这个规范改善了系统的可见性（无状态性使得客户端和服务端不必保存对方的详细信息，服务端只需处理当前的 request，而不必了解所有 request 的历史）、可靠性（无状态性减少了服务端从局部错误中恢复的任务量）、可伸缩性（无状态性使得服务端可以很容易释放资源，因为服务端不必在多个 request 中保存状态）。同时，这种规范的缺点也是显而易见的，不能将状态数据保存在服务端，导致在一系列 request 中发送重复数据，严重降低了效率。

（3）缓存：为了改善无状态性带来的网络的低效性，客户端缓存规范出现了。客户端缓存规范允许客户端隐式或显式地标记一个 response 中的数据，赋予了客户端缓存 response 数据的功能，提高了网络效率。但是由于客户端缓存了信息，所以增加了客户端数据与服务端数据不一致的可能性，从而降低了可靠性。

B/S 架构的优点是实现和部署非常方便，但在用户体验方面不是很理想，REST 规范就是为了改善这种状况而提出的。REST 规范在原有 B/S 架构的基础上增加了 3 个新规范：统一接口、分层系统和按需代码。

（1）统一接口：REST 规范的核心特征就是强调组件之间有一个统一的接口，表现为在 REST 世界里，网络上的所有事物都被抽象为资源，REST 架构通过通用的连接器接口对资源进行操作。这样设计的好处是保证系统提供的服务都是解耦的，可极大简化系统，改善系统的交互性和可重用性。

（2）分层系统：分层系统规则的加入提高了各种层次之间的独立性，为整个系统的复杂性设置了边界，通过封装遗留的服务，使新的服务端免受遗留客户端的影响，也提高了系统的可伸缩性。

（3）按需代码：REST 规范允许对客户端的功能进行扩展。比如，通过下载并执行 applet 或脚本形式的代码来扩展客户端的功能。这样虽然改善了系统的可扩展性，但同时降低了系统的可见性，所以它只是 REST 规范的一个可选约束。

REST 架构是针对 Web 应用而设计的，其目的是降低开发的复杂度，提高系统的可伸缩性。REST 规范提出了如下设计准则。

（1）网络上的所有事物都被抽象为资源（Resource）。

（2）每个资源都对应唯一的资源标识符（Resource Identifier）。

（3）通过通用的连接器接口（Generic Connector Interface）对资源进行操作。

（4）对资源的各种操作都不会改变资源标识符。

（5）所有操作都是无状态的（Stateless）。

REST 规范中的资源指的不是数据，而是数据和表现形式的组合，比如“最新访问的 10 位会员”和“最活跃的 10 位会员”在数据上可能有重叠或者完全相同，而它们由于表现形式不同，被归为不同的资源，这也就是为什么 REST 的全名是 Representational State Transfer。资源标识符就是 URI（Uniform Resource Identifier），不论是图片、文字还是视频文件，甚至只是一种虚拟服务，也不论是 XML、TXT 还是其他文件格式，全部都需要通过 URI 对资源进行唯一标识。

REST 规范是基于 HTTP 的，任何对资源的操作行为都通过 HTTP 进行实现。HTTP 不仅是一个简单的运载数据的协议，还是一个具有丰富内涵的网络软件的协议，它不仅能对互联网资源进行唯一定位，还能告诉我们如何对该资源进行操作。

HTTP 把对一个资源的操作限制在 4 种方法（GET、POST、PUT 和 DELETE）中，也正是对资源对象的查询、创建、修改、删除操作（CRUD 操作）的实现。由于资源和 URI 是一一对应的，在执行这些操作时 URI 没有变化，极大地简化了 Web 应用开发，也使得 URI 可以被设计成能更直观地反映资源的结构。这种 URI 的设计被称作 RESTful 的 URI，为开发人员引入了一种新的思维方式：通过 URI 来设计系统架构。当然，这种设计方式对于一些特定情况也是不适用的，也就是说，不是所有 URI 都适用于 REST 架构。

REST 规范之所以可以提高系统的可伸缩性，就是因为它要求所有操作都是无状态的。没有了上下文（Context）的约束，做分布式和集群时就更为简单，也可以让系统更为有效地利用缓冲池（Pool），并且由于服务端不需要记录客户端的一系列访问，也就减少了服务端的性能损耗。

Kubernetes API 也符合 REST 规范，Kubernetes API 是集群系统中的重要组成部分，Kubernetes 中的各种资源对象都通过该 API 被提交到后端的持久化存储（etcd）中。Kubernetes 集群中的各部件之间通过该 API 实现松耦合。

在 Kubernetes 系统中，在大多数情况下，API 定义和实现都符合标准的 HTTP REST 格式。比如，通过标准的 HTTP 操作（POST、PUT、GET、DELETE）来完成对相关资源对象的查询、创建、修改、删除等操作。但同时，Kubernetes 也为某些非标准的 REST 行为实现了附加的 API。例如，Watch 某个资源的变化，进入容器的 Shell 执行某个操作等。

另外，某些 API 可能违背了严格的 REST 规范，因为接口返回的不是单一的 JSON 对象，而是其他类型的数据，比如 JSON 对象流或非结构化的文本日志数据等。

Kubernetes 开发人员认为，任何成功的系统都会经历一个不断成长和不断适应各种变更的过程，因此他们期望 Kubernetes API 是不断变更和增长的，并在设计和开发 API 时，有意识地兼容已存在的客户需求。

通常，我们不希望将新的 API 资源和新的资源域频繁地加入系统中，对资源或域的删除需要一个严格的审核流程。

7.2　Kubernetes 资源对象详解

我们可以认为一种资源对象就是数据库中的一张表，不同类型的资源对象对应不同的表，针对每种资源对象的操作，就类似对数据库中表的操作。在标准情况下，都有新增、修改、查询、删除等常规操作，这些操作都以标准 REST 架构的形式提供出来，这就是 Kubernetes API 主要提供的功能。

与数据库的表记录不同的是，Kubernetes 里的资源对象大部分都有一个 Namespace 的属性。所以，Kubernetes API 的 REST 路径里就多了这个参数。此外，Kubernetes API 还为一些资源对象提供了 Watch 接口，这个接口不属于符合标准 REST 规范的接口。

Kubernetes API 中的资源对象都拥有通用的元数据，资源对象也可能存在嵌套和引用关系。比如，在一个 Pod 里面嵌套多个 Container，对一个资源对象的描述通常由 kind、apiVersion、metadata、spec 和 status 这 5 部分组成。掌握 Kubernetes 资源对象是学习 Kubernetes API 的基础。

7.2.1 资源对象的类型

资源对象的类型用 Kind 属性来表示，Kubernetes 资源对象总体分为以下 3 种类型。

（1）对象（Object）：我们通常说的资源对象，代表系统中的一个永久资源（实体），例如 Pod、RC、Service、Namespace 及 Node 等。通过操作这些资源的属性，客户端可以对该对象进行创建、修改、删除和获取操作。

（2）列表（List）：资源对象的集合，我们可以通过 List 的 items 域获得对应的对象数组，常见的 List 有 PodList、ServiceList、NodeList 等，这类资源对象通常在返回查询结果集的 API 中使用。

此外，某些资源对象有可能是单例对象（Singletons），例如当前用户、系统默认用户等，这些资源对象没有列表类型。

（3）简单类别（Simple）：该类别包含作用于资源对象或非持久辅助实体的特定操作，例如 Status、Scale、ListOptions 等。

7.2.2 资源对象的元数据

metadata 是资源对象的元数据定义，由一组属性来定义。在 Kubernetes 中，每个资源对象都必须包含以下元数据属性。

◎ namespace：对象所属的命名空间，如果不指定它，则系统会将对象置于名为

"default"的系统命名空间中。

◎ name：对象的名称，在一个命名空间中，名称应具备唯一性。
◎ uid：系统为每个对象都生成的唯一 ID，符合 RFC 4122 规范的定义。

此外，每种对象都应该包含以下重要的元数据属性。

◎ labels：用户可定义的"标签"，键和值都为字符串的 map，是对象进行组织和分类的一种手段，通常用于 Label Selector，用来匹配目标对象。
◎ annotations：用户可定义的"注解"，键和值都为字符串的 map，被 Kubernetes 内部进程或者某些外部工具使用，用于存储和获取关于该对象的特定元数据。
◎ resourceVersion：用于识别该资源内部版本号的字符串，在进行 Watch 操作时，可以避免在 GET 操作和下一次 Watch 操作之间造成信息不一致，客户端可以用它来判断资源是否改变。该值应该被客户端看作是不透明的，且不做任何修改就返回给服务端。客户端不应该假定版本信息具有跨命名空间、跨不同资源类别、跨不同服务端的含义。
◎ creationTimestamp：系统记录创建对象时的时间戳，符合 RFC 3339 规范。
◎ deletionTimestamp：系统记录删除对象时的时间戳，符合 RFC 3339 规范。
◎ selfLink：通过 API 访问资源自身的 URL，例如一个 Pod 的 link 可能是"/api/v1/namespaces/default/pods/frontend-o8bg4"。

7.2.3　资源对象的版本

由于 Kubernetes 从诞生到现在一直处于快速发展的阶段，所以为了兼顾 API 的兼容性需求和发展演进的需求，Kubernetes 为其 API 设计了版本这一属性（apiVersion），并且将其关联到资源对象身上，通过 apiVersion 来表明资源对象所属的 API 组及该组的版本号。比如，下面的 apiVersion 定义表明对应的资源对象属于 logging.banzaicloud.io 这个 API Group 的 v1beta1 版本域：

```
apiVersion: logging.banzaicloud.io/v1beta1。
```

7.2.4　资源对象的主体定义

对资源对象进行详细描述和定义的主体部分都在 spec 里给出，这部分内容会被 Kubernetes 完整地持久化地保存到 etcd 中。spec 的内容既包括用户提供的配置设置、默认值、属性的初始化值，也包括在对象创建过程中由其他相关组件（例如 schedulers、auto-scalers）创建或修改的对象属性，比如 Pod 的 Service IP 地址。

spec 部分还可以定义资源对象直接包含的子对象信息，典型的如 Deployment 和 Pod，前者在 spec 里包含了它要管控的 Pod 的模板，后者在 spec 里包含了容器资源对象的信息。

7.2.5 资源对象的状态

status 用于记录对象在系统中的当前状态信息，也是集合类元素类型。status 在一个自动处理的进程中被持久化，它是在流转的过程中生成的。如果观察到一个资源丢失了它的状态，则该丢失的状态可能被重新构造。以 Pod 为例，Pod 的 status 信息主要包括 conditions、containerStatuses、hostIP、phase、podIP、startTime 等，其中比较重要的两个状态属性如下。

- ◎ phase：描述对象所处的生命周期阶段，典型值包括 Pending（等待创建中）、Running（运行中）、Active（活动中）或 Terminated（已终止），这几种状态对于不同类型的资源对象可能有细微的差别。此外，关于当前 phase 附加的详细说明可能被设置在其他字段中。
- ◎ condition：表示条件，由条件类型和状态值组成，条件类型可能包括 PodScheduled、Initialized、Ready、ContainersReady 等，对应的状态值可以为 True、False 或 Unknown。一个对象可以具备多种 condition，而 condition 的状态值也可能不断发生变化，condition 可能附带一些信息，例如最后的探测时间或最后的转变时间。

7.3 Kubernetes API 详解

Kubernetes 提供的 API，主要是针对 Kubernetes 资源对象的操作，一种资源对象相当于一种数据结构，Kubernetes API 就是针对这些数据结构的操作。针对每种 Kubernetes 资源对象，Kubernetes 提供了包括增、删、改、查和 Watch 等 REST 接口在内的 API。

7.3.1 API 分组管理

Kubernetes API 并不是简单地以资源对象为单位进行管理，而是以 group/version 的方式对资源对象进行分组管理。其将一组功能上相关的资源对象作为基础，加上对应的 API 版本号，作为一个分组（Group），每个 API Group 以 group/version 的方式进行定义，使用

REST URI 路径的格式进行表达。例如，“/api/v1”表示核心功能 API Group，“apps/v1”表示应用 API Group，“metrics.k8s.io/v1beta1”表示性能度量 API Group，“storage.k8s.io/v1”表示存储功能 API Group，等等。

每个 Group 都可以定义多个版本，新旧版本的 API Group 可能同时存在。基于这种分类定义，Kubernetes 在管理 API 资源时，能够更灵活地控制系统的升级和演进，让系统更容易扩展，也有利于系统平滑升级并实验新特性。

Kubernetes 的 API Group 总体分为以下两类。

（1）核心组（Core Group），也可以称之为 Legacy Group，其作为 Kubernetes 核心的 API，在资源对象的定义中被表示为“apiVersion: v1”。我们常用的资源对象大部分都在这个组里。例如，Container、Pod、ReplicationController、Endpoint、Service、ConfigMap、Secret、Volume 等。核心组的 REST 访问路径为/api/v1/xxx，比如/api/v1/namespaces、/api/v1/namespaces/{namespace}/pods 等。

（2）扩展组 API，除核心组外的所有 API Group，比如 batch/v1、apps/v1、metrics.k8s.io/v1beta1 等，扩展组 API 的 REST 访问路径为/apis/<group>/<version>/xxx，例如/apis/apps/v1/daemonsets、/apis/apps/v1/namespaces/{namespace}/replicasets/{name}、/apis/metrics.k8s.io/v1beta1/pods 等。

下面是常见的一些 API Group 说明。

- ◎ apps/v1：是 Kubernetes 中最常见的 API Group，其中包含许多核心资源对象类型，主要与用户应用的发布、部署有关，例如 Deployments、ReplicaSets、StatefulSet 等。
- ◎ batch/v1：包含与批处理和类似作业的任务相关的对象的 API，例如 Job、CronJob。
- ◎ networking.k8s.io/v1：网络相关的资源对象的 API，包括 NetworkPolicy、IngressClass、Ingress 等。
- ◎ storage.k8s.io/v1：主要是与存储相关的资源对象的 API，包括 StorageClass、CSIDriver、CSINode、VolumeAttachment 等对象。
- ◎ metrics.k8s.io/v1beta1：提供了 Metrics API。
- ◎ autoscaling/VERSION：包含与 HPA 相关的资源对象，目前有 v1 和 v2 版本。
- ◎ certificates.k8s.io/VERSION：包含与集群证书操作相关的资源对象。
- ◎ rbac.authorization.k8s.io/v1，authentication.k8s.io/v1，authorization.k8s.io/v1：与鉴权、授权等权限相关的资源对象。
- ◎ policy/v1：包含与 Pod 安全性相关的资源对象。

资源对象所在的分组 group、对应的版本 version 及类型 resource 这 3 个信息的组合，在 Kuberenetes 中被称为 GVR。下面是 Kuberenetes 源码中 Deployment GVR 的定义：

```
deployGVR := schema.GroupVersionResource{
        Group:    "apps",
        Version:  "v1",
        Resource: "deployments",
    }
```

我们可以通过下面的命令，查看当前集群中的 API Group 和资源对象列表，如图 7.1 所示。

```
# kubectl api-resources
NAME                              SHORTNAMES   APIVERSION                             NAMESPACED   KIND
bindings                                       v1                                     true         Binding
componentstatuses                 cs           v1                                     false        ComponentStatus
configmaps                        cm           v1                                     true         ConfigMap
endpoints                         ep           v1                                     true         Endpoints
events                            ev           v1                                     true         Event
limitranges                       limits       v1                                     true         LimitRange
namespaces                        ns           v1                                     false        Namespace
nodes                             no           v1                                     false        Node
persistentvolumeclaims            pvc          v1                                     true         PersistentVolumeClaim
persistentvolumes                 pv           v1                                     false        PersistentVolume
pods                              po           v1                                     true         Pod
podtemplates                                   v1                                     true         PodTemplate
replicationcontrollers            rc           v1                                     true         ReplicationController
resourcequotas                    quota        v1                                     true         ResourceQuota
secrets                                        v1                                     true         Secret
serviceaccounts                   sa           v1                                     true         ServiceAccount
services                          svc          v1                                     true         Service
mutatingwebhookconfigurations                  admissionregistration.k8s.io/v1        false        MutatingWebhookConfiguration
validatingwebhookconfigurations                admissionregistration.k8s.io/v1        false        ValidatingWebhookConfiguration
customresourcedefinitions         crd,crds     apiextensions.k8s.io/v1                false        CustomResourceDefinition
apiservices                                    apiregistration.k8s.io/v1              false        APIService
controllerrevisions                            apps/v1                                true         ControllerRevision
daemonsets                        ds           apps/v1                                true         DaemonSet
deployments                       deploy       apps/v1                                true         Deployment
replicasets                       rs           apps/v1                                true         ReplicaSet
statefulsets                      sts          apps/v1                                true         StatefulSet
selfsubjectreviews                             authentication.k8s.io/v1               false        SelfSubjectReview
tokenreviews                                   authentication.k8s.io/v1               false        TokenReview
localsubjectaccessreviews                      authorization.k8s.io/v1                true         LocalSubjectAccessReview
selfsubjectaccessreviews                       authorization.k8s.io/v1                false        SelfSubjectAccessReview
selfsubjectrulesreviews                        authorization.k8s.io/v1                false        SelfSubjectRulesReview
subjectaccessreviews                           authorization.k8s.io/v1                false        SubjectAccessReview
horizontalpodautoscalers          hpa          autoscaling/v2                         true         HorizontalPodAutoscaler
cronjobs                          cj           batch/v1                               true         CronJob
jobs                                           batch/v1                               true         Job
certificatesigningrequests        csr          certificates.k8s.io/v1                 false        CertificateSigningRequest
leases                                         coordination.k8s.io/v1                 true         Lease
endpointslices                                 discovery.k8s.io/v1                    true         EndpointSlice
events                            ev           events.k8s.io/v1                       true         Event
flowschemas                                    flowcontrol.apiserver.k8s.io/v1beta3   false        FlowSchema
prioritylevelconfigurations                    flowcontrol.apiserver.k8s.io/v1beta3   false        PriorityLevelConfiguration
```

图 7.1 当前集群中的 API Group 和资源对象列表

如果需要实现自定义的资源对象及相应的 API，则使用 CRD 进行扩展是最方便的。自定义的资源命名也需要遵循 API Group 约定，Group 名称则可以自行设置。

API 的版本号通常用于描述 API 的成熟阶段，例如：

◎ v1 表示 GA 稳定版本；
◎ v1beta3 表示 Beta 版本（预发布版本）；
◎ v1alpha1 表示 Alpha 版本（实验性的版本）。

当某个 API 的实现达到一个新的 GA 稳定版本时（如 v2），旧的 GA 版本（如 v1）和 Beta 版本（如 v2beta1）将逐渐被废弃。Kubernetes 建议的废弃时间周期如下。

◎ 对于旧的 GA 版本（如 v1），Kubernetes 建议废弃的时间应不少于 12 个月。
◎ 对于旧的 Beta 版本（如 v2beta1），Kubernetes 建议废弃的时间应不少于 9 个月。
◎ 对于旧的 Alpha 版本，则无须等待，可以直接废弃。

完整的 API 更新和废弃策略请参考官方网站的说明。

7.3.2　API 标准

API 资源使用 REST 模式，对资源对象的操作方法如下。

（1）GET /<资源名复数格式>：获得某一类型的资源列表，例如 GET/pods 返回一个 Pod 资源列表。

（2）POST /<资源名复数格式>：创建一个资源，该资源来自用户提供的 JSON 对象。

（3）GET /<资源名复数格式>/<名称>：通过给出的名称获得单个资源，例如 GET /pods/first 返回一个名为“first”的 Pod。

（4）DELETE /<资源名复数格式>/<名称>：通过给出的名称删除单个资源，在删除选项（DeleteOptions）中可以指定优雅删除（Grace Deletion）的时间（GracePeriodSeconds），该选项表明了从服务器接收删除请求到资源被删除的时间间隔（单位为 s）。不同的类别（Kind）均可以设置优雅删除时间默认值。用户提交的优雅删除时间将覆盖该默认值，包括值为 0 的优雅删除时间。

（5）PUT /<资源名复数格式>/<名称>：通过给出的资源名和客户端提供的 JSON 对象来更新或创建资源。

（6）PATCH /<资源名复数格式>/<名称>：选择修改资源详细指定的域。

对于 PATCH 操作，目前 Kubernetes API 通过相应的 HTTP 首部“Content-Type”对其进行识别。

目前 Kubernetes 支持以下类型的 PATCH 操作。

（1）JSON Patch, Content-Type: application/json-patch+json：在 RFC 6902 规范的定义中，JSON Patch 是在资源对象上执行的一系列操作，例如{"op": "add", "path": "/a/b/c", "value": ["foo", "bar"]}。详情请查看 RFC 6902 规范的说明。

（2）Merge Patch, Content-Type: application/merge-json-patch+json：在 RFC 7386 规范的定义中，Merge Patch 必须包含对一个资源对象的部分描述，这个资源对象的部分描述就是一个 JSON 对象。该 JSON 对象被提交到服务器，与服务器的当前对象合并，从而创建一个新的对象。详情请查看 RFC 73862 规范的说明。

（3）Strategic Merge Patch, Content-Type:application/strategic-merge-patch+json：Strategic Merge Patch 是一个定制化的 Merge Patch 实现。

下面对 Strategic Merge Patch 的用法进行示例说明。

在标准的 JSON Merge Patch 中，JSON 对象总被合并（Merge），资源对象中的列表域总被替换，但是用户通常不希望如此。例如，我们通过下列定义创建一个 Pod 资源对象：

```
spec:
  containers:
    - name: nginx
      image: nginx-1.0
```

我们希望添加一个容器到这个 Pod 中，REST 命令代码和上传的对象配置如下：

```
# REST 命令
PATCH /api/v1/namespaces/default/pods/pod-name

# 资源对象配置内容
spec:
  containers:
    - name: log-tailer
      image: log-tailer-1.0
```

如果我们使用标准的 Merge Patch，则其中的整个容器列表将被单个 log-tailer 容器替换，然而我们的目的是使两个容器列表合并。

为了解决这个问题，Strategic Merge Patch 操作会添加元数据到 API 对象中，并通过这些新元数据来决定哪个列表被合并，哪个列表不被合并。当前这些元数据作为结构 Label，对于 API 对象自身来说是合法的。对于客户端来说，这些元数据作为 Swagger Annotations 也是合法的。

在上述示例中，Strategic Merge Patch 操作向 containers 中添加了 patchStrategy=merge 字段，并且添加 patchMergeKey=name 字段，也就是告诉系统，containers 中的列表将会被合并而不是被替换，合并的依据是 Key 为“name”的值。

Kubernetes API 还提供了 Watch 的 API，配合 List 接口（如 GET /pods）可以实现高效的资源同步、缓存及实时监控处理。

◎ GET /watch/<资源名复数格式>：随着时间的变化，不断接收一连串的 JSON 对象，这些 JSON 对象记录了给定资源类别内所有资源对象的变化情况。

◎ GET /watch/<资源名复数格式>/<name>：随着时间的变化，不断接收一连串的 JSON 对象，这些 JSON 对象记录了某个给定资源对象的变化情况。

需要注意的是，Watch 接口返回的是一连串 JSON 对象，而不是单个 JSON 对象。

如果集群的规模很大，那么某些资源对象的 List 接口（如 GET /pods）返回的数据集就很大，这对 Kubernetes API Server 及客户端程序都会造成很大的压力。比如，在集群中有上千个 Pod 实例的情况下，每个 Pod 的 JSON 数据的大小都会为 1 ~ 2KB，List 返回的结果的大小会达到 10 ~ 20MB。所以，从 v1.9 版本开始，Kubernetes 又提供了分段模式的 List 接口（Retrieving large results sets in chunks），其使用方法类似于数据库的结果集的分页遍历，通过 limit 和 continue 两个参数来返回一部分数据，以降低服务端和客户端的数据处理压力。比如，下面这个查询 Pod 的接口限制最多返回 500 条数据：

```
GET /api/v1/pods?limit=500&continue=ENCODED_CONTINUE_TOKEN
```

另外，Kubernetes 还提供了 HTTP Redirect 与 HTTP Proxy 这两种特殊的 API，前者实现资源重定向访问，后者则实现 HTTP 请求的代理。

7.3.3　OpenAPI 规范

在 Kubernetes v1.3 及之前的版本中，Kubernetes API Server 服务提供了 Swagger 格式自动生成的 API 文档。Kubernetes 从 v1.4 版本开始使用 OpenAPI 规范的格式生成 API 文档，OpenAPI 文档规范始于 Swagger 规范，Swagger 2.0 也是 OpenAPI 文档规范的第 1 个

标准版本（OpenAPI v2）。

相对于 Swagger，OpenAPI v2 版本对 REST 接口的定义更精确化，也更容易利用代码生成各种语言版本的接口源码，从 Kubernetes v1.5 版本开始，其对 OpenAPI 规范的支持已经很完备，能够直接从 Kubernetes 源代码生成 API 规范文档，对于 Kubernetes 资源模型和 API 方法的任何变更，都会保证文档和规范的完全同步。

从 Kubernetes v1.27 版本开始，OpenAPI v3 版本已经被 Kubernetes 稳定支持。Kubernetes API Server 的/openapi/v3/路径是一个 API 发现的端点地址（Discovery Endpoint），完整的 URL 地址是 http://<api-server-address>:<master-port>/openapi/v3，它以 OpenAPI v3 的规范格式返回了 API Server 提供的所有 API Group 的地址列表，每个 API Group 的 OpenAPI 访问地址为/openapi/v3/apis/<group>/<version>?hash=<hash>。

在访问 API Group 地址的时候，Kubernetes API Server 也是以 OpenAPI v3 的规范格式返回目标 Group 里包含的所有 API 的说明的。同时，OpenAPI v2 版本也继续在/openapi/v2/地址上保留这个功能。下面对如何访问 API 规范文档进行示例说明。

我们可以通过 kubectl 来访问 OpenAPI v3 的 API 发现地址。此外，Golang 也提供了一个名为“k8s.io/client-go/openapi3”的包，可以方便获取 OpenAPI v3 的接口说明文档。

```
# kubectl get --raw /openapi/v3 | python -m json.tool
{
    "paths": {
        ".well-known/openid-configuration": {
            "serverRelativeURL":
"/openapi/v3/.well-known/openid-configuration?hash=E38C77093957AD90DA4BB5259D6EE
2138590D0E519C2944E1DD5B33BFADA7FE6CB50B296C0FA1964487B34921B2132655DFF13DB44CB9
4576CDBA41A0CC02ED6"
        },
        "api": {
            "serverRelativeURL":
"/openapi/v3/api?hash=4282C30608F76C2389DDEBA54BEAEE93A460D6F3BA73206B08CF9F6E1E
05363386FF82BDA9C4E02597777B377117FABCA94DC495641DE49E43185D504CAE7CF3"
        },
        "api/v1": {
            "serverRelativeURL": "/openapi/v3/
   api/v1?hash=64470CFAF8CA1AC72CDF17D98F7AB1B4FA6357371209C6FBEAA1B607D1B09E70
C979B0BA231366442A884E6888CF86F0205FF562FCA388657C7250E472112154"
        },
        "apis": {
```

```
            "serverRelativeURL":
"/openapi/v3/apis?hash=CAFCAC40C69DFEF6B26D18BB46771C0494DAC48AA54365163C1BE575B
D762DFB5BCCCE1CA3FF6195AD1CBFD1410D8F31498452F9676AE5B7F8AB2E84B764E455"
        },
    "apis/admissionregistration.k8s.io/v1": {
            "serverRelativeURL":
"/openapi/v3/apis/admissionregistration.k8s.io/v1?hash=8595254BFFC8B90871FAB752B
EFFD86603823A18F3F7B97AB4870F3E59FB18D2C31271020CC5FE1961C7C5A725D19F58E7000DCB8
A4A7E5D8E6A9385BC846A44"
        },
        "apis/apiextensions.k8s.io": {
            "serverRelativeURL": "/openapi/v3/apis/apiextensions.k8s.io?hash=
04839A723AAEEDE3C79DF496F5B3747DF99B9A0F8D6D7F0218CBE09FC2EA8A04C348A8686CDBFA3A
C4EC1643300F35DB46D9344EF8C1EEB30DAAFD3D3CEEAB83"
        },
    ......
```

需要注意的是，核心组（api/v1）资源的 API 访问路径是/openapi/api/v1/xxxx 这种结构，其他 Group 的 API 访问路径都为/openapi/apis/<group>/<version>?hash=<hash>结构。

将访问上述/openapi/api/v1 的 API 说明文档保存为 api-v1.json 文件，并用支持 JSON 的文本编辑器打开查看：

```
    # kubectl get --raw
/openapi/v3/api/v1?hash=64470CFAF8CA1AC72CDF17D98F7AB1B4FA6357371209C6FBEAA1B607
D1B09E70C979B0BA231366442A884E6888CF86F0205FF562FCA388657C7250E472112154 | python
-m json.tool > api-v1.json
```

Kubernetes 的 API 文档内容非常多，图 7.2 显示了部分 OpenAPI v3 格式的 API 说明文档的内容：

在每个 Group 的 OpenAPI v3 说明文档中都包括以上几部分内容。

schemas 部分给出了本组 API 里涉及的所有资源对象和数据结构的定义。上例中的 schemas 包括以下 API Group。

◎ core.v1：核心资源组。
◎ autoscaling.v1：自动扩缩容资源组。
◎ authentication.v1：认证资源组。
◎ apimachinery.pkg.apis.meta.v1：Kubernetes 的底层 API，通常在需要进行底层编程时使用。

```
{
    "components": {
        "schemas": {
            "io.k8s.api.authentication.v1.BoundObjectReference": {
            "io.k8s.api.authentication.v1.TokenRequest": {
            "io.k8s.api.authentication.v1.TokenRequestSpec": {
            "io.k8s.api.authentication.v1.TokenRequestStatus": {
            "io.k8s.api.autoscaling.v1.Scale": {
            "io.k8s.api.autoscaling.v1.ScaleSpec": {
            "io.k8s.api.autoscaling.v1.ScaleStatus": {
            "io.k8s.api.core.v1.AWSElasticBlockStoreVolumeSource": {
            "io.k8s.api.core.v1.Affinity": {
            "io.k8s.api.core.v1.AttachedVolume": {
            "io.k8s.api.core.v1.AzureDiskVolumeSource": {
            "io.k8s.api.core.v1.AzureFilePersistentVolumeSource": {
            "io.k8s.api.core.v1.AzureFileVolumeSource": {
            "io.k8s.api.core.v1.Binding": {
            "io.k8s.api.core.v1.CSIPersistentVolumeSource": {
            "io.k8s.api.core.v1.CSIVolumeSource": {
            "io.k8s.api.core.v1.Capabilities": {
            "io.k8s.api.core.v1.CephFSPersistentVolumeSource": {
            "io.k8s.apimachinery.pkg.apis.meta.v1.WatchEvent": {
            "io.k8s.apimachinery.pkg.runtime.RawExtension": {
            "io.k8s.apimachinery.pkg.util.intstr.IntOrString": {
        },
        "securitySchemes": {
    },
    "info": {
    "openapi": "3.0.0",
    "paths": {
        "/api/v1/": {
            "get": {
                "description": "get available resources",
                "operationId": "getCoreV1APIResources",
                "responses": {
                    "200": {
                    "401": {
                        "description": "Unauthorized"
                    }
                },
                "tags": [
                    "core_v1"
                ]
            }
        },
        "/api/v1/componentstatuses": {
        "/api/v1/componentstatuses/{name}": {
        "/api/v1/configmaps": {
        "/api/v1/endpoints": {
        "/api/v1/events": {
        "/api/v1/limitranges": {
```

图 7.2 api/v1 的 OpenAPI 规范文档示例（节选）

另外，Kubernetes 中的资源对象和相关数据结构都具有前缀名称“io.k8s.”，比如 Pod 在 api.core.v1 组的完整资源类型名为“io.k8s.api.core.v1.Pod”。

接下来，看一看 Pod 的 API 资源对象定义，如图 7.3 所示。

其中 spec 部分引用了数据结构 PodSpec，也在 schemas 里进行了定义，图 7.4 展示了 PodSpec 的部分属性内容。

```
"io.k8s.api.core.v1.Pod": {
    "description": "Pod is a collection of containers that can run on a host. This resource is created
    "properties": {
        "apiVersion": {
            "description": "APIVersion defines the versioned schema of this representation of an object
            "type": "string"
        },
        "kind": {
            "description": "Kind is a string value representing the REST resource this object represent
            "type": "string"
        },
        "metadata": {
        "spec": {
        "status": {
            "allOf": [
            "default": {},
            "description": "Most recently observed status of the pod. This data may not be up to date.
        }
    },
    "type": "object",
    "x-kubernetes-group-version-kind": [
        {
            "group": "",
            "kind": "Pod",
            "version": "v1"
        }
    ]
},
```

图 7.3　Pod 的 API 资源对象定义

```
"io.k8s.api.core.v1.PodSpec": {
    "description": "PodSpec is a description of a pod.",
    "properties": {
        "activeDeadlineSeconds": {
        "affinity": {
        "automountServiceAccountToken": {
        "containers": {
        "dnsConfig": {
        "dnsPolicy": {
        "enableServiceLinks": {
        "ephemeralContainers": {
        "hostAliases": {
        "hostIPC": {
        "hostNetwork": {
        "hostPID": {
        "hostUsers": {
        "hostname": {
        "imagePullSecrets": {
        "initContainers": {
        "nodeName": {
        "nodeSelector": {
        "os": {
        "overhead": {
        "preemptionPolicy": {
        "priority": {
        "priorityClassName": {
        "readinessGates": {
```

图 7.4　PodSpec 的部分属性（节选）

可以看到，与资源相关的数据对象及引用关系都是在 schemas 中进行定义的，便于用户理解，也便于用户使用工具根据文档自动生成客户端代码。

OpenAPI v3 接口文档的 Info 部分包括下面的属性。

◎ openapi：openapi 版本号。

◎ paths：API 访问路径，以 URL:{API 描述}的格式进行说明，比如"/api/v1/":{xxxxxx}。需要注意的是，这里 API 的 URL 是其真实的访问地址，而不是 OpenAPI 的接口文档地址。

在上述接口文档中，api/v1 核心 Group 定义的第 1 个 API 如下：

```
    "/api/v1/": {
            "get": {
                "description": "get available resources",
                "operationId": "getCoreV1APIResources",
                "responses": {
                    "200": {
                        "content": {
                            "application/json": {
                                "schema": {
                                    "$ref":
"#/components/schemas/io.k8s.apimachinery.pkg.apis.meta.v1.APIResourceList"
                                }
                            },
                            "application/vnd.kubernetes.protobuf": {
                                "schema": {
                                    "$ref":
"#/components/schemas/io.k8s.apimachinery.pkg.apis.meta.v1.APIResourceList"
                                }
                            },
                            "application/yaml": {
                                "schema": {
                                    "$ref":
"#/components/schemas/io.k8s.apimachinery.pkg.apis.meta.v1.APIResourceList"
                                }
                            }
                        },
                        "description": "OK"
                    },
                    "401": {
                        "description": "Unauthorized"
                    }
                },
                "tags": [
                    "core_v1"
```

```
                ]
            }
        }
```

主要内容包括：访问路径为/api/v1/，HTTP 访问方式为 get，没有参数，API 的返回结果是 Kubernetes 集群的 API 资源对象列表 APIResourceList，可以用 JSON、YAML 或 Protobuf 格式表示，客户端调用该 API 在鉴权失败时返回 401 状态码。

下面是返回结果 APIResourceList 的定义（为了方便理解，做了一定简化）：

```
    "io.k8s.apimachinery.pkg.apis.meta.v1.APIResourceList": {
     "description": "expose the name of the resources supported in a specific group
and version",
                "properties": {
                    "apiVersion": ..
                    "groupVersion": ..
                    "kind":..
                    "resources": {
                      "items": {
                          "$ref": "..APIResource"
                       },
                       "type": "array"
                    }
                },
                "required": [
                    "groupVersion",
                    "resources"
                ],
                "type": "object",
                "x-kubernetes-group-version-kind": [
                    {
                        "group": "",
                        "kind": "APIResourceList",
                        "version": "v1"
                    }
                ]
            }
```

APIResourceList 是一个 Object 类型的资源对象（type=object），包括以下属性。

◎ apiVersion：API 版本号。

◎ groupVersion：API Group 版本号。

◎ kind：API 类型。

◎ resources：包含的 API 资源列表，类型为数组（type=array），每条数据的结构为 APIResource。

在 required 字段中定义了 groupVersion 与 resources 是必填属性。

因为/api/v1/是 http get 的 REST API，所以可以使用 kubectl get --raw 命令直接访问，下面是访问这个 API 的结果：

```
# kubectl get --raw /api/v1/ | python -m json.tool
{
    "groupVersion": "v1",
    "kind": "APIResourceList",
    "resources": [
        {
            "kind": "Binding",
            "name": "bindings",
            "namespaced": true,
            "singularName": "binding",
            "verbs": [
                "create"
            ]
        },
        {
            "kind": "ComponentStatus",
            "name": "componentstatuses",
            "namespaced": false,
            "shortNames": [
                "cs"
            ],
            "singularName": "componentstatus",
            "verbs": [
                "get",
                "list"
            ]
        },
        {
            "kind": "ConfigMap",
            "name": "configmaps",
            "namespaced": true,
            "shortNames": [
```

```
                "cm"
            ],
            "singularName": "configmap",
            "storageVersionHash": "qFsyl6wFWjQ=",
            "verbs": [
                "create",
                "delete",
                "deletecollection",
                "get",
                "list",
                "patch",
                "update",
                "watch"
            ]
        },
    ......
```

可以看到 API 返回了核心组的资源对象列表，包括 Binding、ConfigMap 等类型的资源，其中每种资源对象都具有下面一些信息。

◎ kind：类型。
◎ name：名称。
◎ shortNames：列表。
◎ namespaced：是否受限于 Namespace。
◎ verbs：操作方法列表。

例如，对于核心组“api/v1”里的 Pod 资源类型，API Server 提供了以下 API（部分）。

◎ get /api/v1/pods。
◎ get /api/v1/watch/pods。
◎ delete /api/v1/namespaces/{namespace}/pods。
◎ delete /api/v1/namespaces/{namespace}/pods/{name}。
◎ det /api/v1/namespaces/{namespace}/pods/{name}/attach。
◎ post /api/v1/namespaces/{namespace}/pods/{name}/binding。

下面继续分析一下/api/v1/pods 这个 API 的接口定义，先看第 1 部分：

```
        "/api/v1/pods": {
            "get": {
                "description": "list or watch objects of kind Pod",
```

```
                "operationId": "listCoreV1PodForAllNamespaces",
                "responses": {
                    "200": {
                        "content": {
                            "application/json": {
                                "schema": {
                                    "$ref":
"#/components/schemas/io.k8s.api.core.v1.PodList"
                                }
                            },
                            "application/json;stream=watch": {
                            },
                            "application/vnd.kubernetes.protobuf": {
                            },
                            "application/vnd.kubernetes.protobuf;stream=watch": {
                            },
                            "application/yaml": {
                            }
                        },
                        "description": "OK"
                }
```

上述信息表明，/api/v1/pods 返回的结果是 PodList，请求方法为 http get，可以返回 JSON、YAML 或 Protobuf 格式的数据，同时支持 watch 接口（返回的结果是 stream 流）。

接下来看一看参数（parameters）部分的定义，对下面两个参数 labelSelector 和 limit 进行说明：

```
    "parameters": [
                {
                    "description": "A selector to restrict the list of returned
objects by their labels. Defaults to everything.",
                    "in": "query",
                    "name": "labelSelector",
                    "schema": {
                        "type": "string",
                        "uniqueItems": true
                    }
                },
                {
                    "description": "limit is a maximum number of responses to return
for a list call. ",
```

```
                    "in": "query",
                    "name": "limit",
                    "schema": {
                        "type": "integer",
                        "uniqueItems": true
                    }
                },
......
```

第 1 个参数是 labelSelector，类型是字符串（string），不能重复（uniqueItems=true），表示目标 Pod 要具备的 Label 在 URL 参数里指定；第 2 个参数是 limit，类型是整数（integer），也不能重复，限定返回结果的记录数，在 URL 参数里指定。

下面用 kubectl get 命令访问这个 API，并设置参数 limit=1，限制仅返回 1 个 Pod 的信息：

```
# kubectl get --raw /api/v1/pods?limit=1 | python -m json.tool
{
    "apiVersion": "v1",
    "items": [
        {
            "metadata": {
                "annotations": {
                    "cni.projectcalico.org/podIP": "10.1.95.11/32",
                         },
                "creationTimestamp": "2023-11-27T17:22:42Z",
                "labels": {
                    "run": "nginx"
                },
                "managedFields": [
                    {
                        "apiVersion": "v1",
                        "fieldsType": "FieldsV1",
                        "fieldsV1": {
                            "f:metadata": {
                                "f:labels": {
                                    ".": {},
                                    "f:run": {}
                                }
                            },
                            "f:spec": {
                                "f:containers": {
```

```
                "k:{\"name\":\"nginx\"}": {
                    ".": {},
                    "f:image": {},
                    "f:imagePullPolicy": {},
                    "f:name": {},
                    "f:resources": {},
                    "f:terminationMessagePath": {},
                    "f:terminationMessagePolicy": {}
                }
            }
......
```

7.4 Kubernetes API 调用和调试

本节通过 swagger-editor 工具来讲解如何调用和调试 Kubernetes API。

7.4.1 部署 swagger-editor

首先，使用下面的配置文件（swagger-editor.yaml）部署 swagger-editor 服务：

```
# swagger-editor.yaml

apiVersion: v1
kind: Service
metadata:
  name: swagger-editor
spec:
  ports:
  - port: 8080
    protocol: TCP
    targetPort: 8080
  selector:
    run: swagger-editor
  type: NodePort

---
apiVersion: v1
kind: Pod
metadata:
```

```
    labels:
      run: swagger-editor
    name: swagger-editor
  spec:
    containers:
    - image: swaggerapi/swagger-editor
      name: swagger-editor
      ports:
      - containerPort: 8080
        protocol: TCP
```

然后，通过 kubectl create 命令部署 swagger-editor 服务，并查看 Service 的状态：

```
# kubectl create -f swagger-editor.yaml
service/swagger-editor created
pod/swagger-editor created

# kubectl get svc
NAME           TYPE        CLUSTER-IP      EXTERNAL-IP   PORT(S)         AGE
kubernetes      ClusterIP   169.169.0.1      <none>        443/TCP          1d
swagger-editor  NodePort    169.169.47.13    <none>        8080:32048/TCP  145m
```

在浏览器里访问 Node 的 IP 地址和 NodePort 端口即可进入 swagger-editor 启动页面，如图 7.5 所示。

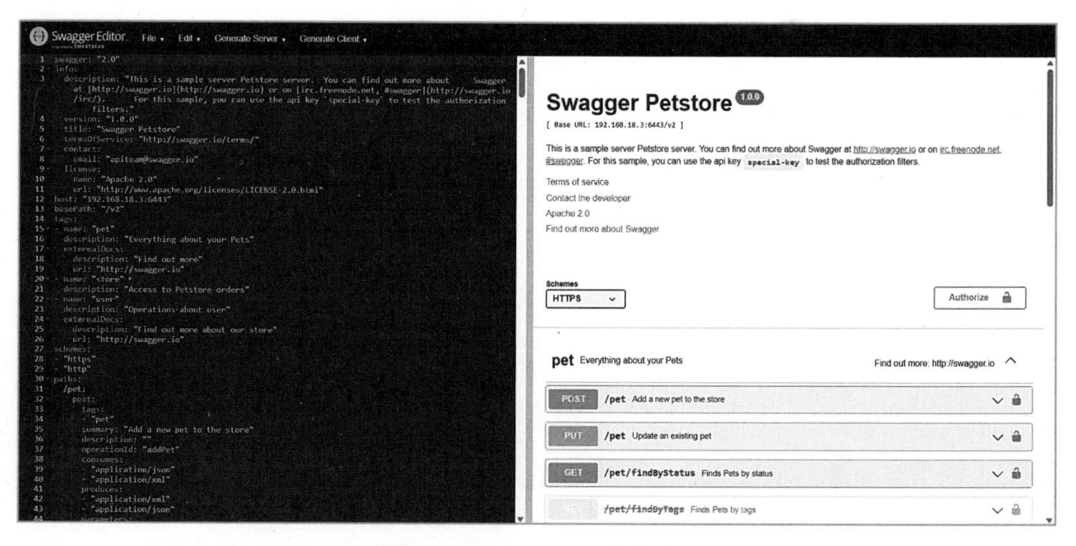

图 7.5　swagger-editor 启动页面

7.4.2 导入 OpenAPI 规范文档

如何导入 API Server 的 OpenAPI 规范文档有两种方式，一种是导入本地文件的方式，另一种是导入网络 URL 的内容的方式，下面进行示例说明。

1. 导入本地文件到 swagger-editor 页面

单击 File 菜单，选择 Import file 命令，导入之前保存的 OpenAPI 文档，即可友好地展示 OpenAPI 文档，如图 7.6 和图 7.7 所示。

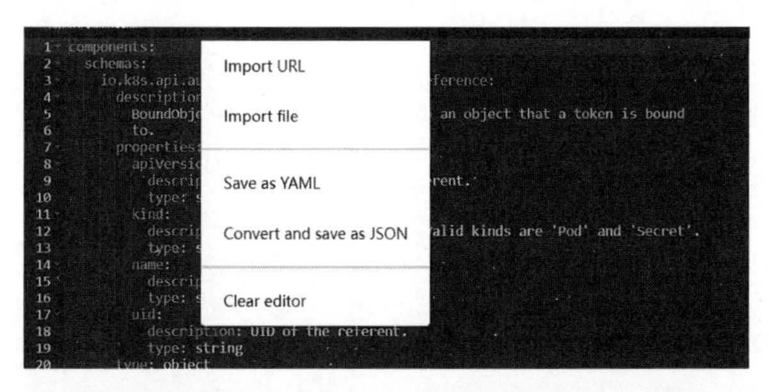

图 7.6 通过 Import file 命令导入 OpenAPI 文档

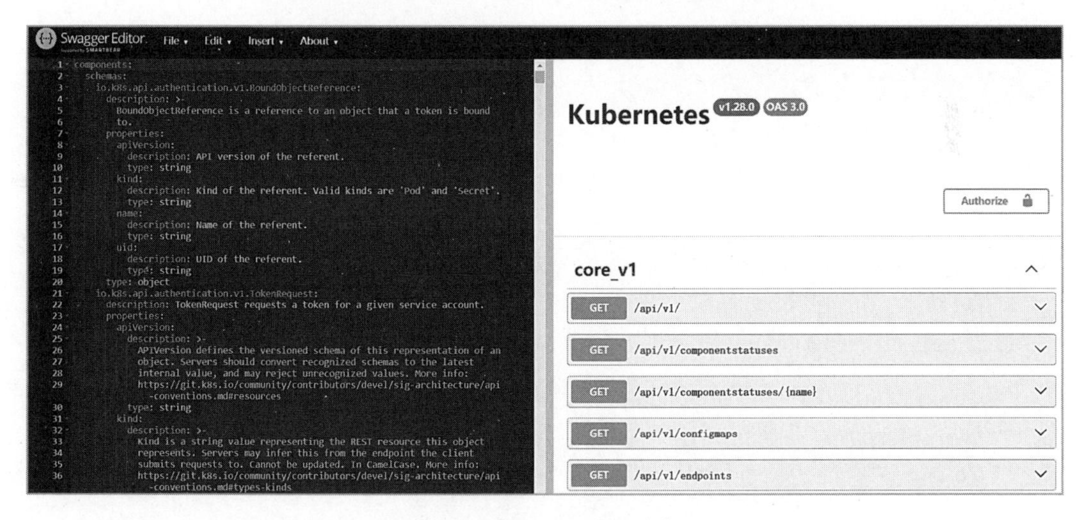

图 7.7 展示 OpenAPI 文档

2. 导入网络 URL 的内容到 swagger-editor 页面

为了能够在浏览器上访问 API Server 的资源，我们需要像使用 kubectl 命令行工具一样，配置好客户端认证机制，本文使用 ServiceAccount 的 Token 认证的方式进行示例说明。

首先，创建一个 ServiceAccount 资源对象，并为其授予 cluster-admin 的 RBAC 权限。然后，通过 kubectl create token 命令为该 ServiceAccount 生成一个临时 Token，就可以使用这个 Token 访问 API Server 的各个 API 了。

创建 ServiceAccount 资源对象“developer-user”并为其授权的配置示例如下：

```
# kubectl apply -f - <<"EOF"
apiVersion: v1
kind: ServiceAccount
metadata:
  name: developer-user
---
apiVersion: rbac.authorization.k8s.io/v1
kind: ClusterRoleBinding
metadata:
  name: developer-user
roleRef:
  apiGroup: rbac.authorization.k8s.io
  kind: ClusterRole
  name: cluster-admin
subjects:
- kind: ServiceAccount
  name: developer-user
  namespace: default
EOF

serviceaccount/developer-user created
clusterrolebinding.rbac.authorization.k8s.io/developer-user created
```

通过 kubectl create token 命令创建一个 ServiceAccount“developer-user”的 Token：

```
# kubectl  create token developer-user
eyJhbGciOiJSUzI1NiIsImtpZCI6ImhKekN5VDd4WGMyaW0wTlEzNThreVVaTU5IakhmQk11VWJP
TGI3XNMaEEifQ.eyJhdWQiOlsiaHR0cHM6Ly9rdWJlcm5ldGVzLmRlZmF1bHQuc3ZjLmNsdXN0ZXIubG
9jYWwiXSwiZXhwIjoxNzAyNTQxMzkyLCJpYXQiOjE3MDI1Mzc3OTIsImlzcyI6Imh0dHBzOi8va3ViZX
JuZXRlcy5kZWZhdWx0LnN2Yy5jbHVzdGVyLmxvY2FsIiwia3ViZXJuZXRlcy5pbyI6eyJuYW1lc3BhY2
UiOiJkZWZhdWx0Iiwic2VydmljZWFjY291bnQiOnsibmFtZSI6ImRldmVsb3Blci11c2VyIiwidWlkIj
oiZmFhMDI4ODYtNGI2MC00OWZkLWI3MGYtZjA2MzUyZGZmNDBmIn19LCJuYmYiOjE3MDI1Mzc3OTIsIn
N1YiI6InN5c3RlbTpzZXJ2aWNlYWNjb3VudDpkZWZhdWx0OmRldmVsb3Blci11c2VyIn0.Z_We27KYZZ
GbvPAEK1_ZVIaU6MiwyU5cAOLYS4KUzcHLwKmX7FeHSz2OGX2GVowiMPRyGbCEUX77SVXrSxUOSkjquc
```

```
1smKQiapcr0AfhaltSfOmQEsCsXUC0drLoHICCdvULQGkZrDhgwYM5YexcQXYSI3H0LOV24WboDVAW51
oEZMoZr1-fkT0s4qTDcGfxXl8gOvgExVIAzpNv-Vu_CFfU5dIY-aUL_pGOtJrq8kmW7uLt5MId0CAotX
DxwtXtOLgj4V6VV9LS-I5i1vS4iD9y5BOVKFXfqj0gVR2yd3tZMhUymfJNstxDjUkVjwqZ6LbVNQl-8j
vrdBVvH3_n0Q
```

我们可以使用 curl 工具进行验证。通过 Token 访问 API Server 的命令格式如下：

```
# curl -H "Authorization: Bearer ${token}" https://apiserverNodeip:6443/api/v1
```

其中，将${token}替换为 kubectl create token developer-user 命令输出的结果字符串，apiserverNodeip 地址为 API Server 的 IP 地址，示例如下：

```
# curl -k -H "Authorization: Bearer
eyJhbGciOiJSUzI1NiIsImtpZCI6ImhKekN5VDd4WGMyaW0wTlEzNThreVVaTU5IakhmQk11VWJPTGI3
XNMaEEifQ.eyJhdWQiOlsiaHR0cHM6Ly9rdWJlcm5ldGVzLmRlZmF1bHQuc3ZjLmNsdXN0ZXIubG9jYW
wiXSwiZXhwIjoxNzAyNTQxMzkyLCJpYXQiOjE3MDI1Mzc3OTIsImlzcyI6Imh0dHBzOi8va3ViZXJuZX
Rlcy5kZWZhdWx0LnN2Yy5jbHVzdGVyLmxvY2FsIiwia3ViZXJuZXRlcy5pbyI6eyJuYW1lc3BhY2UiOi
JkZWZhdWx0Iiwic2VydmljZWFjY291bnQiOnsibmFtZSI6ImRldmVsb3Blci11c2VyIiwidWlkIjoiZm
FhMDI4ODYtNGI2MC00OWZkLWI3MGYtZjA2MzUyZGZmNDBmIn19LCJuYmYiOjE3MDI1Mzc3OTIsInN1Yi
I6InN5c3RlbTpzZXJ2aWNlYWNjb3VudDpkZWZhdWx0OmRldmVsb3Blci11c2VyIn0.Z_We27KYZZGbvP
AEK1_ZVIaU6MiwyU5cAOLYS4KUzcHLwKmX7FeHSz2OGX2GVowiMPRyGbCEUX77SVXrSxUOSkjquclsmK
Qiapcr0AfhaltSfOmQEsCsXUC0drLoHICCdvULQGkZrDhgwYM5YexcQXYSI3H0LOV24WboDVAW51oEZM
oZr1-fkT0s4qTDcGfxXl8gOvgExVIAzpNv-Vu_CFfU5dIY-aUL_pGOtJrq8kmW7uLt5MId0CAotXDxwt
XtOLgj4V6VV9LS-I5i1vS4iD9y5BOVKFXfqj0gVR2yd3tZMhUymfJNstxDjUkVjwqZ6LbVNQl-8jvrdB
VvH3_n0Q" https://192.168.18.3:6443/api/v1/namespaces/default/pods

    {"kind":"PodList","apiVersion":"v1","metadata":{"resourceVersion":"4407877"}
,"items":[{"metadata":{"name":"webapp-65898446b5-rtsgn","generateName":"webapp-6
5898446b5-","namespace":"default","uid":"23fcd43c-50da......
    ......
```

返回的结果为 namespace“default”中全部 Pod 的详细信息，与执行 kubectl get --raw/api/v1/namespaces/default/pods 命令的结果相同。

注意，Token 有时效性限制（默认为 1 小时），如果过期了，可以再次执行 kubectl create token developer-user 命令，以获取新的 Token。

为了让浏览器在访问 API Server 时能够在 HTTP 请求头中携带 Token，这里以浏览器插件为例进行说明。例如使用 ModHeader 插件，可以在 HTTP 请求头中添加自定义的信息，对于 Token，需要添加一个名为“Authorization”的请求头，值为“Bearer ${token}”格式的字符串，如图 7.8 所示。

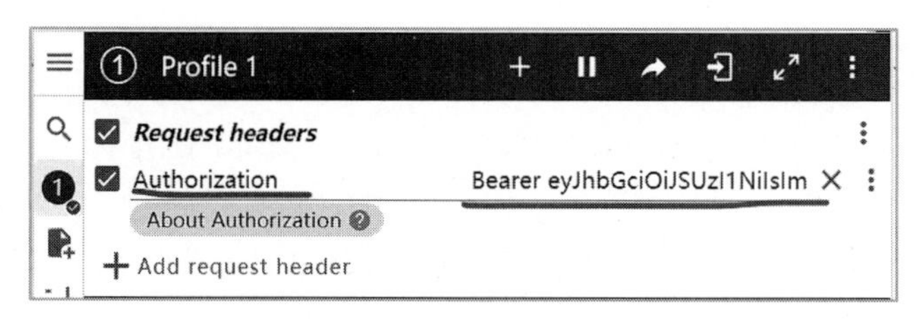

图 7.8　通过浏览器插件添加 HTTP 请求头示例

设置完成后，在浏览器地址栏中输入 API Server 的 URL 地址（如 https://<apiserverNodeip>:6443/api/v1），即可得到 API Server 的成功应答。例如，访问/api/v1 接口可以得到 API Server 提供的全部 API 路径的列表，返回结果如下：

```
{
  "paths": [
    "/.well-known/openid-configuration",
    "/api",
    "/api/v1",
    "/apis",
    "/apis/",
    "/apis/admissionregistration.k8s.io",
    "/apis/admissionregistration.k8s.io/v1",
    "/apis/apiextensions.k8s.io",
......
```

我们可以通过 API Server 提供的代理 API 服务（Proxy API）来访问 swagger-editor 服务的 Web 页面，其 URL 路径格式为/api/v1/namespaces/{namespace}/pods/{name}/proxy。在这样操作 swagger-editor 服务的 Web 页面时，浏览器的访问地址一直是 API Server 的 URL，可以非常方便地发起 HTTP 请求，从而完成调试。

例如，在浏览器地址栏中输入地址 https://apiserverNodeip:6443/api/v1/namespaces/default/pods/swagger-editor/proxy，就可以打开 swagger-editor 服务的 Web 页面了，如图 7.9 所示。

我们可以通过导入 URL 内容的方式导入 API Server 的 OpenAPI 规范文档。

单击页面上 File 菜单的 import url 子菜单，输入 URL 地址为/openapi/v3，单击“确定”按钮开始导入，如图 7.10 所示。

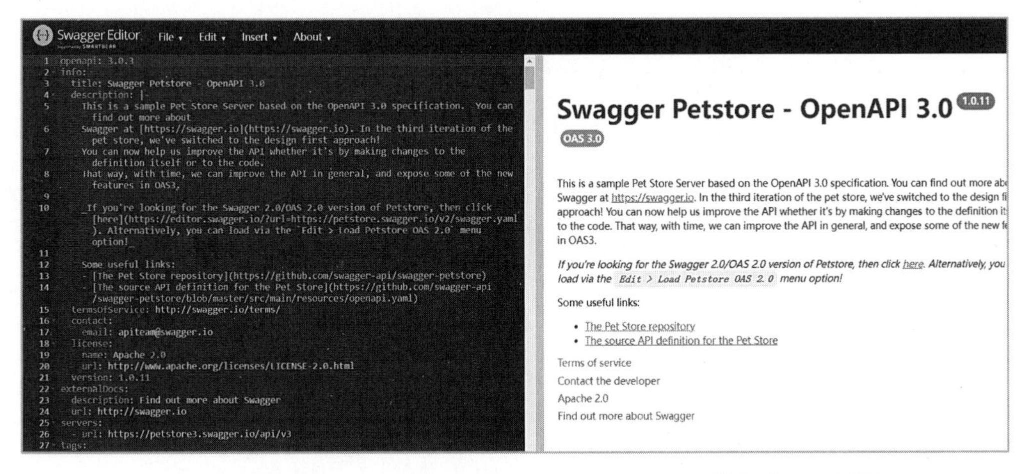

图 7.9　通过 API Server 的代理接口访问 swagger-editor 服务的 Web 页面

192.168.18.3:6443 显示

Enter the URL to import from:

/openapi/v3

确定　取消

图 7.10　通过导入 URL 内容的方式导入 OpenAPI 规范文档

由于配置了 Token，能够成功访问 API Server 的接口，所以能够成功导入 API Server 的 OpenAPI 规范文档，导入成功后可以看到如图 7.11 所示的结果页面。

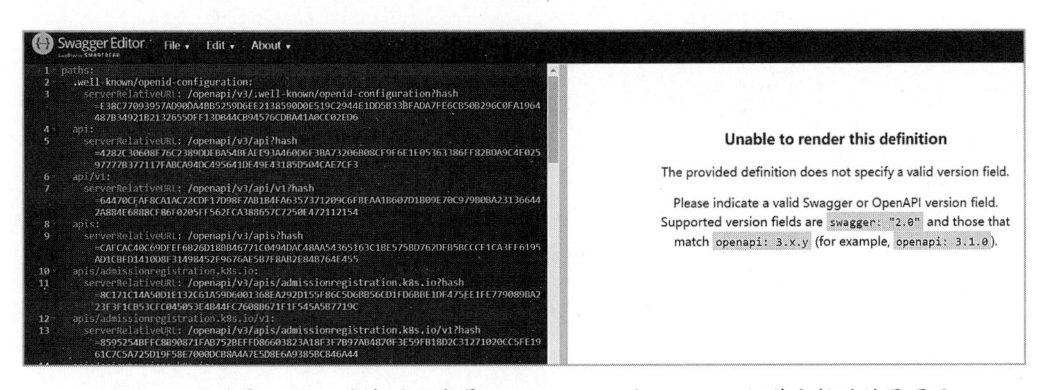

图 7.11　通过导入 URL 内容的方式导入 API Server 的 OpenAPI 规范文档的结果页面

不过，对于 API Server 返回的 OpenAPI 规范文档，swagger-editort 服务的 Web 页面提

示它不是有效的 OpenAPI 规范文档。这是因为路径/openapi/v3 是 API Server 提供的 OpenAPI 发现服务，我们需要访问该文档中各 API Group 的 serverRelativeURL 地址，其返回内容才是 OpenAPI 规范文档，例如，组 api/v1 的 serverRelativeURL 地址为：

```
  api/v1:
    serverRelativeURL:
/openapi/v3/api/v1?hash=64470CFAF8CA1AC72CDF17D98F7AB1B4FA6357371209C6FBEAA1B607
D1B09E70C979B0BA231366442A884E6888CF86F0205FF562FCA388657C7250E472112154
```

把上述 serverRelativeURL 的值填入“导入 URL”的地址，再次执行导入操作，就可成功加载组 api/v1 的 OpenAPI 规范文档了。

7.4.3　调用调试 API

接下来就可以在浏览器上对 API Server 的 API 进行调试了。swagger-editor 服务提供了对每个 API 进行方便调试的页面，首先找到需要调试的 API，然后展开它的子页面，通过单击“Try it out”按钮即可实现在线调试。

例如，需要调试/api/v1/这个 API，找到它在右边页面的位置，单击页面上的“Try it out”按钮，页面提示需要用户输入一些请求参数，如图 7.12 所示。

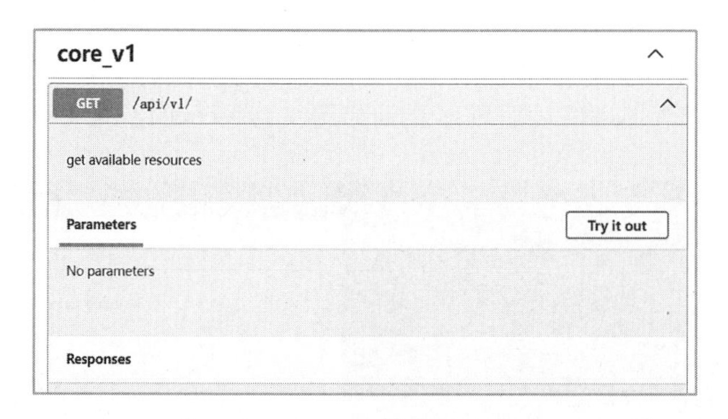

图 7.12　API 调用请求页面（1）

对于这个 API “/api/v1/”，不需要输入任何参数，直接单击“Execute”按钮即可发起 HTTP 调用请求，如图 7.13 所示。

如果接口调用成功，就会得到 API Server 的响应内容，并在 HTTP 报文体中进行体现，如图 7.14 所示。

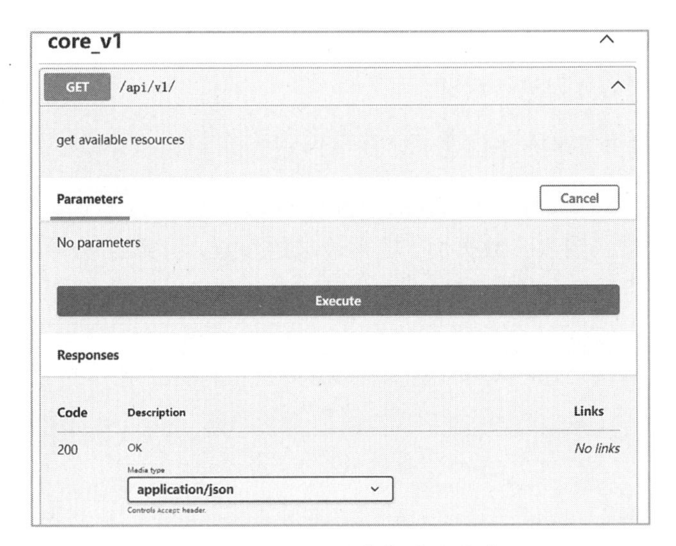

图 7.13 API 调用请求页面（2）

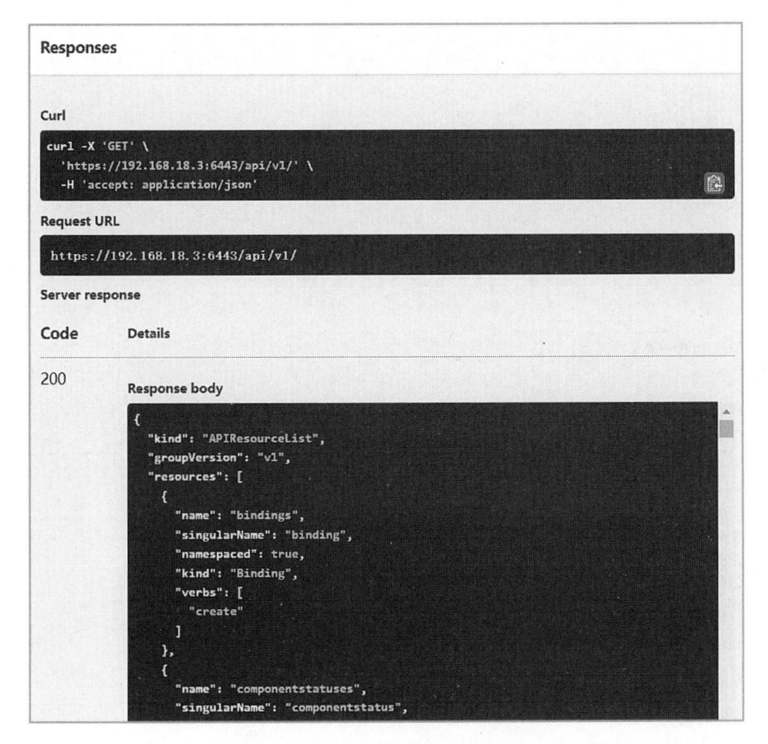

图 7.14 API 调用成功的页面

在 API 调用成功的页面中，显示了请求 URL 地址、请求参数、API 响应结果等全部信息，有助于对请求的过程进行调试。

下面对调用通过 POST 方法创建 Pod 的 API 进行示例说明。

找到“POST /api/v1/namespaces/{namespace}/pods”的 API 页面，如图 7.15 所示。单击“Try it out”按钮进入输入参数页面，填写请求的参数，包括 namespace 和 Request Body 等内容，如图 7.16 所示。

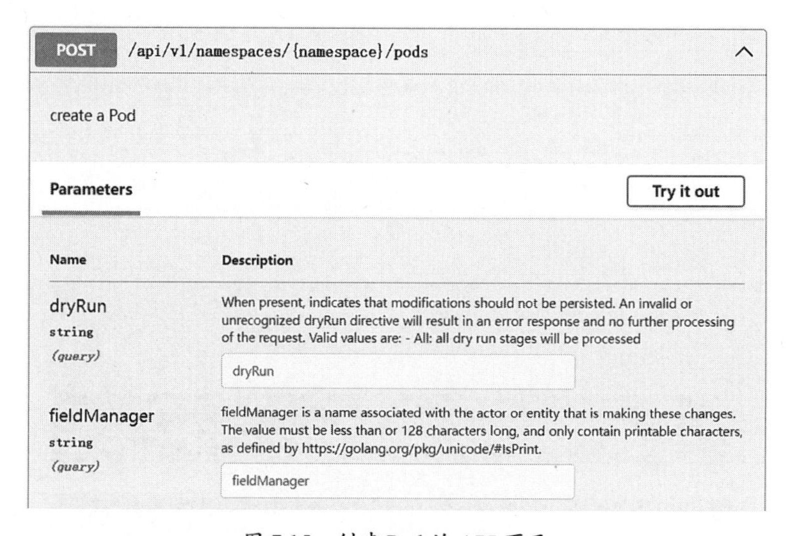

图 7.15　创建 Pod 的 API 页面

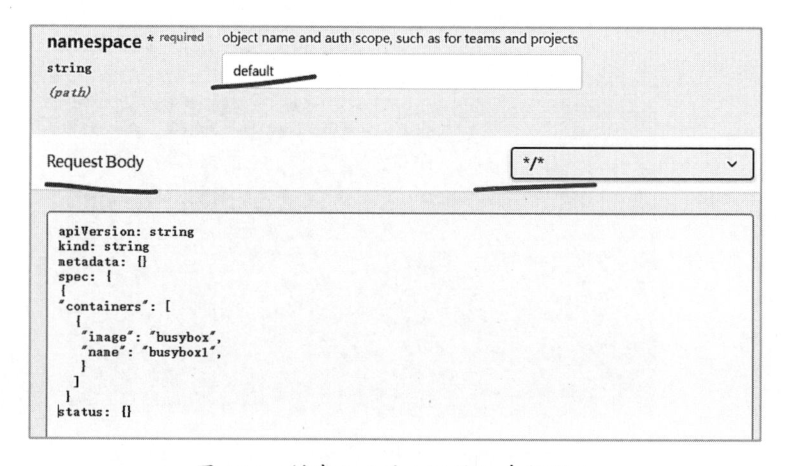

图 7.16　创建 Pod 的 API 输入参数页面

对于 API Server 提供的 OpenAPI 规范文档，需要注意以下几点。

◎ Request Body 的 content-Type 类型为*/*，并且无法修改。

◎ Request Body 里按照 OpenAPI 声明的 Schema，给出了部分样例属性，但是对于引用的对象结构，无法给出样例数据。Request Body 默认为 JSON 格式，不能提供 YAML 格式的样例。

以一个简单的 Pod 定义为例，在数据输入完成后，单击“Execute”按钮执行，会发现 API 调用失败，错误码为 415，报错信息为 Request Body 不能接受*/*类型的数据，如图 7.17 所示。

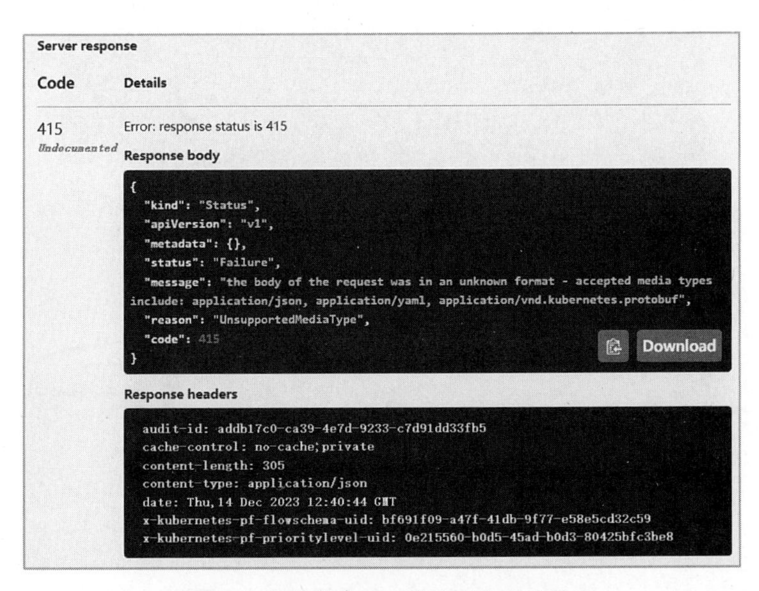

图 7.17 调用创建 Pod 的 API 失败的页面

可以通过修改 OpenAPI 规范文档中的配置进行调整。

在 OpenAPI 规范文档中找到 requestBody.content 部分的值（原配置为“*/*”），如图 7.18 所示。

将“*/*”修改为“application/yaml”，如图 7.19 所示。

此时，Swagger 右侧页面会自动刷新，可以看到 Request Body 的类型被更新为“application/yaml”了。再次进行调试操作，在 Request Body 内容文本框中输入 YAML 格式的 Pod 配置文件，单击“Execute”按钮发起调用，如图 7.20 所示。

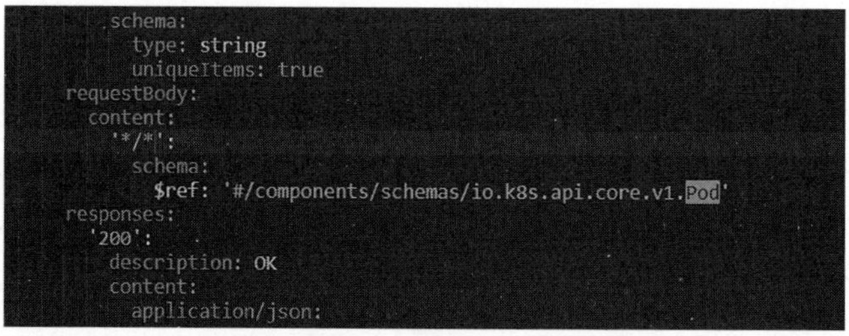

```
      schema:
        type: string
        uniqueItems: true
  requestBody:
    content:
      '*/*':
        schema:
          $ref: '#/components/schemas/io.k8s.api.core.v1.Pod'
  responses:
    '200':
      description: OK
      content:
        application/json:
```

图 7.18　修改 API 的 OpenAPI 定义（1）

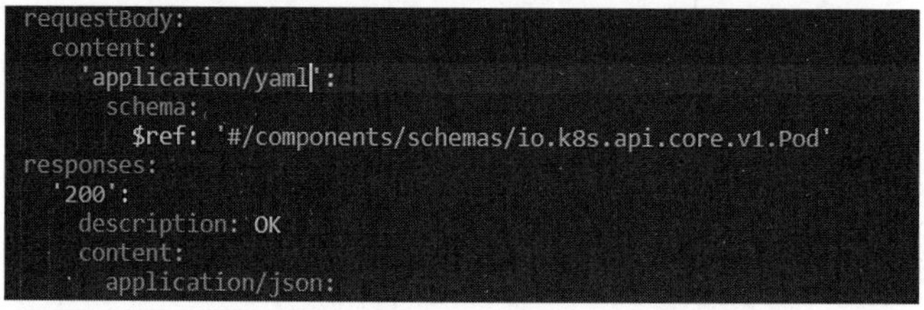

```
requestBody:
  content:
    'application/yaml':
      schema:
        $ref: '#/components/schemas/io.k8s.api.core.v1.Pod'
responses:
  '200':
    description: OK
    content:
      application/json:
```

图 7.19　修改 API 的 OpenAPI 定义（2）

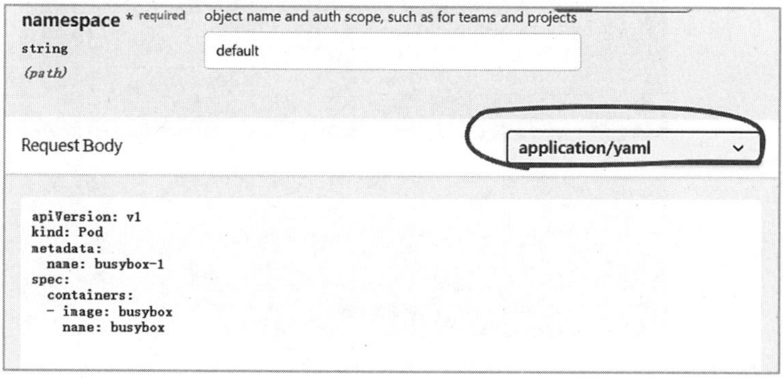

namespace * required　object name and auth scope, such as for teams and projects

string (path)　default

Request Body　application/yaml

```
apiVersion: v1
kind: Pod
metadata:
  name: busybox-1
spec:
  containers:
  - image: busybox
    name: busybox
```

图 7.20　输入 YAML 格式的 Pod 配置文件进行调试

返回结果说明本次 API 调用成功，Pod 也创建成功，如图 7.21 所示。

这里 API Server 的返回码是 201，说明请求已经被成功处理，并且创建了新的资源。

通过 kubectl get pod 命令也可以验证 Pod 创建成功：

```
# kubectl get pods
NAME          READY   STATUS      RESTARTS    AGE
busybox-1     1/1     Running     0           98s
```

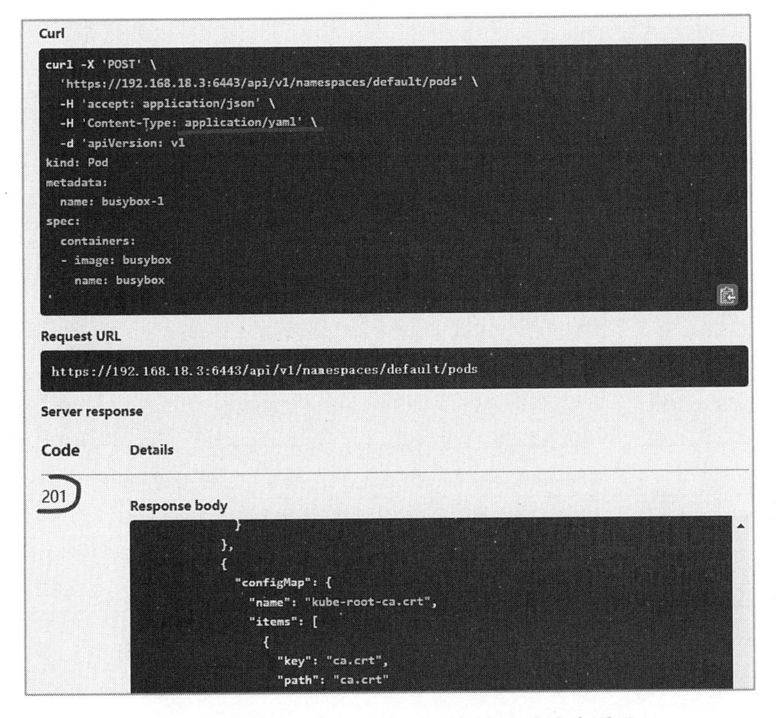

图 7.21 调用创建 Pod 的 API 成功后的响应页面

7.4.4 API Server 响应信息

API Server 在响应客户端请求时会附带一个状态码，该状态码符合 HTTP 规范，表 7.1 中列出了 API Server 可能返回的状态码。

表 7.1 API Server 可能返回的状态码

状 态 码	编 码	描 述
200	OK	表明请求完全成功
201	Created	表明创建类的请求完全成功
204	NoContent	表明请求完全成功，同时 HTTP 响应不包含响应体。 在响应 OPTIONS 方法的 HTTP 请求时返回
307	TemporaryRedirect	表明请求资源的地址被改变，建议客户端使用 Location 首部给出的临时 URL 来定位资源
400	BadRequest	表明请求是非法的，建议用户不要重试，修改该请求
401	Unauthorized	表明请求能够到达服务端，且服务端能够理解用户的请求，但是拒绝做更多的事情，因为客户端必须提供认证信息。如果客户端提供了认证信息，则返回该状态码，表明服务端指出所提供的认证信息不合适或非法

续表

状态码	编　码	描　述
403	Forbidden	表明请求能够到达服务端，且服务端能够理解用户的请求，但是拒绝做更多的事情，因为该请求被设置成拒绝访问。建议用户不要重试，修改该请求
404	NotFound	表明所请求的资源不存在。建议用户不要重试，修改该请求
405	MethodNotAllowed	表明在请求中带有该资源不支持的方法。建议用户不要重试，修改该请求
409	Conflict	表明客户端尝试创建的资源已经存在，或者由于冲突，请求的更新操作不能被完成
422	UnprocessableEntity	表明所提供请求的部分数据是非法的，创建或修改操作不能被完成
429	TooManyRequests	表明超出了客户端访问频率的限制或者服务端接收多于它能处理的请求。建议客户端读取相应的 Retry-After 首部，等待该首部指出的时间，然后重试
500	InternalServerError	表明服务端能被请求访问到，但是不能理解用户的请求；或者在服务端内产生非预期的一个错误，而且该错误无法被认知；或者服务端不能在一个合理的时间内完成处理（这可能是服务器临时负载过重造成的，或与其他服务器通信时的一个临时通信故障造成的）
503	ServiceUnavailable	表明被请求的服务无效。建议用户不要重试，修改该请求
504	ServerTimeout	表明请求在给定的时间内无法完成。客户端仅在为请求指定超时（Timeout）参数时得到该响应

在调用 API 发生错误时，Kubernetes 将会返回一个状态类别（Status Kind）。下面是两种常见的错误场景。

（1）当一个操作不成功时（例如，当服务端返回一个非 2××HTTP 状态码时）。

（2）当一个 HTTP DELETE 方法调用失败时。

状态对象被编码成 JSON 格式，同时该 JSON 对象被作为请求的响应体。该状态对象包含额外的一些字段，在这些字段中包含失败原因的详细信息，对 HTTP 状态码的含义进行了补充，例如：

```
< HTTP/1.1 404 Not Found
< Content-Type: application/json
< Date: Wed, 20 May 2020 18:10:42 GMT
< Content-Length: 232
<
{
  "kind": "Status",
  "apiVersion": "v1",
  "metadata": {},
  "status": "Failure",
  "message": "pods \"grafana \"not found",
  "reason": "NotFound",
```

```
  "details": {
    "name": "grafana",
    "kind": "pods"
  },
  "code": 404
}
```

上面代码中的关键字段解释如下。

◎ status 字段包含两个可能的值，Success 或 Failure。

◎ message 字段包含对错误的描述信息。

◎ reason 字段包含对该操作失败原因的描述信息。

◎ details 字段可能包含与 reason 字段相关的扩展数据。每个 reason 字段都可以定义它的扩展的 details 字段。该字段是可选的，返回数据的格式是不固定的，不同的 reason 类型返回的 details 字段的内容可能不同。

最后，列出一些常见资源对象的 API 说明，如表 7.2 所示。

表 7.2 常见资源对象的 API 说明

资源类型	方　法	URL Path	说　明
NODES	GET	/api/v1/nodes	获取 Node 列表
	POST	/api/v1/nodes	创建一个 Node 对象
	DELETE	/api/v1/nodes/{name}	删除一个 Node 对象
	GET	/api/v1/nodes/{name}	获取一个 Node 对象
NAMESPACES	GET	/api/v1/namespaces	获取 Namespace 列表
	POST	/api/v1/namespaces	创建一个命名空间对象
	DELETE	/api/v1/namespaces/{name}	删除一个命名空间对象
	GET	/api/v1/namespaces/{name}	获取一个命名空间对象
	PATCH	/api/v1/namespaces/{name}	部分更新一个命名空间对象
	PUT	/api/v1/namespaces/{name}	替换一个命名空间对象
SERVICES	GET	/api/v1/services	获取 Service 列表
	POST	/api/v1/services	创建一个 Service 对象
	GET	/api/v1/namespaces/{namespace}/services	获取某个命名空间中的 Service 列表
SERVICES	POST	/api/v1/namespaces/{namespace}/services	在某个命名空间中创建列表
	DELETE	/api/v1/namespaces/{namespace}/services/{name}	删除某个命名空间中的一个 Service 对象
	GET	/api/v1/namespaces/{namespace}/services/{name}	获取某个命名空间中的一个 Service 对象
REPLICATIONCONTROLLERS	GET	/api/v1/replicationcontrollers	获取 RC 列表
	POST	/api/v1/replicationcontrollers	创建一个 RC 对象

续表

资源类型	方　法	URL Path	说　明
	GET	/api/v1/namespaces/{namespace}/replicationcontrollers	获取某个命名空间中的 RC 列表
	POST	/api/v1/namespaces/{namespace}/replicationcontrollers	在某个命名空间中创建一个 RC 对象
	DELETE	/api/v1/namespaces/{namespace}/replicationcontrollers/{name}	删除某个命名空间中的 RC 对象
	GET	/api/v1/namespaces/{namespace}/replicationcontrollers/{name}	获取某个命名空间中的 RC 对象
PODS	GET	/api/v1/pods	获取一个 Pod 列表
	POST	/api/v1/pods	创建一个 Pod 对象
	GET	/api/v1/namespaces/{namespace}/pods	获取某个命名空间中的 Pod 列表
	POST	/api/v1/namespaces/{namespace}/pods	在某个命名空间中创建一个 Pod 对象
	DELETE	/api/v1/namespaces/{namespace}/pods/{name}	删除某个命名空间中的一个 Pod 对象
	GET	/api/v1/namespaces/{namespace}/pods/{name}	获取某个命名空间中的一个 Pod 对象
BINDINGS	POST	/api/v1/bindings	创建一个 Binding 对象
	POST	/api/v1/namespaces/{namespace}/bindings	在某个命名空间中创建一个 Binding 对象
ENDPOINTS	GET	/api/v1/endpoints	获取 Endpoint 列表
	POST	/api/v1/endpoints	创建一个 Endpoint 对象
	GET	/api/v1/namespaces/{namespace}/endpoints	获取某个命名空间中的 Endpoint 对象列表
	POST	/api/v1/namespaces/{namespace}/endpoints	在某个命名空间中创建一个 Endpoint 对象
	DELETE	/api/v1/namespaces/{namespace}/endpoints/{name}	删除某个命名空间中的 Endpoint 对象
	GET	/api/v1/namespaces/{namespace}/endpoints/{name}	获取某个命名空间中的 Endpoint 对象
Service Account	POST	/api/v1/namespaces/{namespace}/serviceaccounts	在某个命名空间中创建一个 Serviceaccount 对象
	GET	/api/v1/namespaces/{namespace}/serviceaccounts/{name}	获取某个命名空间中的一个 Serviceaccount 对象
	PUT	/api/v1/namespaces/{namespace}/serviceaccounts/{name}	替换某个命名空间中的一个 Serviceaccount 对象
SECRETS	GET	/api/v1/secrets	获取 Secret 列表
	POST	/api/v1/secrets	创建一个 Secret 对象
	GET	/api/v1/namespaces/{namespace}/secrets	获取某个命名空间中的 Secret 列表

第 8 章 Kubernetes开发指南

本章举例说明如何基于主流编程语言的 Kubernetes 客户端框架来访问 API，并对 CRD 扩展、Operator 开发和 API 聚合机制进行详细说明。

8.1　API 客户端库

为了让开发人员更方便地访问 Kubernetes 的 RESTful API，Kubernetes 社区推出了基于主流的 Go、Python、Java、.Net、JavaScript 等编程语言的客户端库，并由 Kubernetes 社区的 API Machinary 特别兴趣小组（SIG）进行维护。目前他们正在维护的客户端库如下所示。

◎ C：github.com/kubernetes-client/c。
◎ .Net：github.com/kubernetes-client/csharp。
◎ Go：github.com/kubernetes/client-go/。
◎ Haskell：github.com/kubernetes-client/haskell。
◎ Java：github.com/kubernetes-client/java。
◎ JavaScript：github.com/kubernetes-client/javascript。
◎ Perl：github.com/kubernetes-client/perl/。
◎ Python：github.com/kubernetes-client/python/。
◎ Ruby：github.com/kubernetes-client/ruby/。

本节对几种常见的编程语言进行示例讲解，为如何开发对接 Kubernetes API 的程序提供参考。

在开始具体的编程示例之前，先说明一下客户端认证的相关内容。这部分内容是每种语言的客户端通用的。根据客户端程序运行环境的不同，客户端的认证方式可以分为以下两类。

◎ 集群外的认证：客户端程序运行在集群外，以独立进程方式访问 API Server，比如在开发主机上调试的应用程序。
◎ 集群内的认证：客户端程序在 Kubernetes 集群内以 Pod 方式运行，通过内部服务名称（如 kubernetes.default.svc）访问 API Server。

通过前面的学习，我们了解了客户端访问 API Server 常见的认证方式有以下几种。

◎ 数字证书方式。

◎ ServiceAccount 方式。
◎ BareToken 方式。

对于运行在 Kubernetes 集群之外的客户端，建议使用数字证书方式连接 API Server，客户端需要配置的信息包括 CA 根证书、客户端证书、客户端私钥及 API Server 地址等。可以参考 kubectl 使用的配置方式，即基于 kubeconfig 文件来配置这些参数。

对于运行在集群内的 Pod，建议使用 ServiceAccount 认证方式，需要为 Pod 增加 ServiceAccount 资源，并为 ServiceAccount 配置好正确的 RBAC 权限。

基于 kubeconfig 文件的配置方式有以下几种。

◎ 用户 HOME 目录中的约定目录，例如$HOME/.kube/config。
◎ 在环境变量 KUBECONFIG 中定义的文件位置，例如 KUBECONFIG=/etc/kubernetes/admin.conf。
◎ 命令行参数--kubeconfig 指定的文件位置。

具体到实现细节，不同编程语言的 Client 包可能有细微差别，比如当$HOME/.kube/config 文件不存在时，Java 和 Python 可以通过环境变量 KUBECONFIG 来获取 kubeconfig 文件的路径，go-client 则使用命令行参数--kubeconfig 来获取 kubeconfig 文件。

下面对 Java、Go、Python、JavaScript 共 4 种主流编程语言的客户端库进行示例说明。

8.1.1 Java 客户端库

在 Java 客户端框架中，Fabric8 Kubernetes Java Client（以下简称 Fabric8）是功能完善的主流 Java 类客户端框架，于 2015 年被推出，并持续演进。Fabric8 对 Kubernetes API 对象做了很好的封装，对其中的大量对象都实现了对应的 Java Bean 封装。由于用户可以通过其提供的对象来操作 Kubernetes API 对象，因此编写代码比较容易。Fabric8 包含多款工具包，Kubernetes Client 只是其中之一，能以 Maven 方式获取依赖包。

在 Fabric8 中，可以通过以下方式配置用于连接 API Server 的 kubeconfig 文件。

◎ $HOME/.kube/config。
◎ KUBECONFIG=/etc/kubernetes/admin.conf。
◎ 在 JVM 启动命令中通过-Dkubeconfig=./admin.conf 参数获取 kubeconfig 文件。

如果 Fabric8 应用程序在 Kubernetes 集群中以 Pod 方式运行，则通常使用其默认配置即可完成连接 API Server 的认证配置。在 Fabric8 客户端的代码中会使用 Pod 的 ServiceAccount 和 CA 证书进行认证，并且内置了以下变量：

```
    public static final String KUBERNETES_SERVICE_ACCOUNT_TOKEN_PATH =
"/var/run/secrets/kubernetes.io/serviceaccount/token";
    public static final String KUBERNETES_SERVICE_ACCOUNT_CA_CRT_PATH =
"/var/run/secrets/kubernetes.io/serviceaccount/ca.crt";
```

下面对使用 Fabric8 客户端来读取 Namespace 列表进行示例说明。

读取 Namespace 列表的代码片段如下：

```
    KubernetesClient client = new KubernetesClientBuilder().build();
    System.out.println( client.getMasterUrl());
    // 查询命名空间列表
    NamespaceList namespaceList = client.namespaces().list();
    namespaceList.getItems()
      .forEach(namespace ->
              System.out.println(namespace.getMetadata().getName() + ":" +
namespace.getStatus().getPhase()));
```

Fabric8 大多采用 Builder 模式来构建对象，针对各种 Kubernetes 内置的资源对象，Fabric8 都有对应的 Builder 对象来构建具体对象。在构建完对象后，即可对其进行创建、修改、删除、查询等操作，使用起来也非常容易。比如，下面是编辑 Namespace 资源对象元数据的代码，结合了 JDK 8 的函数式编程，整体看上去很优雅。

```
    client.namespaces().withName("default")
      .edit(n -> new NamespaceBuilder(n)
            .editMetadata()
            .addToLabels("study", "me")
            .endMetadata()
            .build()
           );
```

下面是常用的创建或更新 Pod 的代码（createOrReplace 方法）：

```
Pod pod = new PodBuilder()
  .withNewMetadata()
  .withName("busybox-me-created")
  .addToLabels("author", " me ")
  .endMetadata()
  .withNewSpec()
```

```
    .addNewContainer()
    .withName("busybox")
    .withImage("busybox")
    .endContainer()
    .endSpec()
    .build();
client.pods().inNamespace("default").createOrReplace(pod);
```

我们还可以方便地基于资源对象的 YAML 文件来创建或修改资源对象，就像使用 kubectl 命令那样简便。比如，要创建一个 LimitRange 资源对象，可以先编写一个 YAML 文件“dev-limitrange.yaml”，内容如下：

```
# dev-limitrange.yaml
apiVersion: v1
kind: LimitRange
metadata:
  name: dev-limitrange
  namespace: development
spec:
  limits:
  - max:
      cpu: "4"
      memory: 2Gi
    min:
      cpu: 200m
      memory: 6Mi
    maxLimitRequestRatio:
      cpu: 3
      memory: 2
    type: Pod
  - default:
      cpu: 300m
      memory: 800Mi
    defaultRequest:
      cpu: 200m
      memory: 500Mi
    max:
      cpu: "2"
      memory: 1Gi
    min:
      cpu: 100m
```

```
      memory: 3Mi
    maxLimitRequestRatio:
      cpu: 5
      memory: 4
    type: Container
```

通过下面的代码即可完成创建，注意，可以在代码中设置与配置文件名不同的 Namespace 名称：

```
    client.load(new
FileInputStream("dev-limitrange.yaml")).inNamespace("default").serverSideApply()
            .forEach(metadata -> System.out.println(metadata));
```

通过 kubectl get limitrange 命令确认 LimitRange 资源对象创建成功：

```
    # kubectl get limitranges
    NAME             CREATED AT
    dev-limitrange   2023-12-15T13:09:21Z
```

在 Fabric8 客户端的代码中，可以设置与配置文件不同的配置信息，例如在配置文件“dev-limitrange.yaml”中设置的 Namespace 为“development”，而在 Fabric8 客户端的代码中可以重新指定 Namespace 名称为“default”（代码片段为 `.inNamespace("default")`）。这反映出 Fabric8 客户端的一个重要功能，即它先从外部资源配置文件中加载并解析对应的资源对象，然后通过 API 方法来修改资源对象的属性，最后提交到 API Server 的资源对象的配置是经过 Fabric8 全新生成的内容，而非原始 YAML 文件中的内容。

基于 YAML 文件还可以一次性执行多个资源对象的创建或修改，只要在 YAML 文件中以“---”分隔符将多个资源对象的配置区分开即可。例如在下面的示例中，nginx-deploy.yaml 包含一个 Namespace 资源和一个 Deployment 资源的定义，Deployment 则被配置为在 Namespace“ns-test”中创建：

```
    apiVersion: v1
    kind: Namespace
    metadata:
      name: ns-test
      labels:
        name: label-test

    ---
    apiVersion: apps/v1
    kind: Deployment
```

```yaml
metadata:
  namespace: ns-test
  name: nginx-deployment
spec:
  selector:
    matchLabels:
      app: nginx
  replicas: 1
  template:
    metadata:
      labels:
        app: nginx
    spec:
      containers:
      - name: nginx
        image: nginx:alpine
        ports:
        - containerPort: 80
```

对应的 Java 代码如下（注意，在代码中没有重新设置 Namespace）：

```java
client.load(new FileInputStream("nginx-deploy.yaml")).serverSideApply()
    .forEach(metadata -> System.out.println(metadata));
```

程序运行的输出结果如下，可以看到先后创建了 Namespace 与 Deployment 两个资源对象：

```
Namespace(apiVersion=v1, kind=Namespace, metadata=ObjectMeta(annotations={},
creationTimestamp=2023-12-15T13:39:41Z, deletionGracePeriodSeconds=null,
deletionTimestamp=null, finalizers=[], generateName=null, generation=null,
labels={kubernetes.io/metadata.name=ns-test, name=label-test},
......
Deployment(apiVersion=apps/v1, kind=Deployment,
metadata=ObjectMeta(annotations={}, creationTimestamp=2023-12-15T13:39:41Z,
deletionGracePeriodSeconds=null, deletionTimestamp=null, finalizers=[],
generateName=null, generation=1, labels={},
managedFields=[ManagedFieldsEntry(apiVersion=apps/v1, fieldsType=FieldsV1,
fieldsV1=FieldsV1(additionalProperties={f:spec={f:replicas={}, f:selector={},
f:template={f:metadata={f:labels={f:app={}}},
f:spec={f:containers={k:{"name":"nginx"}={.={}, f:image={}, f:name={},
f:ports={k:{"containerPort":80,"protocol":"TCP"}={.={},
f:containerPort={}}}}}}}}}),
......
```

执行 kubectl 命令也可以验证结果：

```
# kubectl get all -n ns-test
NAME                                    READY   STATUS    RESTARTS   AGE
pod/nginx-deployment-f7f5c78c5-nbhvh    1/1     Running   0          35s
NAME                                    READY   UP-TO-DATE   AVAILABLE   AGE
deployment.apps/nginx-deployment        1/1     1            1           35s
```

基于 YAML 文件删除资源对象的代码也很直观，只需要调用 delete()方法即可完成：

```
    client.load(new FileInputStream("nginx-deploy.yaml")).delete()
        .forEach(status -> System.out.println(status));
```

下面是一些常见的操作资源对象的 API 示例。

查询资源对象列表：

```
NamespaceList myNs = client.namespaces().list();
ServiceList myServices = client.services().list();
ServiceList myNsServices = client.services().inNamespace("default").list();
```

获取某个特定的资源对象：

```
Namespace myns = client.namespaces().withName("myns").get();
Service myservice =
client.services().inNamespace("default").withName("myservice").get();
```

删除某个特定的资源对象：

```
Namespace myns = client.namespaces().withName("myns").delete();
Service myservice =
client.services().inNamespace("default").withName("myservice").delete();
```

下面是监听资源对象的事件的示例代码，其逻辑为：当接收操作 Pod 的事件时（如新增、删除、修改），将操作方式（Action）输出到屏幕上。

```
client.pods().watch(new Watcher<Pod>() {
      @Override
      public void onClose(WatcherException cause) {
        System.out.println("Watcher close due to " + cause);
      }
      @Override
      public void eventReceived(Action action, Pod resource) {
        System.out.println("Pod " + resource.getFullResourceName() + " action "
+ action);
```

```
        }
    });
```

Watch Pod 的日志：

```
    LogWatch handle = client.pods().inNamespace("kube-log")
        .withName("log-generator-74f5577887-xdr95").watchLog(System.out);
```

对于非核心组（group=app/v1）的资源对象，访问时在资源对象类型之前增加对应 Group 名字的方法即可，下面是一些示例：

```
client.batch().jobs()
client.apps().replicaSets()
client.apps().daemonSets()
client.apps().deployments()
```

在 Fabric8 的源码目录 kubernetes-client/kubernetes-examples 中有很多实用的示例可以参考，如表 8.1 所示。

表 8.1　Fabric8 实现 kubectl 命令的源代码示例

Fabric8 Kubernetes Java Client 源代码名称	对应的 kubectl 命令
ConfigViewEquivalent.java	kubectl config view
ConfigGetContextsEquivalent.java	kubectl config get-contexts
ConfigUseContext.java	kubectl config use-context minikube
PodListGlobalEquivalent.java	kubectl get pods --all-namespaces
PodListEquivalent.java	kubectl get pods
PodWatchEquivalent.java	kubectl get pods -w
PodListGlobalEquivalent.java	kubectl get pods --sort-by='.metadata.creationTimestamp'
PodRunEquivalent.java	kubectl run
PodCreateYamlEquivalent.java	kubectl create -f test-pod.yaml
PodExecEquivalent.java	kubectl exec my-pod -- ls /
PodAttachEquivalent.java	kubectl attach my-pod
PodDelete.java	kubectl delete pod my-pod
PodDeleteViaYaml.java	kubectl delete -f test-pod.yaml
UploadDirectoryToPod.java	kubectl cp /foo_dir my-pod:/bar_dir
DownloadFileFromPod.java	kubectl cp my-pod:/tmp/foo /tmp/bar
UploadFileToPod.java	kubectl cp /foo_dir my-pod:/tmp/bar_dir
PodLogsEquivalent.java	kubectl logs pod/my-pod
PodLogsFollowEquivalent.java	kubectl logs pod/my-pod -f

续表

Fabric8 Kubernetes Java Client 源代码名称	对应的 kubectl 命令
PortForwardEquivalent.java	kubectl port-forward my-pod 8080:80
PodListFilterByLabel.java	kubectl get pods --selector=version=v1 -o jsonpath='{.items[*].metadata.name}'
PodListFilterFieldSelector.java	kubectl get pods --field-selector=status.phase=Running

8.1.2　Go 客户端库

Go 客户端库首选 Kubernetes 官方的客户端库，库名为“k8s.io/client-go”，可以通过 go get k8s.io/client-go@latest 命令安装最新版的库。

在 client-go 客户端程序中，可以通过以下方式配置用于连接 API Server 的 kubeconfig 文件。

◎ $HOME/.kube/config。

◎ 命令行参数-kubeconfig D:\go-projects\admin.conf。

下面提供了配置 kubeconfig 认证方式的示例代码，在成功连接 API Server 之后会创建一个 k8sClient 对象用于后续操作，同时给出了查询所有 Pod 的代码示例：

```
package main
import (
    "context"
    "flag"
    "fmt"
    metav1 "k8s.io/apimachinery/pkg/apis/meta/v1"
    "k8s.io/client-go/kubernetes"
    "k8s.io/client-go/tools/clientcmd"
    "k8s.io/client-go/util/homedir"
    "path/filepath"
)

var k8sClient kubernetes.Clientset

func main() {
    var kubeconfig *string
    if home := homedir.HomeDir(); home != "" {
        kubeconfig = flag.String("kubeconfig", filepath.Join(home, ".kube",
"config"), "(optional) absolute path to the kubeconfig file")
```

```
	} else {
		kubeconfig = flag.String("kubeconfig", "", "absolute path to the kubeconfig
file")
	}
	flag.Parse()
	config, err := clientcmd.BuildConfigFromFlags("", *kubeconfig)
	if err != nil {
		panic(err.Error())
	}
	// create the clientset
	k8sClient, err := kubernetes.NewForConfig(config)
	if err != nil {
		panic(err.Error())
	}
	podList, err := k8sClient.CoreV1().Pods("").List(context.TODO(),
metav1.ListOptions{})
	if err != nil {
		panic(err.Error())
	}
	for _, pod := range podList.Items {
		fmt.Printf("Found pod %s in namespace %s\n", pod.Name, pod.Namespace)
	}
}
```

下面是创建 Pod 的参考代码：

```
//创建一个 pod 对象并设置相关属性
pod := v1.Pod{
	TypeMeta: metav1.TypeMeta{
		APIVersion: "v1",
		Kind:       "Pod",
	},
	ObjectMeta: metav1.ObjectMeta{
		Name:      "nginx",
		Namespace: "default",
	},
	Spec: v1.PodSpec{
		Containers: []v1.Container{
			{
				Image: "nginx",
				Name:  "nginx-container",
				Ports: []v1.ContainerPort{
```

```
                    {
                        ContainerPort: 80,
                    },
                },
            },
        },
    },
}
_, err = k8sClient.CoreV1().Pods("default").Create(context.Background(), &pod,
metav1.CreateOptions{})
if err != nil {
    panic(err.Error())

}
```

下面对常见的 Kubernetes 资源对象的操作方法进行示例说明。

在 Kubernetes 中，大多数资源对象受限于 Namespace，所以针对资源对象的操作方法通常都需要指定一个 namespace 参数。如果操作的资源对象作用范围是所有 Namespace，则需要将 namespace 参数设置为空（即不指定该参数），例如查询 Node 列表的方法为“Node()”。

◎ k8sClient.CoreV1().Pod(namespace)。
◎ k8sClient.CoreV1().ConfigMaps(namespace)。
◎ k8sClient.CoreV1().Endpoints(namespace)。
◎ k8sClient.CoreV1().Service(namespace)。
◎ k8sClient.CoreV1().ServiceAccounts(namespace)。
◎ k8sClient.CoreV1().Nodes()。
◎ k8sClient.AppsV1().Deployments(namespace)。
◎ k8sClient.AppsV1().DaemonSets(namespace)。
◎ k8sClient.AppsV1().DaemonSets(namespace)。
◎ k8sClient.BatchV1().Jobs(namespace)。
◎ k8sClient.BatchV1().CronJobs((namespace))。

与 Fabric8 不同，client-go 在操作 Kubernetes 资源对象与操作 YAML 资源对象时分别采用了不同的 client 对象，前者为 static client（类型为 ClientSet），后者为 dynamic client（类型为 DynamicClient），下面是获取这两种 client 的调用方法。

◎ kubernetes.NewForConfig(k8sConfig)。

◎ dynamic.NewForConfig(k8sConfig)。

使用 DynamicClient 可以非常方便地对 YAML 文件进行操作。下面是一个 Deployment 资源对象的 YAML 文件示例（nginx-deployment.yaml）:

```
# nginx-deployment.yaml
apiVersion: apps/v1
kind: Deployment
metadata:
  namespace: default
  name: nginx-deployment2
spec:
  selector:
    matchLabels:
      app: nginx2
  replicas: 1
  template:
    metadata:
      labels:
        app: nginx2
    spec:
      containers:
      - name: nginx
        image: nginx:alpine
        ports:
        - containerPort: 80
```

根据 YAML 文件创建 Deployment 资源对象的代码示例如下：

```
// 创建 DynamicClient
dClient, err := dynamic.NewForConfig(config)
if err != nil {
    panic(err.Error())
}
// 下面是要创建的资源对象类型，提供完整的资源 group、version、resource 信息（GVR）
deployGVR := schema.GroupVersionResource{
     Group:    "apps",
     Version:  "v1",
     Resource: "deployments",
}
```

```
    // 读取 YAML 文件
    filebytes, err := os.ReadFile("E:/go-projects/nginx-deployment.yaml")
    if err != nil {
        panic(err.Error())
    }

    // 按照 YAML 格式解析，将解析后的数据放入 deployObj 变量中
    deployObj := &unstructured.Unstructured{}
    if err := yaml.Unmarshal(filebytes, deployObj); err != nil {
        log.Fatalln(err)
    }

    // 调用 DynamicClient 的 Create 方法，完成 Deployment 资源对象的创建
    if obj, err = dClient.Resource(deployGVR).Namespace("default").
        Create(context.Background(), deployObj, metav1.CreateOptions{}); err != nil
{
        panic(err.Error())
        }
    }
```

需要注意 Go 客户端与 Java 客户端的代码存在以下区别。

◎ 在 YAML 文件中如果定义了资源对象所在的 Namespace，则必须与代码中所写的 Namespace 保持一致，DynamicClient 并不会修改，如果不一致就会报错。
◎ 在 YAML 文件中不能有多个资源对象的定义。

类似的，DynamicClient 也提供了删除、更新、Patch 及 Watch 资源对象的相关函数。

例如，对 Pod 的 Watch 操作的参考代码如下：

```
    lwc := cache.NewListWatchFromClient(k8sClient.CoreV1().RESTClient(), "pods",
"default", fields.Everything())
    watcher, err := lwc.Watch(metav1.ListOptions{})
    if err != nil {
        panic(err.Error())
    }
    for {
        select {
        case v, ok := <-watcher.ResultChan():
            if ok {
                fmt.Println(v.Type, ":", v.Object.(*v1.Pod).Name, "-",
v.Object.(*v1.Pod).Status.Phase)
```

```
        }

    }
}
```

这段程序运行的输出结果如下：

```
ADDED : busybox-1 - Running
ADDED : nginx-deployment-f7f5c78c5-vhtvm - Running
ADDED : swagger-editor - Running
MODIFIED : busybox-1 - Running
MODIFIED : busybox-1 - Running
MODIFIED : busybox-1 - Running
MODIFIED : busybox-1 - Running
MODIFIED : busybox-1 - Running
MODIFIED : busybox-1 - Running
```

本节源码中用到的依赖包（在源代码的 import 段指定）如下：

```
import (
    "context"
    "flag"
    "fmt"
    v1 "k8s.io/api/core/v1"
    metav1 "k8s.io/apimachinery/pkg/apis/meta/v1"
    "k8s.io/apimachinery/pkg/apis/meta/v1/unstructured"
    "k8s.io/apimachinery/pkg/fields"
    "k8s.io/apimachinery/pkg/runtime/schema"
    "k8s.io/apimachinery/pkg/util/yaml"
    "k8s.io/client-go/dynamic"
    "k8s.io/client-go/kubernetes"
    "k8s.io/client-go/tools/cache"
    "k8s.io/client-go/tools/clientcmd"
    "k8s.io/client-go/util/homedir"
    "log"
    "os"
    "path/filepath"
)
```

8.1.3 Python 客户端库

Python 客户端库推荐使用 Kubernetes 官方维护的客户端库，可以通过 pip install 命令进行安装：

```
# pip install kubernetes
```

在 Python 客户端库中，可以通过以下方式配置用于连接 API Server 的 kubeconfig 文件。

◎ $HOME/.kube/config。

◎ 环境变量 KUBECONFIG=E:\python-projects\study-k8s\admin.conf。

下面是通过默认方式获取客户端对象，并且查询 Pod 列表的代码示例：

```
from kubernetes import client, config
if __name__ == '__main__':
    config.load_kube_config()    //查找默认配置文件（$HOME/.kube/config）
    vi_client = client.CoreV1Api()
    print("Listing pods with their IPs:")
    ret = vi_client.list_pod_for_all_namespaces(watch=False)  //查询 Pod 列表
    for i in ret.items:
        print("%s\t%s\t%s" % (i.status.pod_ip, i.metadata.namespace,
i.metadata.name))
```

下面是查询 Service 列表的参考代码：

```
ret = vi_client.list_service_for_all_namespaces(watch=False)
    for i in ret.items:
        print("%s \t%s \t%s \t%s \t%s \n" % (
            i.kind, i.metadata.namespace, i.metadata.name, i.spec.cluster_ip,
i.spec.ports))
```

下面是读取 Pod 日志的参考代码：

```
log_content=vi_client.read_namespaced_pod_log("kube-apiserver-192.168.18.3",
"kube-system",pretty=True, tail_lines=200)
    print(log_content)
```

创建 Pod 也有两种常用做法。第 1 种做法是通过对象的属性进行配置，示例如下：

```
    pod = client.V1Pod()
    pod.metadata = client.V1ObjectMeta(name="busybox-python")
    container = client.V1Container(name="busybox", image="busybox",
image_pull_policy="IfNotPresent")
    container.args = ["sleep", "3600"]
    pod.spec = client.V1PodSpec(containers=[container],
restart_policy="Always")
    vi_client.create_namespaced_pod(namespace="default", body=pod)
```

第 2 种做法是为使用完整的 JSON 配置来创建 Pod：

```
    pod_manifest = {
        'apiVersion': 'v1',
        'kind': 'Pod',
        'metadata': {
            'name': 'busybox'
        },
        'spec': {
            'containers': [{
                'image': 'busybox',
                'name': 'sleep',
                "args": [
                    "/bin/sh",
                    "-c",
                    "while true;do date;sleep 5; done"
                ]
            }]
        }
    }
    resp = vi_client.create_namespaced_pod(body=pod_manifest,
namespace='default')
```

下面是 Watch 操作的代码示例：

```
    w = watch.Watch()
    count = 10
    for event in w.stream(vi_client.list_namespace, _request_timeout=60):
        print("Event: %s %s" % (event['type'], event['object'].metadata.name))
        count -= 1
        if not count:
            w.stop()
    print("Ended.")
```

程序运行的结果如下：

```
Event: ADDED default
Event: ADDED development
Event: ADDED kube-log
Event: ADDED kube-node-lease
Event: ADDED kube-public
Event: ADDED kube-system
Event: ADDED kubernetes-dashboard
```

8.1.4　JavaScript 客户端库

Kubernetes 官方提供的 JavaScript 客户端库是基于 TypeScript 实现的，既可以通过 JavaScript 调用，也可以通过 TypeScript 调用。Kubernetes 官方提供的 JavaScript 客户端库是在 Node.js 上运行的，我们可以通过下面的命令安装此客户端库：

```
# npm install @kubernetes/client-node
```

在 JavaScript 客户端库中，可以通过以下方式配置用于连接 API Server 的 kubeconfig 文件。

◎ $HOME/.kube/config。
◎ 环境变量 KUBECONFIG=/etc/kubernetes/admin.conf。

下面是通过默认方式获取客户端对象，并且查询 Pod 列表的示例代码（main.js）：

```
const k8s = require('@kubernetes/client-node');
const kc = new k8s.KubeConfig();
kc.loadFromDefault();    //查找默认配置文件（$HOME/.kube/config)
const k8sApi = kc.makeApiClient(k8s.CoreV1Api);
//查询 Pod 列表
k8sApi.listNamespacedPod('kube-system',allowWatchBookmarks=false).then((resp
onse) => {
    items = response.body.items;
    var i = 0;
    var len = items.length;
    for (; i < len;) {
        console.log(items[i])
    }
})
```

在 Windows 操作系统中，可以通过以下命令运行该程序（需要预先安装好 Node 环境）：

```
C:\> SET KUBECONFIG=D:\kubeconfig.conf & node main.js
```

下面是创建 Namespace 的参考代码：

```
var namespace = {
    metadata: {
        name: 'test'
    }
}
k8sApi.createNamespace(namespace).then(
```

```
        (response) => {
            console.log('Created namespace');
            //console.log(response);
            k8sApi.readNamespace(namespace.metadata.name).then(
                (response) => {
                    console.log(response.body.status);
                    console.log("delete namespace "+namespace.metadata.name)
                    k8sApi.deleteNamespace(
                        namespace.metadata.name, {} /* delete options
*/).then((response)=>{ console.log(response.body.status); })
                })
        })
```

下面是 Watch 操作的示例代码：

```
    const watch = new k8s.Watch(kc);
    const req = watch.watch('/api/v1/namespaces',{},
        // callback is called for each received object.
        (type, obj) => {
            if (type === 'ADDED') {
                // tslint:disable-next-line:no-console
                console.log('new object:');
            } else if (type === 'MODIFIED') {
                // tslint:disable-next-line:no-console
                console.log('changed object:');
            } else if (type === 'DELETED') {
                // tslint:disable-next-line:no-console
                console.log('deleted object:');
            } else {
                console.log('other watch notify '+type+ '  '+ob);
                }
            })
```

关于以上客户端库的其他操作方法和特性，以及其他开发语言的客户端库，可以参考官网的文档和示例。

8.2 CRD 扩展

随着 Kubernetes 的发展，用户对 Kubernetes 的扩展性也提出了越来越高的要求。从 v1.7 版本开始，Kubernetes 引入了扩展 API 资源的能力，使得开发人员在不修改 Kubernetes

核心代码的前提下可以对 Kubernetes API 进行扩展，并仍然使用 Kubernetes 的语法对新增的 API 进行操作，这非常适合在 Kubernetes 上通过其 API 实现其他功能（例如第三方性能指标采集服务）或者测试实验性新特性（例如外部设备驱动）。

在 Kubernetes 中，所有对象都被抽象定义为某种资源对象，同时系统会为其设置一个 API URL 访问端点（API Endpoint），对资源对象的操作（如新增、删除、修改、查看等）都需要通过 Master 的核心组件 API Server 调用资源对象的 API 来完成。与 API Server 的交互可以通过 kubectl 命令行工具或访问其 RESTful API 进行。每个 API 都可以设置多个版本，并在不同的 API URL 路径下进行区分，例如“/api/v1”或“/apis/v1/”等。使用这种机制后，用户可以很方便地定义这些 API 资源对象（YAML 文件），并将其提交给 Kubernetes（调用 RESTful API），来完成对容器应用的各种管理工作。

Kubernetes 系统内置的 Pod、RC、Service、ConfigMap、Volume 等资源对象已经能够满足常见的容器应用管理要求，但如果用户希望将其自行开发的第三方系统纳入 Kubernetes 中，并使用 Kubernetes 的 API 对其自定义的功能或配置进行管理，就需要对 API 进行扩展了。目前 Kubernetes 提供了以下两种 API 扩展机制供用户扩展 API。

（1）CRD：复用 Kubernetes 的 API Server，无须编写额外的 API Server。用户只需要定义 CRD，并提供一个 CRD 控制器，就能通过 Kubernetes 的 API 管理自定义资源对象了，同时要求用户的 CRD 对象符合 API Server 的管理规范。

（2）API 聚合：用户需要编写额外的 API Server，可以对资源进行更细颗粒度的控制（例如，如何在各 API 版本之间切换），要求用户自行处理对多个 API 版本的支持。

本节主要介绍 CRD 的概念和用法。

8.2.1　CRD 的概念和用法

自定义资源（Custom Resource Definition，CRD）是 Kubernetes 从 v1.7 版本开始被引入的特性。在 Kubernetes 早期版本中被称为 TPR（Third Party Resources，第三方资源），TPR 在 Kubernetes v1.8 版本中被弃用，由设计得更全面的 CRD 全面取代。

CRD 是 Kubernetes 对可以被集群管理的资源对象的扩展，也是 Operator 控制器管理的核心数据，常常用于自动化运维管理组件。CRD 与 Operator 的完美组合，使得 Kubernetes 的应用场景进一步拓宽，也可以将原先复杂的应用借助 Kubernetes 的强大能力来提升自动化运维能力。

CRD 本身只是一段声明，用于定义用户自定义的资源对象，称为自定义资源（CustomResource，简称 CR）。但仅有 CRD 的定义并没有实际作用，用户还需要提供管理 CRD 对象的 CRD 控制器（CRD Controller），才能实现对 CRD 对象的示例（CR）管理。CRD 控制器通常可以使用 Go、Java、Python 等主流开发语言进行开发，需要遵循 Kubernetes 的控制器开发规范。

对于 Go 语言来说，Kubernetes 官方提供的客户端库 client-go 实现了 Informer、ResourceEventHandler、Workqueue 等组件，方便 Operator 的开发，详细的开发过程请参考官方示例和 client-go 库的说明。

下面对 CRD 的定义、概念和用法进行详细说明。

8.2.2 CRD 的定义

与其他资源对象一样，对 CRD 的定义也使用 YAML 文件进行声明。以自定义资源 Gateway 为例，配置文件 crd-gateways.mycontroller.mycompany.com.yaml 的内容如下：

```yaml
apiVersion: apiextensions.k8s.io/v1
kind: CustomResourceDefinition
metadata:
  name: gateways.mycontroller.mycompany.com
spec:
  group: mycontroller.mycompany.com
  versions:
    - name: v1
      served: true
      storage: true
      schema:
        openAPIV3Schema:
          type: object
          properties:
            spec:
              type: object
              properties:
                name:
                  type: string
                image:
                  type: string
                replicas:
```

```
                type: integer
  scope: Namespaced
  names:
    kind: Gateway
    plural: gateways
    singular: gateway
    shortNames:
    - gw
```

CRD 定义中的关键字段如下。

（1）group：设置 API 所属的组，将其映射为 API URL 中/apis/的下一级目录，设置 mycontroller.mycompany.com 生成的 API URL 路径为/apis/mycontroller.mycompany.com。

（2）scope：该 API 的生效范围，可选择 Namespaced（由 Namespace 限定）和 Cluster（在集群范围内全局生效，不局限于任何命名空间），默认值为 Namespaced。

（3）versions：设置此 CRD 支持的版本，可以设置多个版本，用列表形式表示。如果该 CRD 支持多个版本，则每个版本都会在 API URL “/apis/mycontroller.mycompany.com” 的下一级进行体现，例如/apis/mycontroller.mycompany.com/v1 或/apis/mycontroller.mycompany.com/v1alpha1 等。每个版本都可以设置下列参数。

◎ name：版本的名称，例如 v1、v1alpha3 等。
◎ served：是否启用，设置为 true 表示启用。
◎ storage：是否进行存储，只能有一个版本被设置为 true。
◎ schema：在 openAPIV3Schema 子字段中定义 OpenAPI v3 版本格式的内容，包括 CRD 需要设置的全部参数。

（4）names：CRD 的名称，包括单数、复数、kind、所属组等名称的定义，可以设置如下参数。

◎ kind：CRD 的资源类型名称，要求以驼峰式命名规范进行命名（单词的首字母都大写），例如 Gateway。
◎ listKind：CRD 列表，默认设置为<kind>List 格式，例如 GatewayList。
◎ singular：单数形式的名称，要求全部小写，例如 gateway。
◎ plural：复数形式的名称，要求全部小写，例如 gateways。
◎ shortNames：缩写形式的名称，要求全部小写，例如 gw。

◎ categories：CRD 所属的其他资源组列表。例如 Gateway 可以设置为属于 networking.mycompany.com 的组，用户通过查询 networking.mycompany.com 组下的资源，也可以查询到该 CRD 类型的 CR 实例。

通过 kubectl create 命令完成 CRD 的创建：

```
# kubectl create -f crd-gateways.mycontroller.mycompany.com.yaml
customresourcedefinition.apiextensions.k8s.io/gateways.mycontroller.mycompan
y.com created
```

在 CRD 创建成功后，由于本例的 scope 设置了命名空间限定，所以可以通过 API Endpoint "/apis/mycontroller.mycompany.com/v1/namespaces/<namespace>/gateways/" 来管理该 CRD 资源。

接下来，用户就可以基于该 CRD 的定义创建自定义 CR 资源对象实例了。

8.2.3 创建 CR 资源对象实例

基于 CRD 的定义，用户可以像创建 Kubernetes 系统内置的资源对象（如 Pod）一样创建 CR 资源对象实例。在下面的例子中，cr-gateway1.yaml 定义了一个类型为 Gateway 的 CR 资源对象：

```
apiVersion: mycontroller.mycompany.com/v1
kind: Gateway
metadata:
  name: gateway1
spec:
  name: test
  image: nginx
  replicas: 1
```

除了需要设置该 CR 资源对象的名称，还需要在 spec 段设置相应的参数。在 spec 中可以设置的字段是由 CRD 开发者自定义的，需要根据 CRD 开发者提供的手册进行配置。这些参数通常包含特定的业务含义，由 CRD 控制器进行处理。

通过 kubectl create 命令完成 CR 资源对象的创建：

```
# kubectl create -f cr-gateway1.yaml
gateway.mycontroller.mycompany.com/gateway1 created
```

此时，用户就可以像操作 Kubernetes 内置的资源对象（如 Pod、RC、Service）一样去操作 CR 资源对象了，包括查看、更新、删除等操作。

查看 CR 资源对象：

```
# kubectl get gateway.mycontroller.mycompany.com
NAME       AGE
gateway1   54s
```

删除 CR 资源对象：

```
# kubectl delete gateway.mycontroller.mycompany.com gateway1
gateway.mycontroller.mycompany.com "gateway1" deleted
```

8.2.4　CRD 的高级特性

随着 Kubernetes 的演进，CRD 也在逐步添加一些高级特性和功能，包括 subresources 子资源、校验（Validation）机制、自定义查看 CRD 时需要显示的列，以及 finalizer 预删除钩子。

1. CRD 的 subresources 子资源

Kubernetes 从 v1.11 版本开始，在 CRD 的定义中引入了名为“subresources”的配置，其中可以设置的选项包括 status 和 scale 两类。

- ◎ status：启用/status 路径，其值来自 CRD 的.status 字段，要求 CRD 控制器能够设置和更新这个字段的值。
- ◎ scale：启用/scale 路径，支持通过其他 Kubernetes 控制器（如 HorizontalPodAutoScaler 控制器）与 CRD 资源对象进行交互。用户通过 kubectl scale 命令也能对该 CRD 资源对象进行扩容或缩容操作，要求 CRD 本身支持以多个副本的形式运行。

下面是一个设置了 subresources 的 CRD 示例：

```
apiVersion: apiextensions.k8s.io/v1
kind: CustomResourceDefinition
metadata:
  name: crontabs.stable.example.com
spec:
  group: stable.example.com
  versions:
  - name: v1
```

```
    served: true
    storage: true
  scope: Namespaced
  names:
    plural: crontabs
    singular: crontab
    kind: CronTab
    shortNames:
    - ct
  subresources:
    status: {}
    scale:
      # 定义从CRD元数据中获取用户期望的副本数量的JSON路径
      specReplicasPath: .spec.replicas
      # 定义从CRD元数据中获取当前运行的副本数量的JSON路径
      statusReplicasPath: .status.replicas
      # 定义从CRD元数据中获取Label Selector的JSON路径
      labelSelectorPath: .status.labelSelector
```

基于该 CRD 的定义，创建一个自定义资源对象 my-crontab.yaml：

```
apiVersion: "stable.example.com/v1"
kind: CronTab
metadata:
  name: my-new-cron-object
spec:
  cronSpec: "* * * * */5"
  image: my-awesome-cron-image
  replicas: 3
```

通过 API Endpoint 查看该资源对象的状态：

```
/apis/stable.example.com/v1/namespaces/<namespace>/crontabs/status
```

查看该资源对象的扩/缩容（scale）信息：

```
/apis/stable.example.com/v1/namespaces/<namespace>/crontabs/scale
```

用户还可以通过 kubectl scale 命令对 Pod 的副本数量进行调整：

```
# kubectl scale --replicas=5 crontabs/my-new-cron-object
crontabs "my-new-cron-object" scaled
```

2. CRD 的校验（Validation）机制

在 CRD 对象中，除了部分字段（如 apiVersion、kind 和 metadata 等）会被 API Server 强制校验，其他字段都是用户自定义的，并不会被 API Server 校验，这就会存在一些问题。比如，某些数据被运维人员或其他不清楚此 CRD 格式的人设置为非法数据，仍然会被 API Server 接受并更新，导致应用失败或异常。

因此，Kubernetes 也为 CRD 资源对象增加了结构化定义和相关数据校验的特性，Kubernetes 从 v1.8 版本开始引入了基于 OpenAPI v3 Schema 的校验、基于 Admission Webhook 的自定义校验机制，以及自定义验证器等校验方式，用于校验用户提交的 CRD 资源对象的相关属性值是否符合预定义的校验规则。

我们先来看看基于 OpenAPI v3 Schema 的校验用法。这一特性是通过 OpenAPI v3.0 Validation Schema 实现的，即在 CRD 中增加了一个 Schema 的定义。

```
apiVersion: apiextensions.k8s.io/v1
kind: CustomResourceDefinition
metadata:
  name: crontabs.stable.example.com
spec:
  group: stable.example.com
  versions:
    - name: v1
      served: true
      storage: true
      schema:
          type: object
          properties:
            spec:
              type: object
              properties:
                cronSpec:
                  type: string
                  pattern: '^(\d+|\*)(/\d+)?(\s+(\d+|\*)(/\d+)?){4}$'
                image:
                  type: string
                replicas:
                  type: integer
                  minimum: 1
                  maximum: 10
```

CRD 的 OpenAPI v3.0 Validation Schema 具有以下一些特性。

◎ 可以给 CRD 中的某个字段设置默认值，即 Defaulting 特性，此特性在 Kubernetes v1.17 版本时达到 Stable 阶段。
◎ 通过 Validation Schema 校验的 CRD 对象的数据被写入 etcd 里持久保存，如果在 CRD 里出现一个未知的字段，即 Schema 里没有声明的字段，则这个字段会被“剪除”，这个特性被称为 Field Pruning。

在下面的例子中对 CRD 定义中的两个字段（cronSpec 和 replicas）设置了校验规则：

```
apiVersion: apiextensions.k8s.io/v1
kind: CustomResourceDefinition
metadata:
  name: crontabs.stable.example.com
spec:
  group: stable.example.com
  versions:
    - name: v1
      served: true
      storage: true
      schema:
        # openAPIV3Schema is the schema for validating custom objects.
        openAPIV3Schema:
          type: object
          properties:
            spec:
              type: object
              properties:
                cronSpec:
                  type: string
                  pattern: '^(\d+|\*)(/\d+)?(\s+(\d+|\*)(/\d+)?){4}$'
                image:
                  type: string
                replicas:
                  type: integer
                  minimum: 1
                  maximum: 10
  scope: Namespaced
  names:
    plural: crontabs
```

```
      singular: crontab
      kind: CronTab
      shortNames:
      - ct
```

校验规则如下。

◎ spec.cronSpec：必须为字符串类型，并且满足正则表达式的格式。
◎ spec.replicas：必须将其设置为 1～10 的整数。
对于不符合要求的 CRD 资源对象定义，系统将拒绝创建。

例如，下面的 my-crontab.yaml 示例违反了 CRD 中 validation 设置的校验规则，即 cronSpec 没有满足正则表达式的格式，replicas 的值大于 10：

```
apiVersion: "stable.example.com/v1"
kind: CronTab
metadata:
  name: my-new-cron-object
spec:
  cronSpec: "* * * *"
  image: my-awesome-cron-image
  replicas: 15
```

创建时，系统将报出 validation 失败的错误信息：

```
    # kubectl create -f my-crontab.yaml
    The CronTab "my-new-cron-object" is invalid:
    * spec.cronSpec: Invalid value: "": spec.cronSpec in body should match
'^(\d+|\*)(/\d+)?(\s+(\d+|\*)(/\d+)?){4}$'
    * spec.replicas: Invalid value: 10: spec.replicas in body should be less than
or equal to 10
```

通过增加 OpenAPI v3.0 Validation Schema，CRD 也能像普通的 Kubernetes 资源对象一样，具备结构化数据存储的能力，并且确保写入 API Server 的数据都是合法的。如果 OpenAPI 方式还不足以验证特殊的 CRD 数据结构，我们还可以通过 Admission Webhook 和自定义验证器实现更为复杂的数据校验规则。但是，这两种校验方式都独立于 CRD 定义文件之外，这也会导致开发 CRD 的难度和后续维护成本的增加。

为此，Kubernetes 社区引入了一种基于 CEL 的全新校验规则。CEL 校验规则可以直接在 CRD 的声明文件（Schema）中编写，无须使用任何 Admission Webhook 或者自定义验证器，极大地简化了 CRD 的开发和维护成本，这一特性在 Kubernetes v1.25 版本中达到 Beta 阶段，并在 Kubernetes v1.29 版本中达到 Stable 阶段。

要使用 CEL，只需要在 CRD 的 Schema 定义文件中增加 x-kubernetes-validations 字段来定义校验规则即可。在下面的例子中，x-kubernetes-validations 的 rule 字段配置的校验规则为“self.minReplicas <= self.replicas && self.replicas <= self.maxReplicas”，表示 minReplicas 的属性值要小于 repicas 的值，并且 repicas 的值要小于 maxReplicas 的值。当校验失败时，失败结果通过 message 字段定义的提示信息反馈给用户：

```
apiVersion: apiextensions.k8s.io/v1
kind: CustomResourceDefinition
  ...
  openAPIV3Schema:
    type: object
    properties:
      spec:
        type: object
        x-kubernetes-validations:
          - rule: "self.minReplicas <= self.replicas && self.replicas <=
self.maxReplicas"
            message: "replicas should be in the range minReplicas..maxReplicas."
        properties:
          replicas:
            type: integer
```

下面是一些常用的 CEL 表达式示例。

◎ 'Available' in self.stateCounts：要求 stateCounts 属性值中必须有 Available 的值。
◎ self.set1.all(e, !(e in self.set2))：要求 set1 与 set2 属性集没有交集。
◎ self == oldSelf：表明此属性不可变更。
◎ self.created + self.ttl < self.expired：要求 expired 时间比对象创建时间+ttl 算出的时间更晚。

关于 CRD 的校验，目前的最佳方式是采取 OpenAPI v3.0 Validation Schema 与 CEL 表达式相结合的思路，把 CEL 作为 OpenAPI Schema 校验的有力补充。

3. 自定义查看 CRD 时需要显示的列

从 Kubernetes v1.11 版本开始，通过 kubectl get 命令能够显示哪些字段由服务端（API

Server）决定，还支持在 CRD 中设置需要在查看（get）时显示的自定义列，在 spec.additionalPrinterColumns 字段中设置即可。

在下面的例子中设置了 3 个需要显示的自定义列 Spec、Replicas 和 Age，并在 JSONPath 字段中设置了自定义列的数据来源：

```
apiVersion: apiextensions.k8s.io/v1
kind: CustomResourceDefinition
metadata:
  name: crontabs.stable.example.com
spec:
  group: stable.example.com
  scope: Namespaced
  names:
    plural: crontabs
    singular: crontab
    kind: CronTab
    shortNames:
    - ct
  versions:
  - name: v1
    served: true
    storage: true
    schema:
      openAPIV3Schema:
        type: object
        properties:
          spec:
            type: object
            properties:
              cronSpec:
                type: string
              image:
                type: string
              replicas:
                type: integer
    additionalPrinterColumns:
    - name: Spec
      type: string
      description: The cron spec defining the interval a CronJob is run
      jsonPath: .spec.cronSpec
```

```
    - name: Replicas
      type: integer
      description: The number of jobs launched by the CronJob
      jsonPath: .spec.replicas
    - name: Age
      type: date
      jsonPath: .metadata.creationTimestamp
```

通过 kubectl get 命令查看 CronTab 资源对象，会显示这 3 个自定义列：

```
# kubectl get crontab my-new-cron-object
NAME                 SPEC        REPLICAS   AGE
my-new-cron-object   * * * * *   1          7s
```

4. finalizer（CRD 资源对象的预删除钩子方法）

finalizer 设置的方法在删除 CRD 资源对象时调用，以实现 CRD 资源对象的清理工作。

在下面的例子中为 CRD“CronTab”设置了一个 finalizer（也可以设置多个），其值为“stable.example.com/finalizer”：

```
apiVersion: "stable.example.com/v1"
kind: CronTab
metadata:
  finalizers:
  - stable.example.com/finalizer
```

在用户发起删除该资源对象的请求时，Kubernetes 不会直接删除这个资源对象，而是在元数据部分设置时间戳“metadata.deletionTimestamp”的值，将其标记为开始删除该 CRD 资源对象。然后，控制器开始执行 finalizer 定义的钩子方法“stable.example.com/finalizer”进行删除操作。对于耗时较长的清理操作，还可以设置 metadata.deletionGracePeriodSeconds 超时时间，在超过这个时间后由系统强制终止钩子方法的执行。在控制器执行完钩子方法后，控制器应负责删除相应的 finalizer。当全部 finalizer 都触发控制器执行钩子方法并都被删除之后，Kubernetes 才会最终删除该 CRD 资源对象。

5. CRD 的多版本（Versioning）特性

Kubernetes 发展到 v1.17 版本时，CRD 的多版本特性达到稳定阶段。用户在定义一个 CRD 时，需要在 spec.versions 字段中列出支持的全部版本号。例如，在下面的例子中，CRD 支持 v1beta1、v1 两个版本：

```yaml
apiVersion: apiextensions.k8s.io/v1
kind: CustomResourceDefinition
metadata:
  name: crontabs.example.com
spec:
  group: example.com
  versions:
  - name: v1beta1
    served: true
    storage: true
    schema:
      openAPIV3Schema:
        type: object
        properties:
          host:
            type: string
          port:
            type: string
  - name: v1
    served: true
    storage: false
    schema:
      openAPIV3Schema:
        type: object
        properties:
          host:
            type: string
          port:
            type: string
  conversion:
    strategy: None
  scope: Namespaced
  names:
    plural: crontabs
    singular: crontab
    kind: CronTab
    shortNames:
    - ct
```

在支持多个版本的 CRD 资源对象时，存在低版本的资源对象升级到高版本的资源对象的转换问题，为此，Kubernetes 在 v1.13 版本中引入了 Webhook 转换特性，通过使用 Webhook 回调接口来完成多版本 CRD 资源对象的转换问题，其到 v1.16 版本时达到 Stable 阶段。具体做法是：开发并部署一个多版本 CRD 资源对象转换的 Webhook 服务，然后修改 spec 中的 conversion 部分来使用上述自定义转换的 Webhook。详细的开发和配置示例请参考 Kubernetes 官网的说明。

CRD 极大地扩展了 Kubernetes 的能力，使用户像操作 Pod 一样操作自定义的各种资源对象。CRD 已经在一些基于 Kubernetes 的第三方开源项目中得到广泛应用，包括 CSI 存储插件、Device Plugin（GPU 驱动程序）、Istio（Service Mesh 管理）等，并已经成为扩展 Kubernetes 能力的标准模型。

8.3 Operator 开发详解

基于 CRD 的 Operator 开发，已经成为 Kubernetes 自定义扩展的重要利器，本节给出一个实战例子，帮助大家理解和开发 Operator。

8.3.1 Operator 的概念和原理

如果把某个 CRD 比作 Pod，则操作这种 CRD 的 Operator 就类似于 Deployment Controller，Operator 需要监控该 CRD 对应的 CR 实例来完成相应的业务逻辑操作。

一般来说，Operator 会完成以下操作。

首先，把 CR 对象映射成 Kubernetes 的一种或多种资源对象，比如 Pod、Job、Deployment 或 StatefulSet 等，通常可以映射为简单的资源对象，控制逻辑则自己实现。

其次，通过 API Server 的 watch 接口，持续监控 CR 资源的变化事件信息。Operator 根据收到的关于 CR 的新增、删除、修改事件，调用对应的控制程序。整个控制流程被称为 Reconcile（调谐）过程，即每次收到新的事件时，对比当前新的 CR 与系统中旧的 CR，做出相应的变更操作。比如，修改已创建的 Pod 的相关属性，或者删除旧的 Pod，并根据新的 CR 重建新的 Pod。

在实现 Operator 控制流程的过程中，需要注意，CR 被创建出来后，在运行过程中，哪些属性可以被修改，哪些不能被修改，如果处理不好这个问题，允许过多的 CR 属性被改变，就会导致 Operator 代码逻辑过于复杂，容易出现很多难以排查的 Bug。

在开发 Operator 的时候，常用的是 Kubernetes client-go 中的 Informer 框架。Informer 框架可以被理解为 Kubernetes Watch API 的升级版，可以更方便地以更高性能查询资源对象并接收它们的新增、删除、修改事件。之所以能实现高性能，是因为 Informer 框架内部对数据做了缓存。

Informer 框架的使用也比较简单，先通过初始化一个 InformerFactory 来创建具体的 Informer，主要使用 SharedInformerFactory，它构造的多个 Informer 实例能够彼此共享一个本地缓存，以节省存储空间并提升效率。启动 Informer 后，当它收到资源对象的新增、删除、修改事件时，会通过 ResourceEventHandler 回调接口来通知程序进行处理。

```
// ResourceEventHandlerFuncs is an adaptor to let you easily specify as many or
// as few of the notification functions as you want while still implementing
// ResourceEventHandler.
type ResourceEventHandlerFuncs struct {
   AddFunc    func(obj interface{})
   UpdateFunc func(oldObj, newObj interface{})
   DeleteFunc func(obj interface{})
}
```

在开发 Operator 时，需要监控的资源对象有几类，这就需要创建几个对应的 Informer 和 ResourceEventHandler 回调接口。

如果我们要开发一个具体的 Operator，则可以用一些现成的 Operator 框架来简化编程工作。不同的编程语言都有对应的 Operator 框架。一般情况下这些 Operator 框架都会提供从 CRD 文件到 Operator 框架程序源码的自动生成工具，从而极大地简化开发 Operator 的工作。

例如，在模仿 Deployment Controller 时，CRD“MyPodSet”有一个名为“replicas”的整数类型属性，Operator 将根据 CR 的定义自动创建 replicas 个对应的 Pod，并且持续监控集群中目标 Pod 的数量，确保 Pod 副本数量始终与对应的 MyPodSet 实例中定义的 replicas 数量保持一致。如何确定目标 Pod 是否属于关联的 Pod 呢？在创建 Pod 的时候，给它设置一个 app=${podset-name}的 Label 即可。

根据上述分析，Operator 需要监控两种资源对象：MyPodSet 与 Pod，并且对这两种资源对象的相关事件进行处理。

当收到新增 MyPodSet 实例的事件时，可以把新增事件和修改事件合并处理，即判断当前 MyPodSet 的实例中定义的 replicas 与关联的目标 Pod 实例数量是否相等。如果相等就不做任何操作，否则根据数量差做出新增或者删除目标 Pod 实例的操作。此外，当我们收到删除 MyPodSet 实例的事件时，可以把由 Operator 控制的 Pod 副本全部删除。

当收到新增 Pod 实例的事件时，也可以把新增、删除、修改事件合并处理，即先判断当前 Pod 是否属于某个对应的 MyPodSet 对象，如果不是，则忽略，否则进入 MyPodSet 事件处理逻辑。

为了优化 Operator 处理消息的逻辑，可以定义一个名为“workqueue”的 Queue（队列）来保存要处理的 MyPodSet 对象。使用 Queue 可以确保按先入先出的顺序处理队列中的对象。

MyPodSet 的 Informer 回调接口会把 MyPodSet 对象放入 workqueue 中，而 Pod 的 Informer 回调接口也会把对应的 MyPodSet 对象放入 workqueue 中。放入 workqueue 中的 MyPodSet 对象会被主流程函数 reconcile 处理，伪代码如下：

```
While (true)
  mypotset=workqueue.pull()
  relatedPods=findRelatedPods(mypodset)
  if(relatedPods.count <mypotset.replica)
       createNPods(mypotset)
  else if (relatedPods.count>mypotset.replica)
      deleteNPods(mypotset)
  updateMyPotSetStatus(mypodset)
```

另外，当 Operator 进程启动的时候，要先查询一遍 MyPodSet 对象实例，判断这些已经存在的实例是否正常，实现代码如下：

```
allset=findAllMyPodsets()
workqueue.putall(allset)
```

接下来，以 Java 开发语言为例来实现这个 MyPodSet Operator。

8.3.2　定义 MyPodSet CRD

下面是 MyPodSet 的定义，它属于 Namespaced 对象，有一个名为“replicas”的整数类型属性。为了简化代码和逻辑，我们在代码中固定创建 busybox 的 Pod，因此 CRD 中并不提供与 Pod 相关的属性，并且使用 CEL 语言来校验 replicas 的属性，确保它的范围是 1~10。replicas 表示需要创建的 Pod 副本数量。

```
# mypodset.yaml
apiVersion: apiextensions.k8s.io/v1
kind: CustomResourceDefinition
metadata:
  name: mypodsets.k8sdefinitivebook.io
spec:
  group: k8sdefinitivebook.io
  versions:
    - name: v1alpha1
      served: true
      storage: true
      schema:
        openAPIV3Schema:
          type: object
          properties:
            spec:
              type: object
              x-kubernetes-validations:
                - rule: "self.replicas <= 10 && self.replicas >= 1"
                  message: "replicas should be in the range 1~10"
              properties:
                replicas:
                  type: integer
            status:
              type: object
              properties:
                availableReplicas:
                  type: integer
      subresources:
        status: {}
  names:
    kind: MyPodSet
    plural: mypodsets
    singular: mypodset
    shortNames:
      - mps
  scope: Namespaced
```

下面创建一个对应的 CR 实例，来看看校验规则是否生效：

```
# kubectl create -f mypodset.yaml
customresourcedefinition.apiextensions.k8s.io/mypodsets.k8sdefinitivebook.io
created

# cat myfirsetpedset.yaml
apiVersion: k8sdefinitivebook.io/v1alpha1
kind: MyPodSet
metadata:
  name: myfirstpodset
spec:
  replicas : 3

# kubectl apply -f myfirsetpedset.yaml  -n default
mypodset.k8sdefinitivebook.io/myfirstpodset created

# cat mybadpedset.yaml
apiVersion: k8sdefinitivebook.io/v1alpha1
kind: MyPodSet
metadata:
  name: myfirstpodset
spec:
  replicas : 12

# kubectl apply -f mybadpedset.yaml
The MyPodSet "myfirstpodset" is invalid: spec: Invalid value: "object": replicas
should be in the range 1~10
```

8.3.3 根据 CRD 生成代码

我们使用 Fabric8 客户端提供的 CRD 生成代码工具 CRD Generator 来实现相应 Java 代码的生成工作，其中需要用到 JDK9 及以上版本的编译环境。

使用 CRD Generator 生成代码的操作步骤如下。

首先，把 CRD 文件夹放入工程目录的 resouce 文件夹中：

```
src/main/resources/
└── crd
    └── mypodset.yaml
```

其次，在 pom.xml 文件中添加 Fabric8 Java Generator Maven Plugin 插件的配置信息，注意 CRD 文件路径：

```
    <plugin>
        <groupId>io.fabric8</groupId>
        <artifactId>java-generator-maven-plugin</artifactId>
        <version>6.9.2</version>
        <configuration>

<source>${project.basedir}/src/main/resources/crd/mypodset.yaml</source>
            <extraAnnotations>true</extraAnnotations>
        </configuration>
        <executions>
            <execution>
                <goals>
                    <goal>generate</goal>
                </goals>
            </execution>
        </executions>
    </plugin>
```

下面这些依赖库也是需要的：

```
    <dependency>
        <groupId>org.projectlombok</groupId>
        <artifactId>lombok</artifactId>
        <version>1.18.30</version>
        <scope>provided</scope>
    </dependency>
         <dependency>
             <groupId>javax.annotation</groupId>
             <artifactId>jsr250-api</artifactId>
             <version>1.0</version>
         </dependency>
    <dependency>
        <groupId>javax.annotation</groupId>
        <artifactId>javax.annotation-api</artifactId>
        <version>1.3.2</version>
    </dependency>
```

然后，通过 maven install 命令编译源代码，执行完成后会在/target/generated-sources

目录下生成 CRD 对应的 Java 源码：

```
[INFO] Changes detected - recompiling the module!
[INFO] Compiling 4 source files to E:\java-projects\target\classes
[2K  0% Generating: io.fabric8.kubernetes.api.model.ObjectMeta
[2K  9% Generating: io.k8sdefinitivebook.v1alpha1.MyPodSetStatus
[2K 18% Generating: io.k8sdefinitivebook.v1alpha1.MyPodSet
[2K 27% Generating: io.k8sdefinitivebook.v1alpha1.MyPodSetSpec
......
```

生成的源码位于 io.k8sdefinitivebook.v1alpha1 包下，包括下面这些源码，我们需要将其复制到 src/main/java 目录下。

◎ MyPodSet。

◎ MyPodSetSpec。

◎ MyPodSetSpecFluent。

◎ MyPodSetSpecBuilder。

◎ MyPodSetFluent。

◎ MyPodSetBuilder。

◎ MyPodSetStatus。

◎ MyPodSetStatusFluent。

◎ MyPodSetStatusBuilder。

其中后缀为“Builder”（如 MyPodSetBuilder、MyPodSetSpecBuilder 等）的包是用来构建资源对象的，比如下面这段代码：

```
new MyPodSetStatusBuilder()
        .withAvailableReplicas(11).build()
```

8.3.4 Operator 代码解读

我们编写 Operator 的主程序 MyPodSetOperator 类，示例代码如下：

```
public class MyPodSetOperator {
   public static final String APP_LABEL = "mypod";
   public static final Logger logger =
     LoggerFactory.getLogger(MyPodSetOperator.class.getSimpleName());
   private final BlockingQueue<MyPodSet> workqueue = new
ArrayBlockingQueue<>(1024);
```

```
    MixedOperation<MyPodSet, KubernetesResourceList<MyPodSet>,
Resource<MyPodSet>> podSetClient;
    KubernetesClient client;
```

其中属性 BlockingQueue<MyPodSet> workqueue 是一个同步队列 Queue，用于存放需要处理的 MyPodSet 实例，podSetClient 则是访问和操作 MyPodSet 的客户端对象。

接下来我们讲解 main 函数的代码逻辑。

首先，构建 KubernetesClient 对象，并创建查询 MyPodSet 对象实例（operator.podSetClient），将需要处理的 MyPodSet 对象加入队列中（operator.addPodSetToQueue(mypodset)）：

```
  try (KubernetesClient client = new KubernetesClientBuilder().build()) {
      String namespace = client.getNamespace();
      if (namespace == null) {
        logger.info("No namespace found via config, assuming default.");
        namespace = "default";
      }
      logger.info("Using namespace : {}", namespace);
      MyPodSetOperator operator = new MyPodSetOperator(client);
      // 初次启动时先把所有的 MyPodSet 对象加入队列进行同步一次
operator.podSetClient.inAnyNamespace().list().getItems().forEach(mypodset -> {
        operator.addPodSetToQueue(mypodset);
      });
```

其次，创建监控 MyPodSet 资源的 Informer 对象，设置对应的 ResouceEventHandler 事件处理函数，并启动 Informer（start 方法）开始监听 MyPodSet 资源的事件：

```
  client.informers().sharedIndexInformerFor(MyPodSet.class, 60 * 1000L)
          .addEventHandler(new ResourceEventHandler<MyPodSet>() {
            @Override
            public void onAdd(MyPodSet podSet) {
              logger.info("PodSet {} ADDED", podSet.getMetadata().getName());
              operator.addPodSetToQueue(podSet);
            }
            @Override
            public void onUpdate(MyPodSet podSet, MyPodSet newPodSet) {
              logger.info("PodSet {} MODIFIED", podSet.getMetadata().getName());
              operator.addPodSetToQueue(newPodSet);
            }
            @Override
            public void onDelete(MyPodSet podSet, boolean b) {
```

```
            logger.info("PodSet {} Deleted", podSet.getMetadata().getName());
            operator.removePodsOfMyPodSet(podSet);          }
        }).start();
```

其中，Operator 的 addPodSetToQueue 方法实现的功能是把 podSet 对象放入 workqueue 队列等待处理。removePodsOfMyPodSet 方法实现的功能则是把与目标 podSet 关联的 Pod 实例全部删除，示例代码如下：

```
    private void removePodsOfMyPodSet(MyPodSet podSet)
      {
        String podSetName=podSet.getMetadata().getName();
        logger.info("remove pods of MyPodSet({})", podSetName);
        findRelatedPodNames(podSet).forEach(podName->{

client.pods().inNamespace(podSet.getMetadata().getNamespace()).withName(podName)
          .delete();
        });
      }
```

然后，创建针对 Pod 资源的 Informer 对象，设置对应的 ResouceEventHandler 事件处理函数，并启动 Informer 开始监听 Pod 资源的事件：

```
        client.informers().sharedIndexInformerFor(Pod.class, 60 * 1000L)
            .addEventHandler(new ResourceEventHandler<Pod>() {
              @Override
              public void onAdd(Pod pod) {
                logger.info("Pod {} added", pod.getMetadata().getName());
                operator.handlePodObject(pod);
              }

              @Override
              public void onUpdate(Pod oldPod, Pod newPod) {
                if (oldPod.getMetadata().getResourceVersion()
                    .equals(newPod.getMetadata().getResourceVersion())) {
                  return;
                }
                logger.info("Pod {} updated", newPod.getMetadata().getName());
                operator.handlePodObject(newPod);
              }

              @Override
```

```
            public void onDelete(Pod pod, boolean b) {
              logger.info("Pod  {} deleted", pod.getMetadata().getName());
              operator.handlePodObject(pod);
            }
          }).start();
```

其中，handlePodObject 方法的程序逻辑为：通过 ownerReference 的信息找到与 Pod 关联的 MyPodSet 对象，并将其放到 workqueue 队列等待处理，实现代码如下：

```
    private void handlePodObject(Pod pod) {
        logger.info("handlePodObject({})", pod.getMetadata().getName());
        OwnerReference ownerReference = null;
        List<OwnerReference> ownerReferences =
pod.getMetadata().getOwnerReferences();
        for (OwnerReference theReference : ownerReferences) {
          if (theReference.getController().equals(Boolean.TRUE)
             && theReference.getKind().equalsIgnoreCase("PodSet")) {
            ownerReference = theReference;
            break;
          }
        }
        if (ownerReference == null) {
          return;
        }
        MyPodSet podSet =
this.podSetClient.inNamespace(pod.getMetadata().getNamespace())
            .withName(ownerReference.getName()).get();
        logger.info("PodSetLister returned {} for PodSet", podSet);
        if (podSet != null) {
          addPodSetToQueue(podSet);
        }
    }
```

最后，进入 Operator 的核心 reconcile 函数：

```
    operator.reconcile();
```

reconcile 函数的实现逻辑如下：

```
    void reconcile() {
        logger.info("Starting PodSet reconclile...");
        while (true) {
```

```
        try {
          logger.info("watch  MyPodSet event from  workqueue...");
          MyPodSet myPodSet = workqueue.take();
          logger.info("Got MyPodSet to process: {}/{}",
myPodSet.getFullResourceName(),
              myPodSet.getMetadata().getName());
          List<String> pods = findRelatedPodNames(myPodSet);
          logger.info("reconcile() : Found {} number of Pods owned by PodSet
{},expect {}",
              pods.size(), myPodSet.getMetadata().getName(),
myPodSet.getSpec().getReplicas());
          if (pods.isEmpty()) {
            createPods(myPodSet.getSpec().getReplicas(), myPodSet);
            return;
          }
          int existingPods = pods.size();
          // 如果实际的 Pod 数量少于预期的副本数量，则创建新的 Pod
          if (existingPods < myPodSet.getSpec().getReplicas()) {
            createPods(myPodSet.getSpec().getReplicas() - existingPods,
myPodSet);
          }
          // 如果实际的 Pod 数量大于预期的副本数量，则删除 Pod
          long diff = existingPods - myPodSet.getSpec().getReplicas();
          while (diff > 0) {
            String podName = pods.remove(0);
            client.pods().inNamespace(myPodSet.getMetadata().getNamespace()).
withName(podName)
                .delete();
            diff--;
          }
          // 更新 MyPodSetStatus
          myPodSet.setStatus(new MyPodSetStatusBuilder()
              .withAvailableReplicas(myPodSet.getSpec().getReplicas()).build());
          podSetClient.inNamespace(myPodSet.getMetadata().getNamespace()).
resource(myPodSet)
              .updateStatus();

        } catch (InterruptedException interruptedException) {
          Thread.currentThread().interrupt();
          logger.error("controller interrupted..");
```

```
          break;
        }
      }
    }
```

reconcile 代码逻辑通常是一个无限循环的程序，每次循环的操作为：从 workqueue 中取出一个待处理的 MyPodSet 资源对象进行处理。

取出待处理的 MyPodSet 资源对象之后，调用 podCountByLabel 方法，按照 Label 匹配的方式查询它所对应的 Pod 实例数量，下面是具体实现的代码：

```
    private List<String> findRelatedPodNames(MyPodSet myPodSet) {
        List<String> podNames = new ArrayList<>();
        List<Pod> pods =
client.pods().inNamespace(myPodSet.getMetadata().getNamespace())
            .withLabel(APP_LABEL,
myPodSet.getMetadata().getName()).list().getItems();
        for (Pod pod : pods) {
          if (pod.getStatus().getPhase().equals("Running")
              || pod.getStatus().getPhase().equals("Pending")) {
            podNames.add(pod.getMetadata().getName());
          }
        }
        return podNames;
      }
```

下面是创建 Pod 的函数代码，这里通过 addNewOwnerReference 设置关联的 owner：

```
    private void createPods(long numberOfPods, MyPodSet podSet) {
        for (int index = 0; index < numberOfPods; index++) {
          Pod pod = new PodBuilder().withNewMetadata()
              .withGenerateName(podSet.getMetadata().getName() + "-pod")
              .withNamespace(podSet.getMetadata().getNamespace())
              .withLabels(Collections.singletonMap(APP_LABEL,
podSet.getMetadata().getName()))
              .addNewOwnerReference().withController(true).withKind("MyPodSet")
              .withApiVersion("k8sdefinitivebook.io/v1alpha1").withName(podSet.get
Metadata().getName())
              .withUid(podSet.getMetadata().getUid()).endOwnerReference().endMetad
ata().withNewSpec()
              .addNewContainer().withName("busybox").withImage("busybox").withComm
and("sleep", "1800")
```

```
            .endContainer().endSpec().build();
        pod = client.pods().inNamespace(podSet.getMetadata().getNamespace()).
resource(pod).create();
        client.pods().inNamespace(podSet.getMetadata().getNamespace())
            .withName(pod.getMetadata().getName())
            .waitUntilCondition(Objects::nonNull, 3, TimeUnit.SECONDS);
        }
        logger.info("Created {} pods for MyPodSet {} ", numberOfPods,
podSet.getMetadata().getName());
    }
```

至此，Operator 的主要代码就编写完成了。

我们可以直接运行 MyPodSetOperator 程序进行调试。因为之前在 Kubernetes 集群中创建过一个名为“myfirstpodset”的 MyPodSet 实例，所以在 MyPodSetOperator 启动之后，会自动再创建 3 个 Pod，通过 Operator 的日志可以看到创建 Pod 的过程：

```
[main] INFO MyPodSetOperator - watch  MyPodSet event from  workqueue...
[main] INFO MyPodSetOperator - Got MyPodSet to process:
mypodsets.k8sdefinitivebook.io/myfirstpodset
[main] INFO MyPodSetOperator - reconcile() : Found 0 number of Pods owned by PodSet
myfirstpodset,expect 3
[main] INFO MyPodSetOperator - Created 3 pods for  MyPodSet myfirstpodset
[main] INFO MyPodSetOperator - watch  MyPodSet event from  workqueue...
```

在 Kubernetes 集群中通过 kubectl get pods 命令查看 Pod 列表，也可以验证 Operator 工作是否正常：

```
# kubectl get pods
NAME                      READY    STATUS    RESTARTS     AGE
myfirstpodset-podbfn2l     1/1     Running    0           8m19s
myfirstpodset-podfg9z6     1/1     Running    0           11m
myfirstpodset-podkhv4w     1/1     Running    0           11m
```

Operator 创建的 Pod 都拥有 Label“mypod=myfirstpodset-pod”，Label 值里有对应 MyPodSet 的名字，Pod 的 ownerReferences 属性值对应着所属 MyPodSet 资源对象。

```
#kubectl get pods myfirstpodset-podgwkg9 -o yaml
apiVersion: v1
kind: Pod
metadata:
  generateName: myfirstpodset-pod
```

```
    labels:
      mypod: myfirstpodset
    name: myfirstpodset-podgwkg9
    namespace: default
    ownerReferences:
    - apiVersion: k8sdefinitivebook.io/v1alpha1
      controller: true
      kind: MyPodSet
      name: myfirstpodset
      uid: 9a32bbad-41bc-4122-83b8-c2a0f57225ce
```

手工删除一个 Pod，随后可以发现 Operator 立即创建了新的 Pod：

```
# kubectl delete pods myfirstpodset-podkhv4w
pod "myfirstpodset-podkhv4w" deleted
[main] INFO MyPodSetOperator - Got MyPodSet to process:
mypodsets.k8sdefinitivebook.io/myfirstpodset
[main] INFO MyPodSetOperator - reconcile() : Found 2 number of Pods owned by PodSet
myfirstpodset,expect 3
[-912747546-pool-1-thread-4] INFO MyPodSetOperator - Pod  myfirstpodset-podgwkg9
added
[-912747546-pool-1-thread-4] INFO MyPodSetOperator -
handlePodObject(myfirstpodset-podgwkg9)
[-912747546-pool-1-thread-3] INFO MyPodSetOperator - Pod  myfirstpodset-podgwkg9
updated
[-912747546-pool-1-thread-3] INFO MyPodSetOperator -
handlePodObject(myfirstpodset-podgwkg9)
[main] INFO MyPodSetOperator - Created 1 pods for  MyPodSet myfirstpodset
```

目前，集群中符合 myfirstpodset 的 Pod 数量已经有 3 个，接下来，手工创建一个具有相同 Label 的 Pod，可以看到 Operator 会删除一个多余的 Pod：

```
# cat busybox-hand
apiVersion: v1
kind: Pod
metadata:
  labels:
    mypod: myfirstpodset
  name: myfirstpodset-hand
  namespace: default
spec:
  containers:
```

```
  - command:
    - sleep
    - "1800"
    image: busybox
    imagePullPolicy: Always
    name: busybox

# kubectl create -f busybox-hand
pod/myfirstpodset-hand created

# kubectl get pods
NAME                        READY   STATUS        RESTARTS        AGE
myfirstpodset-hand          1/1     Terminating   0               21s
myfirstpodset-pod9lzfb      1/1     Running       39 (22m ago)    19h
myfirstpodset-podbfn21      1/1     Running       40 (11m ago)    20h
myfirstpodset-podgwkg9      1/1     Running       39 (20m ago)    19h
```

下面是 Operator 的处理日志，可以看到它持续监控 Pod 信息并做出调整的记录：

```
    [main] INFO MyPodSetOperator - Got MyPodSet to process:
mypodsets.k8sdefinitivebook.io/myfirstpodset
    [main] INFO MyPodSetOperator - reconcile() : Found 4 number of Pods owned by PodSet
myfirstpodset,expect 3
    ...
    [main] INFO MyPodSetOperator - reconcile() : Found 3 number of Pods owned by PodSet
myfirstpodset,expect 3
```

我们可以手工删除 myfirstpodset 这个 MyPodSet 实例：

```
# kubectl delete  mypodsets.k8sdefinitivebook.io  myfirstpodset
mypodset.k8sdefinitivebook.io "myfirstpodset" deleted
```

在 Operator 的日志中显示，收到 MyPodSet 的删除事件之后，系统根据代码逻辑删除了关联的全部 Pod：

```
    [main] INFO MyPodSetOperator - watch  MyPodSet event from workqueue...
    [-912747546-pool-1-thread-35] INFO MyPodSetOperator - PodSet myfirstpodset
Deleted
    [-912747546-pool-1-thread-35] INFO MyPodSetOperator - remove pods of
MyPodSet(myfirstpodset)
    [-912747546-pool-1-thread-37] INFO MyPodSetOperator - Pod
myfirstpodset-podbfn21 updated
```

```
    [-912747546-pool-1-thread-37] INFO MyPodSetOperator -
handlePodObject(myfirstpodset-podbfn2l)
    [-912747546-pool-1-thread-36] INFO MyPodSetOperator - Pod
myfirstpodset-podgwkg9 updated
    [-912747546-pool-1-thread-36] INFO MyPodSetOperator -
handlePodObject(myfirstpodset-podgwkg9)
    [-912747546-pool-1-thread-37] INFO MyPodSetOperator - Pod
myfirstpodset-pod9lzfb updated
    [-912747546-pool-1-thread-37] INFO MyPodSetOperator -
handlePodObject(myfirstpodset-pod9lzfb)
```

在 Kubernetes 集群中通过 kubectl get pods 命令验证 Pod 实例确实都被删除了：

```
    # kubectl get pods
    No resources found in default namespace.
```

8.3.5　构建镜像部署

开发完 Operator 后，我们可以将其打包成镜像，然后以 Pod 的形式运行在 Kubernetes 集群中进行测试，具体步骤如下。

第 1 步，使用 Maven 插件打包可执行 all-in-one 的 Jar 包，pom.xml 配置文件示例如下：

```
            <plugin>
                <artifactId>maven-assembly-plugin</artifactId>
                <configuration>
                    <descriptorRefs>
                        <descriptorRef>jar-with-dependencies</descriptorRef>
                    </descriptorRefs>
                     <archive>
                        <manifest>
                            <mainClass>io.k8sdefinitivebook.MyPodSetOperator
</mainClass>
                        </manifest>
                    </archive>
                </configuration>
            </plugin>
```

第 2 步，编写 Dockerfile，示例如下：

```
    # cat Dockerfile
    FROM docker.io/adoptopenjdk/openjdk10
```

```
WORKDIR /app
COPY myoperator.jar /app/myoperator.jar
ENV TZ=Asia/Shanghai
EXPOSE 8080
CMD ["java", "-jar", "/app/myoperator.jar"]
```

第 3 步，打包镜像，可以使用多种构建工具，如开源的 Docker、Portainer 等，此处省略操作步骤。

第 4 步，为 Operator 创建一个 ServiceAccount 资源对象，并配置正确的 RBAC 授权规则，允许该 ServiceAccount 访问 Pod 与 MyPodSet 资源对象：

```
# cat operator-role.yaml
apiVersion: v1
kind: ServiceAccount
metadata:
  name: mypodset-operator-serviceaccount
  namespace: default
---
apiVersion: rbac.authorization.k8s.io/v1
kind: ClusterRole
metadata:
  name: mypodset-operator-clusterrole
rules:
  - apiGroups:
      - "k8sdefinitivebook.io"
    resources:
      - mypodsets
    verbs: ["list","watch","update"]
  - apiGroups:
      - ""
    resources:
      - pods
    verbs: ["list","watch","delete"]
---
apiVersion: rbac.authorization.k8s.io/v1
kind: ClusterRoleBinding
metadata:
  name: crdtest-cluster-role-binding
roleRef:
  apiGroup: rbac.authorization.k8s.io
```

```
    kind: ClusterRole
    name: mypodset-operator-clusterrole
  subjects:
    - kind: ServiceAccount
      name: mypodset-operator-serviceaccount
      namespace: default

  # kubectl apply  -f operator-role.yaml
  serviceaccount/mypodset-operator-serviceaccount created
  clusterrole.rbac.authorization.k8s.io/mypodset-operator-clusterrole created
  clusterrolebinding.rbac.authorization.k8s.io/crdtest-cluster-role-binding
created
```

第 5 步，创建 myoperator Pod，并关联上述 ServiceAccount：

```
  # cat myoperator-pod.yaml
  apiVersion: v1
  kind: Pod
  metadata:
    name: myoperator
    labels:
  spec:
    serviceAccountName: mypodset-operator-serviceaccount
    containers:
    - name: myoperator
      image: docker.io/kubeguide/myjavaoperator
  kubectl apply -f myoperator-pod.yaml
  pod/myoperator created

  # kubectl  get pods  myoperator
  NAME         READY   STATUS    RESTARTS   AGE
  myoperator   1/1     Running   0          5s
```

Operator 的 Pod 成功运行之后，通过查看其日志可以看到，它会监控集群中的 Pod 数量，并保证运行 3 个 Pod：

```
  # kubectl logs myoperator
  Picked up JAVA_TOOL_OPTIONS: -XX:+UseContainerSupport
  [main] INFO MyPodSetOperator - Using namespace : default
  [main] WARN io.fabric8.kubernetes.client.dsl.internal.VersionUsageUtils - The
client is using resource type 'mypodsets' with unstable version 'v1alpha1'
  [main] INFO MyPodSetOperator - addPodSetToQueue(myfirstpodset)
```

```
    [main] INFO MyPodSetOperator - Starting PodSet reconclile...
    [main] INFO MyPodSetOperator - watch  MyPodSet event from  workqueue...
    [main] INFO MyPodSetOperator - Got MyPodSet to process:
mypodsets.k8sdefinitivebook.io/myfirstpodset
    [-1161322357-pool-1-thread-1] INFO MyPodSetOperator - PodSet myfirstpodset
ADDED
    [-1161322357-pool-1-thread-1] INFO MyPodSetOperator -
addPodSetToQueue(myfirstpodset)
    [main] INFO MyPodSetOperator - reconcile() : Found 0 number of Pods owned by PodSet
myfirstpodset,expect 3
    [main] INFO MyPodSetOperator - Created 3 pods for  MyPodSet myfirstpodset
```

我们可以对 Operator 的功能进行测试，验证代码逻辑的正确性，对于本例中开发的 Operator 功能，可以测试以下几个场景。

◎ 增加新的 MyPodSet CR 实例，确认新的 Pod 被创建。

◎ 手工创建对应 Label 的 Pod 实例，确认 Operator 发现新实例并删除多余的实例。

◎ 删除 MyPodSet CR 实例，确认对应的 Pod 实例全部被删除。

8.4 API 聚合机制

API 聚合机制是从 Kubernetes v1.7 版本被引入的特性，用于将用户扩展的 API 资源访问路径注册到 kube-apiserver 上。我们可以通过 API Server 的 HTTP URL 对扩展的 API 资源进行访问和操作，也可以通过统一的 Kubernetes API Server 访问地址，以 Kubernetes 的 API 组织方式来访问用户扩展的 API 服务。对 Kubernetes 来说，API 聚合机制是另一种扩展其 API 能力的机制。与前面介绍的基于自定义资源 CRD 的扩展机制不同，CRD 关注的是让 API Server 识别用户自定义的资源类型，而 API 聚合主要通过复用 API Server 的访问接口来处理用户扩展的 API，无须 API Server 理解扩展的 API 资源。

为了实现这个机制，Kubernetes 在 kube-apiserver 服务中引入了一个 API 聚合层（API Aggregation Layer），用于将扩展 API 的访问请求转发到用户提供的 API Server 上，由它完成对 API 请求的处理。

设计 API 聚合机制的主要目标如下。

◎ 增加 API 的扩展性：使得开发人员可以编写自己的 API Server 来发布其 API，而无须对 Kubernetes 核心代码进行任何修改。

◎ 无须等待 Kubernetes 核心团队的繁杂审查：允许开发人员将其 API 作为单独的 API Server 发布，使集群管理员不用对 Kubernetes 的核心代码进行修改就能使用新的 API，也就无须等待社区繁杂的审查了。
◎ 支持实验性、新特性 API 开发：可以在独立的 API 聚合服务中开发新的 API，不影响系统现有的功能。
◎ 确保新的 API 遵循 Kubernetes 的开发规范：如果没有 API 聚合机制，开发人员就可能被迫推出自己的设计，不遵循 Kubernetes 的开发规范。

总的来说，API 聚合机制的目标是提供集中的 API 发现机制和安全的代理功能，将开发人员的新 API 动态地、无缝地注册到 Kubernetes API Server 中进行测试和使用。

8.4.1 启用 API 聚合功能

为了能够将用户自定义的 API 注册到 Master 的 API Server 中，首先需要配置 kube-apiserver 服务的以下启动参数来启用 API 聚合功能。

◎ --requestheader-client-ca-file=/etc/kubernetes/ssl/ca.crt：客户端 CA 根证书。
◎ --requestheader-allowed-names=：允许访问的客户端 common names 列表，通过 header 中--requestheader-username-headers 参数指定的字段获取。客户端 common names 的名称需要在 client-ca-file 中进行设置，将其设置为空值时，表示不验证客户端的 CN 名称。
◎ --requestheader-extra-headers-prefix=X-Remote-Extra-：请求头中需要检查的前缀名。
◎ --requestheader-group-headers=X-Remote-Group：请求头中需要检查的组名。
◎ --requestheader-username-headers=X-Remote-User：请求头中需要检查的用户名。
◎ --proxy-client-cert-file=/etc/kubernetes/ssl/client.crt：在请求期间验证 Aggregator 的客户端 CA 证书。
◎ --proxy-client-key-file=/etc/kubernetes/ssl/client.key：在请求期间验证 Aggregator 的客户端私钥。

如果 kube-apiserver 所在的主机上没有运行 kube-proxy，即无法通过服务的 ClusterIP 地址进行访问，那么还需要设置以下启动参数：

```
--enable-aggregator-routing=true
```

在设置完成后重启 kube-apiserver 服务，API 聚合功能就启用完成了。

8.4.2 注册自定义 API Service

在启用了 API Server 的 API 聚合功能之后，用户就能将自定义 API 注册到 Kubernetes Master 的 API Server 中了。用户只需配置一个 APIService 资源对象，就能进行注册了。APIService 示例的 YAML 文件如下：

```
apiVersion: apiregistration.k8s.io/v1
kind: APIService
metadata:
  name: v1beta1.metrics.k8s.io
  labels:
    k8s-app: metrics-server
spec:
  group: metrics.k8s.io
  groupPriorityMinimum: 100
  version: v1beta1
  versionPriority: 100
  service:
    name: metrics-server
    namespace: kube-system
  insecureSkipTLSVerify: true
```

在这个 APIService 中设置的 API 组名为“metrics.k8s.io”，版本号为 v1beta1，这两个字段将作为 API 路径的子目录注册到 API 路径/apis/下，格式为/apis/<group>/<version>。注册成功后，就能通过 Master API 路径/apis/metrics.k8s.io/v1beta1 访问自定义的 API Server 了。

在 service 段通过 name 和 namespace 设置了后端的自定义 API Server，本例中的服务名为“custom-metrics-server”，命名空间为 custom-metrics。

通过 kubectl create 命令将这个 APIService 定义发送给 Master 进行创建，就完成了注册操作。

之后，通过 Master API Server 对/apis/metrics.k8s.io/v1beta1 路径的访问都会被 API 聚合层代理转发到后端服务 metrics-server.kube-system.svc 上。

8.4.3 部署自定义 API Server

仅仅注册 API Service 资源是不够的，用户对/apis/metrics.k8s.io/v1beta1 路径的访问实

际上都被转发给了 metrics-server.kube-system.svc 服务。这个服务通常能以普通 Pod 的形式在 Kubernetes 集群中运行。当然，这个服务需要由自定义 API 的开发者提供，并且需要遵循 Kubernetes 的开发规范，详细的开发示例可以参考官方给出的示例说明。

下面是部署自定义 API Server 的常规操作步骤。

（1）确保 API Service 资源对象已启用，这需要通过 kube-apiserver 的启动参数 --runtime-config 进行设置，默认是启用的。

（2）建议创建一个 RBAC 规则，允许添加 APIService 资源对象，因为 API 扩展对整个 Kubernetes 集群都生效，所以不推荐在生产环境中对 API 扩展进行开发或测试。

（3）创建一个新的命名空间，用于运行扩展的 API Server。

（4）创建一个 CA 证书，用于对自定义 API Server 的 HTTPS 安全访问进行签名。

（5）创建服务端证书和秘钥，用于自定义 API Server 的 HTTPS 安全访问。服务端证书应该由上面提及的 CA 证书进行签名，也应该包含含有 DNS 域名格式的 CN 名称。

（6）在新的命名空间中使用服务端证书和密钥创建 Kubernetes Secret 对象。

（7）部署自定义 API Server，通常可以通过 Deployment 形式进行部署，并且将之前创建的 Secret 挂载到容器内部。该 Deployment 也应被部署在新的命名空间中。

（8）确保自定义 API Server 通过 Volume 加载了 Secret 中的证书，这将用于后续建立 HTTPS 连接时的握手校验。

（9）在新的命名空间中创建一个 ServiceAccount 对象。

（10）创建一个 ClusterRole，设置自定义 API Server 需要访问的资源权限。

（11）使用之前创建的 ServiceAccount 为刚刚创建的 ClusterRole 创建一个 ClusterRolebinding。

（12）使用之前创建的 ServiceAccount 为系统 ClusterRole “system:auth-delegator” 创建一个 ClusterRolebinding，以使其可以将认证决策代理转发给 Kubernetes 核心 API Server。

（13）使用之前创建的 ServiceAccount 为系统 Role “extension-apiserver-authentication-reader” 创建一个 Rolebinding，以允许自定义 API Server 访问名为 “extension-apiserver-authentication” 的系统 ConfigMap。

（14）创建 APIService 资源对象。

（15）访问 APIService 资源对象提供的 API URL 路径，验证对资源的访问能否成功。

下面以部署 Metrics Server 为例，说明一个聚合 API 的实现方式。

Metrics Server 通过聚合 API 提供 Pod 和 Node 的资源使用数据，供 HPA 控制器、VPA 控制器及 kubectl top 命令使用。Metrics Server 的源码可以在其 GitHub 代码库中找到。在部署完成后，Metrics Server 将通过 Kubernetes 核心 API Server 的/apis/metrics.k8s.io/v1beta1 路径提供 Pod 和 Node 的监控数据。

首先，创建一个 ServiceAccount 资源对象，并配置相关的 RBAC 权限，代码如下：

```yaml
apiVersion: v1
kind: ServiceAccount
metadata:
  labels:
    k8s-app: metrics-server
  name: metrics-server
  namespace: kube-system
---
apiVersion: rbac.authorization.k8s.io/v1
kind: ClusterRole
metadata:
  labels:
    k8s-app: metrics-server
    rbac.authorization.k8s.io/aggregate-to-admin: "true"
    rbac.authorization.k8s.io/aggregate-to-edit: "true"
    rbac.authorization.k8s.io/aggregate-to-view: "true"
  name: system:aggregated-metrics-reader
rules:
- apiGroups:
  - metrics.k8s.io
  resources:
  - pods
  - nodes
  verbs:
  - get
  - list
  - watch
---
apiVersion: rbac.authorization.k8s.io/v1
```

```
kind: ClusterRole
metadata:
  labels:
    k8s-app: metrics-server
  name: system:metrics-server
rules:
- apiGroups:
  - ""
  resources:
  - nodes/metrics
  verbs:
  - get
- apiGroups:
  - ""
  resources:
  - pods
  - nodes
  verbs:
  - get
  - list
  - watch
---
apiVersion: rbac.authorization.k8s.io/v1
kind: RoleBinding
metadata:
  labels:
    k8s-app: metrics-server
  name: metrics-server-auth-reader
  namespace: kube-system
roleRef:
  apiGroup: rbac.authorization.k8s.io
  kind: Role
  name: extension-apiserver-authentication-reader
subjects:
- kind: ServiceAccount
  name: metrics-server
  namespace: kube-system
---
apiVersion: rbac.authorization.k8s.io/v1
kind: ClusterRoleBinding
metadata:
```

```
  labels:
    k8s-app: metrics-server
  name: metrics-server:system:auth-delegator
roleRef:
  apiGroup: rbac.authorization.k8s.io
  kind: ClusterRole
  name: system:auth-delegator
subjects:
- kind: ServiceAccount
  name: metrics-server
  namespace: kube-system
---
apiVersion: rbac.authorization.k8s.io/v1
kind: ClusterRoleBinding
metadata:
  labels:
    k8s-app: metrics-server
  name: system:metrics-server
roleRef:
  apiGroup: rbac.authorization.k8s.io
  kind: ClusterRole
  name: system:metrics-server
subjects:
- kind: ServiceAccount
  name: metrics-server
  namespace: kube-system
```

然后，部署 Metrics Server，配置内容如下：

```
---
apiVersion: v1
kind: Service
metadata:
  labels:
    k8s-app: metrics-server
  name: metrics-server
  namespace: kube-system
spec:
  ports:
  - name: https
    port: 443
    protocol: TCP
```

```
    targetPort: https
  selector:
    k8s-app: metrics-server
---
apiVersion: apps/v1
kind: Deployment
metadata:
  labels:
    k8s-app: metrics-server
  name: metrics-server
  namespace: kube-system
spec:
  selector:
    matchLabels:
      k8s-app: metrics-server
  strategy:
    rollingUpdate:
      maxUnavailable: 0
  template:
    metadata:
      labels:
        k8s-app: metrics-server
    spec:
      containers:
      - args:
        - --cert-dir=/tmp
        - --secure-port=4443
        - --kubelet-preferred-address-types=InternalIP,ExternalIP,Hostname
        - --kubelet-use-node-status-port
        - --metric-resolution=15s
        - --kubelet-insecure-tls
        image: registry.k8s.io/metrics-server/metrics-server:v0.6.4
        imagePullPolicy: IfNotPresent
        livenessProbe:
          failureThreshold: 3
          httpGet:
            path: /livez
            port: https
            scheme: HTTPS
          periodSeconds: 10
        name: metrics-server
```

```
        ports:
        - containerPort: 4443
          name: https
          protocol: TCP
        readinessProbe:
          failureThreshold: 3
          httpGet:
            path: /readyz
            port: https
            scheme: HTTPS
          initialDelaySeconds: 20
          periodSeconds: 10
        resources:
          requests:
            cpu: 100m
            memory: 200Mi
        securityContext:
          allowPrivilegeEscalation: false
          readOnlyRootFilesystem: true
          runAsNonRoot: true
          runAsUser: 1000
        volumeMounts:
        - mountPath: /tmp
          name: tmp-dir
      nodeSelector:
        kubernetes.io/os: linux
      priorityClassName: system-cluster-critical
      serviceAccountName: metrics-server
      volumes:
      - emptyDir: {}
        name: tmp-dir
```

最后，定义 APIService 资源对象，主要设置自定义 API 的组（Group）、版本号（Version）及对应的服务（metrics-server.kube-system）：

```
apiVersion: apiregistration.k8s.io/v1
kind: APIService
metadata:
  labels:
    k8s-app: metrics-server
  name: v1beta1.metrics.k8s.io
spec:
```

```
  group: metrics.k8s.io
  groupPriorityMinimum: 100
  insecureSkipTLSVerify: true
  service:
    name: metrics-server
    namespace: kube-system
  version: v1beta1
  versionPriority: 100
```

在所有资源都创建成功之后，在命名空间 kube-system 中会看到新建的 metrics-server Pod。

通过 Kubernetes Master API Server 的 URL“/apis/metrics.k8s.io/v1beta1”就能查询到 Metrics Server 提供的 Pod 和 Node 的性能数据了：

```
# curl http://192.168.18.3:8080/apis/metrics.k8s.io/v1beta1/nodes
{
  "kind": "NodeMetricsList",
  "apiVersion": "metrics.k8s.io/v1beta1",
  "metadata": {
    "selfLink": "/apis/metrics.k8s.io/v1beta1/nodes"
  },
  "items": [
    {
      "metadata": {
        "name": "k8s-node-1",
        "selfLink": "/apis/metrics.k8s.io/v1beta1/nodes/k8s-node-1",
        "creationTimestamp": "2020-03-19T00:08:41Z"
      },
      "timestamp": "2020-03-19T00:08:16Z",
      "window": "30s",
      "usage": {
        "cpu": "349414075n",
        "memory": "1182512Ki"
      }
    }
  ]
}

# curl http://192.168.18.3:8080/apis/metrics.k8s.io/v1beta1/pods
{
  "kind": "PodMetricsList",
```

```
    "apiVersion": "metrics.k8s.io/v1beta1",
    "metadata": {
      "selfLink": "/apis/metrics.k8s.io/v1beta1/pods"
    },
    "items": [
      {
        "metadata": {
          "name": "metrics-server-7cb798c45b-4dnmh",
          "namespace": "kube-system",
          "selfLink": "/apis/metrics.k8s.io/v1beta1/namespaces/kube-system/pods/
metrics-server-7cb798c45b-4dnmh",
          "creationTimestamp": "2020-03-19T00:13:45Z"
        },
        "timestamp": "2020-03-19T00:13:18Z",
        "window": "30s",
        "containers": [
          {
            "name": "metrics-server",
            "usage": {
              "cpu": "1640261n",
              "memory": "22240Ki"
            }
          }
        ]
      },
   ......
    ]
  }
```

第9章 Kubernetes开发中的新功能

本章讲解 Kubernetes 开发中的一些新功能，包括：对 Windows 容器的支持；对 GPU 的支持；Kubernetes 集群扩缩容的新功能；Kubernetes 的生态系统和演进路线（Roadmap）。

9.1　对 Windows 容器的支持

Kubernetes 从 v1.5 版本开始就引入了管理基于 Windows Server 2016 操作系统的 Windows 容器的功能。随着 Windows Server Version 1709 版本的发布，Kubernetes v1.9 版本对 Windows 容器的支持提升为 Beta 版本。

在 Windows Server 2019 版本发布之后，Kubernetes v1.14 版本对 Windows 容器的支持提升为 GA 稳定版本，使得将 Linux 应用和 Windows 应用在 Kubernetes 中进行统一混合编排成为可能，进一步屏蔽了操作系统之间的差异，提高了应用管理的效率。

随着 Windows Server 版本的快速更新，目前完全支持 Kubernetes 的版本是 Windows Server 2019，后续的 Windows Server 2022 版本也在快速演进。

本节对如何在 Windows Server 上安装容器运行时、部署 Kubernetes Node 组件、部署容器应用和服务等操作步骤和发展趋势进行详细说明。

将一台 Windows Server 服务器部署为 Kubernetes Node，需要的组件包括容器运行时、Node 组件（kubelet 和 kube-proxy）和 CNI 网络插件。本例以 Flannel CNI 插件部署容器 Overlay 网络，要求在 Linux Kubernetes 集群中已经部署好 Flannel 组件。

注意：Windows Server 仅能作为 Node 加入 Kubernetes 集群中，集群的 Master 仍需在 Linux 环境中运行。

9.1.1　在 Windows Server 上安装容器运行时

目前 Kubernetes 支持以下类型的容器运行时。

◎ containerd：到 Kubernetes v1.20 版本时达到 Stable 阶段。

◎ Mirantis 容器运行时（Mirantis Container Runtime）：简称 MCR，为 Windows Server 提供对原生 Docker 的支持。

它们都提供了详细的安装文档，用户可以根据需求选择。

9.1.2　在 Windows Server 上部署 Kubernetes Node 组件

在 Windows Server 上部署的 Kubernetes Node 组件包括 kubelet 和 kube-proxy，本节对其安装和部署、配置修改、CNI 插件部署进行说明。

1. 下载和安装 Kubernetes Node 所需的服务

从 Kubernetes 的版本发布页面下载 Windows Node 相关文件 kubernetes-node-windows-amd64.tar.gz（在压缩包内包含 kubelet.exe、kube-proxy.exe、kubectl.exe 和 kubeadm.exe），如图 9.1 所示为 Kubernetes Windows Node 二进制文件下载页面。

Node Binaries

filename	sha512 hash
kubernetes-node-linux-amd64.tar.gz	8057197e9354e2e0f48aab18c0ce87e4ea39c1682cfd4c491c2bc83f8881787b09cb0c9b9f4d7bef8fbe53cc4056f5381745dbfde7f7474bb76a
kubernetes-node-linux-arm64.tar.gz	70d086c71f6258b1667bcb1efe60c15810b5b76848fdf26781c5a90efb8a78030e9ffb230bb0fd52d994f02b13c0b558c8e8ad3a42b601a0f944
kubernetes-node-linux-ppc64le.tar.gz	2740f6ac0dfeebbe4ba8804b43ec5968997d9137de9a9432861c3e71e614cb84b309da31bde3554f896f829a570c21b833f0af241659ad326fa7
kubernetes-node-linux-s390x.tar.gz	9877d5a6cc84569efe30256ba5e8095f38bfa0b11c28892499a12b577b467b516880a33022d88f65263c7ffa2a9a3687ef52cb85fa611e95b14a
kubernetes-node-windows-amd64.tar.gz	66b264de5e810bff31c4cf7cc575c3c57fed491fa4e21de7035dad76127e17d5fc88aff9f65277adf0826b255bf9b983f61c91bff2f8386d950f

图 9.1　Kubernetes Windows Node 二进制文件下载页面

将 kubernetes-node-windows-amd64.tar.gz 的内容解压缩到 c:\k 目录下，利用其中的 kubelet.exe、kube-proxy.exe、kubectl.exe 3 个文件，即可完成 Node 组件的安装。

2.下载 pause 镜像

从 Kubernetes v1.14 版本开始，微软提供了运行 Pod 所需的 pause 镜像 mcr.microsoft.com/k8s/core/pause:1.2.0，我们通过 docker pull 命令将其下载到 Windows Server 上：

```
C:\> docker pull mcr.microsoft.com/k8s/core/pause:1.2.0
......
```

```
C:\> docker images
REPOSITORY                            TAG                 IMAGE ID
CREATED               SIZE
mcr.microsoft.com/k8s/core/pause      1.2.0               a74290a8271a
12 months ago         253MB
```

3. 从 Linux Node 上复制 kubeconfig 配置文件和客户端 CA 证书

将 kubeconfig 文件从已存在的 Linux Node 复制到 Windows Node 的 C:\k 目录下，并将文件名改为 config。将客户端 CA 证书 client.crt、client.key、ca.crt 复制到相应的目录下，例如 C:/k/ssl_keys/。config 的内容示例如下：

```
C:\> type C:\k\config
apiVersion: v1
kind: Config
users:
- name: client
  user:
    client-certificate: C:/k/ssl_keys/client.crt
    client-key: C:/k/ssl_keys/client.key
clusters:
- name: default
  cluster:
    certificate-authority: C:/k/ssl_keys/ca.crt
    server: https://192.168.18.3:6443
contexts:
- context:
    cluster: default
    user: client
  name: default
current-context: default
```

通过 kubectl.exe config 命令验证能否正常访问 Master，例如：

```
[Environment]::SetEnvironmentVariable("KUBECONFIG", "C:\k\config",
[EnvironmentVariableTarget]::User)
PS C:\k> .\kubectl.exe config view
apiVersion: v1
clusters: null
contexts: null
current-context: ""
kind: Config
```

```
preferences: {}
users: null
```

4. 下载 Windows Node 所需的脚本和配置文件

从官方 GitHub 代码库中下载 Windows Node 所需的脚本和配置文件，如图 9.2 所示。

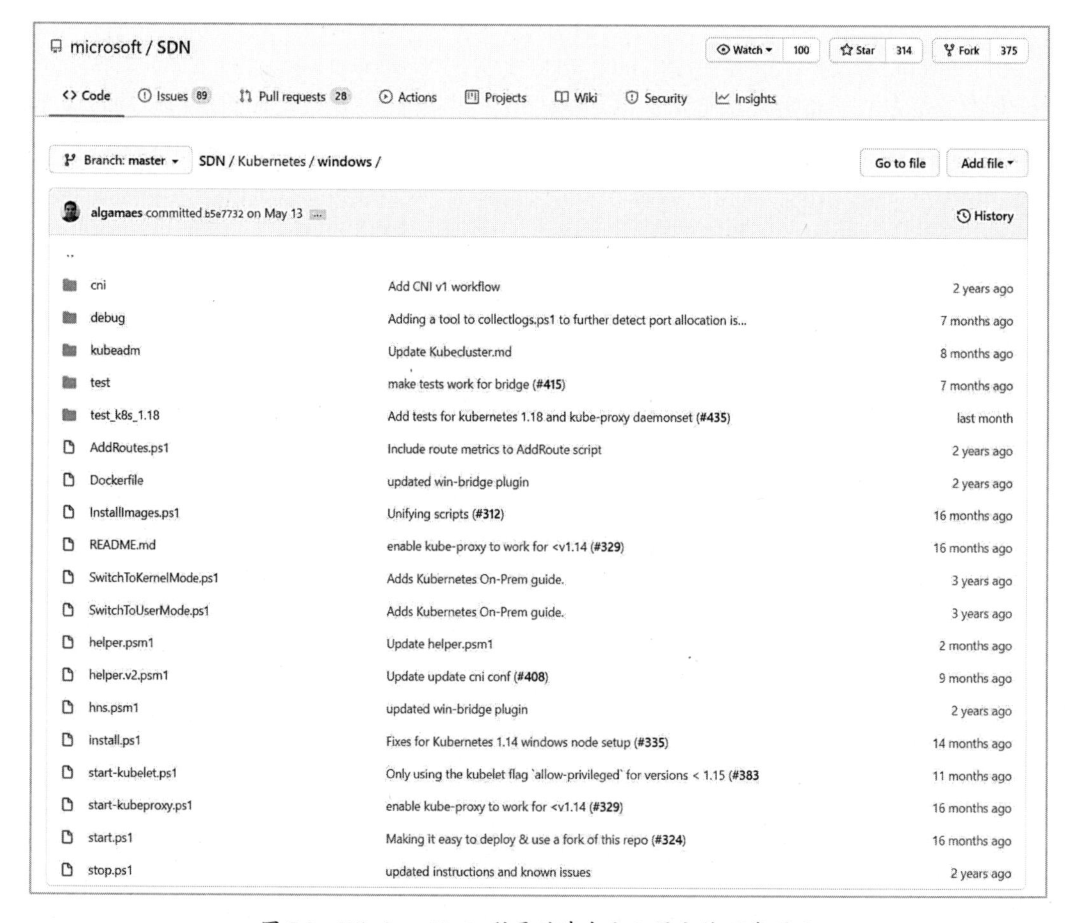

图 9.2　Windows Node 所需的脚本和配置文件下载页面

下载后，将全部文件都复制到 C:\k 目录下。

5. 下载 CNI 相关的脚本和配置文件

这里以 Flannel 为例进行 CNI 网络配置，从 GitHub 中下载相关文件，如图 9.3 所示。

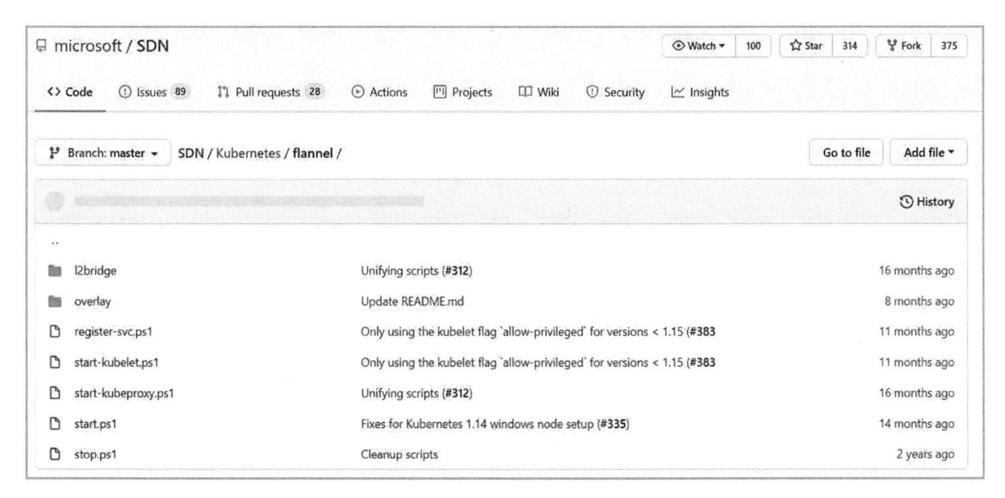

图 9.3　Flannel 脚本和配置文件下载页面

下载后，将全部文件都复制到 C:\k 目录下，覆盖同名的其他文件。

6. 修改 Powershell 脚本中的配置参数

下面对 Powershell 脚本中需要修改的关键参数进行说明。

（1）start.ps1 脚本。修改以下启动参数的值，也可以在运行 start.ps1 时通过命令行参数指定：

```
    Param(
        [parameter(Mandatory = $true)] $ManagementIP,
        [ValidateSet("l2bridge", "overlay",IgnoreCase = $true)]
[parameter(Mandatory = $false)] $NetworkMode="l2bridge",
        [parameter(Mandatory = $false)] $ClusterCIDR="10.244.0.0/16",
        [parameter(Mandatory = $false)] $KubeDnsServiceIP="169.169.0.100",
        [parameter(Mandatory = $false)] $ServiceCIDR="169.169.0.0/16",
        [parameter(Mandatory = $false)] $InterfaceName="Ethernet",
        [parameter(Mandatory = $false)] $LogDir = "C:\k\logs",
        [parameter(Mandatory = $false)] $KubeletFeatureGates = ""
    )
```

参数说明如下。

◎ ClusterCIDR：Flannel 容器网络的 IP 地址范围设置，与 Master 设置保持一致。

◎ KubeDnsServiceIP：使用 Kubernetes 集群 DNS 服务的 ClusterIP 地址，例如 169.169.0.100。

◎ ServiceCIDR：使用 Master 设置的集群 Service 的 ClusterIP 地址范围，例如

169.169.0.0/16。

◎ InterfaceName：Windows 主机的网卡名，例如 Ethernet。

◎ LogDir：日志目录，例如 C:\k\logs。

◎ KubeletFeatureGates：kubelet 的 feature gates 可选参数设置。

（2）Node 名称。我们在脚本中将环境变量 NODE_NAME 的值作为 Node 名称，建议将其设置为 Windows Server 的 IP 地址：

```
[Environment]::SetEnvironmentVariable("NODE_NAME", "192.168.18.9")
```

（3）helper.psm1 脚本。helper.psm1 脚本为 start-kubelet.ps1（启动 kubelet 的脚本）使用的辅助脚本，我们使用多个函数对系统参数进行了设置，关键的修改点如下。

◎ 将--hostname-override 的值设置为 Windows Server 的 IP 地址：

```
function Kubelet-Options()
{
    Param (
        [parameter(Mandatory = $false)] [String]
$KubeDnsServiceIP='169.169.0.100',
        [parameter(Mandatory = $false)] [String] $LogDir = 'C:\k\logs'
    )

    $kubeletOptions = @(
        "--hostname-override=192.168.18.9"
        '--v=6'
        '--pod-infra-container-image=mcr.microsoft.com/k8s/core/pause:1.2.0'
        '--resolv-conf=""'
        '--enable-debugging-handlers'
......
```

◎ 在 Update-CNIConfig 函数中设置 Nameservers（DNS 服务器）的 IP 地址，例如设置 IP 地址为 169.169.0.100：

```
 function
Update-CNIConfig
{
    Param(
        $CNIConfig,
        $clusterCIDR,
        $KubeDnsServiceIP,
        $serviceCIDR,
```

```
            $InterfaceName,
            $NetworkName,
            [ValidateSet("l2bridge", "overlay",IgnoreCase = $true)]
[parameter(Mandatory = $true)] $NetworkMode
        )
        if ($NetworkMode -eq "l2bridge")
        {
            $jsonSampleConfig = '{
                "cniVersion": "0.2.0",
                "name": "<NetworkMode>",
                "type": "flannel",
                "delegate": {
                   "type": "win-bridge",
                    "dns" : {
                      "Nameservers" : [ "169.169.0.100" ],
                      "Search": [ "svc.cluster.local" ]
                    },
                    "policies" : [
                      {
                        "Name" : "EndpointPolicy", "Value" : { "Type" : "OutBoundNAT",
"ExceptionList": [ "<ClusterCIDR>", "<ServerCIDR>", "<MgmtSubnet>" ] }
                      },
                      {
                        "Name" : "EndpointPolicy", "Value" : { "Type" : "ROUTE",
"DestinationPrefix": "<ServerCIDR>", "NeedEncap" : true }
                      },
                      {
                        "Name" : "EndpointPolicy", "Value" : { "Type" : "ROUTE",
"DestinationPrefix": "<MgmtIP>/32", "NeedEncap" : true }
                      }
                    ]
                  }
              }'
    ......
```

◎ 在 Update-NetConfig 函数中设置 Flannel 容器网络 IP 地址池，例如设置 IP 地址池为 10.244.0.0/16：

```
    function
    Update-NetConfig
    {
        Param(
```

```
            $NetConfig,
            $clusterCIDR,
            $NetworkName,
            [ValidateSet("l2bridge", "overlay",IgnoreCase = $true)]
[parameter(Mandatory = $true)] $NetworkMode
        )
        $jsonSampleConfig = '{
            "Network": "10.244.0.0/16",
            "Backend": {
              "name": "cbr0",
              "type": "host-gw"
            }
          }
          '
    ......
```

（4）register-svc.ps1 脚本。register-svc.ps1 脚本通过 nssm.exe 将 flanneld.exe、kubelet.exe 和 kube-proxy.exe 注册为 Windows Server 的系统服务，关键的修改点如下：

```
    Param(
        [parameter(Mandatory = $true)] $ManagementIP,
        [ValidateSet("l2bridge", "overlay",IgnoreCase = $true)]
$NetworkMode="l2bridge",
        [parameter(Mandatory = $false)] $ClusterCIDR="10.244.0.0/16",
        [parameter(Mandatory = $false)] $KubeDnsServiceIP="169.169.0.100",
        [parameter(Mandatory = $false)] $LogDir="C:\k\logs",
        [parameter(Mandatory = $false)] $KubeletSvc="kubelet",
        [parameter(Mandatory = $false)] $KubeProxySvc="kube-proxy",
        [parameter(Mandatory = $false)] $FlanneldSvc="flanneld"
    )
    ......

    $Hostname=192.168.18.9
    ......
```

参数说明如下。

◎ ClusterCIDR：Flannel 容器网络 IP 地址的范围设置，与 Master 的设置保持一致。

◎ KubeDnsServiceIP：使用 Kubernetes 集群 DNS 服务的 ClusterIP 地址，例如 169.169.0.100。

◎ LogDir：日志目录，例如 C:\k\logs。

◎　Hostname：Node 名称，建议将其设置为 Windows Server 的 IP 地址。

（5）start-kubeproxy.ps1 脚本。将--hostname-override 的值设置为 Windows Server 的 IP 地址，例如：

```
......
    c:\k\kube-proxy.exe --v=4 --proxy-mode=kernelspace
--hostname-override=192.168.18.9 ......
......
```

7. 启动 Node

在修改完配置参数后运行 start.ps1 脚本，启动 Windows Node（加入 Kubernetes 集群）：

```
cd C:\k
.\start.ps1 -ManagementIP "192.168.18.9"
```

将启动参数-ManagementIP 的值设置为 Windows Node 的主机 IP 地址。

该脚本的启动过程如下。

（1）启动 flanneld，设置 CNI 网络，如图 9.4 所示。

图 9.4　启动 flanneld，设置 CNI 网络

（2）打开一个新的 PowerShell 窗口来启动 kubelet，如图 9.5 所示。

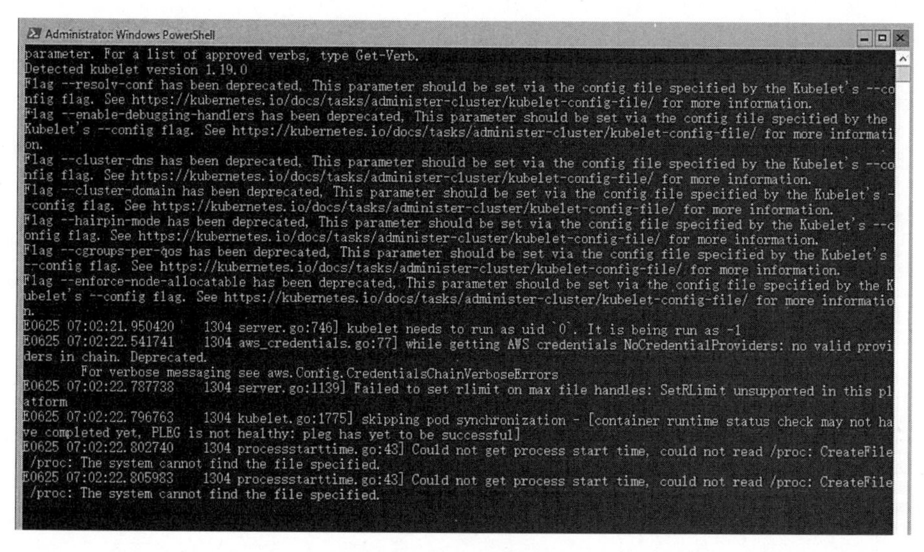

图 9.5　启动 kubelet

（3）打开一个新的 PowerShell 窗口来启动 kube-proxy，如图 9.6 所示。

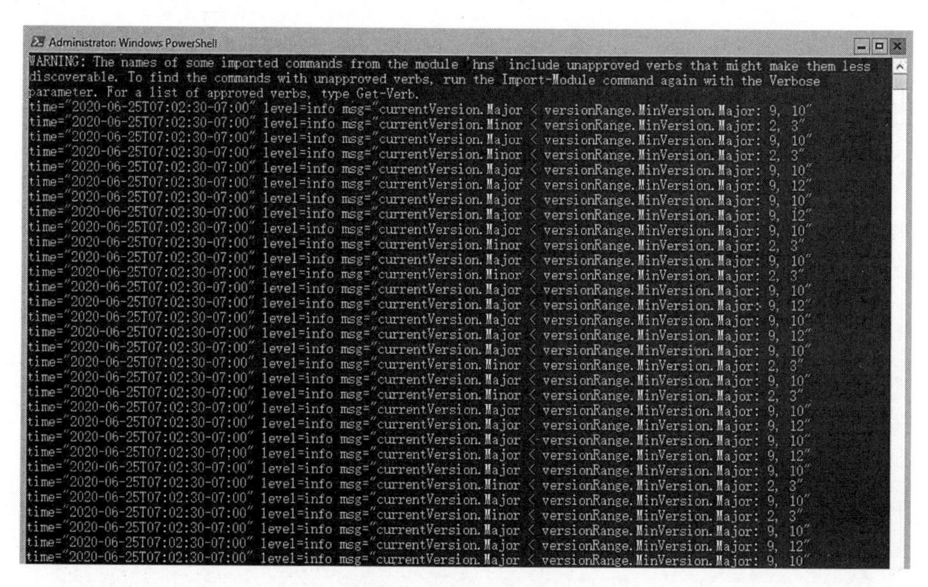

图 9.6　启动 kube-proxy

（4）在服务启动成功之后，在 Master 上查看新加入的 Windows Node：

```
# kubectl get nodes
NAME         STATUS   ROLES    AGE   VERSION
192.168.18.9   Ready    <none>   22h   v1.19.0
```

查看这个 Node 的 Label，可以看到其包含“kubernetes.io/os=windows”的 Label（对于 Linux Node，该 Label 为“kubernetes.io/os=linux”）：

```
# kubectl get node 192.168.18.9 --show-labels
NAME         STATUS    ROLES    AGE    VERSION   LABELS
192.168.18.9 Ready     <none>   22h    v1.19.0
beta.kubernetes.io/arch=amd64,beta.kubernetes.io/os=windows,kubernetes.io/arch=a
md64,kubernetes.io/hostname=192.168.18.9,kubernetes.io/os=windows,node.kubernete
s.io/windows-build=10.0.17763
```

9.1.3 在 Windows Server 上部署容器应用和服务

在 Windows Node 启动成功且状态为 Ready 之后，就可以像在 Linux Node 上部署容器应用一样，在 Windows Node 上部署 Windows 容器应用了。

1. 部署 Windows 容器应用和服务

以下为 win-webserver 服务示例，其中包括一个 Deployment 和一个 Service 的定义。

其中容器镜像的版本需要与 Windows Server 2019 的版本匹配，例如 mcr.microsoft.com/windows/servercore:1809-amd64，版本信息详见 Docker Hub 官网的说明。

在 Deployment 的配置中需要设置 nodeSelector 为“kubernetes.io/os: windows”，以将 Windows 容器应用调度到 Windows Node 上。另外，设置 Service 为 NodePort 类型，验证能否通过 Windows Server 主机 IP 地址和 NodePort 端口号访问服务。

win-server.yaml 文件的内容如下：

```
---
apiVersion: apps/v1
kind: Deployment
metadata:
  labels:
    app: win-webserver
  name: win-webserver
spec:
  replicas: 1
```

```
    selector:
      matchLabels:
        app: win-webserver
    template:
      metadata:
        labels:
          app: win-webserver
        name: win-webserver
      spec:
        containers:
        - name: windowswebserver
          image: mcr.microsoft.com/windows/servercore:1809-amd64
          command:
          - powershell.exe
          - -command
          - "<#code used from https://gist.github.com/wagnerandrade/5424431#> ;
$$listener = New-Object System.Net.HttpListener;
$$listener.Prefixes.Add('http://*:80/') ; $$listener.Start() ; $$callerCounts = @{} ;
Write-Host('Listening at http://*:80/') ; while ($$listener.IsListening)
{ ;$$context = $$listener.GetContext() ;$$requestUrl =
$$context.Request.Url ;$$clientIP =
$$context.Request.RemoteEndPoint.Address ;$$response =
$$context.Response ;Write-Host '' ;Write-Host('> {0}' -f $$requestUrl) ;  ;$$count
= 1 ;$$k=$$callerCounts.Get_Item($$clientIP) ;if ($$k -ne $$null) { $$count +=
$$k } ;$$callerCounts.Set_Item($$clientIP,
$$count) ;$$header='<html><body><H1>Windows Container Web
Server</H1>' ;$$callerCountsString='' ;$$callerCounts.Keys | %
{ $$callerCountsString+='<p>IP {0} callerCount {1} ' -f
$$_,$$callerCounts.Item($$_) } ;$$footer='</body></html>' ;$$content='{0}{1}{2}'
-f $$header,$$callerCountsString,$$footer ;Write-Output $$content ;$$buffer =
[System.Text.Encoding]::UTF8.GetBytes($$content) ;$$response.ContentLength64 =
$$buffer.Length ;$$response.OutputStream.Write($$buffer, 0,
$$buffer.Length) ;$$response.Close() ;$$responseStatus =
$$response.StatusCode ;Write-Host('< {0}' -f $$responseStatus)  } ; "
          ports:
          - name: "demo"
            protocol: TCP
            containerPort: 80
        nodeSelector:
          kubernetes.io/os: windows
```

```
---
apiVersion: v1
kind: Service
metadata:
  name: win-webserver
  labels:
    app: win-webserver
spec:
  type: NodePort
  ports:
  - port: 80
    targetPort: 80
    nodePort: 40001
  selector:
    app: win-webserver
```

通过 kubectl create 命令完成部署：

```
# kubectl create -f win-server.yml
deployment.apps/win-webserver created
service/win-webserver created
```

在 Pod 创建成功后，查看 Pod 的状态：

```
# kubectl get po -o wide
NAME                            READY   STATUS    RESTARTS   AGE   IP            NODE
NOMINATED NODE   READINESS GATES
win-webserver-56795b6746-bmxbq   1/1     Running   0          15s   10.244.1.8
192.168.18.9   <none>           <none>
```

查看 Service 的信息：

```
# kubectl get svc win-webserver
NAME            TYPE       CLUSTER-IP        EXTERNAL-IP   PORT(S)        AGE
win-webserver   NodePort   169.169.160.145   <none>        80:40001/TCP   42s
```

2. 在 Linux 环境中访问 Windows 容器服务

（1）在 Linux 容器内通过 Windows Pod IP 访问 Windows 容器服务：

```
# curl 10.244.1.8:80
<html><body><H1>Windows Container Web Server</H1><p>IP 10.244.0.11 callerCount
1 <p>IP 192.168.18.3 callerCount 1 </body></html>
```

（2）在 Linux 容器内访问 Windows 容器服务，通过 Windows 容器的 Service IP 访问成功：

```
# curl 169.169.160.145:80
<html><body><H1>Windows Container Web Server</H1><p>IP 10.244.0.11 callerCount
2 <p>IP 192.168.18.3 callerCount 1 </body></html>
```

（3）在 Linux 容器内访问 Windows 容器服务，通过 Windows Server 的 IP 和 NodePort 访问成功：

```
# curl 192.168.18.9:40001
<html><body><H1>Windows Container Web Server</H1><p>IP 192.168.18.9 callerCount
1 <p>IP 10.244.0.11 callerCount 2 <p>IP 192.168.18.3 callerCount 1 </body></html>
```

3. 在 Windows Server 主机上访问 Windows 容器服务

（1）在 Windows Server 主机上访问 Windows 容器服务，通过 Windows Pod IP 访问成功：

```
PS C:\> curl -UseBasicParsing 10.244.1.8:80

StatusCode        : 200
StatusDescription : OK
Content           : {60, 104, 116, 109...}
RawContent        : HTTP/1.1 200 OK
                    Content-Length: 192
                    Date: Thu, 25 Jun 2020 14:34:32 GMT
                    Server: Microsoft-HTTPAPI/2.0

                    <html><body><H1>Windows Container Web Server</H1><p>IP
192.168.18.9 callerCount 1 <p>IP 10.2...
Headers           : {[Content-Length, 192], [Date, Thu, 25 Jun 2020 14:34:32 GMT],
[Server, Microsoft-HTTPAPI/2.0]}
RawContentLength  : 192
```

（2）在 Windows Server 主机上访问 Windows 容器服务，通过 Windows 容器的 Service IP 访问成功：

```
PS C:\> curl -UseBasicParsing 169.169.160.145:80

StatusCode        : 200
StatusDescription : OK
Content           : {60, 104, 116, 109...}
RawContent        : HTTP/1.1 200 OK
```

```
                    Content-Length: 192
                    Date: Thu, 25 Jun 2020 14:36:55 GMT
                    Server: Microsoft-HTTPAPI/2.0

                    <html><body><H1>Windows Container Web Server</H1><p>IP 
192.168.18.9 callerCount 2 <p>IP 10.2...
    Headers           : {[Content-Length, 192], [Date, Thu, 25 Jun 2020 14:36:55 GMT], 
[Server, Microsoft-HTTPAPI/2.0]}
    RawContentLength  : 192
```

（3）在 Windows Server 主机上访问 Windows 容器服务，但是通过 Windows Server 的 IP 和 NodePort 无法访问（这是 Windows 网络模型的一个限制）：

```
    PS C:\> curl -UseBasicParsing 192.168.18.9:40001
    Unable to connect to the remote server
        + CategoryInfo          : InvalidOperation: 
(System.Net.HttpWebRequest:HttpWebRequest) [Invoke-WebRequest], WebException
        + FullyQualifiedErrorId : WebCmdletWebResponseException,
Microsoft.PowerShell.Commands.InvokeWebRequestCommand
```

4. 在 Windows 容器内访问 Linux 容器服务（示例中 Web 服务已部署）

（1）在 Windows 容器内访问 Linux 容器服务，通过 Linux Pod IP 访问成功：

```
    PS C:\> curl -UseBasicParsing 10.244.0.18:8080

    StatusCode        : 200
    StatusDescription :
    Content           : <!DOCTYPE html PUBLIC "-//W3C//DTD HTML 4.01 Transitional//EN" 
                        "http://www.w3.org/TR/html4/loose.dtd">
                        <html>
                        <head>
                            <meta content="text/html; charset=utf-8" 
                        http-equiv="Content-Type">
                            <ti...
    RawContent        : HTTP/1.1 200 
                        Content-Language: en-US
                        Accept-Ranges: bytes
                        Content-Length: 1544
                        Content-Type: text/html;charset=UTF-8
                        Date: Thu, 25 Jun 2020 15:25:56 GMT
                        Last-Modified: Sat, 09 May 2020 17:30:51...
```

```
    Forms                :
    Headers              : {[Content-Language, en-US], [Accept-Ranges, bytes],
[Content-Length,
                          1544], [Content-Type, text/html;charset=UTF-8]...}
    Images               : {}
    InputFields           : {}
    Links                : {}
    ParsedHtml            :
    RawContentLength  : 1544
```

（2）在 Windows 容器内访问 Linux 容器服务，通过 Linux 服务 IP 访问成功：

```
    PS C:\> curl -UseBasicParsing 169.169.70.235:8080

    StatusCode          : 200
    StatusDescription :
    Content             : <!DOCTYPE html PUBLIC "-//W3C//DTD HTML 4.01 Transitional//EN"
                          "http://www.w3.org/TR/html4/loose.dtd">
                          <html>
                          <head>
                             <meta content="text/html; charset=utf-8"
                          http-equiv="Content-Type">
                             <ti...
    RawContent          : HTTP/1.1 200
                          Content-Language: en-US
                          Accept-Ranges: bytes
                          Content-Length: 1544
                          Content-Type: text/html;charset=UTF-8
                          Date: Thu, 25 Jun 2020 15:25:56 GMT
                          Last-Modified: Sat, 09 May 2020 17:40:51...
    Forms               :
    Headers             : {[Content-Language, en-US], [Accept-Ranges, bytes],
[Content-Length,
                          1544], [Content-Type, text/html;charset=UTF-8]...}
    Images              : {}
    InputFields          : {}
    Links               : {}
    ParsedHtml           :
    RawContentLength  : 1544
```

（3）在 Windows 容器内访问 Linux 容器服务，通过 Linux 容器服务名称访问成功：

```
    PS C:\> curl -UseBasicParsing linux-app:8080
```

```
    StatusCode        : 200
    StatusDescription :
    Content           : <!DOCTYPE html PUBLIC "-//W3C//DTD HTML 4.01 Transitional//EN"
                      "http://www.w3.org/TR/html4/loose.dtd">
                      <html>
                      <head>
                          <meta content="text/html; charset=utf-8"
                      http-equiv="Content-Type">
                          <ti...
    RawContent        : HTTP/1.1 200
                      Content-Language: en-US
                      Accept-Ranges: bytes
                      Content-Length: 1544
                      Content-Type: text/html;charset=UTF-8
                      Date: Thu, 25 Jun 2020 15:25:56 GMT
                      Last-Modified: Sat, 09 May 2020 17:50:51...
    Forms             :
    Headers           : {[Content-Language, en-US], [Accept-Ranges, bytes],
[Content-Length,
                      1544], [Content-Type, text/html;charset=UTF-8]...}
    Images            : {}
    InputFields        : {}
    Links             : {}
    ParsedHtml         :
    RawContentLength  : 1544
```

9.1.4 Kubernetes 支持的 Windows 容器特性、限制和发展趋势

本节从 Kubernetes 的管理功能、容器运行时、持久化存储、网络、已知的功能限制和计划增强的功能几个方面，对 Kubernetes 支持的 Windows 容器特性、限制和发展趋势进行说明。

1. Kubernetes 管理功能

（1）Pod。

◎ 支持一个 Pod 内的多个容器设置进程隔离和 Volume 共享。
◎ 支持显示 Pod 详细状态信息。
◎ 支持 Liveness 和 Readiness 健康检查机制。

◎ 支持 postStart 和 preStop 命令设置。
◎ 支持 ConfigMap、Secret 以环境变量或 Volume 设置到容器内。
◎ 支持 EmptyDir 类型的 Volume 存储卷。
◎ 支持挂载主机上的命名管道（Named Pipe）。
◎ 支持资源限制的设置。
◎ 在安全上下文（securityContext）的配置中支持 securityContext.runAsNonRoot 和 securityContext.windowsOptions 字段。
◎ 不支持设置以下（仅适用于 Linux）字段：

- spec.hostPID
- spec.hostIPC
- spec.securityContext.seLinuxOptions
- spec.securityContext.seccompProfile
- spec.securityContext.fsGroup
- spec.securityContext.fsGroupChangePolicy
- spec.securityContext.sysctls
- spec.shareProcessNamespace
- spec.securityContext.runAsUser
- spec.securityContext.runAsGroup
- spec.securityContext.supplementalGroups
- spec.containers[*].securityContext.seLinuxOptions
- spec.containers[*].securityContext.seccompProfile
- spec.containers[*].securityContext.capabilities
- spec.containers[*].securityContext.readOnlyRootFilesystem
- spec.containers[*].securityContext.privileged
- spec.containers[*].securityContext.allowPrivilegeEscalation
- spec.containers[*].securityContext.procMount
- spec.containers[*].securityContext.runAsUser
- spec.containers[*].securityContext.runAsGroup

（2）支持的控制器类型包括以下几个。

◎ ReplicaSet。
◎ Deployment。

◎ StatefulSet。
◎ DaemonSet。
◎ Job。
◎ CronJob。
◎ ReplicationController。

（3）服务。

◎ 支持 ClusterIP、NodePort、LoadBalancer 等服务类型。
◎ 支持服务外部名称 ExternalName。
◎ 支持以下负载均衡功能。
- 会话保持（sessionAffinity=ClientIP）。
- Direct Server Return (DSR)。
- 保留目标地址（Preserve-Destination）。
- IPv4 和 IPv6 双栈网络。
- 保留客户端 IP 地址。

（4）其他。

◎ 支持 kubectl exec 执行容器中的命令。
◎ 支持 Pod 和容器级别的性能指标。
◎ 支持 HPA。
◎ 支持 Resource Quota 资源配额设置。
◎ 支持抢占式（Preemption）调度策略。

2. 容器运行时

（1）containerd：Kubernetes 从 v1.18 版本开始增加了在 Windows 上运行 containerd 的支持，到 v1.20 本版时达到 Stable 阶段。

（2）Mirantis 容器运行时（MCR）：支持 Windows Server 2019 及以上版本。

3. 持久化存储

（1）内置支持的持久化存储类型包括 azureFile、gcePersistentDisk、vsphereVolume。

（2）FlexVolume 插件：FlexVolume 插件以 Powershell 脚本文件提供，需要将其部署在 Windows 主机上，支持的插件类型包括 SMB 和 iSCSI，注意 Kubernetes 从 v1.23 版本开始

弃用 FlexVolume。

（3）CSI 插件：CSI 插件需要以特权模式运行，在 Windows 上通过 csi-proxy 进行代理，需要预先将 csi-proxy 二进制文件部署在 Windows 主机上，该特性到 Kubernetes v1.22 版本时达到 Stable 阶段。

4. 网络

Windows 容器通过 CNI 插件设置网络。在 Windows 上，容器网络与虚拟机网络相似，每个容器都将被设置一个虚拟网卡（Virtual Network Adapter, vNIC），并连接至一个 Hyper-V 虚拟交换机（vSwitch）。Windows 通过 HNS（Host Networking Service）服务和 HCS（Host Compute Service）服务完成容器的 vNIC 设置和网络联通性设置。

目前 Windows 支持 5 种网络驱动（或网络模式）：L2bridge、L2tunnel、Overlay、Transparent 和 NAT，对各种模式的详细说明参见官方文档。

目前支持的 Pod、Service、Node 之间的网络访问方式如下。

◎ Pod→Pod (IP)。
◎ Pod→Pod (Name)。
◎ Pod→Service (ClusterIP)。
◎ Pod→Service (PQDN，不包含“.”的相对域名)。
◎ Pod→Service (FQDN)。
◎ Pod→External (IP)。
◎ Pod→External (DNS)。
◎ Node→Pod。
◎ Pod→Node。

目前支持的 IPAM 选项包括如下几个。

◎ host-local。
◎ Windows Server IPAM。
◎ azure-vnet-ipam（仅适用于 azure-cni 插件）。

5. 已知的功能限制

（1）控制平面。Windows Server 仅能作为 Node 加入 Kubernetes 集群中，集群的 Master 仍需在 Linux 环境中运行。

（2）计算资源管理。

◎ Windows 没有类似于 Linux Cgroups 的管理功能。
◎ Windows 容器镜像的版本需要与宿主机的操作系统版本相匹配，未来计划基于 Hyper-V 隔离机制实现向后版本兼容。

（3）暂不支持的特性。

◎ TerminationGracePeriod（在使用 containerd 时支持）。
◎ 特权模式。
◎ 巨页（HugePage）。
◎ 部分共享命名空间的特性。

（4）存储资源管理。

◎ 不支持 subpath 挂载（只能挂载整个 Volume）。
◎ 不支持 Secret 的 subpath 挂载。
◎ 不支持只读的根文件系统。
◎ 不支持块设备。
◎ 不支持挂载内存为存储介质。
◎ 不支持类似 UID/GID 等 Linux 文件系统属性。
◎ 不支持使用 DefaultMode 设置 Secret 权限（因为依赖 UID 和 GID）。
◎ 不支持基于 NFS 的存储卷。
◎ 不支持存储卷的扩展（Resizefs）功能。

（5）网络资源管理。Windows 网络与 Linux 网络在许多方面都不同，关于 Windows 容器网络的概念，可以参考官网的说明。Windows 网络技术暂不支持以下 Kubernetes 容器网络特性。

◎ hostnetwork 模式。
◎ 从 Node 本身访问本地服务的 NodePort（可以从其他 Node 或外部客户端访问）。
◎ 一个 Service 的后端 Endpoint 数量的上限为 64 个。
◎ 在连接到上层网络的 Pod 之间使用 IPv6 地址进行通信。
◎ 非 DSR 模式中的本地流量策略（Local Traffic Policy）。
◎ win-overlay、win-bridge 网络插件不支持使用 ICMP 进行出站（Outbound）通信。

Flannel VXLAN CNI 插件的使用有如下限制。

◎ 使用 Flannel v0.12.0(或更高版本)时，Node 到 Pod 的网络通信仅适用于本地 Pod。
◎ Flannel 仅限于使用 VNI 端口号 4096 和 UDP 端口号 4789。

DNS 域名解析有如下限制。

◎ ClusterFirstWithHostNet 设置。
◎ 可用查询 DNS 后缀仅有一个，即 namespace.svc.cluster.local。
◎ 在 Windows 上有多个 DNS 域名解析器，推荐使用 Resolve-DNSName。

安全相关的限制如下。

◎ 不支持 RunAsUser，改用 RunAsUsername。
◎ 不支持 Linux 上的 SELinux、AppArmor、Seccomp、Capabilities 等设置。

kubelet 配置参数有如下限制。

◎ 不支持--enforce-node-allocable 的驱逐机制。
◎ 不支持--eviction-hard 和--eviction-soft 的驱逐机制。
◎ 不支持 CPU 和内存资源限制，配置的资源预留（--kube-reserved 和--system-reserved）仅用于减少 NodeAllocatable 的数量，而不能为 Pod 的资源需求提供保证。
◎ 未实现 MemoryPressure 类型的状况信息。
◎ 不支持执行 OOM 驱逐操作。

另外，还包括一些 API 的限制。

6. 计划增强的功能

◎ 初步支持使用 Node 问题检测器（Node Problem Detector）。
◎ 支持更多的 CNI 插件。
◎ 支持更多的存储插件。

9.2 对 GPU 的支持

随着人工智能和机器学习的迅速发展，基于 GPU 的大数据运算越来越普及。在 Kubernetes 的发展规划中，GPU 资源有着非常重要的地位。用户应该能够为其工作任务请求 GPU 资源，就像请求 CPU 或内存一样，而 Kubernetes 将负责调度容器到具有 GPU 资源的 Node 上。

Kubernetes 从 v1.8 版本开始，引入了 Device Plugin（设备插件）模型，为设备提供商提供了一种基于插件的、无须修改 kubelet 核心代码的外部设备启用方式，设备提供商只需在 Node 上以 DaemonSet 方式启动一个设备插件容器供 kubelet 调用，即可使用外部设备。目前支持的设备类型包括 GPU、高性能 NIC 卡、FPGA、InfiniBand 等，关于设备插件的说明详见官方文档。在 Kubernetes v1.26 版本中，对 AMD、NVIDIA GPU 和 Intel GPU 的调度支持已经正式达到 GA 版本的水平，可以生产使用了。与此同时，因为大语言模型的飞速发展，各厂商的 GPU 能力仍在快速发展，未来会在 Kubernetes 上提供更丰富的功能。

要使用 GPU 设备，首先需要在对应的 Node 上安装来自对应硬件厂商的 GPU 驱动程序，同时运行 GPU 厂商对接 Kubernetes 的设备插件。完成这些操作以后，集群就会把 GPU 资源暴露出来，GPU 对应的资源名称是 amd.com/gpu 和 nvidia.com/gpu。然后我们就可以在容器中声明使用 GPU 资源了。其请求方式与请求 CPU 或 memory 时类似，不过 GPU 只能在 limits 部分指定，因为 GPU 资源的分配是非弹性的，必须满足 request=limit。

下面进行环境准备。我们需要在每个工作 Node 上都安装 GPU 驱动程序，不同厂商的 GPU 驱动程序的安装方式不同，请参考厂商相关的技术文档。此外，这里说的 GPU 驱动程序不是指显卡，而是指 GPU 运算框架库的驱动，比如 NVIDIA 是 CUDA 框架，AMD 是 ROCm 框架。

1. NVIDIA GPU 类型

使用 NVIDIA GPU 的系统要求有如下几个。

◎ NVIDIA 驱动程序的版本为 v384.81 及以上。
◎ nvidia-container-toolkit 的版本在 v1.7.0 及以上，或 nvidia-docker 的版本为 2.0 及以上。
◎ 默认容器运行时必须为 nvidia-container-runtime，而不能用 runc。
◎ Kubernetes 版本为 v1.10 及以上。

containerd 使用 NVIDIA 运行时的配置示例（通常配置文件为/etc/containerd/config.toml）如下：

```
version = 2
[plugins]
  [plugins."io.containerd.grpc.v1.cri"]
```

```
        [plugins."io.containerd.grpc.v1.cri".containerd]
          default_runtime_name = "nvidia"

          [plugins."io.containerd.grpc.v1.cri".containerd.runtimes]
            [plugins."io.containerd.grpc.v1.cri".containerd.runtimes.nvidia]
              privileged_without_host_devices = false
              runtime_engine = ""
              runtime_root = ""
              runtime_type = "io.containerd.runc.v2"

[plugins."io.containerd.grpc.v1.cri".containerd.runtimes.nvidia.options]
              BinaryName = "/usr/bin/nvidia-container-runtime"
```

NVIDIA 设备驱动的部署 YAML 文件可以从 NVIDIA 的 GitHub 代码库获取，示例如下：

```
apiVersion: apps/v1
kind: DaemonSet
metadata:
  name: nvidia-device-plugin-daemonset
  namespace: kube-system
spec:
  selector:
    matchLabels:
      name: nvidia-device-plugin-ds
  updateStrategy:
    type: RollingUpdate
  template:
    metadata:
      labels:
        name: nvidia-device-plugin-ds
    spec:
      tolerations:
      - key: nvidia.com/gpu
        operator: Exists
        effect: NoSchedule
      priorityClassName: "system-node-critical"
      containers:
      - image: nvcr.io/nvidia/k8s-device-plugin:v0.14.0
        name: nvidia-device-plugin-ctr
        env:
          - name: FAIL_ON_INIT_ERROR
```

```
          value: "false"
        securityContext:
          allowPrivilegeEscalation: false
          capabilities:
            drop: ["ALL"]
        volumeMounts:
        - name: device-plugin
          mountPath: /var/lib/kubelet/device-plugins
      volumes:
      - name: device-plugin
        hostPath:
          path: /var/lib/kubelet/device-plugins
```

2. AMD GPU 类型

使用 AMD GPU 的系统要求如下。

◎ 服务器支持 ROCm（Radeon Open Computing Platform）。

◎ ROCm kernel 驱动程序或 AMD GPU Linux 驱动程序为最新版本。

◎ Kubernetes 的版本为 v1.10 及以上。

AMD 设备驱动的部署 YAML 文件可以从 AMD 的 GitHub 代码库中获取，示例如下：

```
apiVersion: apps/v1
kind: DaemonSet
metadata:
  name: amdgpu-device-plugin-daemonset
  namespace: kube-system
spec:
  selector:
    matchLabels:
      name: amdgpu-dp-ds
  template:
    metadata:
      labels:
        name: amdgpu-dp-ds
    spec:
      nodeSelector:
        kubernetes.io/arch: amd64
      priorityClassName: system-node-critical
      tolerations:
      - key: CriticalAddonsOnly
```

```
          operator: Exists
        containers:
        - image: rocm/k8s-device-plugin
          name: amdgpu-dp-cntr
          securityContext:
            allowPrivilegeEscalation: false
            capabilities:
              drop: ["ALL"]
          volumeMounts:
            - name: dp
              mountPath: /var/lib/kubelet/device-plugins
            - name: sys
              mountPath: /sys
        volumes:
          - name: dp
            hostPath:
              path: /var/lib/kubelet/device-plugins
          - name: sys
            hostPath:
              path: /sys
```

3. Intel GPU 类型

Intel 公司提供了多种类型设备的插件，包括 GPU、FPGA、QAT、SGX、DSA、DLB、IAA 等，相关的驱动程序配置安装手册详见官方 GitHub 仓库中的说明，此处略。

完成 GPU 驱动程序的安装后，容器应用就能使用 GPU 资源了。

9.2.1　在容器中使用 GPU 资源

GPU 资源在 Kubernetes 中的名称为 nvidia.com/gpu（NVIDIA 类型）或 amd.com/gpu（AMD 类型），可以对容器进行 GPU 资源请求的设置。

在下面的例子中为容器申请 1 个 GPU 资源：

```
apiVersion: v1
kind: Pod
metadata:
  name: cuda-vector-add
spec:
  restartPolicy: OnFailure
```

```
  containers:
    - name: cuda-vector-add
      image: "k8s.gcr.io/cuda-vector-add:v0.1"
      resources:
        limits:
          nvidia.com/gpu: 1 # requesting 1 GPU
```

目前对 GPU 资源的使用配置有如下限制。

◎ GPU 资源请求只能在 limits 字段进行设置，系统将默认设置 requests 字段的值等于 limits 字段的值，不支持只设置 requests 而不设置 limits。

◎ 在多个容器之间或者在多个 Pod 之间不能共享 GPU 资源，也不能像 CPU 一样超量使用（Overcommitting）。

◎ 每个容器只能请求整数个（1 个或多个）GPU 资源，不能请求 1 个 GPU 的部分资源。

如果在集群中运行着不同类型的GPU,则Kubernetes支持通过使用Node Label和Node Selector 将 Pod 调度到合适的 GPU 所属的 Node。

1. 为 Node 设置合适的 Label

对于 NVIDIA 类型的 GPU，可以通过 kubectl label 命令为 Node 设置不同的 Label：

```
# kubectl label nodes <node-with-k80> accelerator=nvidia-tesla-k80
# kubectl label nodes <node-with-p100> accelerator=nvidia-tesla-p100
```

AMD 和 NVIDIA 驱动都提供了用于为 Node 自动设置 Label 的工具，AMD 提供的工具名为“Node Labeller”，NVIDIA 提供的工具名为“GPU feature discovery”，下面以 AMD 的工具为例进行说明。

对于 AMD 类型的 GPU，可以使用 AMD 开发的 Node Labeller 工具自动为 Node 设置合适的 Label。

Node Labeller 以 DaemonSet 的方式部署，可以从 AMD 的 GitHub 代码库下载 YAML 文件。在 Node Labeller 的启动参数中，可以设置不同的 Label 以表示不同的 GPU 信息。目前支持的 Label 如下。

（1）Device ID：启动参数为-device-id。

（2）VRAM Size：启动参数为-vram。

（3）Number of SIMD：启动参数为-simd-count。

（4）Number of Compute Unit：启动参数为-cu-count。

（5）Firmware and Feature Versions：启动参数为-firmware。

（6）GPU Family, in two letters acronym：启动参数为-family。family 类型以两个字母缩写表示，完整的启动参数为 family.SI、family.CI 等。其中，SI 的全称为 Southern Islands，CI 的全称为 Sea Islands，KV 的全称为 Kaveri，VI 的全称为 Volcanic Islands，CZ 的全称为 Carrizo，AI 的全称为 Arctic Islands，RV 的全称为 Raven，NV 的全称为 Navi。

通过 Node Labeller 工具自动为 Node 设置 Label 的示例如下：

```
$ kubectl describe node cluster-node-23
Name:               cluster-node-23
Labels:             beta.amd.com/gpu.cu-count.64=1
                    beta.amd.com/gpu.device-id.6860=1
                    beta.amd.com/gpu.family.AI=1
                    beta.amd.com/gpu.simd-count.256=1
                    beta.amd.com/gpu.vram.16G=1
                    beta.kubernetes.io/arch=amd64
                    beta.kubernetes.io/os=linux
                    kubernetes.io/hostname=cluster-node-23
Annotations:        kubeadm.alpha.kubernetes.io/cri-socket:
/var/run/dockershim.sock
                    node.alpha.kubernetes.io/ttl: 0
......
```

2. 设置 Node Selector 指定调度 Pod 到目标 Node 上

以 NVIDIA GPU 为例：

```
apiVersion: v1
kind: Pod
metadata:
  name: cuda-vector-add
spec:
  restartPolicy: OnFailure
  containers:
    - name: cuda-vector-add
      image: "k8s.gcr.io/cuda-vector-add:v0.1"
      resources:
        limits:
```

```
        nvidia.com/gpu: 1
  nodeSelector:
    accelerator: nvidia-tesla-p100
```

上面代码中的配置可确保将 Pod 调度到含有 accelerator=nvidia-tesla-k80Label 的 Node 上运行。

9.2.2 发展趋势

Kubernetes 对 GPU 的支持有如下发展趋势。

◎ GPU 和其他设备将像 CPU 那样成为 Kubernetes 系统的原生计算资源类型，以 Device Plugin 的方式供 kubelet 调用。

◎ 目前的 API 限制较多，Kubernetes 未来会有功能更丰富的 API，那些 API 能支持以可扩展的形式进行 GPU 等硬件加速器资源的供给、调度和使用。

◎ Kubernetes 将确保使用 GPU 的应用程序达到最佳性能。

9.3 Kubernetes 集群扩缩容的新功能

除了 HPA（Pod 水平扩展功能），Kubernetes 仍在继续开发一些新的互补的 Pod 自动扩缩容功能，这些代码独立于 Kubernetes 代码库，统一放在 Kubernetes AutoScaler 的 GitHub 代码库中进行维护。目前有以下几个正在开发的项目。

◎ Cluster AutoScaler（集群资源自动扩缩容）：主要用于公有云上的 Kubernetes 集群，目前已经覆盖常见的公有云，包括 GCP、AWS、Azure、阿里云、华为云等，其核心功能是自动扩容 Kubernetes 集群的 Node，以应对集群资源不足或者 Node 故障等情况。这个组件到 Kubernetes v1.8 版本时达到 Stable 阶段。

◎ Vertical Pod AutoScaler（Pod 垂直自动伸缩）：简称 VPA，目前仍在快速演进，与 HPA 互补，主要提供 Pod 垂直扩缩容的能力，目前处于 Beta 阶段。

◎ Addon Resizer：是 VPA 的简化版，可方便用户体验 VPA 的新特性，目前处于 Beta 阶段。

9.3.1　Cluster AutoScaler

Cluster AutoScaler 是一个自动扩展和收缩 Kubernetes 集群中 Node 数量的扩展组件。当集群中的 Node 数量不足以支撑用户负载时，Cluster AutoScaler 会自动调用公有云的接口来创建新的 Node 并加入集群中，而当前集群中的 Node 长时间（比如超过 10min）资源利用率很低时（比如低于 50%），自动将 Node 移除以节省集群资源。

需要注意的是，Cluster AutoScaler 是给公有云厂商使用的，并不适合私有集群。目前，Cluster AutoScaler v1.0+可以通过容器方式进行部署。同时，需要在开启 RBAC 授权机制的集群中创建名为“cluster-autoscaler”的 ClusterRole。

Cluster AutoScaler 需要配合公有云厂商的虚拟机 Node 自动扩缩容机制，以 Amazon 公有云为例，它提供了 Auto Scaling Node Group，用户可以通过手动方式或自动扩展方式调整 Group 中的虚拟机数量以满足需求。类似地，谷歌公有云提供了 Managed Instance Group（MIG）机制，除了可以自动扩缩容虚拟机 Node，还具备自愈功能。微软 Azure 公有云中也提供了类似的机制，比如 Virtual-Machine Scale Sets 及 Availability Sets。从本质上来说，Kubernetes 的 Cluster AutoScaler 就是通过各个公有云厂商的虚拟机 Node 自动扩缩容机制来实现 Kubernetes Node 的自动扩缩容功能的。因此，Cluster AutoScaler 所能纳管控制的 Node，必须属于公有云中的这类特殊 Group 中的 Node。公有云提供的常见 Group 有以下 3 个。

◎ GCE/GKE 中的 Managed Instance Group。
◎ AWS 中的 AutoScaling Groups。
◎ Azure 中的 Scale Sets 和 Availability Sets。

当集群中存在多个 Node Group 时，也可以通过参数--expander=<option>来确定如何选择 Node Group，目前有以下几种实现方式。

◎ random：随机选择。
◎ most-pods：选择容量最大（可以创建最多 Pod）的 Node Group。
◎ least-waste：以最小浪费原则选择，即选择有最少可用资源的。
◎ Node Groupprice：选择最便宜的 Node Group（仅支持 GCE 和 GKE）。

目前，依托公有云厂商提供的虚拟机 Node 自动扩缩容机制，Cluster AutoScaler 可以保证 Node 扩缩容的性能。

◎ 小集群（小于 100 个 Node）可以在不超过 30s 内完成扩展（平均 5s）。

◎ 大集群（100~1000 个 Node）可以在不超过 60s 内完成扩展（平均 15s）。

Cluster AutoScaler 在启动后，会定时（默认每 10s 一次）检查当前集群中的资源是否充足，如果发现没有足够的资源来创建新的 Pod，则会调用云厂商的接口，创建一个新的 Node 并纳入集群中，如图 9.7 所示，Node3 就是扩容的 Node。

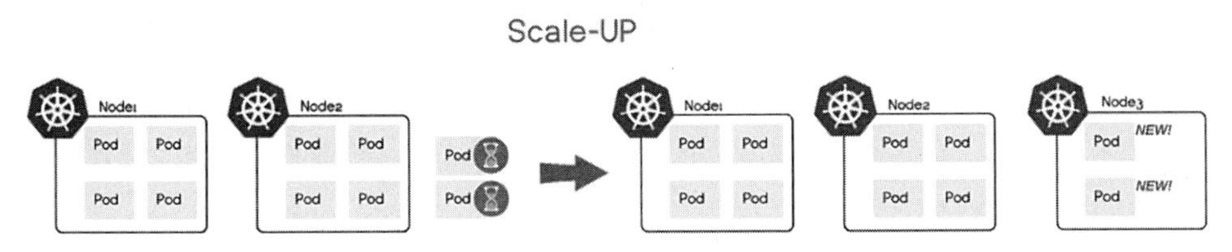

图 9.7　Cluster AutoScaler 扩容示意图

此外，Cluster AutoScaler 也会定时（默认每 10s 一次）自动监测集群中 Node 的资源使用情况。当一个 Node 长时间（默认 10min）都没有执行任何扩展操作，并且资源利用率也很低时（默认低于 0%），就会自动将该 Node 删除，这个过程会确保 Node 上的 Pod 优雅关闭，并被自动调度到其他 Node 上，如图 9.8 所示。

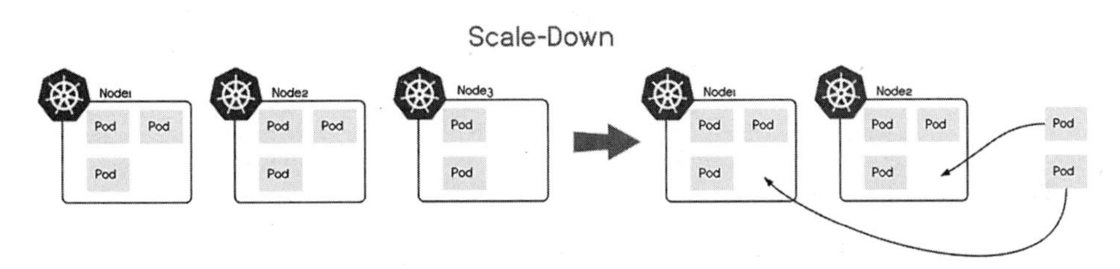

图 9.8　Cluster AutoScaler 缩容示意图

Cluster AutoScaler 仅根据 Pod 的调度情况和 Node 的整体资源使用情况来决定是否扩缩容 Node，不会用到 Pod 和 Node 的资源度量指标（Metrics），因此无须部署 Metrics Server。我们在启动 Cluster AutoScaler 时可以配置其所纳管的 Node 数量的范围，比如最少多少个，最多多少个。

Cluster AutoScaler 可以跟 HPA 配合使用，但是需要注意以下几点。

◎ Cluster AutoScaler Node 上部署的 Pod，应该是由控制器创建的 Pod，而不是直接创建的 Pod。
◎ 调度到 Cluster AutoScaler Node 上的 Pod，应该可以允许暂时的中断和重新调度，而不影响总体服务质量。

◎ 调度到 Cluster AutoScaler Node 上的 Pod 不应该使用本地存储。

我们建议，对 Cluster AutoScaler 托管的 Node 设置特殊的 Label 和污点，只调度一些非关键类的业务。

9.3.2 Kubernetes VPA

Kubernetes VPA 目前不能与 HPA 配合使用，还处于 Beta 版本阶段。因此，目前存在的问题比较多，不建议在生产环境中使用。如果我们对 HPA 机制和运维有比较深入的经验，则会有助于我们理解 VPA。

如图 9.9 所示，VPA 与我们熟悉的 HPA 扩缩容机制不同，VPA 关注的是单个 Pod 的资源分配，它根据容器资源使用率自动调整容器的 CPU 和 Memory Request 的值，从而实现集群资源的分配优化，VPA 可实现以下目标。

◎ 通过自动配置 Pod 的资源请求（CPU/Memory Request &Limit）来降低运维的复杂度和人工成本。
◎ 在努力提高集群资源利用率的同时避免出现容器资源不足的风险，例如出现内存不足或 CPU 饥饿。

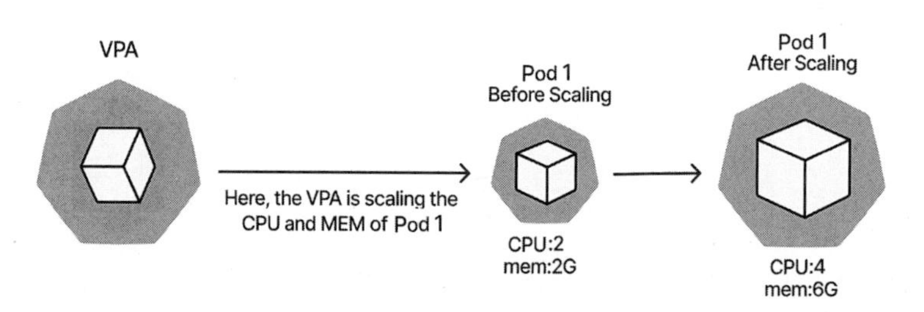

图 9.9　VPA Scale Pod 示意图

总之，让 VPA 接管 Pod 的资源配置工作，可使配置更为精确，并且可以长期自动跟踪调整，比如某些应用的 Pod 对资源的需求量是随着业务请求的变化而动态改变的，这类 Pod 非常适合 VPA 自动管理。通过精确调整集群中 Pod 的资源配置，VPA 可以帮助我们减少资源浪费、提升集群资源利用率，同时降低人工管理的工作量，从而优化集群的运营成本。

VPA 是如何实现其目标的呢？简单来说，VPA 是要想办法找出目标 Pod 在运行期间所需的最少资源，并且将目标 Pod 的资源请求改为它所建议的数值。这样，容器既不会有资源不足的风险，又最大程度地提升了资源利用率。为了追踪目标 Pod 并实施垂直伸缩功能，VPA 定义了一个全新的 CRD“VerticalPodAutoscaler”，它的定义包括一个匹配目标 Pod 的选择器、Pod 资源量的更新策略（updatePolicy）、计算 Pod 所需资源量的资源策略（resourcePolicy）等。下面给出一个示例：

```
apiVersion: autoscaling.k8s.io/v1
kind: VerticalPodAutoscaler
metadata:
  name: vpa-recommender
spec:
  targetRef:
    apiVersion: "apps/v1"
    kind:       Deployment
    name:       frontend
  updatePolicy:
    updateMode: "Auto"
  resourcePolicy:
    containerPolicies:
    - containerName: my-opt-sidecar
      mode: "Off"
```

这里对其中的关键信息解释如下。

（1）targetRef：用于匹配目标 Pod 的选择器，这里选择名为“frontend”的 Deployment 控制的 Pod。

（2）updatePolicy：用于更新 Pod 资源需求时的操作策略，有以下几个选项。

◎ updateMode：默认值为 Auto。
◎ Off：仅监控资源状况并提出建议，不进行自动修改。
◎ Initial：在创建 Pod 时为 Pod 指派资源。
◎ Recreate：在创建 Pod 时为 Pod 指派资源，并可以在 Pod 的生命周期中通过删除、重建 Pod，将其资源数量更新为 Pod 申请的数量。
◎ Auto：目前相当于 Recreate。

（3）resourcePolicy：用于指定资源计算的策略，如果这一字段被省略，则将会为在 targetRef 中指定的控制器生成的所有 Pod 的容器进行资源测算，并根据 updatePolicy 的定义进行更新。

◎ containerName：容器名称，如果为“*”，则对所有没有设置资源策略的容器都生效。

◎ mode：为 Auto 时，表示为指定的容器启用 VPA；为 Off 时，表示关闭指定容器的 VPA。

◎ MinAllowed：允许的最小资源值。

◎ MaxAllowed：允许的最大资源值。

如图 9.10 所示，当我们在集群中发布一个上述 VerticalPodAutoScaler 的对象后，VPA Recommender 组件会发现并自动加载这个对象进行解析，并持续通过 Metrics Server 获取目标 Pod 运行期间的实时资源度量指标，主要是 CPU 和内存使用指标，再结合历史性能数据、系统中发生的 OOM 事件，以及 VerticalPodAutoScaler 中的规则，最终计算出来一个比较合理的资源需求建议值。

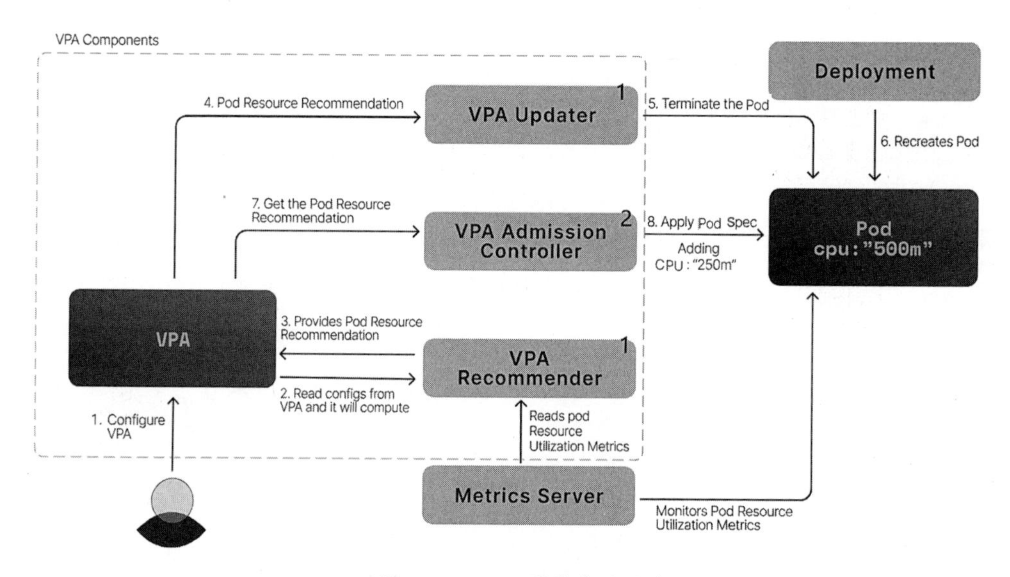

图 9.10　VPA 设计实现思路

VPA Updater 组件如果发现目标 Pod 有新的资源需求建议值，而且在 VPA 对象中设置的 mode 为 Auto 时，就会调用 API 驱逐目标 Pod。由于目标 Pod 是被控制器控制的，所以副本控制器就会创建新的 Pod 对象，随后 VPA Admission Controller 就会拦截创建新 Pod 的请求，并把新 Pod 的资源量请求值设置为 VPA Recommend 给出的建议值，这就是 VPA 的整个工作原理和流程。

VPA Updater 组件针对 Pod 的更新有以下两种方式。

◎ 通过 Pod 驱逐（Pod Eviction），让 Pod 控制器如 Deployment、ReplicaSet 等来决定如何销毁目标 Pod 并重建 Pod 副本。
◎ 原地更新 Pod 实例（In-Place Updates），目标 Pod 并不销毁，而是直接修改目标 Pod 的资源配置数据并立即生效。这也是 VPA 的一个亮点特性。

在 Kubernetes v1.27 版本中，添加了一个新的 Alpha 特性，允许用户调整分配给 Pod 的 CPU 和内存资源大小，而无须重新启动容器，进行资源修改时只需通过 API 的 Patch 接口即可实现操作，containerd v1.6.9 以下的版本不具备此功能所需的 CRI 支持。

为了实施 HPA，我们需要提前做如下准备工作。

◎ 运行、观测并正确设定目标 Pod 的资源请求，包括 CPU 和内存的初始值，满负荷情况下单一 Pod 的 CPU 和内存上限值。
◎ 测试 Pod 的副本数量与请求负载之间的关系，用来设定 HPA 情况下 Pod 的合理副本数的范围。
◎ 观察 HPA 的实际效果，并继续调整相关参数。

如果我们不放心 VPA 自动修改 Pod 的资源配置信息，则可以将 UpdateMode 设置为 Off，这时可以通过命令行得到 VPA 给出的建议值。VPA 还有一个重要的组件——VPA Admission Controller，它会拦截 Pod 的创建请求，如果该 Pod 对应的 UpdateMode 不是 Off，则它会用 Recommender 推荐的值改写 Pod 中对应的 Spec 内容。

在目前的版本中，Pod 不必通过 VPA 的准入控制“修正”就能被正常调度，但在未来的版本中可能考虑增加强制性要求。比如，某种 Pod 必须要经过 VPA 的修正才能被调度，如果该 Pod 没有定义对应的 VerticalPodAutoScaler，则 VPA Admission Controller 可以拒绝该 Pod 的创建请求。

VPA 与 HPA 是否能共同作用在同一个 Pod 上？从理论上来说，的确存在这种可能。比如：CPU 密集的负载（Pod）可以通过 CPU 利用率实现水平扩容，同时通过 VPA 缩减内存使用量；I/O 密集的负载（Pod）可以基于 I/O 吞吐量实现水平扩容，同时通过 VPA 缩减内存和 CPU 使用量。

但是，实际应用是很复杂的，原因是 Pod 副本数量的变动不仅影响瓶颈资源的使用情况，也影响非瓶颈资源的使用情况，这里面有一定的因果耦合关系。

此外，VPA 目前的设计实现没有考虑多副本的影响，在未来扩展后有可能达到 HPA 与 VPA 双剑合璧的新境界。

使用 VPA 的注意事项如下。

◎ VPA 对 Pod 的更新会造成 Pod 的重新创建和调度。
◎ VPA 无法保证在驱逐或删除 Pod 时应用更新建议。
◎ 对于不受控制器管理的 Pod，VPA 仅能在其创建时提供支持，后续无法更新。
◎ 目前，VPA 不支持与基于 CPU 和内存的 HPA 一起使用，但是可以与基于自定义指标和外部指标的 HPA 结合使用。
◎ VPA 的准入控制器是一个 Webhook，可能与其他同类 Webhook 存在冲突，从而导致无法正确执行。
◎ VPA 能够识别多数内存不足的问题，但并非在所有情况下都会做出反应。
◎ VPN 的性能尚未在大规模集群上测试过。
◎ VPA Recommender 的推荐值可能会超出 Node 可用的最大资源，这将导致 Pod 处于挂起状态。
◎ 如果多个 VPA 对象都匹配同一个 Pod，则可能会造成不可预知的后果。

下面对如何安装 VPA 进行示例说明。

我们需要先部署一个 Metrics Server，再克隆 Git 仓库，运行如下脚本部署 VPA：

```
    # git clone https://github.com/kubernetes/autoscaler.git
    # cd autoscaler/vertical-pod-autoscaler
    # git checkout origin/vpa-release-1.0
    # REGISTRY=registry.k8s.io/autoscaling TAG=1.0.0 ./hack/vpa-process-yamls.sh
apply
    ......
```

可以看到，在安装过程中生成了常见的 Deployment、Secret、Service 及 RBAC 内容，还生成了两个 CRD，接下来会用新生成的 CRD 设置 Pod 的垂直扩缩容。

可以用下面的例子来验证 VPA 是否正常工作：

```
    # kubectl create -f examples/hamster.yaml
```

9.3.3　Kubernetes Addon Resizer

Addon Resizer 的功能与 Kubernetes VPA 类似，可以对容器的 CPU 和内存资源量进行自动调整，它调整的对象主要是 Kubernetes 中一些单实例的 Addon 插件。比如，当前可用于 Heapster、Metrics-Server、Kube-State-Metrics 等的插件，这些插件以单实例 Pod 方式运行，服务于整个集群。因此，当集群中 Node 的数量增加时，它们所需的 CPU 和内存资源也要相应增加，这就是 Addon Resizer 提供的功能。

在一些 Addon 插件的实现中，会把 Addon Resizer 部署为一个 Sidecar 容器，以方便实现垂直扩缩容，这也是 Addon Resizer 最常见的使用方式。Addon Resizer 有以下 4 个参数。

◎ –cpu：基础 cpu request。
◎ --extra-cpu：每增加一个 Node，增加的 cpu request。
◎ –memory：基础 memory request。
◎ --extra-memory：每增加一个 Node，增加的 memory request。

在一个具有 N 个 Node 的集群中，Addon Resizer 设置被控容器的资源使用量的计算公式如下。

◎ cpu + $N \times$ extra-cpu。
◎ memory + $N \times$ extra-memory。

对于 Node 规模小于 16 的集群，N=16；对于 Node 规模大于 16 的集群，N 的值比集群 Node 的值大 50%。

注意，它只能用于调整单实例 Pod。

下面是利用 Addon Resizer 实现的 Addon Resize 自我垂直扩容调整：

```
apiVersion: v1
kind: ConfigMap
metadata:
  name: nanny-config
  namespace: default
data:
  NannyConfiguration: |-
    apiVersion: nannyconfig/v1alpha1
    kind: NannyConfiguration
---
apiVersion: v1
kind: ServiceAccount
metadata:
  name: pod-nanny
  namespace: default
```

```
---
apiVersion: apps/v1
kind: Deployment
metadata:
  name: nanny-v1
  namespace: default
  labels:
    k8s-app: nanny
    version: v1
spec:
  replicas: 1
  selector:
    matchLabels:
      k8s-app: nanny
      version: v1
  template:
    metadata:
      labels:
        k8s-app: nanny
        version: v1
        kubernetes.io/cluster-service: "true"
    spec:
      serviceAccountName: pod-nanny
      containers:
        - image: registry.k8s.io/autoscaling/addon-resizer:1.8.14
          imagePullPolicy: Always
          name: pod-nanny
          resources:
            limits:
              cpu: 300m
              memory: 200Mi
            requests:
              cpu: 300m
              memory: 200Mi
          env:
            - name: MY_POD_NAME
              valueFrom:
                fieldRef:
                  fieldPath: metadata.name
            - name: MY_POD_NAMESPACE
```

```
          valueFrom:
            fieldRef:
              fieldPath: metadata.namespace
        volumeMounts:
        - name: nanny-config-volume
          mountPath: /etc/config
        command:
          - /pod_nanny
          - --config-dir=/etc/config
          - --cpu=300m
          - --extra-cpu=20m
          - --memory=200Mi
          - --extra-memory=10Mi
          - --threshold=5
          - --deployment=nanny-v1
      volumes:
      - name: nanny-config-volume
        configMap:
          name: nanny-config
---
apiVersion: rbac.authorization.k8s.io/v1
kind: ClusterRole
metadata:
  name: default:pod-nanny
rules:
- apiGroups:
  - ""
  resources:
  - nodes
  verbs:
  - list
---
apiVersion: rbac.authorization.k8s.io/v1
kind: ClusterRoleBinding
metadata:
  name: pod-nanny-binding
roleRef:
  apiGroup: rbac.authorization.k8s.io
  kind: ClusterRole
  name: default:pod-nanny
```

```
subjects:
- kind: ServiceAccount
  name: pod-nanny
  namespace: default
---
apiVersion: rbac.authorization.k8s.io/v1
kind: Role
metadata:
  name: default:pod-nanny
  namespace: default
rules:
- apiGroups:
  - ""
  resources:
  - pods
  verbs:
  - get
- apiGroups:
  - "apps"
  resources:
  - deployments
  resourceNames:
  - nanny-v1
  verbs:
  - get
  - patch
---
apiVersion: rbac.authorization.k8s.io/v1
kind: RoleBinding
metadata:
  name: pod-nanny-binding
  namespace: default
roleRef:
  apiGroup: rbac.authorization.k8s.io
  kind: Role
  name: default:pod-nanny
subjects:
- kind: ServiceAccount
  name: pod-nanny
```

9.4　Kubernetesr 的生态系统与演进路线

Kubernetes 的快速演进大大推进了云计算技术的发展，伴随着 CNCF 的诞生及云原生开源项目的孵化，Kubernetes 逐渐演化成一个完整的云原生技术生态系统。

9.4.1　Kubernetes 与 CNCF

云原生计算的特点是使用开源软件技术栈，将应用程序以微服务的形式进行发布和部署，并动态编排这些微服务，优化资源使用率，帮助软件开发人员更快地构建出色的产品，进而实现业务服务的快速迭代，提升创新价值。

Kubernetes 作为 CNCF 的第一个开源项目，其智能的服务调度能力可以让开发人员在构建云原生应用时更加关注业务逻辑的开发而不是烦琐的运维操作，Kubernetes 可以在本地或云端运行，让用户不再担心基础设施被供应商绑定。

围绕 Kubernetes，CNCF 设计了云原生技术的全景图（后简称“CNCF 全景图”），在云原生的层次结构和不同的功能维度上给出了云原生技术体系的全貌，帮助用户在不同的层面选择合适的软件和工具进行支持。随着越来越多的开源项目在 CNCF 毕业，云原生技术的生态系统日趋完善，用户可以选择的工具也越来越丰富。经过了从 2014 年开源至今的快速发展，Kubernetes 已经成为整个云原生体系的基石，在云原生技术全景图中，可以看到 Kubernetes 处于编排管理工具的核心位置，相当于云原生技术体系中操作系统的角色。

如图 9.11 和图 9.12 所示，CNCF 全景图包括了云原生应用的方方面面，并且内容在不断丰富，为用户提供了可以落地实施的工具、方法、框架及平台，是进行云原生应用落地的首选参考内容。

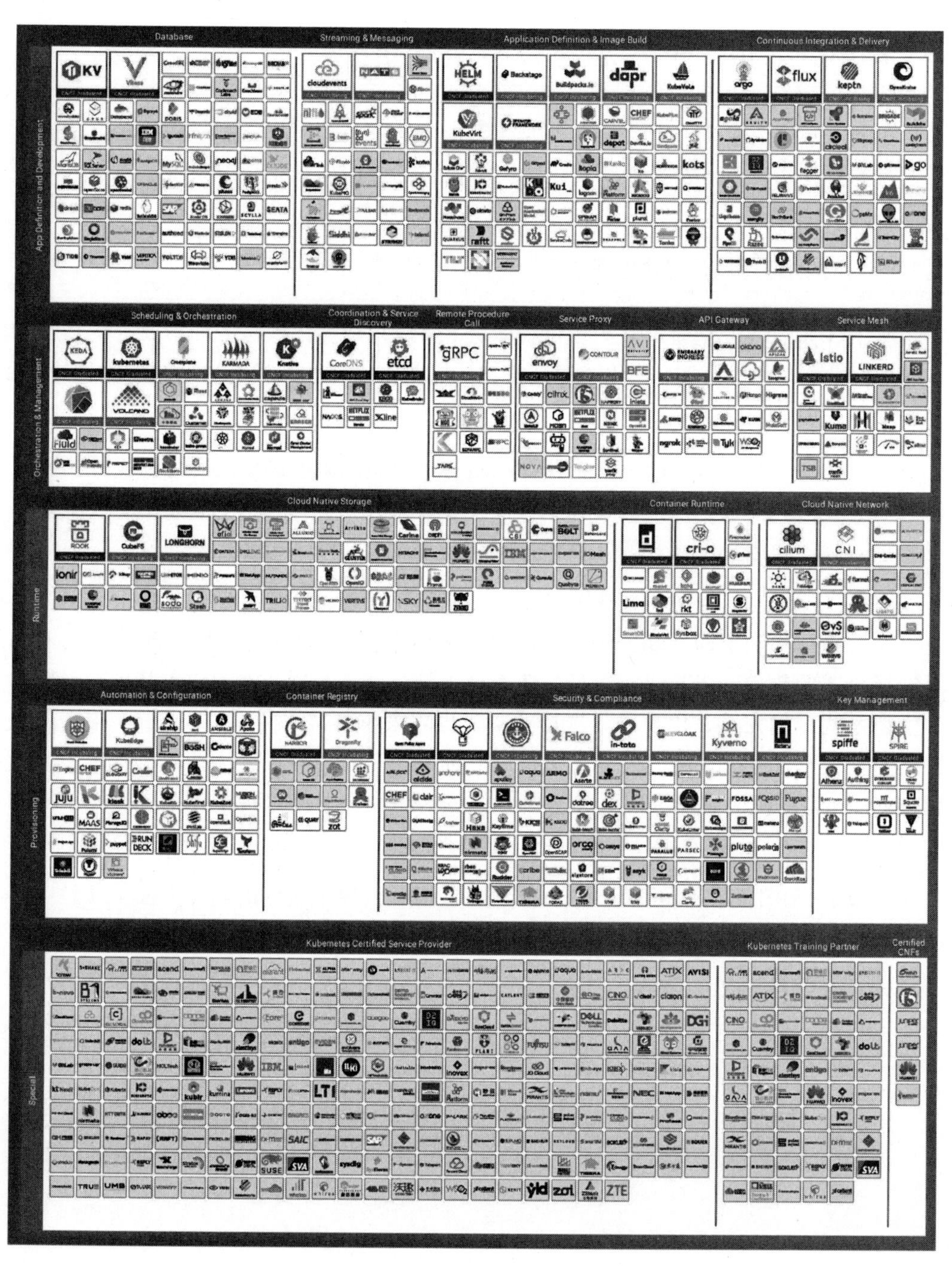

图 9.11　CNCF 全景图（一）

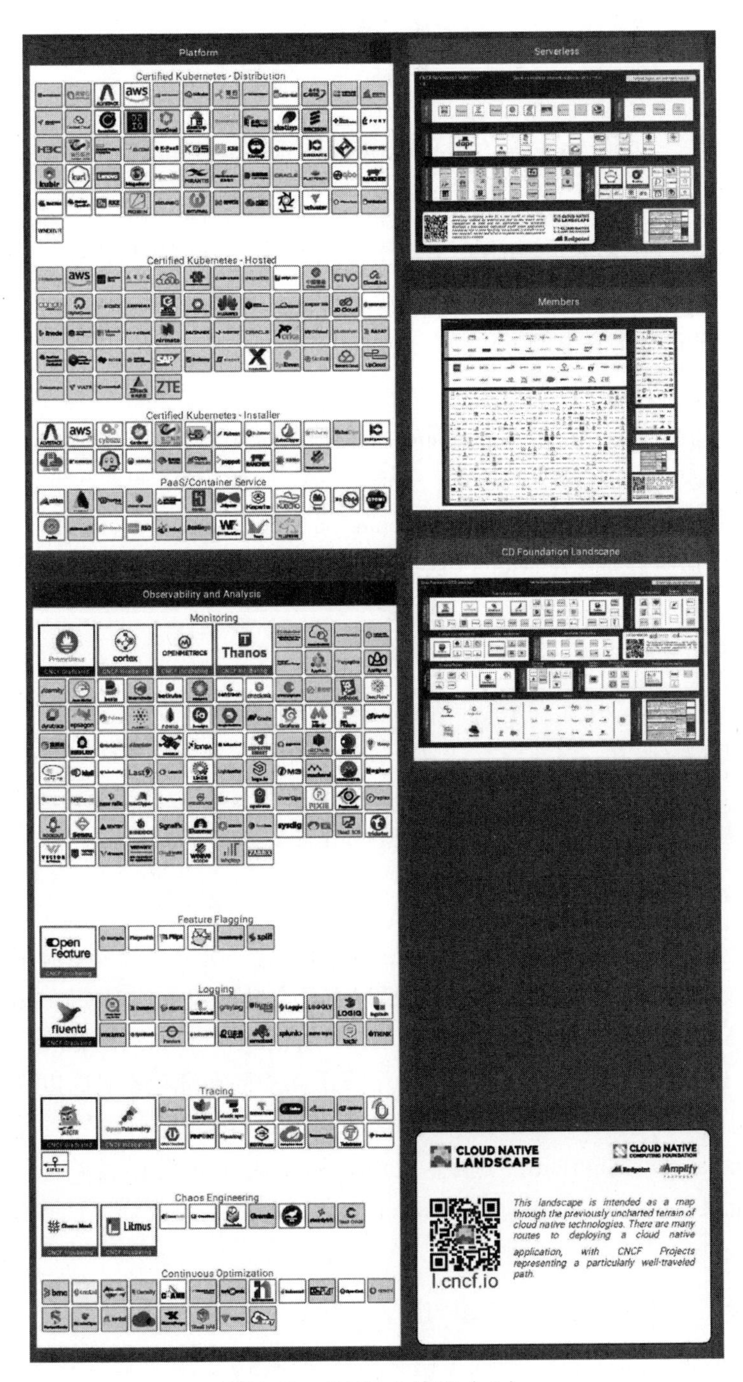

图 9.12 CNCF 全景图（二）

下面根据以下 4 个逻辑层对 CNCF 全景图进行说明。

第 1 层是资源供给（Provisioning）层，用于创建云原生应用所需要的基础环境，包括以下几个功能组：自动化和配置（Automation & Configuration）、容器仓库（Container Registry）、安全与合规（Security & Compliance）、密钥管理（Key Management）。

第 2 层是运行时（Runtime）层，用于创建云原生容器应用所需要的运行环境，包括以下几个功能组：云原生存储（Cloud Native Storage）、容器运行时（Container Runtime）、云原生网络（Cloud Native Network）。

第 3 层是编排与管理（Orchestration & Management）层，用于管理在集群中运行的云原生应用、容器和微服务，其中 Kubernetes 是核心的编排器，为云原生应用提供自动化管理、弹性伸缩管理、服务间通信等功能，包括以下几个功能组：调度和编排（Scheduling & Orchestration）、协同与服务发现（Coordination & Service Discovery）、RPC 远程调用（Remote Procedure Call）、服务代理（Service Proxy）、API 网关（API Gateway）、服务网格（Service Mesh）。

以上 3 层为云原生应用提供了可靠、安全的运行环境和一切需要的依赖，在此之上定义了第 4 层——应用定义和开发（App Definition and Development）层，用于开发工程师构建云原生应用和微服务。第 4 层包括以下几个功能组：数据库（Database）、流式传输和消息传递（Streaming & Messaging）、应用定义和镜像构建（Application Definition & Image Build）、持续集成和持续交付（Continuous Integration & Delivery）。

围绕着这 4 个逻辑层，CNCF 全景图定义了以下 2 个功能组。

◎ 可观测与分析（Observability and Analysis）组：用于为云原生应用健康运行提供监控、告警、数据分析等工具。包括以下几个功能组：监控（Monitoring）组、日志（Logging）组、跟踪（Tracing）组、混沌工程（Chaos Engineering）组。
◎ 平台（Platform）组：用于提供整合了以上功能的云原生平台，以降低云原生应用的使用门槛。包括以下几种类型：通过 Kubernetes 认证的平台提供商（Certified Kubernetes Distribution）、通过 Kubernetes 认证的托管服务提供商（Certified Kubernetes Hosted）、通过 Kubernetes 认证的安装提供商（Certified Kubernetes Installer）PaaS/容器服务平台等。

CNCF 全景图中还定义了如下 3 组与云原生生态相关的内容。

◎ 无服务器（Serverless）：包括无服务器领域的相关工具、框架和平台的介绍。

◎ CNCF 成员（Member）：包括白金、黄金、白银等级别的会员信息。

◎ 合作伙伴（Special）：包括通过 Kubernetes 认证的服务提供商（Kubernetes Certified Service Provider）、Kubernetes 培训合作伙伴（Kubernetes Training Partner）等合作伙伴的信息。

9.4.2 Kubernetes 的演进路线

1. Kubernetes 与 CNCF 的容器标准化之路

在 CNCF 的生态中，围绕着 Kubernetes 的一个重要目标是制定容器世界的标准。迄今为止，CNCF 已经为 CRI（容器运行时）、CNI（容器网络接口）、CSI（容器存储接口）和 API 标准制定了标准的接口规范。

◎ CRI：容器运行时是 Kubernetes 的基石，而 Docker 是我们最熟悉的容器运行环境。CNCF 第一个标准化的符合 OCI 规范的核心容器运行时是 containerd，它来源于 Docker 在 2017 年的捐赠产物。

◎ CNI：网络提供商基于 CNI 规范提供容器网络的实现，可以支持各种容器网络管理功能，开源的实现包括 Flannel、Calico、Open vSwitch 等。

◎ CSI：Kubernetes 在 v1.9 版本中首次引入 CSI 存储插件，并在随后的 v1.10 版本中默认启用。CSI 用于在 Kubernetes 与第三方存储系统间建立一套标准的存储调用接口，并将位于 Kubernetes 系统内部的与存储卷相关的代码剥离出来，从而简化核心代码并提升系统的安全性，同时借助 CSI 接口和插件机制来实现对各类存储卷的支持，赢得更多存储厂商的跟进。Kubernetes 在 v1.12 版本中又进一步实现了存储卷的快照这一高级特性。

◎ API 标准接口：我们再看一个 Kubernetes 标准化的例子，在 API Server 出现之前的接口就是普通的 RESTful 接口，通过支持 Swagger v1.2 自动生成各种语言的客户端，方便开发者调用 Kubernetes 的 API。从 Kubernetes v1.4 版本开始，API Server 对代码进行了重构，引入了 Open API 规范，之后的 Kubernetes v1.5 版本能够很好地支持由 Kubernetes 源码自动生成其他语言的客户端代码。这种改动升级对于 Kubernetes 的发展、壮大很重要，它遵循了业界的标准，更容易对接第三方资源和系统，从而进一步扩大 Kubernetes 的影响力。

2. Kubernetes 安全机制的演进之路

除了标准化，Kubernetes 的另一个演进目标是提升系统的安全性。自 v1.3 版本开始，Kubernetes 都在加强系统的安全性，如下所述。

◎ v1.3 版本：引入了 Network Policy，Network Policy 提供了基于策略的网络控制，用于隔离应用并减少攻击面，属于重要的基础设施方面的安全保障。

◎ v1.4 版本：开始提供 Pod 安全策略功能，这是容器安全的重要基础。

◎ v1.5 版本：首次引入了基于角色的访问控制 RBAC 安全机制，RBAC 后来成为 Kubernetes API 默认的安全机制。此外，该版本添加了对 kubelet API 访问的认证或授权机制。

◎ v1.6 版本：升级 RBAC 安全机制至 Beta 版本，通过严格限定系统组件的默认角色，增强了安全保护。

◎ v1.7 版本：新增 Node 授权器（Node Authorizer）和准入控制插件来限制 kubelet 对 Node、Pod 和其对象的访问，确保 kubelet 具有正确操作所需的最小权限集，即只能操作自身 Node 上的 Pod 实例及其他相关资源。在网络安全方面，Network Policy API 也升级至稳定版本。此外，在审计日志方面也增强了定制化和可扩展性，有助于管理员发现运维过程中可能存在的安全问题。

◎ v1.8 版本：基于角色的访问控制 RBAC 功能正式升级至 v1 稳定版本，高级审计功能则升级至 Beta 版本。

◎ v1.10 版本：开始增加 External Credential Providers，通过调用凭证插件（Credential Plugin）来获取用户的访问凭证，用来支持不在 Kubernetes 中内置的认证协议，如 LDAP、oAuth2、SAML 等。此特性主要为公有云服务商而增加。v1.11 版本继续改进；v1.20 版本引入了配套的 Kubelet Image Credential Provider，用于动态获取镜像仓库的访问凭证。

◎ v1.14 版本：由于系统允许未经身份验证的访问，所以 Discovery API 被从 RBAC 基础架构中删除，以提高隐私和安全性。

◎ v1.19 版本：Seccomp 机制更新到 GA 阶段。

3. Kubernetes 扩展功能的演进之路

在 Kubernetes 的快速发展演进过程中，随着功能的不断增加，必然导致代码的极速膨胀。因此，不断剥离一些核心代码，配合插件机制实现核心的稳定性，并具备很强的外围功能的扩展能力，也是 Kubernetes 的重要演进方向。除了 CRI、CNI、CSI 等可扩展接口，还包括 API 资源的扩展、云厂商控制器的扩展等。

◎ Kubernetes 从 v1.7 版本开始引入扩展 API 资源的能力，使得开发人员在不修改 Kubernetes 核心代码的前提下，可以对 Kubernetes API 进行扩展，并仍然使用 Kubernetes 的语法对新增的 API 进行操作。Kubernetes 提供了以下 2 种机制供用户扩展 API。
  - CRD（Custom Resource Definition）自定义资源机制：用户只需定义 CRD，并且提供一个 CRD 控制器，就能通过 Kubernetes 的 API 管理自定义资源对象。
  - API 聚合机制：用户通过编写和扩展 API Server，就可以对资源进行更细粒度的控制。

◎ 早期，为了与公有云厂商对接，Kubernetes 在代码中内置了 Cloud Provider 接口，云厂商需要实现自己的 Cloud Provider。Kubernetes 核心库内置了很多主流云厂商的实现，包括 AWS、GCE、Azure 等。因为由不同的厂商参与开发，所以这些不同厂商提交的代码质量也会影响 Kubernetes 的核心代码质量，同时对 Kubernetes 的迭代和版本发布产生一定程度的影响。因此，Kubernetes 在 v1.6 版本中引入了 Cloud Controller Manager（CCM），目的就是最终替代 Cloud Provider，将服务提供商的专用代码抽象到独立的 cloud-controller-manager 二进制程序中，cloud-controller-manager 使得供应商的代码和 Kubernetes 的代码可以各自独立演化。在后续的版本中，特定于供应商的代码由供应商自行维护，并在运行 Kubernetes 时链接到 cloud-controller-manager。

4. Kubernetes 自动化能力的演进之路

在 Kubernetes 的快速发展演进过程中，架构和运维自动化能力、高级别的架构和运维自动化能力既是其坚持的核心目标，又是 Kubernetes 最强的一面，同时是吸引众多 IT 人士的核心特性之一。

最早的 ReplicaController/Deployment 其实就是 Kubernetes 运维自动化能力的第一次对外展示，因为具备应用全生命周期自我自动修复的能力，所以这个特性成为 Kubernetes 最早的亮点之一。

后来，HPA 和 Cluster AutoScaler 再次突破了我们所能想到的自动运维的上限。接下来，与 HPA 互补的 VPA 功能又将集群运维自动化的水平提升到一个新的高度。我们看到，从 Deployment 到 HPA 再到 VPA 的发展演进，是沿着 Pod 自动扩缩容的弹性计算能力的路线一步步演进、完善的，这也是超大规模集群的 Kubernetes 的核心竞争力的重要体现，未来会不断完善。

除了高级别的架构和运维自动化能力，Kubernetes 在常规的运维自动化方面也丝毫没有放松，它在不断提升和演进。这里以集群部署、停机检修、升级扩容这些常规的运维工作为例，来看看 Kubernetes 是怎么不断演进的。

（1）在集群部署方面，Kubernetes 很早就开始研发一键式部署工具——kubeadm，kubeadm 可谓 Kubernetes 历史上应用最久的组件之一，它于 Kubernetes v1.4 版本中面世，直到 Kubernetes v1.13 版本时才达到 GA 阶段。正是有了 kubeadm，Kubernetes 的安装才变得更加标准化，并极大地简化了大规模集群的部署工作量。不过在集群部署方面，还存在另一个烦琐并耗费很多工时的事情，这就是每个 Node 上 kubelet 的证书制作。Kubernetes v1.4 版本引入了一个用于从集群级证书颁发机构（CA）请求证书的 API，可以方便地给各个 Node 上的 kubelet 进程提供 TLS 客户端证书，但每个 Node 上的 kubelet 进程在安装与部署时仍需管理员手工创建并提供证书。Kubernetes 在后续的版本中又实现了 kubelet TLS Bootstrap 新特性，基本解决了这个问题。

（2）在停机检修和升级扩容方面，Kubernetes 先后实现了滚动升级、Node 驱逐、污点标记等配套运维工具，努力实现业务零中断的自动运维操作。

此外，存储资源的运维自动化也是 Kubernetes 演进的一大方向。以 PVC 和 StorageClass 为核心的动态供给 PV 机制在很大程度上化解了传统方式下存储与架构分离的矛盾，自动创建了合适的 PV 并将其绑定到 PVC 上，拥有完善的 PV 回收机制，全程无须专业的存储管理人员，极大提升了系统架构的完整性。

5. Kubernetes 与新架构、新技术的融合

Kubernetes 与新架构、新技术的融合从未停止。

2017 年，Service Mesh 依托其非侵入式特性在微服务技术中崭露头角，成为继 Kubernetes 之后在软件架构领域最为流行的新技术。2017 年 4 月，Buoyant 公司发布了第一个 Service Mesh 产品 Linkerd。随后的 6 月份，谷歌、IBM 和 Lyft 这 3 家公司协同研发并发布了 Istio 的第 1 个发行版本——Istio v0.1 版本。

由于 Istio 直接以 Kubernetes 为基座，而且是基于 Kubernetes 的 CRD+Controller 的标准扩展机制实现的，与 Kubernetes 融合得非常好，因此，我们可以认为这是 Kubernetes 拥抱和融合新架构的第一次尝试。从目前 Istio 的发展态势来说，这是很成功的一次融合。但是，两者的融合一直在持续，为了更好地支持 Istio，2023 年 8 月发布的 Kubernetes v1.28

版本专门实现了 Native Sidecar 特性，这可以说是 Service Mesh 与 Kubernetes 的深度融合的一个重要里程碑，也表明了 Kubernetes 对新技术和新架构的重视程度，不是随便说说，而是改变自己，拥抱未来。

继 Service Mesh 之后，又有一个重要的新架构 Serverless 开始流行了。随着云计算的发展，Serverless 已经成为技术趋势及公有云的发展方向。2019 年是 Serverles 重大发展的一年，在这一年的年底，亚马逊发布了 Amazon Lambda 的预置并发（Provisioned Concurrency）功能，它允许亚马逊云使用 Serverless Function 函数在几十毫秒内启动并响应服务请求，这意味着“冷启动”的痛点问题成为过去，行业技术达到一个新的成熟点。

2022 年，亚马逊发布了 Amazon Lambda SnapStart 技术，该技术适用于 Java 开发的 Lambda 函数，无须更改函数代码，能使应用程序的启动性能提高多达 10 倍，Serverless 的冷启动速度再次得到大幅优化。并且，大数据核心产品全面 Serverless 化完成，这宣告了 Serverless 技术发展的又一里程碑的到来，云产品全面 Serverless 化只剩下时间问题。

而早在 2018 年 7 月，谷歌就携手 IBM、Red Hat 及 Pivotal 一起发布了基于 Kubernetes 平台的 Serverless 开源产品 Knative，目标是将 Serverless 技术标准化，这是继 Service Mesh 之后，Kubernetes 与重大新架构、新技术融合的第 2 次大跃进。与 Istio 一样，Knative 也是通过 CRD + controller 模式扩展出来的新项目，Knative 从诞生之初就肩负一个重要的历史使命，那就是制定云原生的 Serverless 技术标准，打造企业级 Serverless 平台。

阿里云容器服务早在 2019 年的时候就已经提供了 Knative 产品化能力。据 2020 年 CNCF 云原生调查报告指出，Knative 已成为开源自建 Serverless 平台的首选方案。截至 2024 年 1 月，Knative 的版本已发展到 v1.12。随着云原生技术的演进，具备资源按需使用优势的 Serverless 技术逐渐成为主流。Gartner 预测，2025 年将有 50%以上的全球企业部署 Serverless。

随着物联网的快速发展，以及智能手机算力的迅猛提升，边缘计算开始加速发展，边缘计算技术可以将云端服务器的设备上执行的部分算力和数据下移至终端设备上，这样既可以充分利用终端的存储和运算能力解决云端服务高延迟、网络不稳定和低带宽的问题，也可以缓解云计算场景下数据隐私、离线使用等潜在问题。

如图 9.13 所示，边缘计算的核心思路是，将部分数据和程序逻辑迁移至靠近用户或数据收集点的“边缘”设备（比如物联网终端设备、用户智能手机设备）中，从而大大减少在云端服务器的存储和计算压力。有了边缘计算的加持，即使网络不稳定或短暂不可用也不会出现应用不可用的尴尬境地。

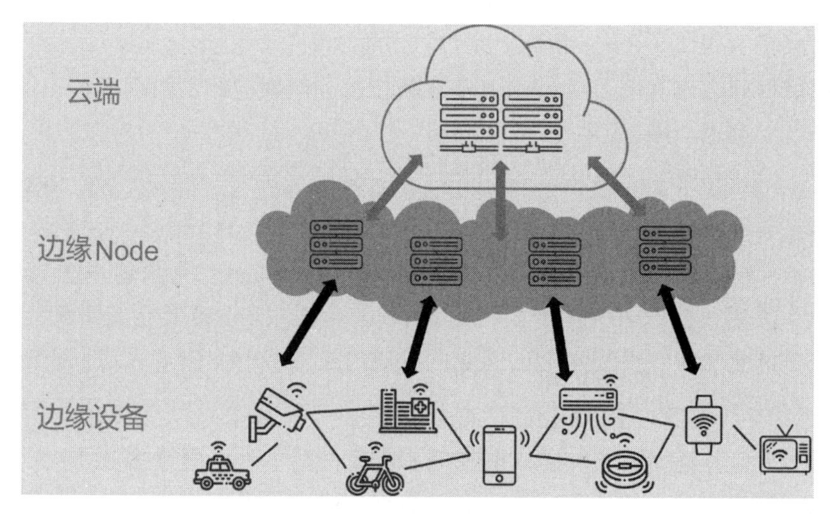

图 9.13　边缘计算示意图

从 Gartner 公布的 2023 新兴技术成熟度曲线来看，虽然大语言模型支撑的 AI 依然是“全村”的希望，但是云计算技术仍然是未来 10 年村头那棵“常青树”。未来 10 年，云计算将从一个技术创新平台变成一个普适平台，并成为推动业务创新的重要驱动力，其中提到云端到边缘延伸（Cloud-Out To Edge），将超大规模云提供扩展到边缘环境的云服务功能也是云计算发展的重要方向之一，边缘计算和云端到边缘的延伸，两者相互呼应，最终完美融合成无处不在的“云”，深入我们生活的点点滴滴。

早在 2018 年，华为就开始尝试将 Kubernetes 的能力拓展到边缘计算，这就是后来华为开源的 KubeEdge 项目，KubeEdge 即 Kubernetes+Edge Compute，KubeEdge 依托 Kubernetes 的容器编排和调度能力，实现云边协同、计算下沉、海量设备接入能力。KubeEdge 是全球首个基于 Kubernetes 云原生技术实现的边缘计算产品，是一个可以提供云边协同能力的开放式边缘计算平台。在技术实现上，KubeEdge 也采用了 CRD + Controller 的模式对 Kubernetes 进行了扩展，可以说 KubeEdge 是 Kubernetes 又一次的架构融合演进之路，不过这次是中国的程序员实现的。

KubeEdge 于 2018 年年底被华为捐献给 CNCF。2019 年 3 月，CNCF 基金会及技术委员会全体一致同意开源 KubeEdge 加入 CNCF 社区，成为在边缘计算领域中 CNCF 的首个正式项目。据公开报道，2018 年，工信部启动了国家创新发展工程，建设工业大数据中心，中国移动在该项目中承担了边缘协同和数据采集相关功能的研发，采用了 KubeEdge 作为底层架构，2021 年中国移动在 10086 客服云边协同平台也采用了 KubeEdge。

Kubernetes 在边缘计算领域还有另外一个开源产品 k3s，与 KubeEdge 基于 Kubernetes 进行扩展的做法不同，K3s 是 Rancher Labs 在 2019 年 2 月推出的产品，它属于 Kubernetes 的特殊发行版，也是 CNCF 认证的 Kubernetes 发行版。K3s 是 Kubernetes 的精简版，专为物联网及边缘计算而设计，专门针对 ARM64 和 ARMv7 进行了代码优化。K3s 在小到树莓派、大到 AWS a1.4xlarge 32GiB 服务器的环境中均能出色工作。K3s 发布版是一个没有主机依赖的二进制文件，在任何设备上安装 Kubernetes 所需的一切，都包含在这样一个 40MB 左右的二进制文件当中，只需要一个命令，用户就可以配置或者升级单 Node K3s 集群。

Gartner 公布的 2023 新兴技术成熟度曲线里还提到了另外一个重要的技术——WebAssembly（WASM），它是一种轻量级的虚拟堆栈机器和二进制代码格式，旨在支持网页上的安全、高性能应用程序。其实 WebAssembly 技术早在 2019 年就在网络上走红。WebAssembly 的设计初衷之一是解决 JavaScript 的性能问题，目标是使 Web 网页应用具有接近本机原生应用的性能。

Mozilla 在 2019 年 3 月推出了 WebAssembly System Interface（WASI）来标准化 WASM 应用与系统资源的交互接口，定义了包括文件系统访问、内存管理、网络连接等类似 POSIX 规范的标准 API，WASI 规范大大拓展了 WASM 应用的场景，平台开发商可以针对具体的操作系统和运行环境为 WASI 接口提供不同的实现，可以在不同设备和操作系统上运行跨平台的 WASM 应用，众多编程语言（如 C/C++、Rust 等）可以将现有应用编译成为 WASM 的目标代码，直接运行在浏览器中。此外，WASI 执行环境也可以作为一个通用、开放、高效的虚拟机沙箱，脱离浏览器，直接在主机上运行。

2019 年 12 月，万维网联盟（W3C）宣布 WASM 核心规范正式成为 Web 标准，这使得 WASM 成为互联网上与 HTML、CSS、JavaScript 并列的第 4 种官方语言，可以原生地运行在浏览器上。更加重要的是，WASM 运行时作为一个安全的、可移植的、高效率的虚拟机沙箱，可以在 Internet 的任何地方、任何平台（不同操作系统，不同 CPU 体系架构下）安全运行应用，这可以让应用执行与具体平台环境实现解耦，在后 Java 时代，“Build Once, Run Anywhere”的理想再次成为现实，如图 9.14 所示。

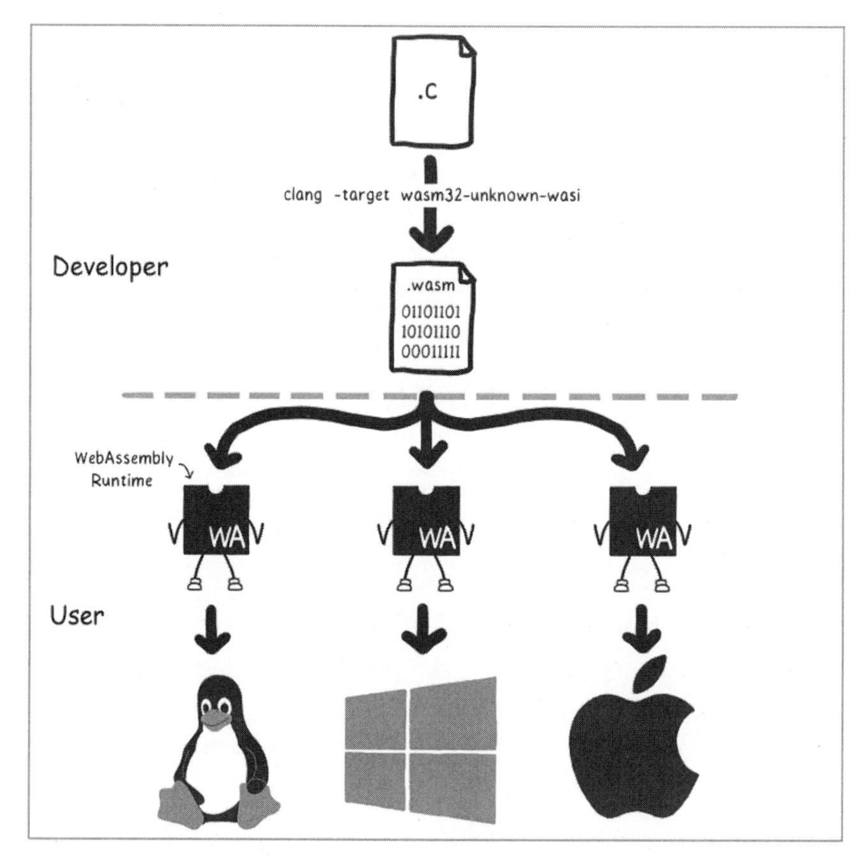

图 9.14　WASM 跨平台能力

目前，WASM 已得到所有主流浏览器厂商的广泛支持（Google Chrome、Microsoft Edge、Apple Safari、Mozilla Firefox 等），然而它的影响已经远超 Web。2019 年年底，为了进一步推动模块化 WASM 生态系统，Mozilla、Fastly、Inter 和 Red Hat 携手成立了字节码联盟（Bytecode Alliance），共同领导 WASI 标准、WASM 运行时（虚拟机沙箱）、语言工具等工作。

2021 年 7 月，计算机协会编程语言特别兴趣小组将其享有盛誉的编程语言软件奖（Programming Language Software Award）颁给了 WASM，高度肯定了 WASM 作为“自 JavaScript 以来第 1 种在 Web 浏览器中广泛采用的新语言”的成就，也标志着 WASM 在 Web 浏览器之外的爆炸性增长，尤其是在服务端和云原生环境中。2022 年则是云原生 WASM 工具链逐渐成熟的一年，也是 WASM 的云原生应用逐渐走向主流的一年，很多 CNCF 项目开始采用 WASM 技术，CNCF 旗下也托管了知名的 WASM 项目 WASMEdge。

WasmEdge（曾用名 SSVM）是一个轻量级、高性能可扩展的 WASM 虚拟机，目前是 CNCF 的孵化项目。WasmEdge 为边缘计算进行了优化，根据 IEEE Software 杂志上发表的一篇研究论文可知，WasmEdge 具有先进的 AOT 编译器，是当今市场上最快的 WASM Runtime，WasmEdge 可以应用于 Severless 云函数、SaaS、区块链智能合约、物联网、汽车实时软件应用等多种场景，它也使 WASM 程序成为 Kubernetes 集群中的一等公民。

Docker 创始人 Solomon Hykes 曾经说过，服务端的 WASM 是云计算的未来。2022 年年底，Docker 发布了集成 WasmEdge 的 Docker Desktop v4.15 正式发行版，Docker 实现了 WASM 容器与 Linux 容器同等支持的能力，并通过例子展现了 WASM 容器应用的性能。与 Linux 容器相比，WASM 容器的性能有了很大幅度的提升，启动速度更快，内存空间占用更少。

Docker 在对 WASM 的支持中还使用了 RunWASI 这个开源项目，它是 containerd 的正式项目，这意味着 containerd 正式支持了 WASM。RunWASI 使得任何基于 containerd 的容器管理系统（如 Docker）都能用 shim 方式启动 WASM 容器。此外，Crun（Crun 是一个轻量级的容器运行时，它由 Red Hat 采用 C 语言开发，旨在提供更快的启动时间和更好的安全性）与 Youki 是两个率先支持 WASM 的主流 OCI runtime，它可以使 WASM 应用无缝接入现有的 Kubernetes 生态。

在操作系统层面，Fedora Linux 37 与 Red Hat Enterprise Linux 的 EPEL 9 都在 2022 年正式集成了 WasmEdge 的安装包。这样，云原生开发者可以直接在自己的 Linux 程序里集成 WASM 应用，或者用简单的命令行启动 WASM 的运行沙箱。

9.4.3 Kubernetes 的开发模式

最后，我们来说说 Kubernetes 的开发模式。Kubernetes 社区是以 SIG（Special Interest Group，特别兴趣小组）和工作组的形式组织起来的，目前已经成立的 SIG 小组有 30 个，涵盖了安全、自动扩缩容、大数据、AWS 云、文档、网络、存储、调度、UI、Windows 容器等方方面面，为完善 Kubernetes 的功能群策群力并共同开发。

Kubernetes 的每个功能模块都由一个特别兴趣小组负责开发和维护，如图 9.15 所示。

Title	LinkTitle	Description	Weight	Type	Aliases	Slug
Community Groups	Community Groups	A list of our community groups: Special Interest Groups, Working Groups and Committees.	99	Docs	/Groups /Sigs	community-groups

Most community activity is organized into Special Interest Groups (SIGs), time bounded Working Groups, and the community meeting.

SIGs follow these guidelines although each of these groups may operate a little differently depending on their needs and workflow.

Each group's material is in its subdirectory in this project.

When the need arises, a new SIG can be created

Special Interest Groups

Name	Label	Chairs	Contact	Meetings
API Machinery	api-machinery	* David Eads, Red Hat * Federico Bongiovanni, Google	* Slack * Mailing List	* Kubebuilder Meeting: Thursdays at 11:00 PT (Pacific Time) (biweekly) * Regular SIG Meeting: Wednesdays at 11:00 PT (Pacific Time) (biweekly)
Apps	apps	* Janet Kuo, Google * Kenneth Owens, Snowflake * Maciej Szulik, Red Hat	* Slack * Mailing List	* Regular SIG Meeting: Mondays at 9:00 PT (Pacific Time) (biweekly)
Architecture	architecture	* Derek Carr, Red Hat * Davanum Srinivas, Amazon * John Belamaric, Google	* Slack * Mailing List	* Enhancements Subproject Meeting: Thursdays at 10:00 PT (Pacific Time) (biweekly) * Production Readiness Office Hours: Wednesdays at 12:00 PT (Pacific Time) (biweekly) * Regular SIG Meeting: Thursdays at 11:00 PT (Pacific Time) (biweekly) * code organization Office Hours: Thursdays at 14:00 PT (Pacific Time) (biweekly) * conformance office Hours: Wednesdays at 18:00 UTC (First Wednesday of the month)
Auth	auth	* Mo Khan, Microsoft * Mike Danese, Google * Rita Zhang, Microsoft	* Slack * Mailing List	* Regular SIG Meeting: Wednesdays at 11:00 PT (Pacific Time) (biweekly) * Secrets Store CSI Meeting: Thursdays at 9:00 PT (Pacific Time) (biweekly) * Weekly Issues/PR Triage Meeting: Mondays at 9:00 PT (Pacific Time) (weekly)
Autoscaling	autoscaling	* Guy Templeton, Skyscanner * Marcin Wielgus, Google	* Slack * Mailing List	* Regular SIG Meeting: Mondays at 16:00 Poland (weekly)
CLI	cli	* Katrina Verey, Independent * Eddie Zaneski, Chainguard, Inc * Natasha Sarkar, Google	* Slack * Mailing List	* Bug Scrub: Wednesdays at 09:00 PT (Pacific Time) (every four weeks) * KRM Functions Subproject Meeting: Wednesdays at 10:30 PT (Pacific Time) (biweekly) * Kustomize Bug Scrub: Wednesdays at 09:00 PT (Pacific Time) (every four weeks) * Regular SIG Meeting: Wednesdays at 09:00 PT (Pacific Time) (biweekly)

图 9.15　Kubernetes 特别兴趣小组

有兴趣、有能力的读者可以申请加入感兴趣的 SIG 小组，在 Slack 聊天频道与来自世界各地的开发组成员开展技术探讨和解决问题，也可以与 SIG 小组共同参与一个功能模块的开发工作。

附录 A Kubernetes 核心服务配置详解

Kubernetes 的每个服务都提供了许多可配置的参数。这些参数涉及安全性、性能优化及功能扩展（Plugin）等方方面面。全面理解和掌握这些参数的含义和配置，对 Kubernetes 的生产部署及日常运维都有很大帮助。

每个服务的可用参数都可以通过 cmd --help 命令查看，其中 cmd 为具体的服务启动命令，例如 kube-apiserver、kube-controller-manager、kube-scheduler、kubelet、kube-proxy 等。另外，可以通过在命令的配置文件（例如/etc/kubernetes/kubelet.config 等）中添加“--参数名=参数取值”语句来完成对某个参数的配置。

本节将对 Kubernetes 所有服务的参数进行全面介绍，为了方便学习和查阅，对每个服务的参数都用 1 个小节进行详细说明。

A.1　公共配置参数

公共配置参数适用于所有服务，如表 A.1 所示的参数可用于 kube-apiserver、kube-controller-manager、kube-scheduler、kubelet、kube-proxy。本节对这些参数进行统一说明，不再在每个服务的参数列表中列出。

表 A.1　公共配置参数表

参数名和类型	说　明
-h, --help	查看参数列表的帮助信息
--version version[=true]	设置为 true 表示显示版本信息，然后退出
[日志相关参数]	
--log-flush-frequency duration	日志持久化的时间间隔，默认值为 5s
--log-json-info-buffer-size quantity	Alpha 实验性功能，仅当日志格式为 JSON 时（启用 LoggingAlphaOptions 特性门控）使用，设置 INFO 日志分割之前的缓存大小，可以设置为字节数如 512，1000 的倍数如 1K、1024，或其他单位的倍数如 2Ki、3M、4G、5Mi、6Gi 等，默认值为 0 表示不启用缓存
--log-json-split-stream	Alpha 实验性功能，仅当日志格式为 JSON 时（启用 LoggingAlphaOptions 特性门控）使用，设置为 true 表示将错误日志输出到 stderr，INFO 日志输出到 stdout，默认值为都输出到 stdout
--logging-format string	设置日志文件的记录格式，可选项包括"text"和"json"，默认值为"text"
-v, --v Level	设置日志级别
--vmodule pattern=N,...	设置基于 glog 模块的详细日志级别，格式为 pattern=N，以逗号分隔，仅当日志格式为 text 时使用

A.2　kube-apiserver 启动参数

对 kube-apiserver 启动参数的详细说明如表 A.2 所示。

表 A.2　对 kube-apiserver 启动参数的详细说明

参数名和类型	说　明
[通用参数]	
--advertise-address ip	用于广播自己的 IP 地址给集群的所有成员，在不指定该地址时将使用--bind-address 定义的 IP 地址，如果未指定--bind-address，则将使用宿主机默认网络接口（Network Interface）的 IP 地址
--cloud-provider-gce-l7lb-src-cidrs cidrs	GCE 防火墙上开放的负载均衡器源 IP CIDR 列表，默认值为 130.211.0.0/22,35.191.0.0/16
--cors-allowed-origins strings	CORS（跨域资源共享）设置允许访问的源域列表，以逗号分隔，并可使用正则表达式匹配子网。如果不指定，则表示不启用 CORS。需要确保每个正则表达式匹配完整主机名，方法是以'^'开头或使用'//'前缀，并以'$'或者包括':'分隔符的后缀结束，例如'//example\.com(:\|$)'和'^https://example\.com(:|$)'均为有效的正则表达式
--default-not-ready-toleration-seconds int	等待 notReady:NoExecute 的 toleration 秒数，默认值为 300。默认会给所有未设置 toleration 的 Pod 添加该设置
--default-unreachable-toleration-seconds int	等待 unreachable:NoExecute 的 toleration 秒数，默认值为 300。默认会给所有未设置 toleration 的 Pod 添加该设置
--enable-priority-and-fairness	设置为 true 并且启用 APIPriorityAndFairness 特性门控时，将启用一个增强的基于优先级和公平算法的队列和分发机制来替换 max-in-flight 处理机制，默认值为 true
--external-hostname string	设置 Master 的对外主机名或域名，例如，用于 Swagger API 文档或用于 OpenID 发现的主机名或域名
--feature-gates mapStringBool	特性门控组，每个特性门控都以 key=value 的形式表示，可以单独启用或禁用某个特性。可以设置的特性门控包括： APIListChunking=true|false (BETA - default=true) APIPriorityAndFairness=true|false (BETA - default=true) APIResponseCompression=true|false (BETA - default=true) APIServerIdentity=true|false (BETA - default=true) APIServerTracing=true|false (BETA - default=true) AdmissionWebhookMatchConditions=true|false (BETA - default=true) AggregatedDiscoveryEndpoint=true|false (BETA - default=true) AllAlpha=true|false (ALPHA - default=false) AllBeta=true|false (BETA - default=false) AnyVolumeDataSource=true|false (BETA - default=true)

续表

参数名和类型	说　明
	AppArmor=true|false (BETA - default=true) CPUManagerPolicyAlphaOptions=true|false (ALPHA - default=false) CPUManagerPolicyBetaOptions=true|false (BETA - default=true) CPUManagerPolicyOptions=true|false (BETA - default=true) CRDValidationRatcheting=true|false (ALPHA - default=false) CSIMigrationPortworx=true|false (BETA - default=false) CSINodeExpandSecret=true|false (BETA - default=true) CSIVolumeHealth=true|false (ALPHA - default=false) CloudControllerManagerWebhook=true|false (ALPHA - default=false) CloudDualStackNodeIPs=true|false (ALPHA - default=false) ClusterTrustBundle=true|false (ALPHA - default=false) ComponentSLIs=true|false (BETA - default=true) ConsistentListFromCache=true|false (ALPHA - default=false) ContainerCheckpoint=true|false (ALPHA - default=false) ContextualLogging=true|false (ALPHA - default=false) CronJobsScheduledAnnotation=true|false (BETA - default=true) CrossNamespaceVolumeDataSource=true|false (ALPHA - default=false) CustomCPUCFSQuotaPeriod=true|false (ALPHA - default=false) CustomResourceValidationExpressions=true|false (BETA - default=true) DevicePluginCDIDevices=true|false (ALPHA - default=false) DisableCloudProviders=true|false (ALPHA - default=false) DisableKubeletCloudCredentialProviders=true|false (ALPHA - default=false) DynamicResourceAllocation=true|false (ALPHA - default=false) ElasticIndexedJob=true|false (BETA - default=true) EventedPLEG=true|false (BETA - default=false) GracefulNodeShutdown=true|false (BETA - default=true) GracefulNodeShutdownBasedOnPodPriority=true|false (BETA - default=true) HPAContainerMetrics=true|false (BETA - default=true) HPAScaleToZero=true|false (ALPHA - default=false) HonorPVReclaimPolicy=true|false (ALPHA - default=false) InPlacePodVerticalScaling=true|false (ALPHA - default=false) InTreePluginAWSUnregister=true|false (ALPHA - default=false) InTreePluginAzureDiskUnregister=true|false (ALPHA - default=false) InTreePluginAzureFileUnregister=true|false (ALPHA - default=false) InTreePluginGCEUnregister=true|false (ALPHA - default=false)

续表

参数名和类型	说　明
	InTreePluginOpenStackUnregister=true|false (ALPHA - default=false) InTreePluginPortworxUnregister=true|false (ALPHA - default=false) InTreePluginvSphereUnregister=true|false (ALPHA - default=false) JobBackoffLimitPerIndex=true|false (ALPHA - default=false) JobPodFailurePolicy=true|false (BETA - default=true) JobPodReplacementPolicy=true|false (ALPHA - default=false) JobReadyPods=true|false (BETA - default=true) KMSv2=true|false (BETA - default=true) KMSv2KDF=true|false (BETA - default=false) KubeProxyDrainingTerminatingNodes=true|false (ALPHA - default=false) KubeletCgroupDriverFromCRI=true|false (ALPHA - default=false) KubeletInUserNamespace=true|false (ALPHA - default=false) KubeletPodResourcesDynamicResources=true|false (ALPHA - default=false) KubeletPodResourcesGet=true|false (ALPHA - default=false) KubeletTracing=true|false (BETA - default=true) LegacyServiceAccountTokenCleanUp=true|false (ALPHA - default=false) LocalStorageCapacityIsolationFSQuotaMonitoring=true|false (ALPHA - default=false) LogarithmicScaleDown=true|false (BETA - default=true) LoggingAlphaOptions=true|false (ALPHA - default=false) LoggingBetaOptions=true|false (BETA - default=true) MatchLabelKeysInPodTopologySpread=true|false (BETA - default=true) MaxUnavailableStatefulSet=true|false (ALPHA - default=false) MemoryManager=true|false (BETA - default=true) MemoryQoS=true|false (ALPHA - default=false) MinDomainsInPodTopologySpread=true|false (BETA - default=true) MultiCIDRRangeAllocator=true|false (ALPHA - default=false) MultiCIDRServiceAllocator=true|false (ALPHA - default=false) NewVolumeManagerReconstruction=true|false (BETA - default=true) NodeInclusionPolicyInPodTopologySpread=true|false (BETA - default=true) NodeLogQuery=true|false (ALPHA - default=false) NodeSwap=true|false (BETA - default=false) OpenAPIEnums=true|false (BETA - default=true) PDBUnhealthyPodEvictionPolicy=true|false (BETA - default=true) PersistentVolumeLastPhaseTransitionTime=true|false (ALPHA - default=false) PodAndContainerStatsFromCRI=true|false (ALPHA - default=false)

续表

参数名和类型	说　明
	PodDeletionCost=true|false (BETA - default=true) PodDisruptionConditions=true|false (BETA - default=true) PodHostIPs=true|false (ALPHA - default=false) PodIndexLabel=true|false (BETA - default=true) PodReadyToStartContainersCondition=true|false (ALPHA - default=false) PodSchedulingReadiness=true|false (BETA - default=true) ProcMountType=true|false (ALPHA - default=false) QOSReserved=true|false (ALPHA - default=false) ReadWriteOncePod=true|false (BETA - default=true) RecoverVolumeExpansionFailure=true|false (ALPHA - default=false) RemainingItemCount=true|false (BETA - default=true) RotateKubeletServerCertificate=true|false (BETA - default=true) SELinuxMountReadWriteOncePod=true|false (BETA - default=true) SchedulerQueueingHints=true|false (BETA - default=true) SecurityContextDeny=true|false (ALPHA - default=false) ServiceNodePortStaticSubrange=true|false (BETA - default=true) SidecarContainers=true|false (ALPHA - default=false) SizeMemoryBackedVolumes=true|false (BETA - default=true) SkipReadOnlyValidationGCE=true|false (ALPHA - default=false) StableLoadBalancerNodeSet=true|false (BETA - default=true) StatefulSetAutoDeletePVC=true|false (BETA - default=true) StatefulSetStartOrdinal=true|false (BETA - default=true) StorageVersionAPI=true|false (ALPHA - default=false) StorageVersionHash=true|false (BETA - default=true) TopologyAwareHints=true|false (BETA - default=true) TopologyManagerPolicyAlphaOptions=true|false (ALPHA - default=false) TopologyManagerPolicyBetaOptions=true|false (BETA - default=true) TopologyManagerPolicyOptions=true|false (BETA - default=true) UnknownVersionInteroperabilityProxy=true|false (ALPHA - default=false) UserNamespacesSupport=true|false (ALPHA - default=false) ValidatingAdmissionPolicy=true|false (BETA - default=false) VolumeCapacityPriority=true|false (ALPHA - default=false) WatchList=true|false (ALPHA - default=false) WinDSR=true|false (ALPHA - default=false) WinOverlay=true|false (BETA - default=true) WindowsHostNetwork=true|false (ALPHA - default=true)

续表

参数名和类型	说　明
--goaway-chance float	为了防止某个 HTTP/2 客户端卡住 API Server，随机关闭一个连接（GoAway），客户端其他正在进行的请求不受影响，并且会与客户端重新建立连接，在有负载均衡器的环境中很可能会与另一个 API Server 实例建立连接。该参数设置关闭连接的比例因子，设置为 0 表示不启用该特性，最大为 0.02（即 1/50 的请求数量），建议设置为 0.001（即 1/1000 的请求数量）。在只有一个 API Server 的环境中不应启用该特性
--livez-grace-period duration	设置 API Server 的最长启动时间（秒数），到达该时间后，API Server 的/livez 接口才会被设置为 true
--max-mutating-requests-inflight int	同时处理的最大变更类型的请求数量，默认值为 200，超过该数量的请求将被拒绝。设置为 0 表示无限制。如果--enable-priority-and-fairness 设置为 true，则该参数的值将与--max-requests-inflight 的值的总和作为总并发请求数量的上限
--max-requests-inflight int	同时处理的非变更类型的最大请求数量，默认值为 400，超过该数量的请求将被拒绝。设置为 0 表示无限制。如果--enable-priority-and-fairness 设置为 true，则该参数的值将与--max-mutating-requests-inflight 的值的总和作为总并发请求数量上限
--min-request-timeout int	最小请求处理超时时间，单位为 s，默认值为 1800s，目前仅用于 watch request handler，系统将会在该时间值上加一个随机时间作为请求的超时时间
--request-timeout duration	请求处理超时时间，可以被--min-request-timeout 参数覆盖，默认值为 1m0s
--shutdown-delay-duration duration	停止服务的延迟时间，在此期间，API Server 将继续正常处理请求，接口/healthz 和/livez 将返回成功，但是/readyz 将立即返回失败。经过该延迟时间之后，API Server 开始正常停止服务。该特性通常用于多个 API Server 前端负载均衡器停止向某个 API Server 发送客户端请求的场景中
--shutdown-send-retry-after duration	设置为 true 表示 HTTP 服务将持续监听直到所有非长时运行的请求都结束。在此期间，新的请求都会被拒绝，响应码为 429，响应头为"Retry-After"，另外设置响应头"Connection: close"用于在空闲时断开 TCP 连接
--shutdown-watch-termination-grace-period duration	该参数用于 API Server 在优雅停止服务的时间窗口内，等待活跃的监听请求结束的超时时间
--strict-transport-security-directives strings	为 HSTS 设置的指令列表，以逗号分隔，例如 'max-age=31536000,includeSubDomains,preload'
[etcd 相关参数]	
--delete-collection-workers int	启动 DeleteCollection 的工作线程数，用于提高清理命名空间的效率，默认值为 1
--enable-garbage-collector	设置为 true 表示启用垃圾回收器。必须设置为与 kube-controller-manager 的该参数相同的值，默认值为 true
--encryption-provider-config string	在 etcd 中存储机密信息的加密程序的配置文件

续表

参数名和类型	说　明
--encryption-provider-config-automatic-reload	设置由--encryption-provider-config 参数设置的文件是否自动重新加载，设置为 true 表示禁用通过 API Server 的/healthz 接口来唯一标识不同 KMS 插件的能力
--etcd-cafile string	到 etcd 安全连接使用的 SSL CA 文件
--etcd-certfile string	到 etcd 安全连接使用的 SSL 证书文件
--etcd-compaction-interval duration	压缩请求的时间间隔，设置为 0 表示不压缩，默认值为 5m0s
--etcd-count-metric-poll-period duration	按类型查询 etcd 中资源数量的时间频率，设置为 0 表示禁用指标采集，默认值为 1m0s
--etcd-db-metric-poll-interval duration	查询 etcd 的请求，并更新 metric 指标数值的时间频率，设置为 0 表示禁用指标采集，默认值为 30s
--etcd-healthcheck-timeout duration	对 etcd 健康检查的超时时间，默认值为 2s
--etcd-keyfile string	到 etcd 安全连接使用的 SSL Key 文件
--etcd-prefix string	在 etcd 中保存 Kubernetes 集群数据的根目录名称，默认值为"/registry"
--etcd-readycheck-timeout duration	对 etcd 可用性健康检查的超时时间，默认值为 2s
--etcd-servers strings	以逗号分隔的 etcd 服务 URL 列表，etcd 服务以<协议>://ip:port 格式表示
--etcd-servers-overrides	根据不同资源类型的 etcd 服务设置，以逗号分隔。单个资源覆盖格式为：group/resource#servers，其中 servers 格式为<协议>://ip:port，以分号分隔
--lease-reuse-duration-seconds int	每个租约（lease）被重用的时长秒数，时长较短可以避免大量对象重用同一个租约。注意，如果该值设置得过小，可能会导致存储出现性能问题，默认值为 60
--storage-backend string	后端存储类型，可选项为 etcd3
--storage-media-type	持久化后端存储的介质类型。某些资源或后端存储只支持特定的介质类型，将忽略该设置，可选类型包括 application/json、application/yaml、application/vnd.kubernetes.protobuf，默认值为 application/vnd.kubernetes.protobuf
--watch-cache	设置为 true 表示缓存 watch 操作的数据，默认值为 true
--watch-cache-sizes strings	设置针对各种资源对象的 watch 缓存大小的列表，以逗号分隔，每个资源对象的设置格式都为 resource[.group]#size，其中 resource 为小写复数且不带版本，核心 API 资源无须指定 group。注意，此参数仅对 Kubernetes 内置资源对象生效，对 CRD 定义的用户自定义资源或从外部服务聚合的资源无效。在--watch-cache 参数为 true 时生效。size 设置为 0 表示禁用相关资源的 watch 缓存机制，非 0 的任意值都表示启用相关资源的 watch 缓存机制
[安全服务相关参数]	
--bind-address ip	在 HTTPS 安全端口提供服务时监听的 IP 地址，该值未设置表示使用全部网络接口（0.0.0.0 或::），默认值为 0.0.0.0
--cert-dir string	TLS 证书所在的目录，如果设置了--tls-cert-file 和--tls-private-key-file，则该设置将

续表

参数名和类型	说　明
	被忽略，默认值为/var/run/kubernetes
--http2-max-streams-per-connection int	服务端为客户端提供的 HTTP/2 连接中最大流（Stream）数量限制，设置为 0 表示使用 Golang 的默认值
--permit-address-sharing	设置是否允许多个进程共享同一个 IP 地址，设置为 true 表示使用 SO_REUSEADDR 来绑定端口。该设置允许同时绑定到以通配符表示的 IP 地址（如 0.0.0.0）或特定的 IP 地址，也可以避免等待内核释放 TIME_WAIT 状态的套接字，默认值为 false
--permit-port-sharing	设置是否允许多个进程共享同一个端口号，设置为 true 表示使用 SO_REUSEPORT 来绑定端口，默认值为 false
--secure-port int	设置 API Server 使用的 HTTPS 安全端口号，默认值为 6443，不能通过设置为 0 进行关闭
--tls-cert-file string	设置用于 HTTPS 的包含 x509 证书的文件路径，如果启用了 HTTPS 并且没有设置--tls-cert-file 和--tls-private-key-file，则系统将为公共地址生成一个自签名的证书和密钥，并将其保存到--cert-dir 指定的目录中
--tls-cipher-suites strings	服务端加密算法列表，以逗号分隔。未设置表示使用 Go Cipher Suites 的默认算法列表。 建议的算法列表为：TLS_AES_128_GCM_SHA256, TLS_AES_256_GCM_SHA384, TLS_CHACHA20_POLY1305_SHA256, TLS_ECDHE_ECDSA_WITH_AES_128_CBC_SHA, TLS_ECDHE_ECDSA_WITH_AES_128_GCM_SHA256, TLS_ECDHE_ECDSA_WITH_AES_256_CBC_SHA, TLS_ECDHE_ECDSA_WITH_AES_256_GCM_SHA384, TLS_ECDHE_ECDSA_WITH_CHACHA20_POLY1305, TLS_ECDHE_ECDSA_WITH_CHACHA20_POLY1305_SHA256, TLS_ECDHE_RSA_WITH_AES_128_CBC_SHA, TLS_ECDHE_RSA_WITH_AES_128_GCM_SHA256, TLS_ECDHE_RSA_WITH_AES_256_CBC_SHA, TLS_ECDHE_RSA_WITH_AES_256_GCM_SHA384, TLS_ECDHE_RSA_WITH_CHACHA20_POLY1305, TLS_ECDHE_RSA_WITH_CHACHA20_POLY1305_SHA256, TLS_RSA_WITH_AES_128_CBC_SHA, TLS_RSA_WITH_AES_128_GCM_SHA256, TLS_RSA_WITH_AES_256_CBC_SHA, TLS_RSA_WITH_AES_256_GCM_SHA384

续表

参数名和类型	说　　明
	不安全的算法列表为：TLS_ECDHE_ECDSA_WITH_AES_128_CBC_SHA256, TLS_ECDHE_ECDSA_WITH_RC4_128_SHA, TLS_ECDHE_RSA_WITH_3DES_EDE_CBC_SHA, TLS_ECDHE_RSA_WITH_AES_128_CBC_SHA256, TLS_ECDHE_RSA_WITH_RC4_128_SHA, TLS_RSA_WITH_3DES_EDE_CBC_SHA, TLS_RSA_WITH_AES_128_CBC_SHA256, TLS_RSA_WITH_RC4_128_SHA
--tls-min-version string	设置支持的最低 TLS 版本号，可选的版本号包括 VersionTLS10、VersionTLS11、VersionTLS12 和 VersionTLS13
--tls-private-key-file string	与--tls-cert-file 对应的 x509 私钥文件全路径
--tls-sni-cert-key namedCertKey	设置 x509 证书与私钥文件的路径，可以使用后缀为全限定域名（FQDN）的域名格式列表（也可以使用带通配符的前缀），如果有多对设置，则需要指定多次--tls-sni-cert-key 参数，常用配置示例如"example.key,example.crt"或"foo.crt,foo.key:*.foo.com,foo.com"等，默认值为[]
[审计相关参数]	
--audit-log-batch-buffer-size int	审计日志持久化 Event 的缓存大小，仅用于批量模式，默认值为 10000
--audit-log-batch-max-size int	审计日志最大批量大小，仅用于批量模式，默认值为 1
--audit-log-batch-max-wait duration	审计日志持久化 Event 的最长等待时间，仅用于批量模式
--audit-log-batch-throttle-burst int	审计日志批量处理允许的最大并发数量，在未启用过 ThrottleQPS 时生效，仅用于批量模式
--audit-log-batch-throttle-enable	设置是否启用批处理并发处理，仅用于批量模式
--audit-log-batch-throttle-qps float32	设置每秒处理批次的最大值，仅用于批量模式
--audit-log-compress	设置是否启用日志压缩，设置为 true 表示使用 gzip 对轮转的日志进行压缩
--audit-log-format string	审计日志的记录格式，可以将其设置为 legacy 或 json，设置为 legacy 表示按每行文本方式记录日志；设置为 json 表示使用 JSON 格式进行记录，默认值为 json
--audit-log-maxage int	审计日志文件保留的最长天数
--audit-log-maxbackup int	审计日志文件保留的最大数量，设置为 0 表示不限制
--audit-log-maxsize int	审计日志文件的单个大小限制，单位为 MB，默认值为 100MB
--audit-log-mode string	审计日志记录模式，包括同步模式 blocking（或 blocking-strict）和异步模式 batch，默认值为 blocking
--audit-log-path string	审计日志文件的全路径，设置为"-"表示标准输出
--audit-log-truncate-enabled	设置是否启用记录 Event 分批截断机制
--audit-log-truncate-max-batch-size int	设置每批次最大可保存 Event 的字节数，超过时自动分成新的批次，默认值为 10485760

续表

参数名和类型	说　明
--audit-log-truncate-max-event-size int	设置可保存 Event 的最大字节数，超过时自动移除第 1 个请求和应答；移除后仍然超限时将丢弃该 Event，默认值为 102400
--audit-log-version string	审计日志的 API 版本号，默认值为 audit.k8s.io/v1
--audit-policy-file string	审计策略配置文件的全路径
--audit-webhook-batch-buffer-size int	当使用 Webhook 保存审计日志时，审计日志持久化 Event 的缓存大小，仅用于批量模式，默认值为 10000
--audit-webhook-batch-max-size int	当使用 Webhook 保存审计日志时，审计日志的最大批量大小，仅用于批量模式，默认值为 400
--audit-webhook-batch-max-wait duration	当使用 Webhook 保存审计日志时，审计日志持久化 Event 的最长等待时间，仅用于批量模式，默认值为 30s
--audit-webhook-batch-throttle-burst int	当使用 Webhook 保存审计日志时，审计日志批量处理允许的最大并发数量，在未启用过 ThrottleQPS 时生效，仅用于批量模式，默认值为 15
--audit-webhook-batch-throttle-enable	当使用 Webhook 保存审计日志时，设置是否启用批处理并发处理，仅用于批量模式，默认值为 true
--audit-webhook-batch-throttle-qps float32	当使用 Webhook 保存审计日志时，设置每秒处理批次的最大值，仅用于批量模式，默认值为 10
--audit-webhook-config-file string	使用 Webhook 保存审计日志时的 Webhook 配置文件的全路径，格式为 kubeconfig 格式
--audit-webhook-initial-backoff duration	当使用 Webhook 保存审计日志时，对第 1 个失败请求重试的等待时间，默认值为 10s
--audit-webhook-mode string	使用 Webhook 保存审计日志时的审计日志记录模式，包括同步模式 Blocking（或 blocking-strict）和异步模式 Batch，默认值为 batch
--audit-webhook-truncate-enabled	当使用 Webhook 保存审计日志时，设置是否启用记录 Event 分批截断机制
--audit-webhook-truncate-max-batch-size int	当使用 Webhook 保存审计日志时，设置每批次最大可保存 Event 的字节数，超过时自动分成新的批次，默认值为 10485760
--audit-webhook-truncate-max-event-size int	当使用 Webhook 保存审计日志时，设置可保存 Event 的最大字节数，超过该最大值时自动移除第 1 个请求和应答；如移除后仍然超限时，则丢弃该 Event，默认值为 102400
--audit-webhook-version string	使用 Webhook 保存审计日志时的 API 版本号，默认值为 audit.k8s.io/v1
[其他特性参数]	
--contention-profiling	当性能分析功能打开时，设置是否启用锁竞争分析功能
--debug-socket-path string	设置用于 debug 的 UNIX Socket 路径，注意该 Socket 无法启用认证机制
--profiling	设置为 true 表示打开性能分析功能，可以通过<host>:<port>/debug/pprof/地址查看程序栈、线程等系统信息，默认值为 true
--anonymous-auth	设置为 true 表示 API Server 的安全端口可以接收匿名请求，不会被任何

续表

参数名和类型	说 明
	Authentication 拒绝的请求将被标记为匿名请求。匿名请求的用户名为“system:anonymous”，用户组名为“system:unauthenticated”，默认值为 true
--api-audiences strings	API 标识符列表，服务账户令牌身份验证器将验证针对 API 使用的令牌是否绑定到设置的至少一个 API 标识符。如果设置了--service-account-issuer 标志但未设置此标志，则此字段默认包含颁发者 URL 的单个元素列表
--authentication-token-webhook-cache-ttl duration	将 Webhook Token Authenticator 返回的响应保存在缓存内的时长，默认值为 2m0s
--authentication-token-webhook-config-file string	Webhook 相关的配置文件，将用于 Token Authentication
--authentication-token-webhook-version string	发送给 Webhook 的 TokenReview 资源的 API 版本号，API 组为 authentication.k8s.io，默认版本号为"v1beta1"
--client-ca-file string	如果指定该参数，则该客户端证书中的 CommonName 名称将被作为用户名进行 API Server 认证
--enable-bootstrap-token-auth	设置在 TLS 认证引导时是否允许使用 kube-system 命名空间中类型为 bootstrap.kubernetes.io/token 的 secret
--oidc-ca-file string	设置验证 OpenID Server 证书的文件，系统将选取其中的机构之一进行验证；不设置则使用主机的 CA 根证书
--oidc-client-id string	OpenID Connect 的客户端 ID，在设置 oidc-issuer-url 时必须设置这个 ID
--oidc-groups-claim string	定制的 OpenID Connect 用户组声明的设置，以字符串数组的形式表示，实验用
--oidc-groups-prefix string	设置 OpenID 用户组的前缀，以避免与其他认证策略冲突
--oidc-issuer-url string	OpenID 颁发者的 URL 地址，仅支持 HTTPS，用于验证 OIDC JWT（JSON Web Token）令牌
--oidc-required-claim mapStringString	用于描述 ID 令牌所需的声明，以 key=value 形式表示，设置之后，该声明必须存在于匹配的 ID 令牌中，系统会对此进行验证。可以重复该参数以设置多个声明，以逗号分隔
--oidc-signing-algs strings	设置允许的 JOSE 非对称签名算法列表，以逗号分隔，支持的值包括 RS256、RS384、RS512、ES256、ES384、ES512、PS256、PS384、PS512；值由 RFC7518 定义，默认值为[RS256]
--oidc-username-claim string	OpenID 用户名的声明字段名称，默认值为 sub，实验用
--oidc-username-prefix string	设置 OpenID 用户名的前缀，未指定时使用颁发者 URL 作为前缀以避免冲突，设置为'-'表示不使用前缀
--requestheader-allowed-names strings	允许的客户端证书中的 Common Names 列表，通过 header 中由--requestheader-username-headers 参数指定的字段获取。若未设置，则表示经过--requestheader-client-ca-file 验证的客户端证书都会被认可

续表

参数名和类型	说　明
--requestheader-client-ca-file string	用于验证客户端证书的根证书，在信任--requestheader-username-headers 参数中的用户名之前进行验证
--requestheader-extra-headers-prefix strings	用于验证请求 header 的前缀列表，建议用 X-Remote-Extra-
--requestheader-group-headers strings	用于验证用户组的请求 header 列表，建议用 X-Remote-Group
--requestheader-username-headers strings	用于验证用户名的请求 header 列表，建议用 X-Remote-User
--service-account-extend-token-expiration	设置是否启用 Service Account 令牌过期时的自动续期功能，这有助于从旧令牌安全过渡到绑定 Service Account 的令牌。如果启用，则注入的令牌有效期将延长（最长）1 年，以防止在转换期间出现意外故障，并且忽略--service-account-max-token-expiration duration 指定的有效期，默认值为 true
--service-account-issuer stringArray	设置 Service Account 颁发者的标识符。颁发者将在已颁发令牌的“iss”字段中断言此标识符，以字符串或 URI 格式表示。如果设置的内容不符合 OpenID Discovery 1.0 规范，则 ServiceAccountIssuerDiscovery 特性将保持禁用状态（即使设置了启用），建议设置的内容遵循 OpenID 规范。在实践中要求其为 HTTPS 的 URL 地址，建议该 URL 以路径{service-account-issuer}/.well-known/openid-configuration 提供 OpenID Discovery 文档
--service-account-jwks-uri string	设置 Service Account 颁发者的 JWKS URL 地址，仅当启用 ServiceAccountIssuerDiscovery 特性时生效，并且会覆盖 /.well-known/openid-configuration 返回的内容
--service-account-key-file stringArray	包含 PEM-encoded x509 RSA 公钥和私钥的文件路径，用于验证 Service Account 的 Token。若不指定该参数，则使用--tls-private-key-file 指定的文件。在设置了--service-account-signing-key 参数时必须设置该参数
--service-account-lookup	设置为 true 时，系统会到 etcd 验证 Service Account Token 是否存在，默认值为 true
--service-account-max-token-expiration duration	设置 Service Account 令牌颁发者创建的令牌的最长有效期。如果一个合法 TokenRequest 请求申请的有效期更长，则以该最长有效期为准
--token-auth-file string	用于访问 API Server 安全端口的 Token 认证文件路径
[授权相关参数]	
--authorization-mode string	到 API Server 安全访问的认证模式列表，以逗号分隔，可选值包括 AlwaysAllow、AlwaysDeny、ABAC、Webhook、RBAC 和 Node，默认值为 AlwaysAllow
--authorization-policy-file string	当--authorization-mode 为 ABAC 时使用的授权配置文件，内容为分行的 JSON 格式
--authorization-webhook-cache-authorized-ttl duration	将 Webhook Authorizer 返回的已授权响应保存在缓存内的时长，默认值为 5m0s

续表

参数名和类型	说　明
--authorization-webhook-cache-unauthorized-ttl duration	将 Webhook Authorizer 返回的未授权响应保存在缓存内的时长，默认值为 30s
--authorization-webhook-config-file string	当--authorization-mode 为 Webhook 时使用的授权配置文件
--authorization-webhook-version string	发送给 Webhook 的 SubjectAccessReview 资源的 API 版本号，API 组为 authorization.k8s.io，默认版本号为"v1beta1"
[云服务商相关参数]	
--cloud-config string	云服务商的配置文件路径，若不配置或设置为空字符串，则表示不使用云服务商的配置文件
--cloud-provider string	云服务商的名称，若不配置或设置为空字符串，则表示不使用云服务商
[API 相关参数]	
--runtime-config mapStringString	以一组 key=value 的格式设置启用或禁用某些内置的 API，目前支持的配置如下。 v1=true|false：是否启用/禁用 core API group。 <group>/<version>=true|false：是否启用/禁用指定的 API 组和版本号，例如 apps/v1=true。 api/all=true|false：控制 API 的全部版本号。 api/ga=true|false：控制所有 GA 阶段的 API 版本号，版本号格式为 v[0-9]+。 api/beta=true|false：控制所有 Beta 阶段的 API 版本号，版本号格式为 v[0-9]+beta[0-9]+。 api/alpha=true|false：控制所有 Alpha 阶段的 API 版本号，版本号格式为 v[0-9]+alpha[0-9]+。 api/legacy：已弃用，在未来的版本中会删除
[Egress Selector 相关参数]	
--egress-selector-config-file string	API Server 的 egress selector 配置文件
[准入控制相关参数]	
--admission-control string	[已弃用] 改用--enable-admission-plugins 或--disable-admission-plugins 参数 对发送给 API Server 的请求进行准入控制，配置为一个准入控制器的列表，多个准入控制器之间以逗号分隔。多个准入控制器将按顺序对发送给 API Server 的请求进行拦截和过滤。可配置的准入控制器包括 AlwaysAdmit、AlwaysDeny、AlwaysPullImages、CertificateApproval、CertificateSigning、CertificateSubjectRestriction、ClusterTrustBundleAttest、DefaultIngressClass、DefaultStorageClass、DefaultTolerationSeconds、DenyServiceExternalIPs、EventRateLimit、ExtendedResourceToleration、ImagePolicyWebhook、LimitPodHardAntiAffinityTopology、LimitRanger、MutatingAdmissionWebhook、NamespaceAutoProvision、NamespaceExists、NamespaceLifecycle、NodeRestriction、OwnerReferencesPermissionEnforcement、PersistentVolumeClaimResize、

续表

参数名和类型	说　明
	PersistentVolumeLabel、PodNodeSelector、PodSecurity、PodTolerationRestriction、Priority、ResourceQuota、RuntimeClass、SecurityContextDeny、ServiceAccount、StorageObjectInUseProtection、TaintNodesByCondition、ValidatingAdmissionPolicy、ValidatingAdmissionWebhook
--admission-control-config-file string	设置准入控制规则的配置文件全路径
--disable-admission-plugins strings	设置禁用的准入控制插件列表，不论其是否在默认启用的插件列表中，都以逗号分隔。 系统默认配置的禁用插件列表为：NamespaceLifecycle、LimitRanger、ServiceAccount、TaintNodesByCondition、PodSecurity、Priority、DefaultTolerationSeconds、DefaultStorageClass、StorageObjectInUseProtection、PersistentVolumeClaimResize、RuntimeClass、CertificateApproval、CertificateSigning、ClusterTrustBundleAttest、CertificateSubjectRestriction、DefaultIngressClass、MutatingAdmissionWebhook、ValidatingAdmissionPolicy、ValidatingAdmissionWebhook、ResourceQuota 可选插件列表为：AlwaysAdmit、AlwaysDeny、AlwaysPullImages、CertificateApproval、CertificateSigning、CertificateSubjectRestriction、ClusterTrustBundleAttest、DefaultIngressClass、DefaultStorageClass、DefaultTolerationSeconds、DenyServiceExternalIPs、EventRateLimit、ExtendedResourceToleration、ImagePolicyWebhook、LimitPodHardAntiAffinityTopology、LimitRanger、MutatingAdmissionWebhook、NamespaceAutoProvision、NamespaceExists、NamespaceLifecycle、NodeRestriction、OwnerReferencesPermissionEnforcement、PersistentVolumeClaimResize、PersistentVolumeLabel、PodNodeSelector、PodSecurity、PodTolerationRestriction、Priority、ResourceQuota、RuntimeClass、SecurityContextDeny、ServiceAccount、StorageObjectInUseProtection、TaintNodesByCondition、ValidatingAdmissionPolicy、ValidatingAdmissionWebhook 各插件没有先后顺序关系
--enable-admission-plugins strings	设置启用的准入控制插件列表，以逗号分隔。 系统默认配置的启用插件列表为：NamespaceLifecycle、LimitRanger、ServiceAccount、TaintNodesByCondition、PodSecurity、Priority、DefaultTolerationSeconds、DefaultStorageClass、StorageObjectInUseProtection、PersistentVolumeClaimResize、RuntimeClass、CertificateApproval、CertificateSigning、ClusterTrustBundleAttest、CertificateSubjectRestriction、DefaultIngressClass、 MutatingAdmissionWebhook、ValidatingAdmissionPolicy、ValidatingAdmissionWebhook、ResourceQuota

续表

参数名和类型	说　明
	可选插件列表为：AlwaysAdmit、AlwaysDeny、AlwaysPullImages、CertificateApproval、CertificateSigning、CertificateSubjectRestriction、ClusterTrustBundleAttest、DefaultIngressClass、DefaultStorageClass、DefaultTolerationSeconds、DenyServiceExternalIPs、EventRateLimit、ExtendedResourceToleration、ImagePolicyWebhook、LimitPodHardAntiAffinityTopology、LimitRanger、MutatingAdmissionWebhook、NamespaceAutoProvision、NamespaceExists、NamespaceLifecycle、NodeRestriction、OwnerReferencesPermissionEnforcement、PersistentVolumeClaimResize、PersistentVolumeLabel、PodNodeSelector、PodSecurity、PodTolerationRestriction、Priority、ResourceQuota、RuntimeClass、SecurityContextDeny、ServiceAccount、StorageObjectInUseProtection、TaintNodesByCondition、ValidatingAdmissionPolicy、ValidatingAdmissionWebhook 各插件没有先后顺序关系
[Metric 指标相关参数]	
--allow-metric-labels stringToString	设置允许使用的指标 Label 列表，以 key=value 格式进行设置，key 的格式为<MetricName>,<LabelName>，value 的格式为<allowed_value>,<allowed_value>...，例如 metric1,label1='v1,v2,v3', metric1,label2='v1,v2,v3' metric2,label1='v1,v2,v3'，默认值为[]
--disabled-metrics strings	设置禁用的指标名称列表，需要配置全限定名称，该参数优先于显示隐藏指标值
--show-hidden-metrics-for-version string	配置是否需要显示所隐藏指标的先前版本号，仅当先前版本的次要版本号有意义时生效，格式为<major>.<minor>，例如 1.16，用于验证有哪些先前版本的指标在新版本中被隐藏
[Trace 相关参数]	
--tracing-config-file string	设置 API Server tracing 配置文件的全路径
[其他参数]	
--aggregator-reject-forwarding-redirect	设置为 true 表示 aggregator 拒绝将重定向的响应转发给客户端，默认值为 true
--allow-privileged	设置是否允许容器以特权模式运行，默认值为 false
--enable-aggregator-routing	设置为 true 表示 aggregator 将请求路由到 Endpoint 的 IP 地址，否则路由到服务的 ClusterIP 地址
--endpoint-reconciler-type string	设置 Endpoint 协调器的类型，可选类型包括 master-count、lease、none，默认值为 lease
--event-ttl duration	Event 事件的保存时间，默认值为 1h0m0s
--kubelet-certificate-authority string	用于连接 kubelet 的 CA 证书文件路径
--kubelet-client-certificate string	用于连接 kubelet 的客户端证书文件路径

续表

参数名和类型	说　明
--kubelet-client-key string	用于连接 kubelet 的客户端私钥文件路径
--kubelet-preferred-address-types strings	连接 kubelet 时使用的 Node 地址类型（NodeAddressTypes），默认值为列表[Hostname, InternalDNS,InternalIP,ExternalDNS,ExternalIP]，表示可用其中任一地址类型
--kubelet-timeout int	kubelet 执行操作的超时时间，默认值为 5s
--kubernetes-service-node-port int	设置 Master 服务是否使用 NodePort 模式，如果设置，则 Master 服务的端口号将被映射到物理机的端口号；设置为 0 表示以 ClusterIP 地址的形式启动 Master 服务
--max-connection-bytes-per-sec int	设置为非 0 的值表示限制每个客户端连接的带宽，单位为每秒字节数，目前仅用于需要长时间执行的请求
--peer-advertise-ip string	设置并启用了 UnknownVersionInteroperabilityProxy 特性门控时，在部署了多个 API Server 的环境中使用，当客户端请求由于多个 API Server 的版本差异无法处理时，由其他 API Server 代理到该 API Server 的 IP 地址
--peer-advertise-port string	设置并启用了 UnknownVersionInteroperabilityProxy 特性门控时，在部署了多个 API Server 的环境中使用，当客户端请求由于多个 API Server 的版本差异无法处理时，由其他 API Server 代理到本 API Server 的该端口号
--peer-ca-file string	设置并启用 UnknownVersionInteroperabilityProxy 特性门控时，在部署了多个 API Server 的环境中使用，用于验证其他 API Server 的证书
--proxy-client-cert-file string	用于在请求期间验证 aggregator 或 kube-apiserver 身份的客户端证书文件路径。将请求代理到用户 api-server 并调用 Webhook 准入控制插件时，要求此证书在 --requestheader-client-ca-file 指定的文件中包含来自 CA 的签名。该 CA 被发布在 kube-system 的 extension-apiserver-authentication 命名空间的 ConfigMap 中
--proxy-client-key-file string	用于在请求期间验证 aggregator 或 kube-apiserver 身份的客户端私钥文件路径
--service-account-signing-key-file string	设置 Service Account 令牌颁发者的当前私钥的文件路径。颁发者用该私钥对颁发的 ID 令牌进行签名
--service-cluster-ip-range ipNet	设置 Service 的 ClusterIP 地址的 CIDR 范围，例如 169.169.0.0/16，该 IP 地址段不能与宿主机所在的网络重合，最多允许设置两个双栈 CIDR
--service-node-port-range portRange	设置 Service 的 NodePort 端口号范围，默认值为 30000~32767，包括 30000 和 32767
[云服务商相关参数]	
--cloud-config string	设置云服务商配置文件的全路径
--cloud-provider string	设置云服务商名称

A.3 kube-controller-manager 启动参数

对 kube-controller-manager 启动参数的详细说明如表 A.3 所示。

表 A.3　对 kube-controller-manager 启动参数的详细说明

参数名和类型	说　明
[调试相关参数]	
--contention-profiling	当设置打开性能分析时，设置是否打开锁竞争分析
--profiling	设置为 true 表示打开性能分析，可以通过<host>:<port>/debug/pprof/地址查看程序栈、线程等系统信息，默认值为 true
[Leader 迁移相关参数]	
--enable-leader-migration	设置是否启用 Leader 迁移
--leader-migration-config string	设置 Leader 迁移配置文件全路径，设置为空表示使用默认配置，配置文件类型应为 LeaderMigrationConfiguration，组为 controllermanager.config.k8s.io，版本为 v1alpha1
[通用参数]	
--allocate-node-cidrs	设置为 true 表示使用云服务商为 Pod 分配的 CIDRs
--cidr-allocator-type string	CIDR 分配器的类型，默认值为 RangeAllocator
--cloud-config string	云服务商的配置文件路径
--cloud-provider string	云服务商的名称
--cluster-cidr string	集群中 Pod 的可用 CIDR 范围，要求设置--allocate-node-cidrs=true
--cluster-name string	集群名称前缀，默认值为 kubernetes
--configure-cloud-routes	设置云服务商是否为--allocate-node-cidrs 分配的 CIDR 设置路由，默认值为 true
--controller-start-interval duration	启动各个 controller manager 的时间间隔
--controllers strings	设置启用的 controller 列表，默认值为"*"，表示启用所有 controller，例如设置 foo 表示启用名为“foo”的 controller，-foo 表示禁用名为“foo”的 controller。 所有 controller 列表为：bootstrap-signer-controller、certificatesigningrequest-approving-controller、certificatesigningrequest-cleaner-controller、certificatesigningrequest-signing-controller、cloud-node-lifecycle-controller、clusterrole-aggregation-controller、cronjob-controller、daemonset-controller、deployment-controller、disruption-controller、endpoints-controller、endpointslice-controller、endpointslice-mirroring-controller、ephemeral-volume-controller、garbage-collector-controller、horizontal-pod-autoscaler-controller、job-controller、namespace-controller、node-ipam-controller、node-lifecycle-controller、node-route-controller、persistentvolume-attach-detach-controller、persistentvolume-binder-controller、persistentvolume-expander-controller、persistentvolume-protection-controller、persistentvolumeclaim-protection-controller、pod-garbage-collector-controller、replicaset-controller、replicationcontroller-controller、resourcequota-controller、

续表

参数名和类型	说　明
	root-ca-certificate-publisher-controller、service-lb-controller、serviceaccount-controller、serviceaccount-token-controller、statefulset-controller、token-cleaner-controller、ttl-after-finished-controller、ttl-controller 默认禁用的 controller 列表为：bootstrap-signer-controller、token-cleaner-controller
--external-cloud-volume-plugin string	当设置--cloud-provider=external（外部云服务商）时使用的 Volume 插件，目前用于内置云服务商使用 node-ipam-controller、persistentvolume-binder-controller、persistentvolume-expander-controller 和 attach-detach-controller
--feature-gates mapStringBool	设置启用或禁用特性门控列表，以 key=value 形式表示。 可以设置的特性门控包括： APIListChunking=true|false (BETA - default=true) APIPriorityAndFairness=true|false (BETA - default=true) APIResponseCompression=true|false (BETA - default=true) APIServerIdentity=true|false (BETA - default=true) APIServerTracing=true|false (BETA - default=true) AdmissionWebhookMatchConditions=true|false (BETA - default=true) AggregatedDiscoveryEndpoint=true|false (BETA - default=true) AllAlpha=true|false (ALPHA - default=false) AllBeta=true|false (BETA - default=false) AnyVolumeDataSource=true|false (BETA - default=true) AppArmor=true|false (BETA - default=true) CPUManagerPolicyAlphaOptions=true|false (ALPHA - default=false) CPUManagerPolicyBetaOptions=true|false (BETA - default=true) CPUManagerPolicyOptions=true|false (BETA - default=true) CRDValidationRatcheting=true|false (ALPHA - default=false) CSIMigrationPortworx=true|false (BETA - default=false) CSINodeExpandSecret=true|false (BETA - default=true) CSIVolumeHealth=true|false (ALPHA - default=false) CloudControllerManagerWebhook=true|false (ALPHA - default=false) CloudDualStackNodeIPs=true|false (ALPHA - default=false) ClusterTrustBundle=true|false (ALPHA - default=false) ComponentSLIs=true|false (BETA - default=true) ConsistentListFromCache=true|false (ALPHA - default=false) ContainerCheckpoint=true|false (ALPHA - default=false) ContextualLogging=true|false (ALPHA - default=false) CronJobsScheduledAnnotation=true|false (BETA - default=true)

续表

参数名和类型	说　明
	CrossNamespaceVolumeDataSource=true|false (ALPHA - default=false) CustomCPUCFSQuotaPeriod=true|false (ALPHA - default=false) CustomResourceValidationExpressions=true|false (BETA - default=true) DevicePluginCDIDevices=true|false (ALPHA - default=false) DisableCloudProviders=true|false (ALPHA - default=false) DisableKubeletCloudCredentialProviders=true|false (ALPHA - default=false) DynamicResourceAllocation=true|false (ALPHA - default=false) ElasticIndexedJob=true|false (BETA - default=true) EventedPLEG=true|false (BETA - default=false) GracefulNodeShutdown=true|false (BETA - default=true) GracefulNodeShutdownBasedOnPodPriority=true|false (BETA - default=true) HPAContainerMetrics=true|false (BETA - default=true) HPAScaleToZero=true|false (ALPHA - default=false) HonorPVReclaimPolicy=true|false (ALPHA - default=false) InPlacePodVerticalScaling=true|false (ALPHA - default=false) InTreePluginAWSUnregister=true|false (ALPHA - default=false) InTreePluginAzureDiskUnregister=true|false (ALPHA - default=false) InTreePluginAzureFileUnregister=true|false (ALPHA - default=false) InTreePluginGCEUnregister=true|false (ALPHA - default=false) InTreePluginOpenStackUnregister=true|false (ALPHA - default=false) InTreePluginPortworxUnregister=true|false (ALPHA - default=false) InTreePluginvSphereUnregister=true|false (ALPHA - default=false) JobBackoffLimitPerIndex=true|false (ALPHA - default=false) JobPodFailurePolicy=true|false (BETA - default=true) JobPodReplacementPolicy=true|false (ALPHA - default=false) JobReadyPods=true|false (BETA - default=true) KMSv2=true|false (BETA - default=true) KMSv2KDF=true|false (BETA - default=false) KubeProxyDrainingTerminatingNodes=true|false (ALPHA - default=false) KubeletCgroupDriverFromCRI=true|false (ALPHA - default=false) KubeletInUserNamespace=true|false (ALPHA - default=false) KubeletPodResourcesDynamicResources=true|false (ALPHA - default=false) KubeletPodResourcesGet=true|false (ALPHA - default=false) KubeletTracing=true|false (BETA - default=true) LegacyServiceAccountTokenCleanUp=true|false (ALPHA - default=false)

续表

参数名和类型	说　明
	LocalStorageCapacityIsolationFSQuotaMonitoring=true|false (ALPHA - default=false) LogarithmicScaleDown=true|false (BETA - default=true) LoggingAlphaOptions=true|false (ALPHA - default=false) LoggingBetaOptions=true|false (BETA - default=true) MatchLabelKeysInPodTopologySpread=true|false (BETA - default=true) MaxUnavailableStatefulSet=true|false (ALPHA - default=false) MemoryManager=true|false (BETA - default=true) MemoryQoS=true|false (ALPHA - default=false) MinDomainsInPodTopologySpread=true|false (BETA - default=true) MultiCIDRRangeAllocator=true|false (ALPHA - default=false) MultiCIDRServiceAllocator=true|false (ALPHA - default=false) NewVolumeManagerReconstruction=true|false (BETA - default=true) NodeInclusionPolicyInPodTopologySpread=true|false (BETA - default=true) NodeLogQuery=true|false (ALPHA - default=false) NodeSwap=true|false (BETA - default=false) OpenAPIEnums=true|false (BETA - default=true) PDBUnhealthyPodEvictionPolicy=true|false (BETA - default=true) PersistentVolumeLastPhaseTransitionTime=true|false (ALPHA - default=false) PodAndContainerStatsFromCRI=true|false (ALPHA - default=false) PodDeletionCost=true|false (BETA - default=true) PodDisruptionConditions=true|false (BETA - default=true) PodHostIPs=true|false (ALPHA - default=false) PodIndexLabel=true|false (BETA - default=true) PodReadyToStartContainersCondition=true|false (ALPHA - default=false) PodSchedulingReadiness=true|false (BETA - default=true) ProcMountType=true|false (ALPHA - default=false) QOSReserved=true|false (ALPHA - default=false) ReadWriteOncePod=true|false (BETA - default=true) RecoverVolumeExpansionFailure=true|false (ALPHA - default=false) RemainingItemCount=true|false (BETA - default=true) RotateKubeletServerCertificate=true|false (BETA - default=true) SELinuxMountReadWriteOncePod=true|false (BETA - default=true) SchedulerQueueingHints=true|false (BETA - default=true) SecurityContextDeny=true|false (ALPHA - default=false) ServiceNodePortStaticSubrange=true|false (BETA - default=true)

续表

参数名和类型	说　明
	SidecarContainers=true|false (ALPHA - default=false) SizeMemoryBackedVolumes=true|false (BETA - default=true) SkipReadOnlyValidationGCE=true|false (ALPHA - default=false) StableLoadBalancerNodeSet=true|false (BETA - default=true) StatefulSetAutoDeletePVC=true|false (BETA - default=true) StatefulSetStartOrdinal=true|false (BETA - default=true) StorageVersionAPI=true|false (ALPHA - default=false) StorageVersionHash=true|false (BETA - default=true) TopologyAwareHints=true|false (BETA - default=true) TopologyManagerPolicyAlphaOptions=true|false (ALPHA - default=false) TopologyManagerPolicyBetaOptions=true|false (BETA - default=true) TopologyManagerPolicyOptions=true|false (BETA - default=true) UnknownVersionInteroperabilityProxy=true|false (ALPHA - default=false) UserNamespacesSupport=true|false (ALPHA - default=false) ValidatingAdmissionPolicy=true|false (BETA - default=false) VolumeCapacityPriority=true|false (ALPHA - default=false) WatchList=true|false (ALPHA - default=false) WinDSR=true|false (ALPHA - default=false) WinOverlay=true|false (BETA - default=true) WindowsHostNetwork=true|false (ALPHA - default=true)
--kube-api-burst int32	发送到 API Server 的每秒突发请求量，默认值为 30
--kube-api-content-type string	发送到 API Server 的请求内容类型，默认值为 application/vnd.kubernetes.protobuf
--kube-api-qps float32	与 API Server 通信的 QPS 值，默认值为 20
--leader-elect	设置为 true 表示启用 leader 选举，用于 Master 多实例高可用部署模式下，默认值为 true
--leader-elect-lease-duration duration	leader 选举过程中非 leader 等待选举的时间间隔，默认值为 15s，仅当--leader-elect=true 时生效
--leader-elect-renew-deadline duration	leader 选举过程中在停止 leading 角色之前再次 renew 的时间间隔，必须小于 leader-elect-lease-duration，默认值为 10s，仅当--leader-elect=true 时生效
--leader-elect-resource-lock string	在 leader 选举过程中使用哪种资源对象进行锁定操作，可选值包括"leases" "endpointsleases"和"configmapsleases"，默认值为"leases"
--leader-elect-resource-name string	在 leader 选举过程中用于锁定的资源对象名称，默认值为"kube-controller-manager"
--leader-elect-resource-namespace string	在 leader 选举过程中用于锁定的资源对象所在的 Namespace 名称，默认值为"kube-system"

续表

参数名和类型	说　明
--leader-elect-retry-period duration	在 leader 选举过程中获取 leader 角色和 renew 之间的等待时间，默认值为 2s，仅当--leader-elect=true 时生效
--min-resync-period duration	重新同步的最小时间间隔，实际重新同步的时间为 MinResyncPeriod 到 2×MinResyncPeriod 之间的一个随机数，默认值为 12h0m0s
--node-monitor-period duration	NodeController 同步 NodeStatus 的时间间隔，默认值为 5s
--route-reconciliation-period duration	云服务商为 Node 创建路由的同步时间间隔，默认值为 10s
--use-service-account-credentials	设置为 true 表示为每个 controller 分别设置 Service Account
[Service LB 控制器相关参数]	
--concurrent-service-syncs int32	设置允许的并发同步 Service 对象的数量，值越大表示服务管理的响应越快，但会消耗更多的 CPU 和网络资源，默认值为 1
[安全服务相关参数]	
--bind-address ip	在 HTTPS 安全端口提供服务时监听的 IP 地址，未设置表示使用全部网络接口（0.0.0.0 或::），默认值为 0.0.0.0
--cert-dir string	TLS 证书所在的目录，如果设置了--tls-cert-file 和--tls-private-key-file，则忽略该设置
--http2-max-streams-per-connection int	服务端为客户端提供的 HTTP/2 连接中的流数量最大限制，设置为 0 表示使用 Golang 的默认值
--permit-address-sharing	设置是否允许多个进程共享同一个 IP 地址，设置为 true 表示使用 SO_REUSEADDR 来绑定端口。该设置允许同时绑定到以通配符表示的 IP 地址（如 0.0.0.0）或特定的 IP 地址，也可以避免等待内核释放 TIME_WAIT 状态的套接字，默认值为 false
--permit-port-sharing	设置是否允许多个进程共享同一个端口号，设置为 true 表示使用 SO_REUSEPORT 来绑定端口，默认值为 false
--secure-port int	设置 HTTPS 安全模式的监听端口号，设置为 0 表示禁用 HTTPS，默认值为 10257
--tls-cert-file string	设置用于 HTTPS 的包含 x509 证书的文件路径，如果启用了 HTTPS，并且没有设置--tls-cert-file 和--tls-private-key-file，系统将为公共地址生成一个自签名的证书和密钥，并将其保存到--cert-dir 指定的目录中
--tls-cipher-suites strings	服务端加密算法列表，以逗号分隔，如果不设置，则使用 Go Cipher Suites 的默认列表。 建议使用的算法列表为：TLS_AES_128_GCM_SHA256、 TLS_AES_256_GCM_SHA384、TLS_CHACHA20_POLY1305_SHA256、 TLS_ECDHE_ECDSA_WITH_AES_128_CBC_SHA、 TLS_ECDHE_ECDSA_WITH_AES_128_GCM_SHA256、 TLS_ECDHE_ECDSA_WITH_AES_256_CBC_SHA、 TLS_ECDHE_ECDSA_WITH_AES_256_GCM_SHA384、 TLS_ECDHE_ECDSA_WITH_CHACHA20_POLY1305、

续表

参数名和类型	说　明
	TLS_ECDHE_ECDSA_WITH_CHACHA20_POLY1305_SHA256、TLS_ECDHE_RSA_WITH_AES_128_CBC_SHA、TLS_ECDHE_RSA_WITH_AES_128_GCM_SHA256、TLS_ECDHE_RSA_WITH_AES_256_CBC_SHA、TLS_ECDHE_RSA_WITH_AES_256_GCM_SHA384、TLS_ECDHE_RSA_WITH_CHACHA20_POLY1305、TLS_ECDHE_RSA_WITH_CHACHA20_POLY1305_SHA256、TLS_RSA_WITH_AES_128_CBC_SHA、TLS_RSA_WITH_AES_128_GCM_SHA256、TLS_RSA_WITH_AES_256_CBC_SHA、TLS_RSA_WITH_AES_256_GCM_SHA384 不安全的算法列表为：TLS_ECDHE_ECDSA_WITH_AES_128_CBC_SHA256、TLS_ECDHE_ECDSA_WITH_RC4_128_SHA、TLS_ECDHE_RSA_WITH_3DES_EDE_CBC_SHA、TLS_ECDHE_RSA_WITH_AES_128_CBC_SHA256、TLS_ECDHE_RSA_WITH_RC4_128_SHA、TLS_RSA_WITH_3DES_EDE_CBC_SHA、TLS_RSA_WITH_AES_128_CBC_SHA256,TLS_RSA_WITH_RC4_128_SHA
--tls-min-version string	设置支持的 TLS 的最低版本号，可选的版本号包括 VersionTLS10、VersionTLS11、VersionTLS12 和 VersionTLS13
--tls-private-key-file string	与--tls-cert-file 对应的 x509 私钥文件全路径
--tls-sni-cert-key namedCertKey	设置 x509 证书与私钥文件对的路径，可以使用后缀为全限定域名（FQDN）的域名格式列表（也可以使用带通配符的前缀），如果有多对设置，则需要指定多次--tls-sni-cert-key 参数，常用配置示例如"example.key,example.crt"或"foo.crt,foo.key:*.foo.com,foo.com"等，默认值为[]
--tls-sni-cert-key namedCertKey	设置支持的 TLS 的最低版本号，可选的版本号包括 VersionTLS10、VersionTLS11、VersionTLS12 和 VersionTLS13
[认证相关参数]	
--authentication-kubeconfig string	设置允许在 Kubernetes 核心服务中创建 tokenreviews.authentication.k8s.io 资源对象的 kubeconfig 配置文件，该设置为可选设置，设置为空表示将所有的 Token 请求都视为匿名请求，不会启用客户端 CA 认证机制
--authentication-skip-lookup	设置为 true 表示跳过认证，设置为 false 表示使用--authentication-kubeconfig 参数指定的配置文件查找集群中缺失的认证配置信息

续表

参数名和类型	说　明
--authentication-token-webhook-cache-ttl duration	对 Webhook 令牌认证服务返回响应进行缓存的时间，默认值为 10s
--authentication-tolerate-lookup-failure	设置为 true 表示当查询集群内认证缺失的配置失败时仍然认为合法，注意这样可能会导致认证服务将所有请求都视为匿名
--client-ca-file string	如果指定，则该客户端证书中的 CommonName 名称将被用于认证
--requestheader-allowed-names strings	允许的客户端证书中的 Common Names 列表，通过 header 中由--requestheader-username-headers 参数指定的字段获取。若未设置，则表示经过--requestheader-client-ca-file 验证的客户端证书都会被认可
--requestheader-client-ca-file string	用于验证客户端证书的根证书，在信任--requestheader-username-headers 参数中的用户名之前进行验证
--requestheader-extra-headers-prefix strings	用于验证请求 header 的前缀列表，建议用 X-Remote-Extra-，默认值为 "x-remote-extra-"
--requestheader-group-headers strings	用于验证用户组的请求 header 列表，建议用 X-Remote-Group，默认值为 "x-remote-group"
--requestheader-username-headers strings	用于验证用户名的请求 header 列表，建议用 X-Remote-User，默认值为 "x-remote-user"
[授权相关参数]	
--authorization-always-allow-paths strings	设置无须授权的 HTTP 路径列表，默认值为[/healthz,/readyz,/livez]
--authorization-kubeconfig string	设置允许在 Kubernetes 核心服务中创建 subjectaccessreviews.authorization.k8s.io 资源对象的 kubeconfig 配置文件，为可选设置。设置为空表示所有未列入白名单的请求都将被拒绝
--authorization-webhook-cache-authorized-ttl duration	将 Webhook 授权服务返回的已授权响应进行缓存的时间，默认值为 10s
--authorization-webhook-cache-unauthorized-ttl duration	将 Webhook 授权服务返回的未授权响应进行缓存的时间，默认值为 10s
[PV attach/detach 控制器相关参数]	
--attach-detach-reconcile-sync-period duration	Volume 的 attach、detach 等操作的 reconciler 同步等待时间，必须大于 1s，默认值为 1m0s，设置为大于默认值的时间可能会导致 volume 无法与 Pod 匹配
--disable-attach-detach-reconcile-sync	设置为 true 表示禁用 Volume 的 attach、detach 等操作的 reconciler 同步操作，禁用可能会导致 volume 无法与 Pod 匹配
[CSR 签名控制器相关参数]	
--cluster-signing-cert-file string	PEM-encoded X509 CA 证书文件，用于 kube-controller-manager 在集群范围内颁发证书时使用。如果设置了该参数，则不能再设置其他以--cluster-signing-*开头的参数

续表

参数名和类型	说　明
--cluster-signing-duration duration	颁发证书的有效期，每个 CSR 可以通过设置 spec.expirationSeconds 申请有效期更短的证书，默认值为 8760h0m0s
--cluster-signing-key-file string	PEM-encoded RSA 或 ECDSA 私钥文件，用于签署集群范围的证书。如果设置了该参数，则不能再设置其他以--cluster-signing-*开头的参数
--cluster-signing-kube-apiserver-client-cert-file string	PEM-encoded X509 CA 证书文件，用于为 kubernetes.io/kube-apiserver-client 签发者颁发证书。如果设置了该参数，则不能设置--cluster-signing-{cert,key}-参数
--cluster-signing-kube-apiserver-client-key-file string	PEM-encoded RSA 或 ECDSA 私钥文件，用于签署为 kubernetes.io/kube-apiserver-client 签发者颁发的证书。如果设置了该参数，则不能设置--cluster-signing-{cert,key}-参数
--cluster-signing-kubelet-client-cert-file string	PEM-encoded X509 CA 证书文件，用于为 kubernetes.io/kube-apiserver-client-kubelet 签发者颁发证书。如果设置了该参数，则不能设置--cluster-signing-{cert,key}-参数
--cluster-signing-kubelet-client-key-file string	PEM-encoded RSA 或 ECDSA 私钥文件，用于签署为 kubernetes.io/kube-apiserver-client-kubelet 签发者颁发的证书。如果设置了该参数，则不能设置--cluster-signing-{cert,key}-参数
--cluster-signing-kubelet-serving-cert-file string	PEM-encoded X509 CA 证书文件，用于为 kubernetes.io/kubelet-serving 签发者颁发证书。如果设置了该参数，则不能设置--cluster-signing-{cert,key}-参数
--cluster-signing-kubelet-serving-key-file string	PEM-encoded RSA 或 ECDSA 私钥文件，用于签署为 kubernetes.io/kubelet-serving 签发者颁发的证书。如果设置了该参数，则不能设置--cluster-signing-{cert,key}-参数
--cluster-signing-legacy-unknown-cert-file string	PEM-encoded X509 CA 证书文件，用于为 kubernetes.io/legacy-unknown 签发者颁发证书。如果设置了该参数，则不能设置--cluster-signing-{cert,key}-参数
--cluster-signing-legacy-unknown-key-file string	PEM-encoded RSA 或 ECDSA 私钥文件，用于签署为 kubernetes.io/legacy-unknown 签发者颁发的证书。如果设置了该参数，则不能设置--cluster-signing-{cert,key}-参数
[Deployment 控制器相关参数]	
--concurrent-deployment-syncs int32	设置允许的并发同步 Deployment 对象的数量，值越大表示同步 Deployment 的响应越快，CPU 和网络资源的消耗也越多，默认值为 5
[Statefulset 控制器相关参数]	
--concurrent-statefulset-syncs int32	设置允许的并发同步 Statefulset 对象的数量，值越大表示同步 Statefulset 的响应越快，CPU 和网络资源的消耗也越多，默认值为 5
[Endpoint 控制器相关参数]	
--concurrent-endpoint-syncs int32	设置并发执行 Endpoint 同步操作的数量，值越大表示更新 Endpoint 越快，CPU 和网络资源的消耗也越多，默认值为 5
--endpoint-updates-batch-period duration	设置批量执行 Endpoint 同步操作的间隔时间，值越大表示更新 Endpoint 的延迟时间更长，但会减少 Endpoint 的更新次数

续表

参数名和类型	说　明
[Endpointslice 控制器相关参数]	
--concurrent-service-endpoint-syncs int32	设置并发执行 Service 的 Endpoint Slice 同步操作的数量，值越大表示更新 Endpoint Slice 越快，CPU 和网络资源的消耗也越多，默认值为 5
--endpointslice-updates-batch-period duration	设置批量执行 Endpoint Slice 同步操作的间隔时间，值越大表示更新 Endpoint 的延迟时间越长，但会减少 Endpoint 的修改次数
--max-endpoints-per-slice int32	一个 EndpointSlice 分片中的最大 Endpoint 数量，默认值为 100
[Endpointslice mirroring 控制器相关参数]	
--mirroring-concurrent-service-endpoint-syncs int32	设置并发执行 Service 的 Endpoint Slice 镜像（EndpointSliceMirroring）操作的数量，值越大表示更新 Endpoint Slice 越快，CPU 和网络资源的消耗也越多，默认值为 5
--mirroring-endpointslice-updates-batch-period duration	设置批量执行 Endpoint Slice 镜像操作的间隔时间，值越大表示更新 Endpoint 的延迟时间越长，但会减少 Endpoint 的修改次数
--mirroring-max-endpoints-per-subset int32	由 EndpointSliceMirroring 控制器设置的一个 EndpointSlice 分片中的最大 Endpoint 镜像数量，默认值为 100
[Ephemeral volume 控制器相关参数]	
--concurrent-ephemeralvolume-syncs int32	设置并发执行 Ephemeral Volume 同步操作的数量，值越大表示更新 Ephemeral Volume 越快，CPU 和网络资源的消耗也越多，默认值为 5
[GC 控制器相关参数]	
--concurrent-gc-syncs int32	设置并发执行 GC Worker 的数量，默认值为 20
--enable-garbage-collector	设置为 true 表示启用垃圾回收机制，必须设置为与 kube-apiserver 的 --enable-garbage-collector 参数相同的值，默认值为 true
[HPA 控制器相关参数]	
--concurrent-horizontal-pod-autoscaler-syncs int32	设置并发执行 HPA 同步操作的数量，值越大表示更新 HPA 越快，CPU 和网络资源的消耗也越多，默认值为 5
--horizontal-pod-autoscaler-cpu-initialization-period duration	Pod 启动之后应跳过的初始 CPU 使用率采样时间，默认值为 5m0s
--horizontal-pod-autoscaler-downscale-stabilization duration	HPA 在进行缩容操作之前的等待时间，默认值为 5m0s
--horizontal-pod-autoscaler-initial-readiness-delay duration	Pod 启动之后应跳过的 readiness 检查时间，默认值为 30s
--horizontal-pod-autoscaler-sync-period duration	HPA 的 Pod 数量的同步时间间隔，默认值为 30s

续表

参数名和类型	说　明
--horizontal-pod-autoscaler-tolerance float	HPA 判断是否需要执行扩缩容操作时"期望值/实际值"的最小比值，默认值为 0.1
[Job 控制器相关参数]	
--concurrent-job-syncs int32	设置并发执行 Job 同步操作的数量，值越大表示更新 Job 越快，CPU 和网络资源的消耗也越多，默认值为 5
[Cronjob 控制器相关参数]	
--concurrent-cron-job-syncs int32	设置并发执行 Cronjob 同步操作的数量，值越大表示更新 Cronjob 越快，CPU 和网络资源的消耗也越多，默认值为 5
[Legacy SA Token Cleaner 控制器相关参数]	
--legacy-service-account-token-clean-up-period duration	设置在最后一次使用 Legacy Service Account Token 之后可以将其删除的时间间隔，默认值为 8760h0m0s
[Namespace 控制器相关参数]	
--concurrent-namespace-syncs int32	设置并发同步命名空间资源对象的数量，值越大表示同步操作越快，CPU 和网络资源的消耗也越多，默认值为 2
--namespace-sync-period duration	更新命名空间状态的同步时间间隔，默认值为 5m0s
[Node IPAM 控制器相关参数]	
--node-cidr-mask-size int32	Node CIDR 子网掩码设置，默认值为：IPv4 为 24，IPv6 为 64
--node-cidr-mask-size-ipv4 int32	IPv4 类型的 Node CIDR 子网掩码设置，默认值为 24
--node-cidr-mask-size-ipv6 int32	IPv6 类型的 Node CIDR 子网掩码设置，默认值为 64
--service-cluster-ip-range string	Service 的 IP 范围，要求设置为--allocate-node-cidrs=true
[Node Lifecycle 控制器相关参数]	
--large-cluster-size-threshold int32	设置 Node 的数量，用于 NodeController 根据集群规模是否需要进行 Pod Eviction 的逻辑判断。设置该值后--secondary-node-eviction-rate 将会被隐式重置为 0。默认值为 50
--node-eviction-rate float32	在 zone 仍为 healthy 状态（参考--unhealthy-zone-threshold 参数定义的健康状态，zone 在非多区域环境下指整个集群）且该 zone 中 Node 失效的情况下，驱逐 Pod 时每秒驱逐的 Node 比例，默认值为 0.1
--node-monitor-grace-period duration	监控 Node 状态的时间间隔，应设置为 kubelet 汇报的 Node 状态时间间隔（参数--node-status-update- frequency=10s）的 *N* 倍，*N* 为 kubelet 状态汇报的重试次数，默认值为 40s
--node-startup-grace-period duration	Node 启动的最大允许时间，若超过此时间无响应，则会标记 Node 为不健康状态（启动失败），默认值为 1m0s

续表

参数名和类型	说　明
--secondary-node-eviction-rate float32	在 zone 为 unhealthy 状态（参考--unhealthy-zone-threshold 参数定义的健康状态，zone 在非多区域环境下指整个集群），且该 zone 中出现 Node 失效的情况下，驱逐 Pod 时每秒处理的 Node 数量，默认值为 0.01。当集群 Node 数量少于--large-cluster-size-threshold 的值时，该参数被隐式重置为 0
--unhealthy-zone-threshold float32	设置在一个 zone 中有多少比例的 Node 失效时将被判断为 unhealthy，至少有 3 个 Node 失效才能进行判断，默认值为 0.55
[PV binder 控制器相关参数]	
--enable-dynamic-provisioning	设置为 true 表示启用动态 provisioning（需底层存储驱动支持），默认值为 true
--enable-hostpath-provisioner	设置为 true 表示启用 hostPath PV provisioning 机制，仅用于测试，不可用于多 Node 的集群环境
--flex-volume-plugin-dir string	设置 Flex Volume 插件应搜索其他第三方 Volume 插件的目录名称，默认值为"/usr/libexec/kubernetes/kubelet-plugins/volume/exec/"
--pv-recycler-increment-timeout-nfs int32	使用 NFS scrubber 的 Pod 每增加 1Gi 空间时，在 ActiveDeadlineSeconds 基础上增加的时间，默认值为 30s
--pv-recycler-minimum-timeout-hostpath int32	使用 hostPath recycler 的 Pod 的最小 ActiveDeadlineSeconds 时长，默认值为 60s。实验用
--pv-recycler-minimum-timeout-nfs int32	使用 nfs recycler 的 Pod 的最小 ActiveDeadlineSeconds 时长，默认值为 300s
--pv-recycler-pod-template-filepath-hostpath string	使用 hostPath recycler 的 Pod 的模板文件全路径。实验用
--pv-recycler-pod-template-filepath-nfs string	使用 nfs recycler 的 Pod 的模板文件全路径
--pv-recycler-timeout-increment-hostpath int32	使用 hostPath scrubber 的 Pod 每增加 1Gi 空间在 ActiveDeadlineSeconds 上增加的时间，默认值为 30s。实验用
--pvclaimbinder-sync-period duration	同步 PV 和 PVC 的时间间隔，默认值为 15s
[Pod GC 控制器相关参数]	
--terminated-pod-gc-threshold int32	设置可保存的终止 Pod 的数量，超过该数量时，垃圾回收器将进行删除操作。设置为小于等于 0 的值表示禁用该功能，默认值为 12500
[ReplicaSet 控制器相关参数]	
--concurrent-replicaset-syncs int32	设置允许的并发同步 ReplicaSet 对象的数量，值越大表示同步操作越快，CPU 和网络资源的消耗也越多，默认值为 5
[RC 控制器相关参数]	
--concurrent-rc-syncs int32	并发执行 RC 同步操作的协程数，值越大表示同步操作越快，CPU 和网络资源的消耗也越多，默认值为 5

续表

参数名和类型	说　明
[ResourceQuota 控制器相关参数]	
--concurrent-resource-quota-syncs int32	设置允许的并发同步 Replication Controller 对象的数量，值越大表示同步操作越快，CPU 和网络资源的消耗也越多
--resource-quota-sync-period duration	Resource Quota 使用状态信息同步的时间间隔，默认值为 5m0s
[ServiceAccount 控制器相关参数]	
--concurrent-serviceaccount-token-syncs int32	设置允许的并发同步 Service Account Token 对象的数量，值越大表示同步操作越快，CPU 和网络资源的消耗也越多，默认值为 1
--root-ca-file string	CA 根证书文件路径，被用于 Service Account 的 Token Secret 中
--service-account-private-key-file string	用于为 Service Account Token 签名的 PEM-encoded RSA 私钥文件路径
[TTL after finished 控制器相关参数]	
--concurrent-ttl-after-finished-syncs int32	设置允许的并发同步 TTL-after-finished 控制器 Worker 的数量，默认值为 5
[Validatingadmissionpolicy status 控制器相关参数]	
--concurrent-validating-admission-policy-status-syncs int32	设置允许的并发同步 ValidatingAdmissionPolicyStatusController 控制器 Worker 的数量，默认值为 5
[Metric 指标相关参数]	
--allow-metric-labels stringToString	设置允许使用的指标 Label 列表，以 key=value 格式进行设置，key 的格式为<MetricName>,<LabelName>，value 的格式为<allowed_value>,<allowed_value>...，例如 metric1,label1='v1,v2,v3', metric1,label2='v1,v2,v3' metric2,label1='v1,v2,v3'，默认值为[]
--disabled-metrics strings	设置禁用的指标名称列表，需要配置全限定名称，该参数优先于显示隐藏指标值
--show-hidden-metrics-for-version string	配置是否需要显示所隐藏指标的先前版本号，仅当先前版本的次要版本号有意义时生效，格式为<major>.<minor>，例如 1.16，用于验证有哪些先前版本的指标在新版本中被隐藏
[其他参数]	
--kubeconfig string	kubeconfig 配置文件全路径，在配置文件中包括 Master 地址信息及必要的认证信息
--master string	API Server 的 URL 地址，如果指定，则会覆盖 kubeconfig 文件中设置的 Master 地址

A.4 kube-scheduler 启动参数

对 kube-scheduler 启动参数的详细说明如表 A.4 所示。

表 A.4 对 kube-scheduler 启动参数的详细说明

参数名和类型	说 明
[配置相关参数]	
--config string	设置 Scheduler 配置文件的全路径
--master string	API Server 的 URL 地址，如果指定，则会覆盖在 kubeconfig 文件中设置的 Master 地址
--write-config-to string	如果设置，则表示将配置写入该配置文件，然后退出
[安全服务相关参数]	
--bind-address ip	在 HTTPS 安全端口提供服务时监听的 IP 地址，未设置表示使用全部网络接口（0.0.0.0 或::)，默认值为 0.0.0.0
--cert-dir string	TLS 证书所在的目录，如果设置了--tls-cert-file 和--tls-private-key-file，则该设置将被忽略
--http2-max-streams-per-connection int	服务端为客户端提供的 HTTP/2 连接中的最大流数量限制，设置为 0 表示使用 Golang 的默认值
--permit-address-sharing	设置是否允许多个进程共享同一个 IP 地址，设置为 true 表示使用 SO_REUSEADDR 来绑定端口。该设置允许同时绑定到以通配符表示的 IP 地址（如 0.0.0.0）或特定的 IP 地址，也可以避免等待内核释放 TIME_WAIT 状态的套接字，默认值为 false
--permit-port-sharing	设置是否允许多个进程共享同一个端口号，设置为 true 表示使用 SO_REUSEPORT 来绑定端口，默认值为 false
--secure-port int	设置 HTTPS 安全模式的监听端口号，设置为 0 表示不启用 HTTPS，默认值为 10259
--tls-cert-file string	设置用于 HTTPS 的包含 x509 证书的文件路径，如果启用了 HTTPS 并且没有设置--tls-cert-file 和--tls-private-key-file，系统将为公共地址生成一个自签名的证书和密钥，并将其保存到--cert-dir 指定的目录中
--tls-cipher-suites strings	服务端加密算法列表，以逗号分隔，若不设置，则使用 Go cipher suites 的默认列表。 建议的算法列表为： TLS_AES_128_GCM_SHA256、 TLS_AES_256_GCM_SHA384、 TLS_CHACHA20_POLY1305_SHA256、 TLS_ECDHE_ECDSA_WITH_AES_128_CBC_SHA、 TLS_ECDHE_ECDSA_WITH_AES_128_GCM_SHA256、 TLS_ECDHE_ECDSA_WITH_AES_256_CBC_SHA、 TLS_ECDHE_ECDSA_WITH_AES_256_GCM_SHA384、

续表

参数名和类型	说　明
	TLS_ECDHE_ECDSA_WITH_CHACHA20_POLY1305、 TLS_ECDHE_ECDSA_WITH_CHACHA20_POLY1305_SHA256、 TLS_ECDHE_RSA_WITH_AES_128_CBC_SHA、 TLS_ECDHE_RSA_WITH_AES_128_GCM_SHA256、 TLS_ECDHE_RSA_WITH_AES_256_CBC_SHA、 TLS_ECDHE_RSA_WITH_AES_256_GCM_SHA384、 TLS_ECDHE_RSA_WITH_CHACHA20_POLY1305、 TLS_ECDHE_RSA_WITH_CHACHA20_POLY1305_SHA256、 TLS_RSA_WITH_AES_128_CBC_SHA、 TLS_RSA_WITH_AES_128_GCM_SHA256、 TLS_RSA_WITH_AES_256_CBC_SHA、 TLS_RSA_WITH_AES_256_GCM_SHA384 不安全的算法列表为： TLS_ECDHE_ECDSA_WITH_AES_128_CBC_SHA256、 TLS_ECDHE_ECDSA_WITH_RC4_128_SHA、 TLS_ECDHE_RSA_WITH_3DES_EDE_CBC_SHA、 TLS_ECDHE_RSA_WITH_AES_128_CBC_SHA256、 TLS_ECDHE_RSA_WITH_RC4_128_SHA、 TLS_RSA_WITH_3DES_EDE_CBC_SHA、 TLS_RSA_WITH_AES_128_CBC_SHA256、TLS_RSA_WITH_RC4_128_SHA
--tls-min-version string	设置支持的最低 TLS 版本号，可选的版本号包括 VersionTLS10、VersionTLS11、VersionTLS12 和 VersionTLS13
--tls-private-key-file string	与--tls-cert-file 对应的 x509 私钥文件全路径
--tls-sni-cert-key namedCertKey	设置 x509 证书与私钥文件对的路径，可以使用后缀为全限定域名（FQDN）的域名格式列表（也可以使用带通配符的前缀），如果有多对设置，则需要指定多次--tls-sni-cert-key 参数，常用配置示例如"example.key,example.crt"或"foo.crt,foo.key:*.foo.com,foo.com"等，默认值为[]
[认证相关参数]	
--authentication-kubeconfig string	设置允许在 Kubernetes 核心服务中创建 tokenreviews.authentication.k8s.io 资源对象的 kubeconfig 配置文件，为可选设置，设置为空表示将所有的 Token 请求都视为匿名请求，也不会启用客户端 CA 认证机制
--authentication-skip-lookup	设置为 true 表示跳过认证，设置为 false 表示使用--authentication-kubeconfig 参数指定的配置文件查找集群中缺失的认证配置信息

续表

参数名和类型	说　明
--authentication-token-webhook-cache-ttl duration	对 Webhook 令牌认证服务返回响应的内容进行缓存的时长，默认值为 10s
--authentication-tolerate-lookup-failure	设置为 true 表示当查询集群内认证缺失的配置失败时仍然认为合法，注意这样可能导致认证服务将所有请求都视为匿名
--client-ca-file string	如果指定，则该客户端证书中的 CommonName 名称将被用于认证
--requestheader-allowed-names strings	允许的客户端证书中的 Common Names 列表，通过 header 中由--requestheader-username-headers 参数指定的字段获取。若未设置，则表示经过--requestheader-client-ca-file 验证的客户端证书都会被认可
--requestheader-client-ca-file string	用于验证客户端证书的根证书，在信任--requestheader-username-headers 参数中的用户名之前进行验证
--requestheader-extra-headers-prefix strings	用于验证请求 header 的前缀列表，建议用 X-Remote-Extra-，默认值为 "x-remote-extra-"
--requestheader-group-headers strings	用于验证用户组的请求 header 列表，建议用 X-Remote-Group，默认值为 "x-remote-group"
--requestheader-username-headers strings	用于验证用户名的请求 header 列表，建议用 X-Remote-User，默认值为 "x-remote-user"
[授权相关参数]	
--authorization-always-allow-paths strings	设置无须授权的 HTTP 路径列表，默认值为[/healthz,/readyz,/livez]
--authorization-kubeconfig string	设置允许在 Kubernetes 核心服务中创建 subjectaccessreviews.authorization.k8s.io 资源对象的 kubeconfig 配置文件，是可选设置。设置为空表示所有未列入白名单的请求都将被拒绝
--authorization-webhook-cache-authorized-ttl duration	将 Webhook 授权服务返回的已授权响应进行缓存的时间，默认值为 10s
--authorization-webhook-cache-unauthorized-ttl duration	将 Webhook 授权服务返回的未授权响应进行缓存的时间，默认值为 10s
[已弃用的参数]	**注：建议在--config 指定的配置文件中设置相关参数**
--contention-profiling	设置为 true 表示启用锁竞争性能数据采集，当--profiling=true 时生效
--kube-api-burst int32	发送到 API Server 的每秒突发请求数量，默认值为 100
--kube-api-content-type string	发送到 API Server 的请求内容类型，默认值为"application/vnd.kubernetes.protobuf"
--kube-api-qps float32	与 API Server 通信的 QPS 值，默认值为 50
--kubeconfig string	kubeconfig 配置文件路径，在配置文件中包括 Master 的地址信息及必要的认证信息

续表

参数名和类型	说　明
--pod-max-in-unschedulable-pods-duration duration	Pod 在 unschedulablePods 队列中的最长时间，超过该时间仍然无法调度的 Pod 将被放入 backoffQ 或 activeQ 队列
--profiling	设置为 true 表示打开性能分析，可以通过<host>:<port>/debug/pprof/地址查看程序栈、线程等系统信息，默认值为 true
--scheduler-name string	调度器名称，用于选择哪些 Pod 将被该调度器处理，默认值为"default-scheduler"
--use-legacy-policy-config	设置调度策略配置文件的路径，将忽略调度策略 ConfigMap 的设置
[Leader 选举相关参数]	
--leader-elect	设置为 true 表示启用 leader 选举，用于 Master 多实例高可用部署模式，默认值为 true
--leader-elect-lease-duration duration	leader 选举过程中非 leader 等待选举的时间间隔，默认值为 15s，仅当--leader-elect=true 时生效
--leader-elect-renew-deadline duration	leader 选举过程中在停止 leading 角色之前再次 renew 的时间间隔，应小于或等于 leader-elect-lease-duration，默认值为 10s，仅当--leader-elect=true 时生效
--leader-elect-resource-lock endpoints	在 leader 选举过程中使用哪种资源对象进行锁定操作，可选值包括'leases'、'endpointsleases'和'configmapsleases'，默认值为"leases"
--leader-elect-resource-name string	在 leader 选举过程中用于锁定的资源对象名称，默认值为"kube-scheduler"
--leader-elect-resource-namespace string	在 leader 选举过程中用于锁定的资源对象所在的 Namespace 名称，默认值为"kube-system"
--leader-elect-retry-period duration	在 leader 选举过程中获取 leader 角色和 renew 之间的等待时间，默认值为 2s，仅当--leader-elect=true 时生效
[特性门控相关参数]	
--feature-gates mapStringBool	设置启用或禁用特性门控列表，以 key=value 形式表示。 可以设置的特性门控包括： APIListChunking=true|false (BETA - default=true) APIPriorityAndFairness=true|false (BETA - default=true) APIResponseCompression=true|false (BETA - default=true) APIServerIdentity=true|false (BETA - default=true) APIServerTracing=true|false (BETA - default=true) AdmissionWebhookMatchConditions=true|false (BETA - default=true) AggregatedDiscoveryEndpoint=true|false (BETA - default=true) AllAlpha=true|false (ALPHA - default=false) AllBeta=true|false (BETA - default=false) AnyVolumeDataSource=true|false (BETA - default=true) AppArmor=true|false (BETA - default=true) CPUManagerPolicyAlphaOptions=true|false (ALPHA - default=false)

续表

参数名和类型	说　明
	CPUManagerPolicyBetaOptions=true|false (BETA - default=true) CPUManagerPolicyOptions=true|false (BETA - default=true) CRDValidationRatcheting=true|false (ALPHA - default=false) CSIMigrationPortworx=true|false (BETA - default=false) CSINodeExpandSecret=true|false (BETA - default=true) CSIVolumeHealth=true|false (ALPHA - default=false) CloudControllerManagerWebhook=true|false (ALPHA - default=false) CloudDualStackNodeIPs=true|false (ALPHA - default=false) ClusterTrustBundle=true|false (ALPHA - default=false) ComponentSLIs=true|false (BETA - default=true) ConsistentListFromCache=true|false (ALPHA - default=false) ContainerCheckpoint=true|false (ALPHA - default=false) ContextualLogging=true|false (ALPHA - default=false) CronJobsScheduledAnnotation=true|false (BETA - default=true) CrossNamespaceVolumeDataSource=true|false (ALPHA - default=false) CustomCPUCFSQuotaPeriod=true|false (ALPHA - default=false) CustomResourceValidationExpressions=true|false (BETA - default=true) DevicePluginCDIDevices=true|false (ALPHA - default=false) DisableCloudProviders=true|false (ALPHA - default=false) DisableKubeletCloudCredentialProviders=true|false (ALPHA - default=false) DynamicResourceAllocation=true|false (ALPHA - default=false) ElasticIndexedJob=true|false (BETA - default=true) EventedPLEG=true|false (BETA - default=false) GracefulNodeShutdown=true|false (BETA - default=true) GracefulNodeShutdownBasedOnPodPriority=true|false (BETA - default=true) HPAContainerMetrics=true|false (BETA - default=true) HPAScaleToZero=true|false (ALPHA - default=false) HonorPVReclaimPolicy=true|false (ALPHA - default=false) InPlacePodVerticalScaling=true|false (ALPHA - default=false) InTreePluginAWSUnregister=true|false (ALPHA - default=false) InTreePluginAzureDiskUnregister=true|false (ALPHA - default=false) InTreePluginAzureFileUnregister=true|false (ALPHA - default=false) InTreePluginGCEUnregister=true|false (ALPHA - default=false) InTreePluginOpenStackUnregister=true|false (ALPHA - default=false) InTreePluginPortworxUnregister=true|false (ALPHA - default=false)

续表

参数名和类型	说　明
	InTreePluginvSphereUnregister=true|false (ALPHA - default=false) JobBackoffLimitPerIndex=true|false (ALPHA - default=false) JobPodFailurePolicy=true|false (BETA - default=true) JobPodReplacementPolicy=true|false (ALPHA - default=false) JobReadyPods=true|false (BETA - default=true) KMSv2=true|false (BETA - default=true) KMSv2KDF=true|false (BETA - default=false) KubeProxyDrainingTerminatingNodes=true|false (ALPHA - default=false) KubeletCgroupDriverFromCRI=true|false (ALPHA - default=false) KubeletInUserNamespace=true|false (ALPHA - default=false) KubeletPodResourcesDynamicResources=true|false (ALPHA - default=false) KubeletPodResourcesGet=true|false (ALPHA - default=false) KubeletTracing=true|false (BETA - default=true) LegacyServiceAccountTokenCleanUp=true|false (ALPHA - default=false) LocalStorageCapacityIsolationFSQuotaMonitoring=true|false (ALPHA - default=false) LogarithmicScaleDown=true|false (BETA - default=true) LoggingAlphaOptions=true|false (ALPHA - default=false) LoggingBetaOptions=true|false (BETA - default=true) MatchLabelKeysInPodTopologySpread=true|false (BETA - default=true) MaxUnavailableStatefulSet=true|false (ALPHA - default=false) MemoryManager=true|false (BETA - default=true) MemoryQoS=true|false (ALPHA - default=false) MinDomainsInPodTopologySpread=true|false (BETA - default=true) MultiCIDRRangeAllocator=true|false (ALPHA - default=false) MultiCIDRServiceAllocator=true|false (ALPHA - default=false) NewVolumeManagerReconstruction=true|false (BETA - default=true) NodeInclusionPolicyInPodTopologySpread=true|false (BETA - default=true) NodeLogQuery=true|false (ALPHA - default=false) NodeSwap=true|false (BETA - default=false) OpenAPIEnums=true|false (BETA - default=true) PDBUnhealthyPodEvictionPolicy=true|false (BETA - default=true) PersistentVolumeLastPhaseTransitionTime=true|false (ALPHA - default=false) PodAndContainerStatsFromCRI=true|false (ALPHA - default=false) PodDeletionCost=true|false (BETA - default=true) PodDisruptionConditions=true|false (BETA - default=true)

续表

参数名和类型	说　明
	PodHostIPs=true|false (ALPHA - default=false) PodIndexLabel=true|false (BETA - default=true) PodReadyToStartContainersCondition=true|false (ALPHA - default=false) PodSchedulingReadiness=true|false (BETA - default=true) ProcMountType=true|false (ALPHA - default=false) QOSReserved=true|false (ALPHA - default=false) ReadWriteOncePod=true|false (BETA - default=true) RecoverVolumeExpansionFailure=true|false (ALPHA - default=false) RemainingItemCount=true|false (BETA - default=true) RotateKubeletServerCertificate=true|false (BETA - default=true) SELinuxMountReadWriteOncePod=true|false (BETA - default=true) SchedulerQueueingHints=true|false (BETA - default=true) SecurityContextDeny=true|false (ALPHA - default=false) ServiceNodePortStaticSubrange=true|false (BETA - default=true) SidecarContainers=true|false (ALPHA - default=false) SizeMemoryBackedVolumes=true|false (BETA - default=true) SkipReadOnlyValidationGCE=true|false (ALPHA - default=false) StableLoadBalancerNodeSet=true|false (BETA - default=true) StatefulSetAutoDeletePVC=true|false (BETA - default=true) StatefulSetStartOrdinal=true|false (BETA - default=true) StorageVersionAPI=true|false (ALPHA - default=false) StorageVersionHash=true|false (BETA - default=true) TopologyAwareHints=true|false (BETA - default=true) TopologyManagerPolicyAlphaOptions=true|false (ALPHA - default=false) TopologyManagerPolicyBetaOptions=true|false (BETA - default=true) TopologyManagerPolicyOptions=true|false (BETA - default=true) UnknownVersionInteroperabilityProxy=true|false (ALPHA - default=false) UserNamespacesSupport=true|false (ALPHA - default=false) ValidatingAdmissionPolicy=true|false (BETA - default=false) VolumeCapacityPriority=true|false (ALPHA - default=false) WatchList=true|false (ALPHA - default=false) WinDSR=true|false (ALPHA - default=false) WinOverlay=true|false (BETA - default=true) WindowsHostNetwork=true|false (ALPHA - default=true)

续表

参数名和类型	说　明
[Metric 指标的相关参数]	
--allow-metric-labels stringToString	设置允许使用的指标 Label 列表，以 key=value 格式进行设置，key 的格式为<MetricName>,<LabelName>，value 的格式为<allowed_value>,<allowed_value>...，例如 metric1,label1='v1,v2,v3', metric1,label2='v1,v2,v3' metric2,label1='v1,v2,v3'，默认值为[]
--disabled-metrics strings	设置禁用的指标名称列表，需要配置全限定名称，该参数优先于显示隐藏指标值
--show-hidden-metrics-for-version string	配置是否需要显示所隐藏指标的先前版本号，仅当先前版本的次要版本号有意义时生效，格式为<major>.<minor>，例如 1.16，用于验证有哪些先前版本的指标在新版本中被隐藏

A.5　kubelet 启动参数

对 kubelet 启动参数的详细说明如表 A.5 所示。

表 A.5　对 kubelet 启动参数的详细说明

参数名和类型	说　明
--address ip	[已弃用] 在--config 指定的配置文件中进行设置。 绑定主机 IP 地址，默认值为 0.0.0.0，表示使用全部网络接口
--allowed-unsafe-sysctls strings	设置允许的非安全 sysctls 或 sysctl 格式内核参数白名单，以符号*结尾，由于配置的是操作系统内核参数，所以需小心控制
--anonymous-auth	[已弃用] 在--config 指定的配置文件中进行设置。 设置为 true 表示 kubelet server 可以接收匿名请求。不会被任何 authentication 拒绝的请求将被标记为匿名请求。匿名请求的用户名为“system:anonymous”，用户组为 system:unauthenticated。默认值为 true
--application-metrics-count-limit int	[已弃用] 为每个容器保存的性能指标的最大数量，默认值为 100
-authentication-token-webhook	[已弃用] 在--config 指定的配置文件中进行设置。 设置使用 TokenReview API 对客户端 Token 进行认证的 webhook 服务
--authentication-token-webhook-cache-ttl duration	[已弃用] 在--config 指定的配置文件中进行设置。 对 Webhook 令牌认证服务返回响应进行缓存的时间，默认值为 2m0s
--authorization-mode string	[已弃用] 在--config 指定的配置文件中进行设置。 到 kubelet server 的安全访问的认证模式，可选值包括 AlwaysAllow、Webhook（使用 SubjectAccessReview API 进行授权），默认值为 AlwaysAllow

续表

参数名和类型	说　明
--authorization-webhook-cache-authorized-ttl duration	[已弃用] 在--config 指定的配置文件中进行设置。 Webhook Authorizer 返回已授权的应答缓存时间，默认值为 5m0s
--authorization-webhook-cache-unauthorized-ttl duration	[已弃用] 在--config 指定的配置文件中进行设置。 Webhook Authorizer 返回未授权的应答缓存时间，默认值为 30s
--boot-id-file string	[已弃用] 以逗号分隔的 boot-id 文件列表，使用第 1 个存在 book-id 的文件，默认值为/proc/sys/ kernel/random/boot_id
--bootstrap-kubeconfig string	用于获取 kubelet 客户端证书的 kubeconfig 配置文件的路径。如果--kubeconfig 指定的文件不存在，则从 API Server 获取客户端证书。成功时，将在--kubeconfig 指定的路径下生成一个引用客户端证书和密钥的 kubeconfig 文件。客户端证书和密钥文件将被存储在--cert-dir 指向的目录下
--cert-dir string	TLS 证书所在的目录，如果设置了--tls-cert-file 和--tls-private-key-file，则该设置将被忽略，默认值为/var/run/kubernetes
--cgroup-driver string	[已弃用] 在--config 指定的配置文件中进行设置。 用于操作本机 cgroup 的驱动模式，支持的选项包括 groupfs 或 systemd，默认值为 cgroupfs
--cgroup-root string	[已弃用] 在--config 指定的配置文件中进行设置。 为 pods 设置的 root cgroup，如果不设置，则将使用容器运行时的默认设置，默认值为空字符串（表示为两个单引号"）
--cgroups-per-qos	[已弃用] 在--config 指定的配置文件中进行设置。 设置为 true 表示启用创建 QoS cgroup hierarchy，默认值为 true
--client-ca-file	[已弃用] 在--config 指定的配置文件中进行设置。 如果指定，则该客户端证书中的 CommonName 名称将被用于认证
--cloud-config string	云服务商的配置文件路径，若不配置或设置为空字符串，则表示不使用云服务商的配置文件
--cloud-provider string	云服务商的名称，若不配置或设置为空字符串，则表示不使用云服务商
--cluster-dns strings	[已弃用] 在--config 指定的配置文件中进行设置。 集群内 DNS 服务的 IP 地址，以逗号分隔。仅当 Pod 设置了“dnsPolicy=ClusterFirst”时可用。注意，所有 DNS 服务器都必须包含相同的记录组，否则名字解析可能出错
--cluster-domain string	[已弃用] 在--config 指定的配置文件中进行设置。 集群内 DNS 服务所用的域名，如果设置，kubelet 除了搜索宿主机配置的搜索域也会搜索该参数设置的搜索域
--cni-bin-dir string	[Alpha 版特性] CNI 插件二进制文件所在的目录，默认值为/opt/cni/bin

续表

参数名和类型	说　　明
--cni-conf-dir string	[Alpha 版特性] CNI 插件配置文件所在的目录，默认值为/etc/cni/net.d
--config string	kubelet 主配置文件，命令行参数的设置会覆盖配置文件中相同参数的值
--config-dir string	[Alpha 版特性] 设置其他加载项（drop-in）配置的目录，允许用户有选择性地指定其他配置，以覆盖默认 KubeltConfigFile 中的配置，注意需要设置环境变量 KUBELET_CONFIG_DROPIN_DIR_ALPHA 以生效（变量的值不重要）
--container-hints	[已弃用] 容器 hints 文件所在的全路径，默认值为/etc/cadvisor/container_hints.json
--container-log-max-files int32	[已弃用] 在--config 指定的配置文件中进行设置。 [Beta 版特性] 设置容器日志文件的最大数量，必须>=2，默认值为 5
--container-log-max-size string	[已弃用] 在--config 指定的配置文件中进行设置。 [Beta 版特性] 设置容器日志文件的单文件最大大小，写满时将滚动生成新的文件，默认值为 10MiB
--container-runtime-endpoint string	[实验性特性] 容器运行时的服务 endpoint，在 Linux 系统上支持的类型包括 unix socket 和 tcp endpoint，在 Windows 系统上支持的类型包括 npipe 和 tcp endpoint，例如 unix:///path/to/runtime.sock、npipe:////./pipe/runtime 等，默认值为 unix:///run/containerd/containerd.sock
--containerd string	[已弃用] 设置 containerd 的 Endpoint，默认值为/run/containerd/containerd.sock
--containerd-namespace string	[已弃用] 设置 containerd 的 Namespace，默认值为 k8s.io
--contention-profiling	[已弃用] 在--config 指定的配置文件中进行设置。 当设置打开性能分析时，设置是否打开锁竞争分析
--cpu-cfs-quota	[已弃用] 在--config 指定的配置文件中进行设置。 设置为 true 表示为设置了 CPU Limit 的容器启用 CPU CFS 配额，默认值为 true
--cpu-cfs-quota-period duration	[已弃用] 在--config 指定的配置文件中进行设置。 设置 CPU CFS 配额时间周期 cpu.cfs_period_us，默认使用 Linux Kernel 的默认值 100ms
--cpu-manager-policy string	[已弃用] 在--config 指定的配置文件中进行设置。 设置 CPU Manager 策略，可选值包括 none、static，默认值为 none
--cpu-manager-policy-options mapStringString	[已弃用] 在--config 指定的配置文件中进行设置。 设置 CPU 管理策略的参数，以 key=value 格式设置，多个参数之间以逗号分隔，未设置表示使用默认行为
--cpu-manager-reconcile-period duration	[已弃用] 在--config 指定的配置文件中进行设置。 [Alpha 版特性] 设置 CPU Manager 的调和时间，例如 10s 或 1m，默认值为 NodeStatusUpdateFrequency 的值 10s
--enable-controller-attach-detach	[已弃用] 在--config 指定的配置文件中进行设置。 设置为 true 表示启用 Attach/Detach 控制器进行调度到该 Node 的 Volume 的 attach

续表

参数名和类型	说　明
	与 detach 操作，同时禁用 kubelet 执行 Attach/Detach 操作，默认值为 true
--enable-debugging-handlers	[已弃用] 在--config 指定的配置文件中进行设置。 设置为 true 表示提供远程访问本 Node 容器的日志、进入容器运行命令等相关 REST 服务，默认值为 true
--enable-load-reader	[已弃用] 设置为 true 表示启用 CPU 负载的 reader
--enable-server	启动 kubelet 上的 HTTP REST Server，此 Server 提供了获取在本 Node 上运行的 Pod 列表、Pod 状态和其他与管理监控相关的 REST 接口，默认值为 true
--enforce-node-allocatable strings	[已弃用] 在--config 指定的配置文件中进行设置。 本 Node 上 kubelet 资源的分配设置，以逗号分隔，可选配置为"none""pods" "system-reserved"和"kube-reserved"。在设置"system-reserved"和"kube-reserved"这两个值时，要求同时设置"--system-reserved-cgroup"和"--kube-reserved-cgroup"这两个参数；设置为"none"则无须设置其他参数
--event-burst int32	[已弃用] 在--config 指定的配置文件中进行设置。 临时允许的 Event 记录突发的最大数量，不能超过--event-qps 的值，值必须>=0，设置为 0 表示使用 DefaultBurst 的值 10，默认值为 100
--event-qps int32	[已弃用] 在--config 指定的配置文件中进行设置。 设置大于 0 的值表示限制每秒能创建的 Event 数量，值必须>=0，设置为 0 表示使用默认值 50
--event-storage-age-limit string	[已弃用] 保存 Event 的最大时间，按事件类型以 key=value 的格式表示，以逗号分隔，事件类型包括 creation、oom 等，default 表示所有事件的类型，默认值为 "default=0"
--event-storage-event-limit string	[已弃用] 保存 Event 的最大数量，按事件类型以 key=value 格式表示，以逗号分隔，事件类型包括 creation、oom 等，default 表示所有事件的类型，默认值为 "default=0"
--eviction-hard mapStringString	[已弃用] 在--config 指定的配置文件中进行设置。 触发 Pod Eviction 操作的一组硬宽限期设置，例如 memory.available<1Gi 表示可用内存小于 1G 时开始驱逐 Pod，默认值为 imagefs.available<15%, memory.available<100Mi,nodefs.available<10%，在 Linux 系统上还包括 nodefs.inodesFree<5%
--eviction-max-pod-grace-period int32	[已弃用] 在--config 指定的配置文件中进行设置。 在满足软驱逐阈值（Soft Eviction Threshold）时终止 Pod 操作，为 Pod 自行停止

续表

<table>
<tr><th>参数名和类型</th><th>说　明</th></tr>
<tr><td></td><td>预留的时间，单位为 s，时间到达时，将触发 Pod Eviction 操作，设置为负数表示使用在 Pod 中指定的值</td></tr>
<tr><td>--eviction-minimum-reclaim string</td><td>[已弃用] 在--config 指定的配置文件中进行设置。
当本 Node 压力过大时，kubelet 进行 Pod Eviction 操作，进而需要完成资源回收的最小数量，例如 imagefs.available=2Gi</td></tr>
<tr><td>--eviction-pressure-transition-period duration</td><td>[已弃用] 在--config 指定的配置文件中进行设置。
kubelet 在 Eviction 压力解除之前的最长等待时间，默认值为 5m0s</td></tr>
<tr><td>--eviction-soft string</td><td>[已弃用] 在--config 指定的配置文件中进行设置。
触发 Pod Eviction 操作的一组软宽限期设置，例如 memory.available<1.5Gi，在相应的宽限期内达到该阈值将触发 Pod Eviction 操作</td></tr>
<tr><td>--eviction-soft-grace-period string</td><td>[已弃用] 在--config 指定的配置文件中进行设置。
触发 Pod Eviction 操作的资源软驱逐宽限期设置，例如 memory.available=1m30s</td></tr>
<tr><td>--exit-on-lock-contention</td><td>设置为 true 表示发生文件锁竞争时 kubelet 也可以退出</td></tr>
<tr><td>--experimental-allocatable-ignore-eviction</td><td>[已弃用] 设置为 true 表示计算 Node Allocatable 资源时忽略硬驱逐阈值设置，默认值为 false</td></tr>
<tr><td>--experimental-mounter-path string</td><td>[实验性特性] mounter 二进制文件的路径。设置为空表示使用默认 mount</td></tr>
<tr><td>--fail-swap-on</td><td>[已弃用] 在--config 指定的配置文件中进行设置
设置为 true 表示，如果主机启用了 swap，则 kubelet 将无法启动，默认值为 true</td></tr>
<tr><td>--feature-gates mapStringBool</td><td>[已弃用] 在--config 指定的配置文件中进行设置。
用于实验性质的特性门控组，每个特性门控都以 key=value 形式表示。
可以设置的特性门控包括：
APIListChunking=true|false (BETA - default=true)
APIPriorityAndFairness=true|false (BETA - default=true)
APIResponseCompression=true|false (BETA - default=true)
APIServerIdentity=true|false (BETA - default=true)
APIServerTracing=true|false (BETA - default=true)
AdmissionWebhookMatchConditions=true|false (BETA - default=true)
AggregatedDiscoveryEndpoint=true|false (BETA - default=true)
AllAlpha=true|false (ALPHA - default=false)
AllBeta=true|false (BETA - default=false)
AnyVolumeDataSource=true|false (BETA - default=true)
AppArmor=true|false (BETA - default=true)
CPUManagerPolicyAlphaOptions=true|false (ALPHA - default=false)
CPUManagerPolicyBetaOptions=true|false (BETA - default=true)</td></tr>
</table>

续表

参数名和类型	说　明
	CPUManagerPolicyOptions=true|false (BETA - default=true) CRDValidationRatcheting=true|false (ALPHA - default=false) CSIMigrationPortworx=true|false (BETA - default=false) CSINodeExpandSecret=true|false (BETA - default=true) CSIVolumeHealth=true|false (ALPHA - default=false) CloudControllerManagerWebhook=true|false (ALPHA - default=false) CloudDualStackNodeIPs=true|false (ALPHA - default=false) ClusterTrustBundle=true|false (ALPHA - default=false) ComponentSLIs=true|false (BETA - default=true) ConsistentListFromCache=true|false (ALPHA - default=false) ContainerCheckpoint=true|false (ALPHA - default=false) ContextualLogging=true|false (ALPHA - default=false) CronJobsScheduledAnnotation=true|false (BETA - default=true) CrossNamespaceVolumeDataSource=true|false (ALPHA - default=false) CustomCPUCFSQuotaPeriod=true|false (ALPHA - default=false) CustomResourceValidationExpressions=true|false (BETA - default=true) DevicePluginCDIDevices=true|false (ALPHA - default=false) DisableCloudProviders=true|false (ALPHA - default=false) DisableKubeletCloudCredentialProviders=true|false (ALPHA - default=false) DynamicResourceAllocation=true|false (ALPHA - default=false) ElasticIndexedJob=true|false (BETA - default=true) EventedPLEG=true|false (BETA - default=false) GracefulNodeShutdown=true|false (BETA - default=true) GracefulNodeShutdownBasedOnPodPriority=true|false (BETA - default=true) HPAContainerMetrics=true|false (BETA - default=true) HPAScaleToZero=true|false (ALPHA - default=false) HonorPVReclaimPolicy=true|false (ALPHA - default=false) InPlacePodVerticalScaling=true|false (ALPHA - default=false) InTreePluginAWSUnregister=true|false (ALPHA - default=false) InTreePluginAzureDiskUnregister=true|false (ALPHA - default=false) InTreePluginAzureFileUnregister=true|false (ALPHA - default=false) InTreePluginGCEUnregister=true|false (ALPHA - default=false) InTreePluginOpenStackUnregister=true|false (ALPHA - default=false) InTreePluginPortworxUnregister=true|false (ALPHA - default=false) InTreePluginvSphereUnregister=true|false (ALPHA - default=false)

续表

参数名和类型	说　明
	JobBackoffLimitPerIndex=true|false (ALPHA - default=false) JobPodFailurePolicy=true|false (BETA - default=true) JobPodReplacementPolicy=true|false (ALPHA - default=false) JobReadyPods=true|false (BETA - default=true) KMSv2=true|false (BETA - default=true) KMSv2KDF=true|false (BETA - default=false) KubeProxyDrainingTerminatingNodes=true|false (ALPHA - default=false) KubeletCgroupDriverFromCRI=true|false (ALPHA - default=false) KubeletInUserNamespace=true|false (ALPHA - default=false) KubeletPodResourcesDynamicResources=true|false (ALPHA - default=false) KubeletPodResourcesGet=true|false (ALPHA - default=false) KubeletTracing=true|false (BETA - default=true) LegacyServiceAccountTokenCleanUp=true|false (ALPHA - default=false) LocalStorageCapacityIsolationFSQuotaMonitoring=true|false (ALPHA - default=false) LogarithmicScaleDown=true|false (BETA - default=true) LoggingAlphaOptions=true|false (ALPHA - default=false) LoggingBetaOptions=true|false (BETA - default=true) MatchLabelKeysInPodTopologySpread=true|false (BETA - default=true) MaxUnavailableStatefulSet=true|false (ALPHA - default=false) MemoryManager=true|false (BETA - default=true) MemoryQoS=true|false (ALPHA - default=false) MinDomainsInPodTopologySpread=true|false (BETA - default=true) MultiCIDRRangeAllocator=true|false (ALPHA - default=false) MultiCIDRServiceAllocator=true|false (ALPHA - default=false) NewVolumeManagerReconstruction=true|false (BETA - default=true) NodeInclusionPolicyInPodTopologySpread=true|false (BETA - default=true) NodeLogQuery=true|false (ALPHA - default=false) NodeSwap=true|false (BETA - default=false) OpenAPIEnums=true|false (BETA - default=true) PDBUnhealthyPodEvictionPolicy=true|false (BETA - default=true) PersistentVolumeLastPhaseTransitionTime=true|false (ALPHA - default=false) PodAndContainerStatsFromCRI=true|false (ALPHA - default=false) PodDeletionCost=true|false (BETA - default=true) PodDisruptionConditions=true|false (BETA - default=true) PodHostIPs=true|false (ALPHA - default=false)

续表

参数名和类型	说　明
	PodIndexLabel=true|false (BETA - default=true) PodReadyToStartContainersCondition=true|false (ALPHA - default=false) PodSchedulingReadiness=true|false (BETA - default=true) ProcMountType=true|false (ALPHA - default=false) QOSReserved=true|false (ALPHA - default=false) ReadWriteOncePod=true|false (BETA - default=true) RecoverVolumeExpansionFailure=true|false (ALPHA - default=false) RemainingItemCount=true|false (BETA - default=true) RotateKubeletServerCertificate=true|false (BETA - default=true) SELinuxMountReadWriteOncePod=true|false (BETA - default=true) SchedulerQueueingHints=true|false (BETA - default=true) SecurityContextDeny=true|false (ALPHA - default=false) ServiceNodePortStaticSubrange=true|false (BETA - default=true) SidecarContainers=true|false (ALPHA - default=false) SizeMemoryBackedVolumes=true|false (BETA - default=true) SkipReadOnlyValidationGCE=true|false (ALPHA - default=false) StableLoadBalancerNodeSet=true|false (BETA - default=true) StatefulSetAutoDeletePVC=true|false (BETA - default=true) StatefulSetStartOrdinal=true|false (BETA - default=true) StorageVersionAPI=true|false (ALPHA - default=false) StorageVersionHash=true|false (BETA - default=true) TopologyAwareHints=true|false (BETA - default=true) TopologyManagerPolicyAlphaOptions=true|false (ALPHA - default=false) TopologyManagerPolicyBetaOptions=true|false (BETA - default=true) TopologyManagerPolicyOptions=true|false (BETA - default=true) UnknownVersionInteroperabilityProxy=true|false (ALPHA - default=false) UserNamespacesSupport=true|false (ALPHA - default=false) ValidatingAdmissionPolicy=true|false (BETA - default=false) VolumeCapacityPriority=true|false (ALPHA - default=false) WatchList=true|false (ALPHA - default=false) WinDSR=true|false (ALPHA - default=false) WinOverlay=true|false (BETA - default=true) WindowsHostNetwork=true|false (ALPHA - default=true)

续表

参数名和类型	说　明
--file-check-frequency duration	[已弃用] 在--config 指定的配置文件中进行设置。 设置定期检查配置文件内容的时间间隔，默认值为 20s
--global-housekeeping-interval duration	[已弃用] 全局 housekeeping 的时间间隔，默认值为 1m0s
--hairpin-mode string	[已弃用] 在--config 指定的配置文件中进行设置。 设置为 hairpin 模式表示 kubelet 设置为 hairpin NAT 的模式。该模式允许后端 Endpoint 在访问其本身 Service 时能够再次经由负载均衡转发回自身。可选项包括"promiscuous-bridge""hairpin-veth"和"none"，默认值为"promiscuous-bridge"
--healthz-bind-address ip	[已弃用] 在--config 指定的配置文件中进行设置。 healthz 服务监听的 IP 地址，默认值为 127.0.0.1，设置为 0.0.0.0 或::表示监听全部网络接口地址
--healthz-port int32	[已弃用] 在--config 指定的配置文件中进行设置。 本地 healthz 服务监听的端口号，设置为 0 表示禁用，默认值为 10248
--hostname-override string	设置本 Node 在集群中的主机名，不设置时将使用本机 hostname，设置--cloud-provider 时由云服务商确定 Node 名称
--housekeeping-interval duration	对容器进行 housekeeping 操作的时间间隔，默认值为 10s
--http-check-frequency duration	[已弃用] 在--config 指定的配置文件中进行设置。 在 HTTP URL Source 作为配置源时，定期检查 URL 返回的内容的时间间隔，默认值为 20s
--image-credential-provider-bin-dir string	设置镜像凭据提供者插件可执行文件的目录路径
--image-credential-provider-config string	设置镜像凭据提供者插件配置文件的路径
--image-gc-high-threshold int32	[已弃用] 在--config 指定的配置文件中进行设置。 镜像垃圾回收上限，磁盘使用空间达到该百分比时，镜像垃圾回收将持续工作，值必须在[0, 100]范围内，设置为 100 表示禁用垃圾回收机制，默认值为 85
--image-gc-low-threshold int32	[已弃用] 在--config 指定的配置文件中进行设置。 镜像垃圾回收下限，磁盘使用空间在达到该百分比之前，镜像垃圾回收将不启动，值必须在[0, 100]范围内，并且不能大于--image-gc-high-threshold 的值，默认值为 80
--image-service-endpoint string	[实验性特性] 远程镜像服务的 Endpoint。未设定时使用--container-runtime-endpoint 的值，在 Linux 系统上支持的类型包括 unix socket 和 tcp endpoint，在 Windows 系统上支持的类型包括 npipe 和 tcp endpoint，例如 unix:///path/to/runtime.sock、npipe:////./pipe/runtime 等

续表

参数名和类型	说　明
--keep-terminated-pod-volumes	[已弃用] 设置为 true 表示在 Pod 被删除后仍然保留之前 mount 过的 Volume，常用于 Volume 相关问题的调试
--kernel-memcg-notification	[已弃用] 在--config 指定的配置文件中进行设置。 设置为 true 表示 kubelet 将集成内核 memcg 通知，以确定是否超过了内存驱逐阈值而不使用轮询（polling）机制
--kube-api-burst int32	[已弃用] 在--config 指定的配置文件中进行设置。 发送到 API Server 的每秒突发请求量，必须>=0，设置为 0 表示使用默认值 100
--kube-api-content-type string	[已弃用] 在--config 指定的配置文件中进行设置。 发送到 API Server 的请求内容类型，默认值为"application/vnd.kubernetes.protobuf"
--kube-api-qps int32	[已弃用] 在--config 指定的配置文件中进行设置。 与 API Server 通信的 QPS 值，必须>=0，设置为 0 表示使用默认值为 50
--kube-reserved mapStringString	[已弃用] 在--config 指定的配置文件中进行设置。 Kubernetes 系统预留的资源配置，以一组 ResourceName=ResourceQuantity 格式表示，例如 cpu=200m,memory=500Mi,ephemeral-storage=1Gi。目前仅支持 CPU、内存和本地根文件系统的临时存储的设置，默认值为 none
--kube-reserved-cgroup string	[已弃用] 在--config 指定的配置文件中进行设置。 用于管理 Kubernetes 的带--kube-reserved Label 组件的计算资源，设置顶层 cgroup 全路径名，例如/kube-reserved，默认值为''（空字符串）
--kubeconfig string	kubeconfig 配置文件路径，在配置文件中包括 Master 地址信息及必要的认证信息，忽略该参数表示启用 standalone 模式
--kubelet-cgroups string	[已弃用] 在--config 指定的配置文件中进行设置。 用于创建和运行 kubelet 的 cgroups 全名，为可选配置
--local-storage-capacity-isolation	设置为 true 表示启用本地临时存储隔离特性，默认值为 true
--lock-file string	[ALPHA 版特性] 设置 kubelet 使用的 lock 文件路径
--log-cadvisor-usage	[已弃用] 设置为 true 表示将 cAdvisor 容器的使用情况记录到日志中
--machine-id-file string	[已弃用] 用于查找 machine-id 的文件列表，使用找到的第 1 个值，默认值为"/etc/machine-id,/var/lib/dbus/machine-id"
--make-iptables-util-chains	[已弃用] 在--config 指定的配置文件中进行设置。 设置为 true 表示 kubelet 将确保 iptables 规则在 Node 上存在，默认值为 true
--manifest-url string	[已弃用] 在--config 指定的配置文件中进行设置。 kubelet 用来获取资源定义的 URL 地址
--manifest-url-header string	[已弃用] 在--config 指定的配置文件中进行设置。 访问资源 URL 地址时使用的 HTTP 头信息，以 key:value 格式表示，多组以逗号分隔，需多次指定该参数，例如--manifest-url-header 'a:hello,b:again,c:world'

续表

参数名和类型	说　明
	--manifest-url-header 'b:beautiful'
--max-open-files int	[已弃用] 在--config 指定的配置文件中进行设置。 设置 kubelet 进程能够打开文件的最大数量，默认值为 1000000
--max-pods int32	[已弃用] 在--config 指定的配置文件中进行设置。 设置 kubelet 能够运行的最大 Pod 数量，默认值为 110
--maximum-dead-containers int32	[已弃用] 使用--eviction-hard 或--eviction-soft 参数。 可以保留的已停止容器的最大数量，设置为负数表示禁用该功能，默认值为-1
--maximum-dead-containers-per-container int32	[已弃用] 使用--eviction-hard 或--eviction-soft 参数。 可以保留的每个已停止容器的最大实例数量，默认值为 1
--memory-manager-policy string	设置内存管理策略，可选项包括"None"和"Static"，默认值为"None"
--minimum-container-ttl-duration duration	[已弃用] 使用--eviction-hard 或--eviction-soft 参数。 不再使用的容器被清理之前的最少存活时间，例如 300ms、10s 或 2h45m
--minimum-image-ttl-duration duration	[已弃用] 使用--eviction-hard 或--eviction-soft 参数。 不再使用的镜像被清理之前的最少存活时间，例如 300ms、10s 或 2h45m，默认值为 2m0s
--node-ip string	设置本 Node 的 IP 地址，可以设置为 IPv4 和 IPv6 双栈地址，以逗号分隔，未设置表示默认使用 IPv4 地址或 IPv6 地址（在无 IPv4 地址时），设置为::表示优先选择默认的 IPv6 地址
--node-labels mapStringString	[Alpha 版特性] kubelet 注册本 Node 时设置的 Label，Label 以 key=value 的格式表示，多个 Label 以逗号分隔。命名空间 kubernetes.io 中的 Label 必须以 kubelet.kubernetes.io 或 node.kubernetes.io 为前缀，或者在以下允许的范围内：（beta.kubernetes.io/arch, beta.kubernetes.io/instance-type, beta.kubernetes.io/os、failure-domain.beta.kubernetes.io/region、failure-domain.beta.kubernetes.io/zone、kubernetes.io/arch、kubernetes.io/hostname、kubernetes.io/os、node.kubernetes.io/instance-type、topology.kubernetes.io/region、topology.kubernetes.io/zone）
--node-status-max-images int32	[Alpha 版特性] 在 Node.Status.Images 中可以报告的最大镜像数量，设置为-1 表示无上限，默认值为 50
--node-status-update-frequency duration	[已弃用] 在--config 指定的配置文件中进行设置。 Kubelet 向 Master 汇报 Node 状态的时间间隔，需要与 Node 控制器的 nodeMonitorGracePeriod 参数一起使用，默认值为 10s
--non-masquerade-cidr string	[已弃用] kubelet 向该 IP 段之外的 IP 地址发送的流量将使用 IP Masquerade 技术，设置为"0.0.0.0/0"表示不启用 Masquerade，默认值为"10.0.0.0/8"

续表

参数名和类型	说　明
--oom-score-adj int32	[已弃用] 在--config 指定的配置文件中进行设置。 kubelet 进程的 oom_score_adj 参数值，有效范围为[-1000, 1000]，默认值为-999
--pod-cidr string	[已弃用] 在--config 指定的配置文件中进行设置。 用于给 Pod 分配 IP 地址的 CIDR 地址池，仅在 standalone 模式中使用。在集群模式中，kubelet 会从 Master 获取 CIDR 设置。对于 IPv6 地址，最大可分配 IP 地址的数量为 65536
--pod-infra-container-image string	[已弃用] 用于 Pod 的基础 pause 镜像，不会被垃圾回收，注意不同的 CRI 有自己配置的该镜像名，默认值为 k8s.gcr.io/pause:3.9
--pod-manifest-path string	[已弃用] 在--config 指定的配置文件中进行设置。 设置静态 Pod Manifest 文件的路径，忽略以“.”开头的隐藏文件
--pod-max-pids int	[已弃用] 在--config 指定的配置文件中进行设置。 设置一个 Pod 内的最大进程数，默认值为-1，表示 kubelet 使用本 Node 系统可分配的最大 Pid 数量
--pods-per-core int32	[已弃用] 在--config 指定的配置文件中进行设置。 该 kubelet 上每个 CPU Core 可运行的 Pod 数量，最大值不能超过--max-pods 参数的值，如果超过则使用--max-pods 的值，默认值为 0，表示无限制
--port int32	[已弃用] 在--config 指定的配置文件中进行设置。 kubelet 服务监听的本机端口号，默认值为 10250
--protect-kernel-defaults	[已弃用] 在--config 指定的配置文件中进行设置。 设置 kubelet 检测可调 kernel 参数值的行为，如果可调的 kernel 参数与 kubelet 默认值不同，kubelet 将报错退出
--provider-id string	设置主机数据库中标识 Node 的唯一 ID，例如 cloudprovider
--qos-reserved mapStringString	[已弃用] 在--config 指定的配置文件中进行设置。 [Alpha 版特性] 设置在指定的 QoS 级别预留的 Pod 资源请求，以“资源名=百分比”的形式进行设置，例如 memory=50%，可以设置多个，当前仅支持内存资源的设置，要求启用 QOSReserved 特性门控
--read-only-port int32	[已弃用] 在--config 指定的配置文件中进行设置。 kubelet 服务监听的只读端口号，默认值为 10255，设置为 0 表示禁用只读端口号
--register-node	[已弃用] 在--config 指定的配置文件中进行设置。 将本 Node 注册到 API Server（在 standalone 模式下无效），默认值为 true
--register-schedulable	[已弃用] 注册本 Node 为可被调度的，当--register-node=false 时无效，默认值为 true
--register-with-taints []v1.Taint	注册 Node 时自动设置的 taints，格式为<key>=<value>:<effect>，以逗号分隔。当--register-node=false 时无效

续表

参数名和类型	说　明
--registry-burst int32	[已弃用] 在--config 指定的配置文件中进行设置。 能够同时拉取镜像的最大数量，仅在设置--registry-qps>0 时生效，并且不能超过--registry-qps 的值，默认值为 10
--registry-qps int32	[已弃用] 在--config 指定的配置文件中进行设置。 设置拉取镜像 QPS 上限，设置为 0 表示不限制，默认值为 5
--reserved-cpus string	[已弃用] 在--config 指定的配置文件中进行设置。 设置为操作系统和 kubelet 保留的 CPU 资源，配置为以逗号分隔的 CPU 列表或 CPU 范围，该 CPU 列表将优先于--system-reserved 和--kube-reserved 参数设置的 CPU 保留数量
--reserved-memory reserved-memory	[已弃用] 在--config 指定的配置文件中进行设置。 设置为 NUMA Node 保留的内存资源，根据不同内存类型可以多次设置，以逗号分隔，例如--reserved-memory 0:memory=1Gi,hugepages-1M=2Gi --reserved-memory 1:memory=2Gi，每种内存类型的数量总和应等于--kube-reserved、--system-reserved 和--eviction-threshold 的总和
--resolv-conf string	[已弃用] 在--config 指定的配置文件中进行设置。 名字解析服务配置文件，用于容器内应用的 DNS 名字解析，默认值为"/etc/resolv.conf"
--root-dir string	kubelet 数据根目录，用于保存 Pod 和 Volume 等数据，默认值为"/var/lib/kubelet"
--rotate-certificates	[已弃用] 在--config 指定的配置文件中进行设置。 设置当客户端证书即将过期时 kubelet 自动从 kube-apiserver 请求新证书并轮换更新
--rotate-server-certificates	[已弃用] 在--config 指定的配置文件中进行设置。 当 kubelet 服务端证书即将过期时自动从 kube-apiserver 请求并更新证书，要求启用 RotateKubeletServerCertificate 特性门控，以及对提交的 CertificateSigning Request 对象进行 approve 操作
--runonce	设置为 true 表示基于本地文件或远程 URL 创建完 Pod 之后立即退出 kubelet 进程，与--enable-server 参数互斥
--runtime-cgroups string	为容器运行时设置的 cgroup 名称，为可选配置
--runtime-request-timeout duration	[已弃用] 在--config 指定的配置文件中进行设置。 除长时间运行的操作（包括 pull、logs、exec、attach 等）外，对其他操作请求的超时时间设置。当超时时间到达时，请求会被终止，抛出错误并等待重试。默认值为 2m0s
--seccomp-default RuntimeDefault	设置是否使用 RuntimeDefault 作为所有 workload 的默认 seccomp 配置文件
--serialize-image-pulls	[已弃用] 在--config 指定的配置文件中进行设置。 按顺序逐个 pull 镜像。建议 Docker 低于 v1.9 版本或使用 Aufs storage backend 时

续表

参数名和类型	说　明
	将其设置为 true，详见 issue #10959，默认值为 true
--storage-driver-buffer-duration duration	[已弃用] 将缓存数据写入后端存储的时间间隔，默认值为 1m0s
--storage-driver-db string	[已弃用] 后端存储的数据库名称，默认值为"cadvisor"
--storage-driver-host string	[已弃用] 后端存储的数据库连接 URL 地址，默认值为"localhost:8086"
--storage-driver-password string	[已弃用] 后端存储的数据库密码，默认值为"root"
--storage-driver-secure	[已弃用] 后端存储的数据库是否用安全连接，默认值为"false"
--storage-driver-table string	[已弃用] 后端存储的数据库表名，默认值为"stats"
--storage-driver-user string	[已弃用] 后端存储的数据库用户名，默认值为"root"
--streaming-connection-idle-timeout duration	[已弃用] 在--config 指定的配置文件中进行设置。 在容器中运行命令或者进行端口转发的过程中会产生输入、输出流，这个参数用来控制连接空闲超时而关闭的时间，设置为 0 表示无超时限制，默认值为 4h0m0s
--sync-frequency duration	[已弃用] 在--config 指定的配置文件中进行设置。 对正在运行的容器与其配置进行同步的最长时间间隔，默认值为 1m0s
--system-cgroups string	[已弃用] 在--config 指定的配置文件中进行设置。 对于所有未置于根目录"/"下某 cgroup 的非 kernel 进程设置的 cgroups 名称，默认值为""
--system-reserved mapStringString	[已弃用] 在--config 指定的配置文件中进行设置。 系统预留的资源配置，以一组 ResourceName=ResourceQuantity 格式表示，以逗号分隔，例如 cpu=200m,memory=500Mi,ephemeral-storage=1Gi，目前仅支持 CPU、内存和本地根文件系统的临时存储的设置
--system-reserved-cgroup string	[已弃用] 在--config 指定的配置文件中进行设置。 用于管理带--system-reserved Label 的非 Kubernetes 组件的资源预留 cgroup 名称，例如/system-reserved，默认值为"（空字符串）
--tls-cert-file string	[已弃用] 在--config 指定的配置文件中进行设置。 设置用于 HTTPS 的包含 x509 证书的文件路径，如果未指定--tls-cert-file 和--tls-private-key-file，kubelet 会基于 public 地址生成自签名私钥和证书，并保存到--cert-dir 指定的目录下
--tls-cipher-suites strings	[已弃用] 在--config 指定的配置文件中进行设置。 服务端加密算法列表，以逗号分隔，如果不设置，则使用 Go Cipher Suites 的默认列表。 建议的算法列表为： TLS_AES_128_GCM_SHA256、 TLS_AES_256_GCM_SHA384、 TLS_CHACHA20_POLY1305_SHA256、 TLS_ECDHE_ECDSA_WITH_AES_128_CBC_SHA、

续表

参数名和类型	说　明
	TLS_ECDHE_ECDSA_WITH_AES_128_GCM_SHA256、 TLS_ECDHE_ECDSA_WITH_AES_256_CBC_SHA、 TLS_ECDHE_ECDSA_WITH_AES_256_GCM_SHA384、 TLS_ECDHE_ECDSA_WITH_CHACHA20_POLY1305、 TLS_ECDHE_ECDSA_WITH_CHACHA20_POLY1305_SHA256、 TLS_ECDHE_RSA_WITH_AES_128_CBC_SHA、 TLS_ECDHE_RSA_WITH_AES_128_GCM_SHA256、 TLS_ECDHE_RSA_WITH_AES_256_CBC_SHA、 TLS_ECDHE_RSA_WITH_AES_256_GCM_SHA384、 TLS_ECDHE_RSA_WITH_CHACHA20_POLY1305、 TLS_ECDHE_RSA_WITH_CHACHA20_POLY1305_SHA256、 TLS_RSA_WITH_AES_128_CBC_SHA、 TLS_RSA_WITH_AES_128_GCM_SHA256、 TLS_RSA_WITH_AES_256_CBC_SHA、 TLS_RSA_WITH_AES_256_GCM_SHA384 不安全的算法列表为：TLS_ECDHE_ECDSA_WITH_AES_128_CBC_SHA256、 TLS_ECDHE_ECDSA_WITH_RC4_128_SHA、 TLS_ECDHE_RSA_WITH_3DES_EDE_CBC_SHA、 TLS_ECDHE_RSA_WITH_AES_128_CBC_SHA256、 TLS_ECDHE_RSA_WITH_RC4_128_SHA、 TLS_RSA_WITH_3DES_EDE_CBC_SHA、 TLS_RSA_WITH_AES_128_CBC_SHA256、 TLS_RSA_WITH_RC4_128_SHA
--tls-min-version string	[已弃用] 在--config 指定的配置文件中进行设置。 设置支持的 TLS 最低版本号，可选的版本号包括 VersionTLS10、VersionTLS11、VersionTLS12 和 VersionTLS13
--tls-private-key-file string	[已弃用] 在--config 指定的配置文件中进行设置。 与--tls-cert-file 对应的 x509 私钥文件全路径
--topology-manager-policy string	[已弃用] 在--config 指定的配置文件中进行设置。 设置拓扑管理策略，可选项包括"none""best-effort""restricted""single-numa-node"，默认值为"none"
--topology-manager-policy-options mapStringString	[已弃用] 在--config 指定的配置文件中进行设置。 设置拓扑管理策略选项，以一组 key=value 格式进行设置，以对策略进行微调，未设置表示使用策略的默认行为

续表

参数名和类型	说　明
--topology-manager-scope string	[已弃用] 在--config 指定的配置文件中进行设置。 设置拓扑 hint 使用范围，拓扑管理器（Topology Manager）从 hint 提供者收集 hint 信息，并将其应用到定义的范围以确保 Pod 的准入策略，可选项包括"container"和"pod"，默认值为"container"

A.6　kube-proxy 启动参数

对 kube-proxy 启动参数的详细说明见表 A.6。

表 A.6　对 kube-proxy 启动参数的详细说明

参数名和类型	说　明
--bind-address ip	在 HTTPS 安全端口提供服务时监听的 IP 地址，未设置表示使用全部网络接口（0.0.0.0 或::），默认值为 0.0.0.0
--bind-address-hard-fail	设置为 true 表示绑定端口号失败时 kube-proxy 将视之为启动失败且直接退出
--boot-id-file string	以逗号分隔的 boot-id 文件列表，使用第 1 个存在 book-id 的文件，默认值为 /proc/sys/ kernel/random/boot_id
--cleanup	设置为 true 表示清除 iptables 规则和 IPVS 规则后退出
--cluster-cidr string	设置集群中 Pod 的 CIDR 地址范围，对于 IPv4 和 IPv6 双栈环境，可以以逗号分隔配置双栈 IP 的 CIDR，如果设置了--config 文件将忽略该参数的值
--config string	kube-proxy 的主配置文件路径
--config-sync-period duration	从 API Server 更新配置的时间间隔，必须大于 0，默认值为 15m0s
--conntrack-max-per-core int32	跟踪每个 CPU core 的最大 NAT 连接数量（设置为 0 表示保留当前系统设置，并忽略 conntrack-min 的值），默认值为 32768
--conntrack-min int32	设置 conntrack 条目的最小分配数量，默认值为 131072
--conntrack-tcp-timeout-close-wait duration	设置处于 CLOSE_WAIT 状态的 TCP 连接的 NAT 超时时间，默认值为 1h0m0s
--conntrack-tcp-timeout-established	设置已建立 TCP 连接的超时时间，设置为 0 表示使用当前操作系统设置的值，默认值为 24h0m0s
--detect-local-mode LocalMode	设置检测本地流量的模式，如果设置了--config 文件，则将忽略该参数的值
--feature-gates mapStringBool	设置启用或禁用实验性/测试性特性门控列表，以 key=value 形式表示。 可以设置的特性门控包括： APIListChunking=true|false (BETA - default=true) APIPriorityAndFairness=true|false (BETA - default=true) APIResponseCompression=true|false (BETA - default=true)

续表

参数名和类型	说　明
	APIServerIdentity=true|false (BETA - default=true) APIServerTracing=true|false (BETA - default=true) AdmissionWebhookMatchConditions=true|false (BETA - default=true) AggregatedDiscoveryEndpoint=true|false (BETA - default=true) AllAlpha=true|false (ALPHA - default=false) AllBeta=true|false (BETA - default=false) AnyVolumeDataSource=true|false (BETA - default=true) AppArmor=true|false (BETA - default=true) CPUManagerPolicyAlphaOptions=true|false (ALPHA - default=false) CPUManagerPolicyBetaOptions=true|false (BETA - default=true) CPUManagerPolicyOptions=true|false (BETA - default=true) CRDValidationRatcheting=true|false (ALPHA - default=false) CSIMigrationPortworx=true|false (BETA - default=false) CSINodeExpandSecret=true|false (BETA - default=true) CSIVolumeHealth=true|false (ALPHA - default=false) CloudControllerManagerWebhook=true|false (ALPHA - default=false) CloudDualStackNodeIPs=true|false (ALPHA - default=false) ClusterTrustBundle=true|false (ALPHA - default=false) ComponentSLIs=true|false (BETA - default=true) ConsistentListFromCache=true|false (ALPHA - default=false) ContainerCheckpoint=true|false (ALPHA - default=false) ContextualLogging=true|false (ALPHA - default=false) CronJobsScheduledAnnotation=true|false (BETA - default=true) CrossNamespaceVolumeDataSource=true|false (ALPHA - default=false) CustomCPUCFSQuotaPeriod=true|false (ALPHA - default=false) CustomResourceValidationExpressions=true|false (BETA - default=true) DevicePluginCDIDevices=true|false (ALPHA - default=false) DisableCloudProviders=true|false (ALPHA - default=false) DisableKubeletCloudCredentialProviders=true|false (ALPHA - default=false) DynamicResourceAllocation=true|false (ALPHA - default=false) ElasticIndexedJob=true|false (BETA - default=true) EventedPLEG=true|false (BETA - default=false) GracefulNodeShutdown=true|false (BETA - default=true) GracefulNodeShutdownBasedOnPodPriority=true|false (BETA - default=true) HPAContainerMetrics=true|false (BETA - default=true)

续表

参数名和类型	说　明
	HPAScaleToZero=true|false (ALPHA - default=false) HonorPVReclaimPolicy=true|false (ALPHA - default=false) InPlacePodVerticalScaling=true|false (ALPHA - default=false) InTreePluginAWSUnregister=true|false (ALPHA - default=false) InTreePluginAzureDiskUnregister=true|false (ALPHA - default=false) InTreePluginAzureFileUnregister=true|false (ALPHA - default=false) InTreePluginGCEUnregister=true|false (ALPHA - default=false) InTreePluginOpenStackUnregister=true|false (ALPHA - default=false) InTreePluginPortworxUnregister=true|false (ALPHA - default=false) InTreePluginvSphereUnregister=true|false (ALPHA - default=false) JobBackoffLimitPerIndex=true|false (ALPHA - default=false) JobPodFailurePolicy=true|false (BETA - default=true) JobPodReplacementPolicy=true|false (ALPHA - default=false) JobReadyPods=true|false (BETA - default=true) KMSv2=true|false (BETA - default=true) KMSv2KDF=true|false (BETA - default=false) KubeProxyDrainingTerminatingNodes=true|false (ALPHA - default=false) KubeletCgroupDriverFromCRI=true|false (ALPHA - default=false) KubeletInUserNamespace=true|false (ALPHA - default=false) KubeletPodResourcesDynamicResources=true|false (ALPHA - default=false) KubeletPodResourcesGet=true|false (ALPHA - default=false) KubeletTracing=true|false (BETA - default=true) LegacyServiceAccountTokenCleanUp=true|false (ALPHA - default=false) LocalStorageCapacityIsolationFSQuotaMonitoring=true|false (ALPHA - default=false) LogarithmicScaleDown=true|false (BETA - default=true) LoggingAlphaOptions=true|false (ALPHA - default=false) LoggingBetaOptions=true|false (BETA - default=true) MatchLabelKeysInPodTopologySpread=true|false (BETA - default=true) MaxUnavailableStatefulSet=true|false (ALPHA - default=false) MemoryManager=true|false (BETA - default=true) MemoryQoS=true|false (ALPHA - default=false) MinDomainsInPodTopologySpread=true|false (BETA - default=true) MultiCIDRRangeAllocator=true|false (ALPHA - default=false) MultiCIDRServiceAllocator=true|false (ALPHA - default=false)

续表

参数名和类型	说　明
	NewVolumeManagerReconstruction=true|false (BETA - default=true) NodeInclusionPolicyInPodTopologySpread=true|false (BETA - default=true) NodeLogQuery=true|false (ALPHA - default=false) NodeSwap=true|false (BETA - default=false) OpenAPIEnums=true|false (BETA - default=true) PDBUnhealthyPodEvictionPolicy=true|false (BETA - default=true) PersistentVolumeLastPhaseTransitionTime=true|false (ALPHA - default=false) PodAndContainerStatsFromCRI=true|false (ALPHA - default=false) PodDeletionCost=true|false (BETA - default=true) PodDisruptionConditions=true|false (BETA - default=true) PodHostIPs=true|false (ALPHA - default=false) PodIndexLabel=true|false (BETA - default=true) PodReadyToStartContainersCondition=true|false (ALPHA - default=false) PodSchedulingReadiness=true|false (BETA - default=true) ProcMountType=true|false (ALPHA - default=false) QOSReserved=true|false (ALPHA - default=false) ReadWriteOncePod=true|false (BETA - default=true) RecoverVolumeExpansionFailure=true|false (ALPHA - default=false) RemainingItemCount=true|false (BETA - default=true) RotateKubeletServerCertificate=true|false (BETA - default=true) SELinuxMountReadWriteOncePod=true|false (BETA - default=true) SchedulerQueueingHints=true|false (BETA - default=true) SecurityContextDeny=true|false (ALPHA - default=false) ServiceNodePortStaticSubrange=true|false (BETA - default=true) SidecarContainers=true|false (ALPHA - default=false) SizeMemoryBackedVolumes=true|false (BETA - default=true) SkipReadOnlyValidationGCE=true|false (ALPHA - default=false) StableLoadBalancerNodeSet=true|false (BETA - default=true) StatefulSetAutoDeletePVC=true|false (BETA - default=true) StatefulSetStartOrdinal=true|false (BETA - default=true) StorageVersionAPI=true|false (ALPHA - default=false) StorageVersionHash=true|false (BETA - default=true) TopologyAwareHints=true|false (BETA - default=true) TopologyManagerPolicyAlphaOptions=true|false (ALPHA - default=false) TopologyManagerPolicyBetaOptions=true|false (BETA - default=true)

续表

参数名和类型	说　　明
	TopologyManagerPolicyOptions=true|false (BETA - default=true) UnknownVersionInteroperabilityProxy=true|false (ALPHA - default=false) UserNamespacesSupport=true|false (ALPHA - default=false) ValidatingAdmissionPolicy=true|false (BETA - default=false) VolumeCapacityPriority=true|false (ALPHA - default=false) WatchList=true|false (ALPHA - default=false) WinDSR=true|false (ALPHA - default=false) WinOverlay=true|false (BETA - default=true) WindowsHostNetwork=true|false (ALPHA - default=true) 如果设置了--config 文件将忽略该参数的值
--healthz-bind-address ip	healthz 服务绑定主机 IP 地址和端口号，设置为 0.0.0.0:10256 或[::]:10256 表示使用所有 IP 地址，设置为空表示禁用该服务，如果设置了--config 文件，则将忽略该参数的值，默认值为 0.0.0.0:10256
--hostname-override string	设置本 Node 在集群中的主机名，不设置时将使用本机 hostname
--iptables-localhost-nodeports	设置是否允许本机通过 NodePort 访问服务，仅适用于 iptables 模式和 IPv4 地址，默认值为 true
--iptables-masquerade-bit int32	使用纯 iptables 代理时，设置标记数据包需要进行 SNAT 的 fwmark 空间的 bit，有效范围为[0, 31]，默认值为 14
--iptables-min-sync-period duration	刷新 iptables 规则的最小时间间隔，例如 5s、1m、2h22m，默认值为 1s
--iptables-sync-period duration	刷新 iptables 规则的最大时间间隔，例如 5s、1m、2h22m，必须大于 0，默认值为 30s
--ipvs-exclude-cidrs strings	设置在清除 IPVS 规则时应排除的 CIDR 列表，以逗号分隔
--ipvs-min-sync-period duration	刷新 IPVS 规则的最小时间间隔，例如 5s、1m、2h22m
--ipvs-scheduler string	代理模式为 ipvs 时，设置 IPVS 调度器的类型
--ipvs-strict-arp	是否启用 strict ARP，设置为 true 的效果为设置内核参数 arp_ignore=1、arp_announce=2
--ipvs-sync-period duration	刷新 IPVS 规则的最大时间间隔，例如 5s、1m、2h22m，必须大于 0，默认值为 30s
--ipvs-tcp-timeout duration	Idle 状态 IPVS TCP 连接的超时时间，例如 5s、1m、2h22m，设置为 0 表示使用当前系统设置的值
--ipvs-tcpfin-timeout duration	IPVS TCP 连接收到 FIN 包之后的超时时间，例如 5s、1m、2h22m，设置为 0 表示使用当前操作系统设置的值
--ipvs-udp-timeout duration	IPVS UDP 包的超时时间，例如 5s、1m、2h22m，设置为 0 表示使用当前系统设置的值

续表

参数名和类型	说　明
--kube-api-burst int32	发送到 API Server 的每秒突发请求数量，默认值为 10
--kube-api-content-type string	发送到 API Server 的请求内容类型，默认值为 application/vnd.kubernetes.protobuf
--kube-api-qps float32	与 API Server 通信的 QPS 值，默认值为 5
--kubeconfig string	kubeconfig 配置文件路径，在配置文件中包括 Master 地址信息及必要的认证信息
--machine-id-file string	用于查找 machine-id 的文件列表，使用找到的第 1 个值，默认值为 "/etc/machine-id,/var/lib/dbus/machine-id"
--masquerade-all	设置为 true 表示使用纯 iptables 代理，所有网络包都将进行 SNAT 转换
--master string	API Server 的地址，覆盖 kubeconfig 文件中设置的值
--metrics-bind-address ipport	Metrics Server 的监听地址，设置为 0.0.0.0:10249 或[::]:10249 表示使用所有 IP 地址，设置为空表示禁用该服务，如果设置了--config 文件，则将忽略该参数的值，默认值为 127.0.0.1:10249
--nodeport-addresses strings	设置 NodePort 可用的 IP 地址范围，例如 1.2.3.0/24, 1.2.3.4/32，默认值为[]，表示使用本机所有 IP 地址
--oom-score-adj int32	kube-proxy 进程的 oom_score_adj 参数值，有效范围为[-1000,1000]，默认值为 -999
--pod-bridge-interface string	设置 bridge 网络接口名称，kube-proxy 将源自该接口的网络流量视为本地流量，该参数在设置 DetectLocalMode=BridgeInterface 时生效
--pod-interface-name-prefix string	设置网络接口名称前缀，kube-proxy 将源自该接口的网络流量视为本地流量，该参数在设置 DetectLocalMode=InterfaceNamePrefix 时生效
--profiling	设置为 true 表示打开性能分析，可以通过<host>:<port>/debug/pprof/地址查看程序栈、线程等系统信息，默认值为 true
--proxy-mode ProxyMode	代理模式，可选项为 iptables、ipvs，在 Linux 系统上默认值为 iptables，在 Windows 系统上支持的值为 kernelspace
--proxy-port-range port-range	进行 Service 代理的本地端口号范围，格式为 begin-end，含两端，未指定或设置为 0-0 时系统使用随机选择的端口号
--show-hidden-metrics-for-version string	配置是否需要显示所隐藏指标的先前版本号，仅当先前版本的次要版本号有意义时生效，格式为<major>.<minor>，例如 1.16，用于验证有哪些先前版本的指标在新版本中被隐藏